航天科技图书出版基金资助出版

航天软件工程手册

主　编　杨双进
副主编　王晓玲

中国宇航出版社
·北京·

图书在版编目（CIP）数据

航天软件工程手册 / 杨双进主编. -- 北京 : 中国宇航出版社, 2022.11

ISBN 978-7-5159-2105-1

Ⅰ.①航… Ⅱ.①杨… Ⅲ.①航天工程—软件工程—手册 Ⅳ.①V57-62②TP311.52-62

中国版本图书馆 CIP 数据核字(2022)第 146089 号

责任编辑　侯丽平　　**封面设计**　宇星文化

出版发行　中国宇航出版社

社　址　北京市阜成路8号　**邮　编**　100830

(010)60286808　(010)68768548

网　址　www.caphbook.com

经　销　新华书店

发行部　(010)60286888　(010)68371900

(010)60286887　(010)60286804(传真)

零售店　读者服务部　(010)68371105

承　印　天津画中画印刷有限公司

版　次　2022年11月第1版

2022年11月第1次印刷

规　格　787×1092

开　本　1/16

印　张　22

字　数　535千字

书　号　ISBN 978-7-5159-2105-1

定　价　128.00元

本书如有印装质量问题，可与发行部联系调换

航天科技图书出版基金简介

航天科技图书出版基金是由中国航天科技集团公司于2007年设立的，旨在鼓励航天科技人员著书立说，不断积累和传承航天科技知识，为航天事业提供知识储备和技术支持，繁荣航天科技图书出版工作，促进航天事业又好又快地发展。基金资助项目由航天科技图书出版基金评审委员会审定，由中国宇航出版社出版。

申请出版基金资助的项目包括航天基础理论著作，航天工程技术著作，航天科技工具书，航天型号管理经验与管理思想集萃，世界航天各学科前沿技术发展译著以及有代表性的科研生产、经营管理译著，向社会公众普及航天知识、宣传航天文化的优秀读物等。出版基金每年评审1～2次，资助20～30项。

欢迎广大作者积极申请航天科技图书出版基金。可以登录中国航天科技国际交流中心网站，点击“通知公告”专栏查询详情并下载基金申请表；也可以通过电话、信函索取申报指南和基金申请表。

网址：http：//www.ccastic.spacechina.com

电话：(010) 68767205，68767805

《航天软件工程手册》
编 委 会

序

我国航天事业66年来取得的伟大成功经验表明，在航天复杂系统研制过程中，全面推行软件工程化是保证软件质量和任务成功的关键，软件工程化在安全性可靠性设计、更改影响域分析、第三方评测等方面形成了具有航天系统工程特色的众多优秀实践，在标准体系建设、技术和方法研究、专业人才队伍培养等方面取得了显著成果。

伴随新一代全球通信卫星与空间互联网星座、月球探测、深空探测等为代表的空间设施建设及航天产业的快速发展，我们已经迈向太空经济时代。利用空间和探索空间将突破地球资源和空间的限制，完成许多在地面做不到的事情，破解许多在地面解决不了的难题。自由进出空间、探索浩瀚宇宙需要解决诸多工程问题，特别是要关注载人航天器与高价值载荷的安全、天地运输航班应急备降、不依赖地面指挥通信的自主飞行等需求。要应对航天工程高可靠、高品质、高精度、低成本、易维护等需求，需要采用高可靠的飞行控制架构、故障诊断隔离与恢复技术、自主轨迹规划与任务规划技术、快速测试技术、人机融合可信安全技术等。未来这些技术主要依赖软件实现。

软件在航天型号中的作用越来越突出，同时软件缺陷带来的型号质量问题仍然存在。相对于商业软件依靠用户测试反复迭代的模式，航天型号软件面临高可靠、一次正确的高技术要求，特别是如何保证软件需求的源头正确无歧义，仍然有很多难题需要解决。航天型号软件项目本身的计划性、周期性、管理策略、研制模式、开发人员等，均具有不同于通用软件项目的特点，如何结合通用软件工程成果进行领域性创新，仍有许多难题需要在实践中不断探索。要解决这些问题，就有必要将普遍性理论方法与具体领域实践相结合。

本书紧紧围绕航天软件“安全关键”的本质特征，针对航天软件面临的软件系统架构、安全性可靠性、测试验证等瓶颈问题，总结几十年来各类航天工程软件研制成功经验，学习借鉴国内外先进技术方法，将软件工程普遍理论与航天工程具体实践相结合。本书系统地总结和介绍了航天型号软件工程研制的过程、技术与管理方法，内容丰富全面，案例易读好懂，方法安全实用，具有很高的学术水平与实践指导意义，值得航天型号研制技术人员和管理人员学习参考。

中国科学院院士

前 言

中国航天60多年来取得了以载人航天、深空探测、北斗导航等工程为代表的一系列巨大成就，软件作为一种重要产品类型，在航天工程任务中发挥了重要作用，其质量与可靠性对航天工程任务的成败起着至关重要的作用。实践证明，按照软件工程化要求开展软件研制和管理，实施全寿命周期全过程的质量控制，是保证航天工程任务成功的宝贵经验。

本手册是在总结中国航天科技集团有限公司航天工程软件研制成功经验的基础上，针对新时期软件系统架构设计、安全性可靠性、测试验证充分性等软件研制瓶颈问题，参考借鉴国内外软件管理技术方法，并瞄准航天工程软件复杂度提升和未来发展需求编制的一本实用性工程手册。

本手册对Q/QJA 30A—2013《航天型号软件工程化要求》等航天软件研制顶层要求的有关条款进行了解释、阐述，用于指导航天型号软件研制过程中的技术和管理活动，形成与型号软件研制程序相匹配的软件研制模式，推动航天软件研制全过程规范化、标准化。本手册面向软件工程管理人员、设计人员、测试人员，可供从事航天系统软件工程的技术人员和管理人员使用，也可供高校软件工程专业教学参考。

本手册共5章。第1章为航天软件简介，概述航天软件发展历程、航天软件的分类。第2章为航天软件工程基础，描述航天软件工程标准、研制模型和研制流程。第3章为技术活动指南，是对航天软件顶层要求中技术活动的阐述，包括软件系统架构设计、系统需求分析与设计、软件需求分析、软件设计和实现、软件测试、系统试验、软件验收与交付、软件运行维护、设计更改、软件安全性可靠性分析与设计等技术活动及剪裁指南。第4章为管理活动指南，是对航天软件顶层要求中管理活动的阐述，包括项目策划与监控、质量保证、配置管理、风险管理、供方管理、测量分析、同行评审等管理活动及剪裁指南。第5章为技术和方法，针对特定主题介绍已有的成功实践，供各单位参考，包括可编程逻辑器件软件、软件需求工程、基于模型的系统工程、软件产品工程、软件安全性可靠性方法、软件验证与确认方法、软件功能点度量方法等技术、方法。此外，附录中描述了检查单和文档模板等内容。

中国科学院院士包为民研究员多次指导本书编写，并亲自为本书作序。中国航天科技集团有限公司杨双进、王晓玲、杨兆军、李胜、李兰兰、杨彬、杨威、郭晓慧、韩翔宇、王洋、杨喆、霍宏、高猛、杜杠、刘勇、韦华颖、李丽萍、段飞鹏、姜萍、张璐、索旭华、张抒、杨春河、门永平、芮晔、潘东梅、王瑞、吴晶、李孝鹏、薛恩参与本书编写，谢晓巍、刘波、胡云、冶元菲、乔永强、胡渝彪、刘华、刘俊阳、安占新、程胜、禹春竹、李彦、薛静、林桂芳、岳海、杨扬、闫雪丽、郭娟、江云松、曾霞、阳徽、卢飞、叶有时、于志杰、张莎莎、程胜等专家参与本书研讨、交流和审阅。全书由杨双进、王晓玲审校定稿。

由于编写人员水平有限，书中难免有谬误之处，恳请广大读者批评指正。

杨双进

2022年8月

目 录

第 1 章　航天软件简介

1.1　概述

中国航天 60 多年来取得了以载人航天、深空探测、北斗导航等工程为代表的一系列巨大成就，软件作为一种重要产品类型，在航天工程任务中发挥了重要作用，其质量与可靠性对航天工程任务的成败起着至关重要的作用。实践证明，按照软件工程化要求开展软件研制和管理，实施全寿命周期全过程的质量控制，是保证航天工程任务成功的宝贵经验。

20 世纪六七十年代，航天型号中出现了可以进行指令解析的计算装置，形成了软件的雏形；80 年代初期，少量航天型号中出现了软件与硬件混合的控制系统；80 年代中期，随着箭上计算机的应用，更多复杂的控制由软件实现，使型号研制更加快速、灵活，软件研发技术也出现在航天型号研发技术序列中，标志着航天软件正式纳入航天型号产品研制体系；90 年代，“宏汇编的箭上软件＋DOS 操作系统的地面测发控软件”的软件系统体制走向成熟，软件在航天型号中的比重逐步加大。随着计算机技术和设备数字化的飞速发展，航天系统从早期以硬件设备为主导、软件实现硬件系统特定功能的年代，逐渐迈入以软件为神经中枢、实现飞行控制和地面各项检测的新时代，软件贯穿于航天系统的各条脉络，软件质量成为影响航天产品质量的关键因素。

近年来，随着科学技术的不断发展，我国航天型号进入了跨越式发展的关键历史时期，大量新技术在航天型号中得到了应用与推广。这些新技术的使用，促进了软件技术的适应性发展，软件功能和复杂度不断增加，软件与硬件设计相互渗透，软件已不再是简单堆叠独立的配置项，而是有机结合的复杂分布式软件系统。软件研制特点也有所变化：

（1）软件规模、数量、种类及复杂度大大增加

以运载火箭为例，以往运载火箭软件配置项数量一般有几十个，软件的总规模多数为几十万行，软件之间的接口关系较为简单，箭上接口总线形式多为串行总线，地面接口总线多为以太网，CPU 种类多为 X86 或者 51 系列单片机；新一代运载火箭软件配置项数量已经达到了几百个，软件规模达到了几百万行，接口关系越来越复杂，接口总线涵盖了串行总线、1553B 总线、CAN 总线以及以太网等，而 CPU 架构种类也愈来愈多，包括 DSP 系列、SPARC 系列、ARM 系列、PowerPC、X86、51 系列单片机等。

（2）软件可靠性、安全性要求高

软件产品作为航天型号的重要组成部分，运行过程中如发生失效，有可能造成任务失败，还可能会发生人员伤亡、设备损坏和环境破坏等事故。在这种背景下，航天任务对航

天软件的可靠性与安全性提出了很高要求，在空间站工程等国家重大工程中，安全性和可靠性要求需贯穿到软件研制的每个细节。

（3）强实时、嵌入式为主

航天型号软件大多是嵌入式软件，固化在嵌入式计算机中，与硬件关系密切，完成特定功能；同时航天型号大部分为强实时系统，具有严格的时限要求，要求软件在一定时间完成相应的处理，系统处理结果不仅要求逻辑正确，而且要求时序正确可靠。

（4）环境苛刻

航天软件运行环境恶劣，经常受到电磁辐射、空间离子干扰，可能会造成计算机内存位翻转，对异常处理、故障定位和恢复提出很高的要求。

（5）自行研制为主

由于航天任务的特殊要求以及保密、安全等方面的原因，同时为确保航天软件的可靠性和安全性要求，航天软件基本是自行研制。

（6）测试验证要求高

软件测试验证作为提高产品质量的有效手段，在航天型号软件研制中得到了广泛的应用，并且提出了很高的要求，尤其是载人航天工程任务，对于高级语言编写的关键软件，不但要求源码100％测试覆盖，而且要求目标码100％测试覆盖；在空间站工程中还要求可编程逻辑器件软件（FPGA软件）的语句、分支、条件、表达式和状态机覆盖率达到100％。

（7）承研单位多样化

软件承研单位不再单纯地分布在航天系统内，软件研制逐步向跨单位的方向发展，涵盖了航天、航空、船舶、电子等多个领域，高校、民营企业也逐渐参与到航天型号研制中。由于承研单位质量管理体系、软件研制能力存在差异，软件的管理难度逐渐增大。

从上面所述航天型号软件特点来看，软件重要性不言而喻。正因为如此，一代代航天人为了对型号软件进行有效的管理，不断地研究新方法、探索新思路。但是我们还应该清醒地认识到，我国航天软件工程化水平与型号任务不断发展的需求、国外的先进技术水平相比，还存在一定差距，软件研制进度、质量和成本仍存在不满足型号需求的情况。随着硬件集成化、软件系统化、需求智能化的发展，软件越来越复杂，同时各单位技术水平参差不齐，大量新员工加入到航天软件的队伍中来，迫使我们深入总结已有的成功经验，努力学习借鉴国内外先进软件管理技术方法，在全行业提高软件工程化技术的整体水平和实施能力。

1.2　航天软件发展历程

1.2.1　“自编、自导、自演”的软件研制

软件的应用是随着计算机技术的应用而发展起来的。自20世纪50年代我国发展航天事业以来，软件专业经历了从无到有、从不规范到规范的过程。软件应用的初期只是为了

完成硬件的特定功能，没有建立相关的技术和管理标准，编码完全依靠个人能力，组织管理上也无规范的做法，处于一种“自编、自导、自演”手工作坊式的研制模式，主要表现为：

1）各软件开发单位没有相应的软件研制组织或岗位，管理上缺少相应的办法和规章，不少型号管理人员把软件看成硬件的附属物。

2）大多数软件开发项目没有贯彻软件工程规范，大多数软件开发单位不了解软件工程规范的作用，不知道需要什么规范。

3）不重视软件需求分析和软件设计，不认真对待需求规格说明，把编写必要的文档看成额外负担，互相联系仅靠口头的“君子协定”，或虽有文字约定但很粗略，离规范要求甚远。

4）开发者习惯于从头到尾自己一人负责，分析、设计、编码、测试全由自己完成。

5）缺乏严格的检验，不进行适当的测试，没有独立的测试队伍，测试与调试不分。

1.2.2　软件工程化体系的建立

1.2.2.1　软件工程化思想引入

为了改变软件“自编、自导、自演”手工作坊式的研制模式，许多前辈在这个领域里进行了不断的深入探索。20 世纪 90 年代初期，火箭专家、控制系统领域创始人之一、中国科学院院士梁思礼同志在《容错技术在航天领域中的应用》一文中，对软件在系统中的地位作了如下描述：“随着计算机在系统中的广泛应用，不应该再把软件看成是计算机硬件的附属品。飞船、火箭上的嵌入式软件应该作为一个单独的系统来考虑，起码应与船、箭上的硬件系统处于同等重要位置。另外，软件和硬件必须结合起来考虑，不能分成两个分离的系统，因此提出以下的命题：计算机硬件可以比作是躯体，而嵌入式软件则是灵魂。躯体本身是一堆死机器，只有与灵魂结合，才能活起来。而软件作为灵魂必须与硬件躯体结合才能存在（发挥作用），否则就会变成‘魂不附体’了。不仅对嵌入式软件，就是对其他各种计算机应用软件，如计算机辅助应用软件 CAX（即 CAD/CAM/CAPP/CAT/CAE 等的简称）或集散控制系统等，上述‘躯体与灵魂’命题也都适用。因此，在各类计算机应用中软件的重要性已提高到了主导地位。”

1992 年 9 月 21 日，中央正式批准实施中国载人航天工程，简称“921 工程”。在 921 工程立项之初，梁思礼院士等专家在“关于软件工程向领导汇报内容概要”中在综述 921 工程特点及其软件特点的基础上，提出“只有用软件工程方法进行开发才可能成功”的论断，同时也论述了当时航天领域软件工程化的现状：虽然当时航空航天部已经组织制定了 14 项航天领域软件国家标准，但是广大科技和管理人员还不了解软件工程，尤其在软件开发过程中普遍存在着没有管理、没有规范、没有文档、没有控制、没有独立测试的情况，甚至许多管理人员仍然将软件作为硬件附属物。专家们结合当时国外软件研制的情况，提出了用 2～3 年的时间，尽快在 921 工程中建立软件工程化管理的规范，并在型号研制过程中强制实施。

1.2.2.2 软件工程化标准体系建立和发展

专家们的建议拉开了 921 工程乃至整个航天软件工程化的序幕，软件研制队伍积极探索与研究航天软件研制方法，改变航天软件研制模式，选派优秀的研制人员学习国外的软件研制经验、总结软件管理方法。

航天软件工程化标准体系大致经历了五个演化阶段。第一个阶段是 1992 年之前，没有顶层软件工程化要求，但是也形成了一些软件标准，各型号根据自己的需要使用。第二个阶段是 1992 年至 2001 年，《921（航天）工程软件研制管理办法（试行）》出台，为载人航天工程软件研制提供了规范性的指导，使得载人航天工程软件的质量得到了很大的提高，因此在当时新的航天重大工程型号，也参考该文件形成本型号的指导性文件，推进软件工程化。第三个阶段是 2001 年至 2005 年，航天科技集团发布了《航天型号实施软件工程的技术规定》，从“总则、软件工程化的一般要求、软件开发过程的内容和要求、软件质量保障的要求、附则”等方面共提出五十七条详细要求，对软件研制全过程进行了规范，并要求航天科技集团所有新型号均须遵循执行，一定程度上推动了航天软件工程化的工作，几年的实施取得了很好的效果。第四阶段是 2005 年至 2013 年，航天科技集团形成了集团层面的软件工程化标准《航天型号软件工程化管理要求》（Q/QJA 30—2005）并加大了推广力度，确立了“1+N”的模式，即一套顶层标准、N 套领域标准的模式，对以往的软件类标准进行了梳理和完善，建立了一套较为完整的航天型号软件标准体系，使得航天科技集团的软件工程化工作“有章可循、有法可依”。第五个阶段是 2013 年至今，航天科技集团修订发布了《航天型号软件工程化要求》（Q/QJA 30A—2013），提出了软件系统的概念及其设计验证方法，明确了软件研制类型并提出了 4 种研制流程，在软件研制全生命周期提出了验证与确认工作要求，全面提出了软件产品保证的各项要求，在航天型号软件研制过程中起到了越来越重要的指导作用。

1.2.3 软件工程化管理的提升

1992 年，以载人航天工程为契机，拉开了航天软件工程化管理的序幕；2003 年，是中国航天发展史上的一个重要年份，神舟五号飞船顺利将中国首位航天员杨利伟送入太空，实现了中国人的千年飞天梦；2005 年，北京航天自动控制研究所第一批通过了《军用软件研制能力成熟度模型》（GJB 5000）二级的认证，航天软件人开始了与世界接轨的软件质量管理模式实践；后续的“探月工程”“空间站工程”等重大工程型号的研制，作为“灵魂”的航天软件都发挥着越来越重要的作用，这都是软件工程化管理能力提升的结果。

1.2.3.1 分级分类的软件管理

航天型号软件在研制初期，一般要对软件进行初步危险分析（Preliminary Hazard Analysis，简称 PHA），按照承担任务的关键程度以及软件失效后果，确定软件的安全关键等级（一般分为 A、B、C、D 四级，见表 1-1）。为了充分利用优势资源，根据软件安全关键程度的不同，探索许多行之有效的方法，实施分级分类管理。比如，对于 A、B 级软件，除加强关键节点（如软件任务书、软件需求说明、软件设计实现等）的评审把关外，同时加强此类软件的测试工作，不但要完成开发方测试，还委托有相应资质的评测机构开展第三方测试。对不同等级软件的测试覆盖性要求也有所不同，如高级语言编写的 A、B 级应用软件源码及目标码语句、分支覆盖率 100%，A、B 级可编程逻辑器件类软件语句、分支、状态机、条件和表达式覆盖率均达到 100%等。

表 1-1 软件安全关键等级划分

软件安全关键等级	软件危险程度	软件失效可能导致的后果
A	灾难性危害	人员死亡，系统报废，任务失败，环境严重破坏
B	严重危害	人员严重受伤或产生严重职业病，系统受到严重损害，任务受到严重影响
C	轻度危害	人员轻度受伤或产生轻度职业病，系统受到轻度损害，任务受到影响
D	轻微危害	低于轻度危害的损伤，但任务不受影响

1.2.3.2 规范的软件研制技术流程

航天软件研制的过程，是一个不断总结经验教训、不断成长改进的过程，规范的技术流程是软件产品质量的基本保证。在总结以往航天型号软件研制经验的基础上，根据不同类型软件的研制特点，共形成了四种配置项级的软件研制类型（包括Ⅰ类、Ⅱ类、Ⅲ类和Ⅳ类，见表 1-2），并形成了相应的技术流程（具体内容参见 2.5 节），从而规范不同类型的软件研制。

表 1-2 软件研制类型

类型编号	类型名称	说明
Ⅰ类	沿用	已完成沿用可行性分析与审批，不加修改即可再次使用的软件
Ⅱ类	仅修改参数	不修改软件可执行代码的内容，仅修改软件装定参数即可满足任务要求的软件
Ⅲ类	适应性更改	根据任务要求进行适应性更改、完善设计的软件
Ⅳ类	新研	不属于上述三类的新研制软件

1.2.3.3 严格的过程质量控制

2003 年神舟五号发射成功后，梁思礼院士在其回忆录《一个火箭设计师的故事》中有这样一段描述："会间，总设计师王永志跑过来跟我握手，说'你倡导的软件工程化起了大作用'。我认为这是对我为载人航天所做工作的肯定，软件工程不仅对载人航天工程起了大作用，而且也已推广到其他航天型号。……工程七大系统的嵌入式软件已经有几十万条，也就是说直接与任务有关的，即飞船和火箭上用的，包括航天员生命保障系统等这些方面的应用软件有几十万条。若未按软件工程方式管理，仍然是按过去'自编、自导、自演'方式研制软件，则根本无法实现控制，无法保证软件的质量和可靠性。"这不仅是对载人航天工程的认可，更是对软件工程化的肯定。

从载人航天工程开始，航天型号软件研制过程，严格按照研制阶段实施全过程质量控制。软件研制各阶段的文档按照不同的级别进行严格的同行评审，确保需求传递正确，各方理解一致。所有型号配套软件在交付系统试验之前必须完成开发方测试工作，A、B 级软件以及影响发射流程的C级软件还需通过第三方测试。

1.2.3.4 软件技术状态控制

航天型号是多个系统协同工作的系统工程，任何一个环节的失效都可能导致不可估量的损失，型号软件系统亦如此。在多年软件研制过程中，航天软件工程师们不断地总结和探索，形成了一套行之有效的软件技术状态控制方法。其中具有典型代表性的包括软件三库（开发库、受控库、产品库）配置管理的模式，以及软件更改影响域分析的方法，这些方法的应用有效地控制了软件技术状态变化，为提供高质量的软件产品奠定了基础。

多年的经验告诉我们，配置管理工作不可或缺的三个要素是：方法（标准）、人员和工具。在有效的方法（标准）指导下，软件研制单位均按照各自的软件配置管理程序文件建立了三库，使用配置管理工具辅助实施管理。开发库、受控库、产品库的软件版本状态明确，更改严格受控，设计人员遵循相关标准履行更改手续，配置管理员负责对已受控文档和程序等进行管理。参加分系统综合试验以及第三方评测的软件至少出自受控库，参加出厂测试和发射场飞行试验的软件均需出自产品库。

配置管理对不同控制基线下软件版本进行有效管理，软件更改影响域分析则是为了使更改更正确、全面、有效。软件工程师们针对航天型号软件特点，总结出了一套软件更改影响域分析的方法，具体包括：分析并统计软件更改的原因和类别，分析是否影响软件配置项的外部接口、内部接口以及软件安全性、可靠性，其中外部接口主要包括硬件接口、软件接口及协议、外部中断、相关软件文档，内部接口主要包括调用关系、程序执行路径、输入输出关系、数据结构、性能、内部中断等。根据对软件的影响域分析结果，提出相应的测试要求，包括文档审查、代码审查、单元测试、组装测试、配置项测试及系统测试等要求，最终目的都是为了能够充分地识别更改影响，并进行充分的测试验证，保证软件产品更改的质量。

1.2.3.5 软件过程管理能力提升

为了提高装备软件的质量，提高装备软件承制单位的软件过程管理能力，原总装备部组织专家队伍进行研究，同时引进了美国软件工程研究所（Software Engineering Institute，简称SEI）提出的能力成熟度模型（Capability Maturity Model ，简称CMM），结合国内军工行业软件研制现状，形成了GJB 5000标准，并在各军用软件研制单位进行有序推广应用。这与航天型号软件过程改进的思路不谋而合。

2003年，原总装备部从十大军工集团中选择了四家有代表性的单位，进行了GJB 5000的首批试点工作，从此拉开了航天软件过程改进工作的大幕；航天科技集团关键软件承研单位积极推进软件过程改进工作，陆续通过了GJB 5000二级及以上等级的认证，这也推动了航天软件过程管理能力的整体提升，促进了航天软件精细化管理。

1.3 航天软件的分类

航天软件可以从任务类型、软件用途、运行载体、软件来源、软件规模等不同的维度进行分类。

按照任务类型，航天软件可以分为飞行软件和地面软件。飞行软件是指在火箭、卫星、空间站等飞行器上运行的软件，包括所有涉及空间飞行控制、载荷应用、空间试验的系统中的相关软件。飞行软件多为实时嵌入式软件，具有严格的时间约束和空间约束。地面软件是指与发射流程直接相关的指挥控制软件、测发控软件和在轨运行的地面支持软件、地面设备软件等。

按照软件用途，可以分为应用软件、基础软件和辅助支撑软件。应用软件是解决属于专用领域的、非计算机本身问题的软件。基础软件是操作系统、编译器、数据库、中间件等，管理计算机硬件与软件资源，与应用软件集成在一起完成任务使命。辅助支撑软件是用于帮助开发软件的软件，包括调试器、模拟器、测试工具、配置管理工具等。

按照运行载体，可以分为处理器软件和可编程逻辑软件，其中处理器软件又可分为嵌入式软件和非嵌入式软件。嵌入式软件运行在特定的嵌入式系统中，实现硬件的控制、监视或管理，运行环境与开发环境相分离。非嵌入式软件的运行环境与开发环境相同，可以跨平台甚至跨系统运行。可编程逻辑器件软件主要包括 FPGA（Field Programmable Gate Array）、CPLD（Complex PLD）等可编程逻辑器件中的软件，本书统称为 FPGA 软件。

按照软件来源，可以分为自研软件、商用货架软件。自研软件是研制单位为实现特定功能自主研发的软件。商用货架软件指可以采购到的、具有开放式标准定义接口的软件产品。

按照软件规模，可以分为巨、大、中、小、微软件，见表 1－3。

表 1－3　软件规模划分

软件规模	嵌入式软件源代码行数 n	非嵌入式软件源代码行数 n	FPGA 软件源代码行数 n
巨	$100\,000 \leqslant n$	$500\,000(1\,000\,000) \leqslant n$	$100\,000 \leqslant n$
大	$10\,000(30\,000) \leqslant n < 100\,000$	$50\,000(300\,000) \leqslant n < 500\,000(1\,000\,000)$	$10\,000 \leqslant n < 100\,000$
中	$3\,000(5\,000) \leqslant n < 10\,000(30\,000)$	$5\,000(50\,000) \leqslant n < 50\,000(300\,000)$	$5\,000 \leqslant n < 10\,000$
小	$300(500) \leqslant n < 3\,000(5\,000)$	$500(5\,000) \leqslant n < 5\,000(50\,000)$	$500 \leqslant n < 5\,000$
微	$n < 300(500)$	$n < 500(5\,000)$	$n < 500$

注：嵌入式软件、非嵌入式软件规模划分参照 Q/QJA 30A—2013《航天型号软件工程化要求》，括号内的数据来源于 GJB 8000《军用软件研制能力等级要求》。

1.4　小结

本章重点回顾了航天软件从“自编、自导、自演”研制到软件工程化体系建立、软件工程化管理提升的发展历程，对航天软件分级分类管理、技术状态控制、技术流程规范、过程管理能力提升以及航天软件分类等方面进行了阐述。

参 考 文 献

［1］ 中国航天科技集团公司，Q/QJA 30A—2013，航天型号软件工程化要求［S］．2013.

［2］ 中国人民解放军总装备部，GJB 8000，军用软件研制能力等级要求［S］．2013.

［3］ 王晓玲，宋征宇，安占新．载人航天工程运载火箭软件研制实践［M］．北京：中国宇航出版社，2021.

［4］ 梁思礼．容错技术在航天领域中的应用［J］．系统工程与电子技术，1993（12）．

［5］ 梁思礼．一个火箭设计师的故事［M］．北京：清华大学出版社，2006.

第 2 章　航天软件工程基础

1968 年，在北大西洋公约组织举行的一次学术会议上首次提出了“软件危机”和“软件工程”的概念。经过 50 多年的发展，软件工程已经成为一门独立的学科，它是采用工程化的方法来开发大规模的软件，以获得较高的生产率、较低的成本、可控的质量、可度量的开发进度，人们对软件工程也逐渐有了更全面、更科学的认识。航天工程是系统工程，软件系统作为航天工程任务的一个重要组成部分，对任务成功起到了举足轻重的作用。在航天工程软件系统的研制过程中，软件工程发挥了巨大的作用。

为了使航天软件产品的各项功能和性能能够满足用户需求，使软件开发成本、开发周期能够控制在预计的合理范围内，提高软件产品的质量和可靠性，使生产出来的软件产品易于移植、维护、升级和使用，国内外航天领域在软件产品研制过程中，从技术和管理等不同层面都积累了很多优秀实践和经验，并建立了各自的标准体系。

当然在航天工程技术突飞猛进的发展趋势下，航天软件工程技术和方法也在不断地改进和发展。比如，软件研制模型从最初的瀑布模型，演化发展到迭代模型、增量模型、敏捷模型等；软件研制技术流程从配置项级的以瀑布模型为基础的单一的技术流程，演化发展到软件系统研制流程，再到Ⅰ类完全沿用软件、Ⅱ类参数更改软件、Ⅲ类代码更改软件以及Ⅳ类新研软件的技术流程；软件过程管理也从最初最基本的项目管理，演化发展到以软件能力成熟度模型为基础的过程能力成熟度等级评价，从而规范整个软件研制组织的行为。

本章对航天软件标准体系、软件能力成熟度模型、软件研制模型、航天型号研制阶段以及航天软件研制技术流程进行总体介绍，详细的流程、方法和实践在本书后续章节中阐述。

2.1　航天软件标准体系

近年来，我国航天事业取得了举世瞩目的成就，软件工程化作为一项重要的工程技术基础性工作，发挥了重要的作用。航天型号软件工程化工作依托以载人航天工程、深空探测工程、北斗导航工程为代表的国家重大工程实施，走出一条既符合中国国情，又充分体现复杂系统工程特点的软件工程化道路，为国内其他行业软件工程化的发展起到了重要的引领作用。

国内航天软件标准体系包括国家标准、军用标准、行业标准、企业标准和重大工程型号标准。

航天型号软件研制相关的国家标准、军用标准很多，例如：

1）GB/T 8566《信息技术 软件生存周期过程》；

2）GB/T 11457《信息技术 软件工程术语》；

3）GB/T 25000《系统与软件工程 系统与软件质量要求和评价》；

4）GJB 438C《军用软件开发文档通用要求》；

5）GJB 2434A《军用软件产品评价》；

6）GJB 2786A《军用软件开发通用要求》；

7）GJB 5000《军用软件能力成熟度模型》；

8）GJB 5234《军用软件验证和确认》；

9）GJB 8000《军用软件研制能力等级要求》；

10）GJB 8045《军用应用软件人机界面测试规程》；

11）GJB 8114《C/C＋＋语言编程安全子集》；

12）GJB 9432《军用可编程逻辑器件软件开发通用要求》；

13）GJB 9433《军用可编程逻辑器件软件测试要求》；

14）GJB/Z 102A《军用软件安全性设计指南》；

15）GJB/Z 141《军用软件测试指南》；

16）GJB/Z 172《军用软件风险管理指南》；

17）GJB/Z 183《军用软件规模度量指南》。

将几十年来在安全性分析、技术状态管控等方面的优秀实践固化成航天行业标准，例如：

1）QJ 2543A《航天型号软件维护》；

2）QJ 3027A《航天型号软件测试规范》；

3）QJ 3096A《航天型号软件产品证明书的编写规定》；

4）QJ 3097A《航天型号软件质量履历书的编写规定》；

5）QJ 3126A《航天软件产品质量保证要求》；

6）QJ 3130《航天型号软件配置管理规范》；

7）QJ 3174《航天软件产品贮存与管理》；

8）QJ 3175《航天型号软件产品验收与交付》；

9）QJ 3262《高可靠性实时嵌入式软件设计指南》；

10）QJ 20362《航天型号软件病毒防护要求》。

中国航天科技集团有限公司以《航天型号实施软件工程的技术规定》、Q/QJA 30A《航天型号软件工程化要求》作为顶层文件，以 Q/QJA 296《航天型号软件系统分析与设计要求》、Q/QJA 300《航天型号软件测试规范》、Q/QJA 642《航天型号软件可靠性与安全性要求》等标准规范作为支撑文件，国家重点工程根据本工程的特点制定软件工程化管理规定、技术要求，各型号根据统一要求和本型号的特点制定软件工程化大纲。中国航天科技集团有限公司标准体系如图 2－1 所示。

中国航天科技集团有限公司主要软件标准有：

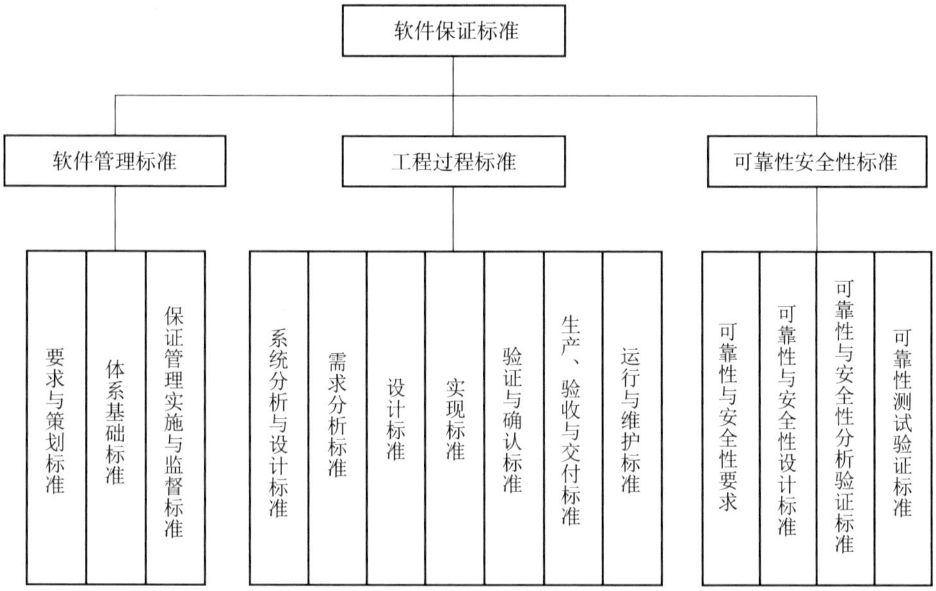

图 2－1　中国航天科技集团有限公司软件标准体系示例

1）Q/QJA 14.3A《航天型号出厂评审 第 3 部分：软件专项评审要求》；
2）Q/QJA 30A《航天型号软件工程化要求》；
3）Q/QJA 43《载人航天型号软件更改影响域分析要求》；
4）Q/QJA 44《载人航天型号软件测试覆盖性分析要求》；
5）Q/QJA 257《航天型号软件需求可靠性与安全性分析验证指南》；
6）Q/QJA 290《航天器软件及 FPGA 产品固化要求》；
7）Q/QJA 296《航天型号软件系统分析与设计要求》；
8）Q/QJA 297《航天型号软件可靠性与安全性设计要求》；
9）Q/QJA 298《航天型号软件验证与确认指南》；
10）Q/QJA 299《航天型号软件外协外购管理要求》；
11）Q/QJA 300《航天型号软件测试规范》；
12）Q/QJA 461《航天型号软件第三方测评管理规范》；
13）Q/QJA 530《航天型号软件产品沿用规范》；
14）Q/QJA 531《航天型号软件配置管理实施细则》；
15）Q/QJA 532《航天型号软件故障模式影响分析应用指南》；
16）Q/QJA 642《航天型号软件可靠性与安全性要求》；
17）Q/QJA 643《航天型号软件危险分析指南》；
18）Q/QJA 664《航天型号软件重用指南》。

载人航天工程、探月工程等国家重点工程制定了软件工程化规范。载人航天工程软件工程化规范包括管理规定和技术标准，1992 年首次制定，并于 2007 年和 2014 年进行了两次修订。2007 年第一次修订增加了软件系统级顶层设计、安全性要求。2014 年第二次修订时新增了 FPGA 软件研制过程和管理要求、软件安全保密性要求、在轨维护软件研制过程和管理要求，明确了第三方评测管理办法、系统转阶段对软件的研制要求、飞行产品配套软件和地面支持系统配套软件相关要求、外购软件的选用要求等。每次修订均根据工程软件研制特点和需求不断完善、补充相关内容，促进了我国载人航天工程软件工程化技术和管理不断发展。

2.2 软件能力成熟度模型

1984 年 5 月，美国国防部（Department of Defense，简称 DoD）依托卡耐基梅隆大学建立了软件工程研究所（Software Engineering Institute，简称 SEI）。在 IBM 工作了 26 年的 Watts Humphrey 于 1986 年在 SEI 走马上任，他首先面临的任务是建立一个能够让 DoD 客观评价软件供应商能力的方法。Humphrey 决定开发一个软件过程成熟度架构，其基本依据是一个简单理念：软件产品质量在很大程度上是由其开发和维护过程决定的。软件能力成熟度模型（Capability Maturity Model，简称 CMM）的雏形开始形成。

CMM 借鉴了全面质量管理（Total Quality Management，简称 TQM）的原则，TQM 在制造过程、服务过程及工程设计过程的成功经验为软件工程提供了一个良好起点。软件过程也可以看作是一个活动、方法、实践的集合，通过使用这些活动、方法及实践，可以开发并维护软件产品。随着组织的成熟，软件过程会不断完善并在组织内部得到普遍贯彻执行，其结果是软件产品质量和开发效率的提升、不必要返工的减少，以及更加有效的项目计划及管理。

经过一年多的努力，Humphrey 于 1987 年发表了具有五个能力级别的软件 CMM，为软件组织提升开发能力展示了一个路径图。由于软件本身的特点，变化是常态，CMM 也不例外。1993 年，SEI 发布了改进的 CMM v1.1 版本。2000 年，SEI 发布了能力成熟度模型集成 CMMI（Capability Maturity Model Integration，简称 CMMI）v1.02 版，将 CMM 从软件扩大到系统，覆盖各类产品开发。2002 年，SEI 发布了 CMMI v1.1 版，正式让大家使用。2005 年，SEI 开始接受 CMMI 的评估结果，CMM 则彻底完成了它的历史使命。2006 年，SEI 发布了 CMMI v1.2 版本。之后从 2007 年到 2010 年，SEI 强化了 CMMI 高成熟度的评估审核，并设置了高成熟度主任评估师。2010 年，SEI 发布了 CMMI v1.3 版，对四级、五级内容做了一些完善，并同时发布了开发、服务和采购三个模型。2018 年，CMMI 研究院正式发布了 CMMI v2.0 版，包括成熟度模型、使用指南、系统与支持工具、培训、认证和评估方法，作为针对软件、产品和系统的过程改进模型。

CMMI 共有五个级别，代表软件团队能力成熟度的五个等级，数字越大，成熟度越高，高成熟度等级表示有比较强的软件综合开发能力。

CMMI 一级：初始级。在初始级水平上，软件组织对项目的目标与要做的努力很清晰，项目的目标可以实现。但是由于任务的完成带有很大的偶然性，软件组织无法保证在实施同类项目时仍然能够完成任务。项目实施能否成功主要取决于实施人员。

CMMI 二级：已管理级。在已管理级水平上，所有第一级的要求都已经达到，另外，软件组织在项目实施上能够遵守既定的计划与流程，有资源准备，权责到人，对项目相关的实施人员进行了相应的培训，对整个流程进行监测与控制，并联合上级单位对项目与流程进行审查。二级水平的软件组织对项目有一系列管理程序，避免了软件组织完成任务的随机性，保证了软件组织实施项目的成功率。

CMMI 三级：已定义级。在已定义级水平上，所有第二级的要求都已经达到，另外，软件组织能够根据自身的特殊情况及自己的标准流程，将这套管理体系与流程予以制度化。这样，软件组织不仅能够在同类项目上成功，也可以在其他项目上成功。科学管理成为软件组织的一种文化，成为软件组织的财富。

CMMI 四级：已定量管理级。在已定量管理级水平上，所有第三级的要求都已经达到，另外，软件组织的项目管理实现了量化管理。通过量化管理来实现管理的精细化，降低项目实施在质量上的波动。

CMMI 五级：优化级。在优化级水平上，所有第四级的要求都已经达到，另外，软件组织能够充分利用信息资料，对软件组织在项目实施的过程中可能出现的问题予以预防。能够主动地改善流程，运用新技术，实现流程的优化。

2003 年，原总装备部在广泛征求意见的基础上，正式发布了《军用软件能力成熟度模型》（GJB 5000—2003），以提高我国军用软件质量。2008 年，原总装备部基于 CMMI v1.2 版和军用软件研制特点，发布了《军用软件研制能力成熟度模型》（GJB 5000A—2008），规范了为达到研制高质量军用软件的目标而应具有的软件研发能力等级、各等级的典型特征和能力水平，并给出了如何持续改进提升能力等级的具体指导。2021 年 12 月 31 日，中央军委装备发展部发布了《军用软件能力成熟度模型》（GJB 5000B—2021），推进系统工程，强化全寿命管理，凝练优秀实践，关注能力绩效，为树立“软件定义装备”和“智能化的本质是算法、是软件”等理念，提供了持续迭代开发的模型。

GJB 5000B《军用软件能力成熟度模型》是软件全生存周期过程技术和管理最佳实践的集合。这些实践按照实践域进行分类和分级，为组织提供过程改进的框架，指出一条能力提升的路径，指导组织实施精细化管理，不断改进组织过程，提高质量和过程绩效，提升顾客满意度。军用软件能力成熟度模型关注组织承担军用软件任务的整体能力和绩效，共分为五个等级，第一级为初始级，第二级为规范级，第三级为全面级，第四级为量化级，第五级为卓越级，每一等级是实现下一个等级的基础，实现分级递进。军用软件能力成熟度模型覆盖软件生存周期的全过程、全要素，每个实践域包含一个或多个能力等级，每个等级设置目标，实践按等级进行划分。实践域与等级、等级与实践形成一对多的关系。

军用软件能力成熟度等级如图 2－2 所示，实践域分组织管理类、项目管理类、工程类和支持类，军用软件能力成熟度模型分类分级见表 2－1。

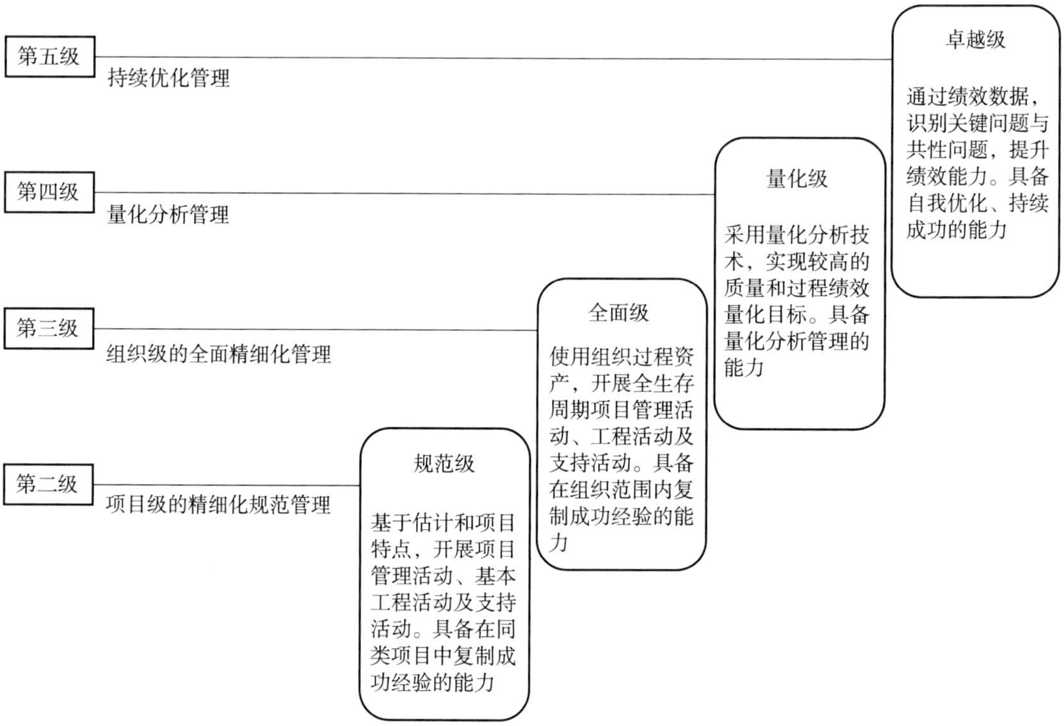

图 2-2　军用软件能力成熟度等级

表 2-1　军用软件能力成熟度模型分类分级

类别	实践域名称	规范级	全面级	量化级	卓越级
组织管理类	领导作用(LD)	●	●	●	—
	组织过程改进(OPI)	—	●	●	—
	组织资产开发(OAD)	—	●	—	—
	组织培训(OT)	—	●	—	—
	实施基础(II)	●	●	—	—
项目管理类	项目策划(PP)	●	●	●	—
	项目监控(PMC)	●	●	—	—
	风险与机遇管理(ROM)	—	●	—	—
	外部供方管理(ESM)	●	●	—	—
工程类	立项论证(DEM)	●	●	—	—
	需求开发与管理(RDM)	●	●	—	—
	技术解决方案(TS)	—	●	—	—
	产品集成与交付(PID)	—	●	—	—
	同行评审(PR)	—	●	—	—
	验证与确认(VV)	●	●	—	—
	运行维护(MT)	●	●	—	—

续表

类别	实践域名称	规范级	全面级	量化级	卓越级
支持类	配置管理(CM)	●	—	—	—
	质量保证(QA)	●	—	—	—
	决策分析(DAR)	—	●	—	—
	原因分析(CAR)	—	●	●	●
	测量与绩效管理(MPM)	●	●	●	●

注:“●”表示有该实践域;“—”表示无该实践域。

2.3　软件研制模型

对每个组织而言，软件过程具有多样化特征；但是，对于特定的组织或者工程系统而言，软件过程的标准化可以提高软件质量，降低软件过程的多样性，使得组织成员之间形成共同的理解和沟通基础，减少培训时间，形成自动化的过程支持。为了便于软件开发组织选择恰当的软件模型，研究者们根据软件开发经验总结出了一些软件过程范式，称为软件研制模型。

软件研制模型是指软件开发全部过程、活动和任务的结构框架，侧重于对软件工程各阶段、阶段之间的关系进行更为宏观的约束，明确定义需求、设计、编码、测试、运行维护等不同阶段的主要活动和任务。典型的软件研制模型包括瀑布模型、原型模型、迭代模型、增量模型、敏捷模型等。

2.3.1　瀑布模型

瀑布模型是软件工程的经典模型，将软件生存周期的各项活动规定为按固定顺序而连接的若干阶段工作，形如瀑布流水，最终得到软件产品。瀑布模型由一系列顺序的活动构成，每个活动分为输入、过程与输出三部分，上一项活动的输出作为本活动的输入，实现本活动应完成的内容后，给出本活动的工作成果输出，作为下一项活动的输入。在每个阶段结束时，以审查和文档作为控制手段，对开发过程进行里程碑管理。

瀑布模型适用于系统需求能够较快明确、需求极少变更的软件开发过程。瀑布模型大致过程如图 2-3 所示。

2.3.2　原型模型

原型模型是开发人员根据用户提出的需求快速开发出一个样本，向用户展示待开发软件的全部或部分功能和性能。通过原型系统与用户沟通，进一步修改、完善，确认软件系统的需求并达成一致理解。采用逐步求精方法使原型逐步完善，是一种在新的高层次上不断反复推进的过程，比瀑布模型更符合人的思维活动。原型模型大致过程如图 2-4 所示。

根据软件项目的特点和运行原型的目的，可以分为 3 种不同作用的原型：

1）探索型：针对开发目标模糊、用户和开发者对项目都缺乏经验的情况，为了弄清

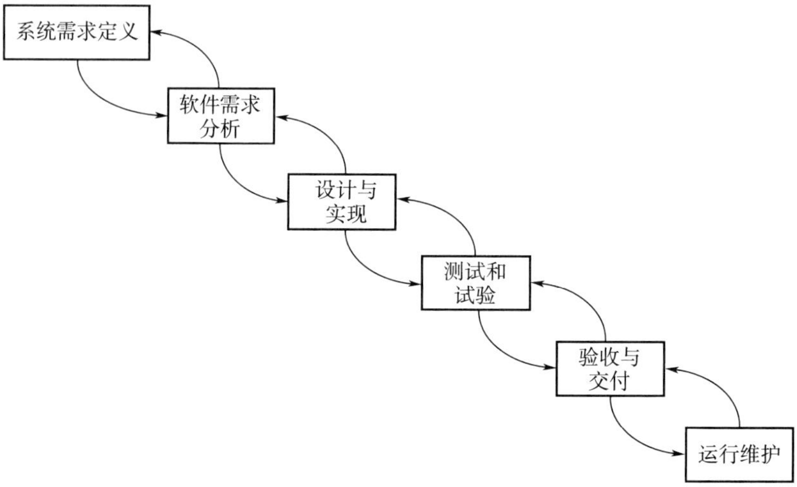

图 2-3 瀑布模型示例

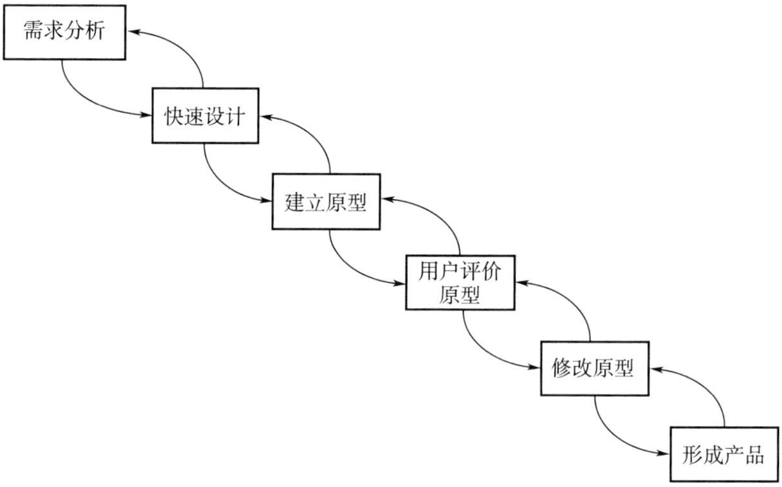

图 2-4 原型模型示例

目标系统的要求，确定所希望的特性，并探讨多种方案的可行性。

2）实验型：用于大规模开发和实现之前，考核方案是否合适，规格说明是否正确。

3）进化型：目的是将系统建造得易于变化，在改进原型的过程中，逐步将原型进化成最终系统。

在原型开发过程中，开发者可以使用自己比较熟悉的语言和开发环境尽快构建原型，便于用户感受实际系统。原型模型产品开发快，有助于获取准确的用户需求，进行某种技术和方法的可行性研究，侧重小型系统中系统核心部分的开发或大型系统界面沟通。但完善原型时，其他部分会因为迁就原型已有部分，造成结构不合理，影响维护。

2.3.3　迭代模型

迭代模型是 RUP（Rational Unified Process，统一软件开发过程）推荐的研制模型，被定义为包括产生产品发布（稳定、可执行的产品版本）的全部开发活动和要使用该发布必需的所有其他外围元素。也就是对产品开发的每个活动、阶段或子阶段进行迭代。RUP 中的软件生命周期在时间上被分解为四个阶段，分别是：初始阶段、细化阶段、构造阶段和交付阶段，每个阶段结束于一个主要的里程碑；每个阶段本质上是两个里程碑之间的时间跨度。在每个阶段的结尾执行一次评估以确定这个阶段的目标是否已经满足。如果评估结果令人满意的话，可以允许项目进入下一个阶段。迭代模型的大致过程可以参考图 2－5。

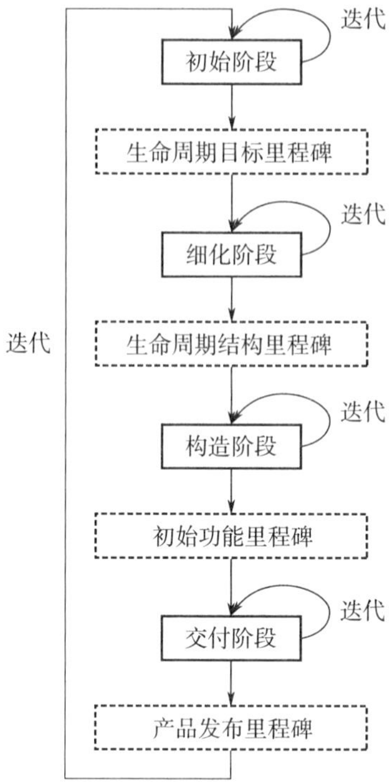

图 2－5　迭代模型示例

2.3.4　增量模型

增量模型融合了瀑布模型的基本成分和原型实现的迭代特征，该模型采用随着日程时间的进展而交错的线性序列，每一个线性序列产生软件的一个可发布的增量。当使用增量模型时，第一个增量往往是核心的产品，即第一个增量实现了基本的需求，但很多补充的特征还没有发布。客户对每一个增量的使用和评估都作为下一个增量发布的新特征和功能，这个过程每个增量发布后不断重复，直到产生了最终的完善产品。增量模型强调每一个增量均发布一个可操作的产品。增量模型的大致过程如图 2－6 所示。

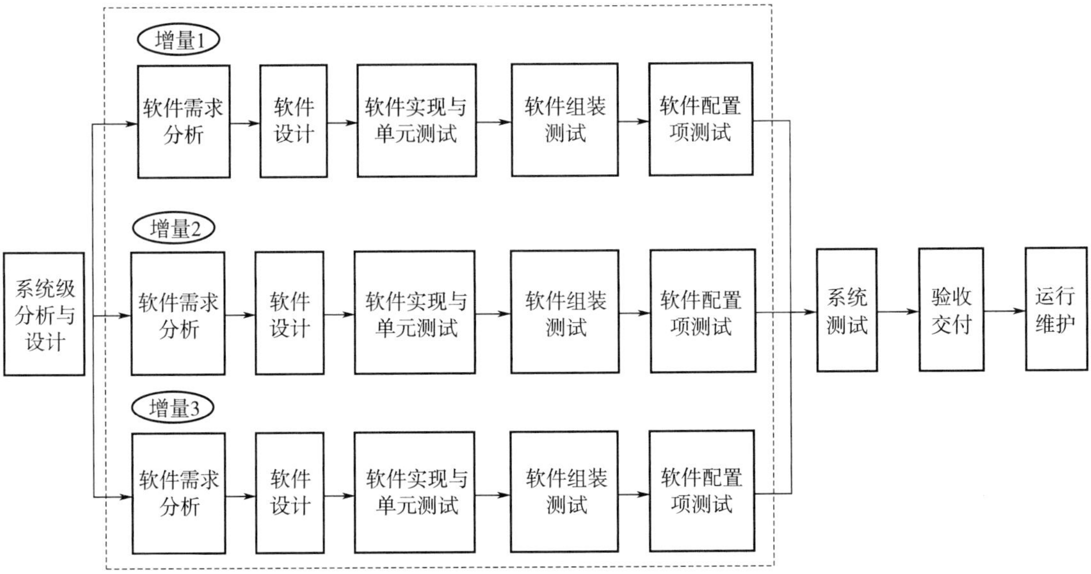

图 2-6 增量模型示例

2.3.5 敏捷模型

敏捷模型是 20 世纪 90 年代兴起的一种软件开发模型。在现代社会，技术发展非常快，而软件开发也是在快节奏的环境下进行的。在业务快速变换的环境下，往往无法在软件开发之前收集到完整而详尽的软件需求。没有完整的软件需求，传统的软件开发模型就难以展开工作。因此，敏捷模型应运而生。

敏捷开发以用户的需求进化为核心，采用迭代、循序渐进的方法进行软件开发。在敏捷模型中，软件项目在构建初期被切分成多个相互联系而又独立运行的子项目，然后迭代完成各个子项目，开发过程中，各个子项目都要经过开发测试。当客户有需求变更时，敏捷模型能够迅速地对某个子项目做出修改以满足客户的需求。在这个过程中，软件一直处于可使用状态。

除了响应需求，敏捷模型还不断对产品进行细微、渐进式的改进，每次改进一小部分，如果可行再逐步扩大改进范围。在敏捷模型中，软件开发不再是线性的，开发的同时也会进行测试工作，甚至可以提前写好测试代码。

相比于传统的软件开发模型，敏捷模型更注重“人”在软件开发中的作用，项目的各部门应该紧密合作、快速有效地沟通（如面对面沟通），提出需求的客户可以全程参与到开发过程，以适应软件频繁的需求变更。为此，敏捷模型描述了一套软件开发的价值和原则：

1）个体和交互重于过程和工具；

2）可用软件重于完备文档；

3）客户协作重于合同谈判；

4）响应变化重于遵循计划。

敏捷模型可以及时响应客户需求变更，不断适应新的趋势，但是开发灵活的同时也带来了一定程度的混乱。例如，缺乏完善的文档资料；软件之前版本的可重复性和可回溯性较低等。因此，敏捷模型比较适合小项目的开发。敏捷模型的大致过程如图 2－7 所示。

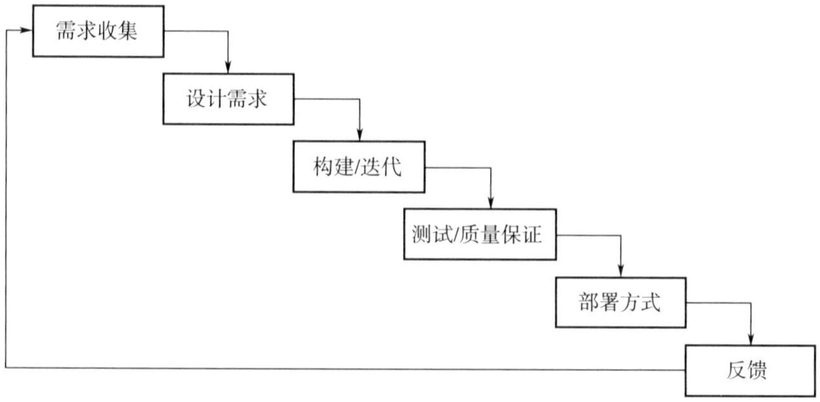

图 2－7　敏捷模型示例

2.4　航天型号研制阶段

航天型号研制一般分为方案（模样）、初样、试样（正样）和定型四个阶段，每个阶段软件研制的工作侧重点有所不同，按照 Q/QJA 30A—2013 的相关要求，型号研制各阶段软件开发的主要任务见表 2－2。

表 2－2　型号研制各阶段软件开发的主要任务

型号研制阶段	软件开发的主要任务
方案（模样）	根据初步的系统需求，建立软件原型，确定软硬件功能分配、运行环境、体系结构、信息流、通信和接口，明确初样阶段软件任务要求
初样	根据初样的系统需求，细化软件需求，设计和开发软件产品，完成全面的验证和确认活动，完成验收与交付，使产品的功能、性能、可靠性、安全性等满足初样任务要求，明确试样（正样）阶段软件任务要求
试样（正样）	根据试样（正样）系统需求完善软件设计，对软件产品进行全面的验证与确认，控制软件的技术状态，完成验收与交付，通过型号出厂软件专项评审，确保软件产品的质量满足飞行试验（或软件交办方）要求
定型	在试样的基础上，根据用户需求和试验情况完善软件设计，通过定型鉴定试验考核，固化软件技术状态，通过定型验收

2.4.1　方案阶段转初样阶段

在型号由方案阶段转初样阶段时，需完成以下软件有关工作：

1）完成了关键技术攻关；

2）根据系统初步危险分析完成了型号软件系统的危险分析；

3）完成了系统的软硬件架构设计，确定了型号软件系统组成，形成了软件产品配套表；

4）明确了初样软件系统设计要求，并提出了初步的初样软件任务书；

5）完成了方案阶段软件开发总结，文档资料齐全。

2.4.2 初样阶段转试样（正样）阶段

在型号由初样阶段转试样（正样）阶段时，需完成以下软件有关工作：

1）进行了系统级的软件策划和设计，制订了软件产品保证大纲和有关产品保证要求；

2）完成了软件的可靠性安全性设计与验证；

3）软件通过了开发方的单元测试、组装测试、配置项测试和系统测试，开展了第三方评测工作；

4）研制过程、技术状态受控，配置管理有效，产品数据包完整；

5）软件质量问题已完成归零和举一反三；

6）明确了试样（正样）软件技术状态，提出了试样（正样）软件任务书。

2.4.3 试样阶段转定型阶段

在试样阶段转定型阶段时，需完成以下软件有关工作：

1）软件已按要求完成研制，研制过程、技术状态受控，源程序、相关文件资料齐套，数据齐全；

2）软件通过了开发方测试和系统测试，A、B级软件通过了第三方评测；

3）软件质量问题已完成归零和举一反三；

4）软件随所属系统通过了要求的飞行试验考核。

2.5 航天软件研制技术流程

通过第1章的描述，读者应该已经了解航天软件研制的技术流程，是从最初的单个软件配置项按照瀑布模型开展相关研制工作，发展到多个配置项构成的软件系统按照不同软件研制类型进行系统集成，以完成特定功能。

2.5.1 软件系统研制技术流程

软件系统分析与设计的主要工作包括：确定各分系统间的数据流、指令流、时序关系和接口协议，进行软件系统架构设计，进行软件系统初步危险分析，提出软件系统安全性要求，并文档化软件系统要求，便于后续的软件配置项研制，以及软件系统的测试验证和运行维护工作。具体的软件系统研制技术流程如图2-8所示。

由于航天型号的研制有一定的继承性，因此按照第1章中表1-2的描述，软件配置

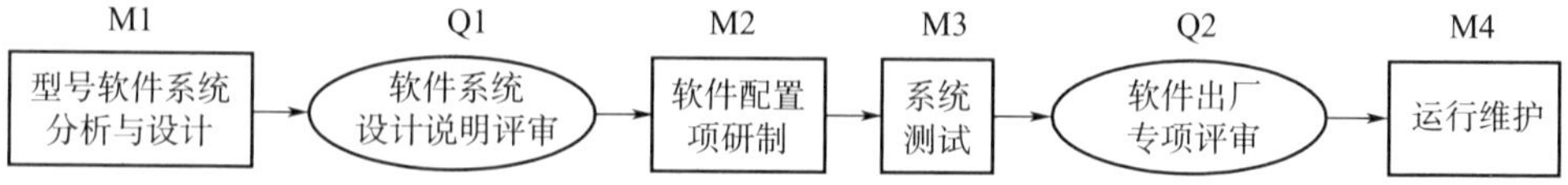

图 2－8　软件系统研制技术流程

项研制时可能会产生四类不同的研制类型，下面分别说明这四类研制类型的技术流程。

2.5.2　沿用软件技术流程

一般指经过了飞行试验考核的软件，既可以是本型号经过飞行试验考核的软件，也可以是其他型号经过飞行试验考核的软件，其重要的特点就是不用做任何更改即可被使用。Ⅰ类（沿用）软件技术流程如图 2－9 所示，软件沿用可行性分析报告模板见附录 B.2。为了确保沿用的正确性，一般要求从五个方面进行分析，并形成文档。需要分析的内容具体包括：

1）分析沿用软件的运行环境（含软件和硬件运行环境）与被沿用软件运行环境是否一致，或者运行环境变化是否对软件沿用产生影响；

2）分析沿用软件的外围环境与被沿用软件外围环境是否一致，或者软件外围环境变化是否对软件沿用产生影响；

3）分析研制任务书要求与被沿用软件是否一致，或者软件研制任务书要求变化是否对软件沿用产生影响；

4）对被沿用软件研制过程满足软件工程化要求的情况进行分析和确认，分析被沿用软件的研制过程是否满足软件工程化要求，包括对文档、开发过程、测试及第三方评测、评审等情况的复核；

5）对被沿用软件的飞行情况进行分析，分析是否存在问题或存在举一反三的问题。

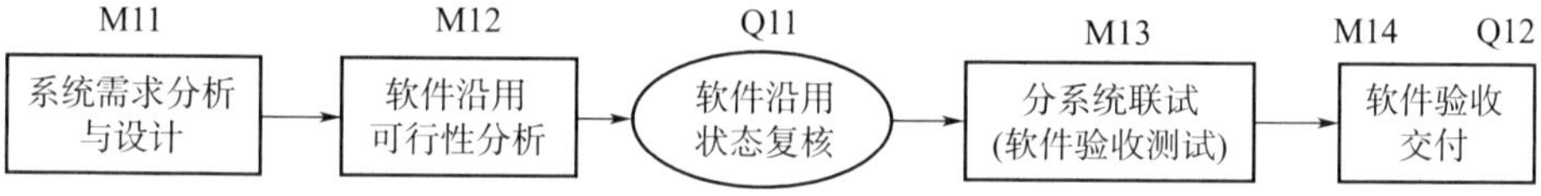

图 2－9　Ⅰ类软件技术流程

注：图中的 M*mn*（如 M11，M12）为研制阶段的工作，Q*mn*（如 Q11）为主要质量控制节点

2.5.3　仅修改参数软件技术流程

Ⅱ类（仅修改参数）软件一般指经过飞行试验的考核，不修改软件可执行代码的内容，仅修改软件装定参数即可满足任务要求的软件。Ⅱ类软件应与被修改软件的软、硬件及外部接口环境一致，在功能和使用方式上一致；被修改软件的研制过程应满足软件工程化要求，在飞行试验过程中尚未发现问题，且不存在其他型号“举一反三”涉及的问题。其技术流程如图 2－10 所示。

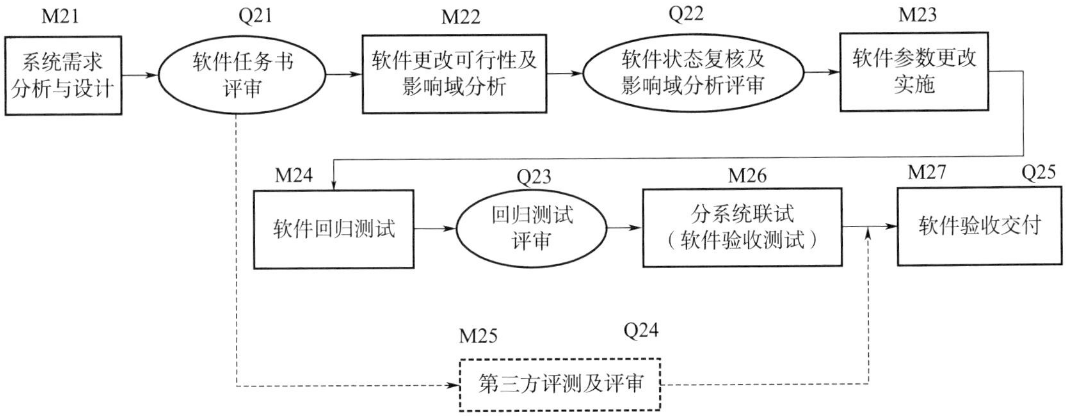

图 2-10　Ⅱ类软件技术流程

注：图中的 M*mn*（如 M21，M22）为软件研制阶段的工作，Q*mn*（如 Q21、Q22）为主要质量控制节点；虚线框是 A、B 级软件和影响发射流程的 C 级飞行软件的工作要求

2.5.4　适应性更改软件技术流程

Ⅲ类（适应性更改）软件一般指经过飞行试验的考核，与被修改软件在使用方式上一致，根据新的任务要求或者完善性需求，对软件代码进行适应性更改，不影响原有软件的体系结构，且被修改软件的研制过程满足型号软件工程化要求。其技术流程如图 2-11 所示。

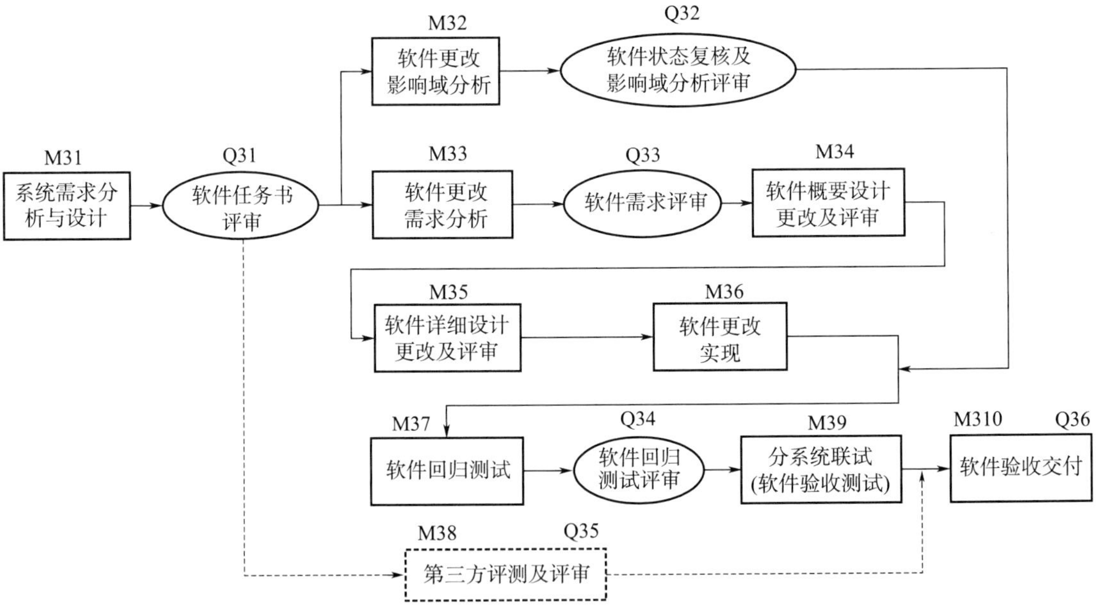

图 2-11　Ⅲ类软件技术流程

注：图中的 M*mn*（如 M31，M32）为软件研制阶段的工作，Q*mn*（如 Q31、Q32）为主要质量控制节点；虚线框是 A、B 级软件和影响发射流程的 C 级飞行软件的工作要求

在实际工作过程中，经常出现因为软件更改影响域分析不到位而产生的质量问题，因此软件影响域分析的全面性对软件产品的质量至关重要。一般更改影响域分析至少应包括以下几个方面的内容：

1）软件配置项外部接口影响分析，含硬件接口、软件接口及协议、外部中断等；

2）软件配置项内部接口影响分析，含调用关系及程序执行路径、输入输出关系、数据结构、内部中断等；

3）软件可靠性安全性影响分析；

4）软件性能分析，含软件运行时间、数据精度、内存使用等；

5）软件使用文档影响分析，含软件使用说明、安装说明、维护说明、发射场测试流程文件等；

6）软件产品使用方式影响分析。

2.5.5 新研软件技术流程

Ⅳ类（新研）软件是指没有经过任何飞行试验的考核、首次使用的软件。Q/QJA 30A—2013 中仅对使用瀑布模型的软件配置项技术流程进行了规定，如图 2－12 所示。但是随着型号软件系统越来越复杂，软件研制模型也不应该是一成不变的，在后续新研软件的研制过程中，型号可以根据自身特点，选择更加适合自己的研制模型。

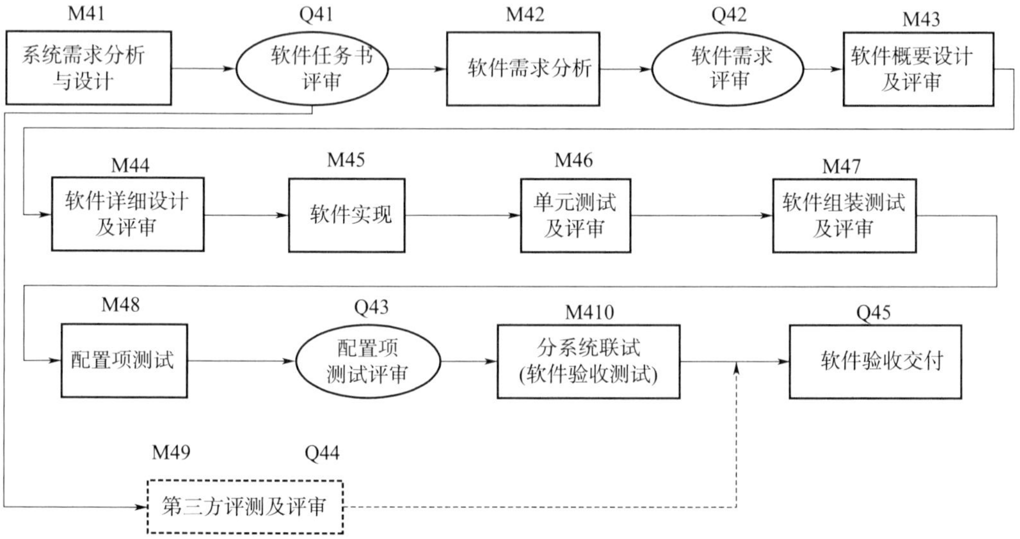

图 2－12 Ⅳ类软件技术流程

注：图中的 M*mn*（如 M41，M42）为软件研制阶段的工作，Q*mn*（如 Q41、Q42）为主要质量控制节点；虚线框是 A、B 级软件和影响发射流程的 C 级飞行软件的工作要求

2.6　小结

本章简要介绍了航天软件标准体系建设情况、软件能力成熟度模型的相关内容以及几种常用的软件研制模型，重点介绍了航天软件研制阶段的相关要求，四类软件研制类型的技术流程。随着航天软件系统复杂性越来越高，需要我们不断研究新的技术和方法，及时总结经验教训，使得软件研制与型号研制相匹配。

参 考 文 献

[1] CMM&CMMI卡耐基梅隆大学软件工程研究所：www. sei. cmu. edu.

[2] GJB 5000B—2021,《军用软件能力成熟度模型》[S].

[3] 博客园，软件生存周期模型之迭代模型，https：//www. cnblogs. com/yilang/p/12248622. html [2022-3-20].

[4] MBA智库，什么是增量模型，https：//wiki. mbalib. com/wiki/ [2022-3-20].

[5] 传智教育，什么是敏捷模型，https：//www. Itcast. cn/news/20201008/16204382506. shtml [2022-3-20].

第3章　技术活动指南

3.1　概述

航天型号软件应依据型号总体要求进行研制。型号研制初期，软件承制方应确定软件研制类型和软件规模，对软件进行初步危险分析（PHA），按照其承担任务的关键程度以及软件失效导致的后果，确定软件的安全关键等级，不同安全关键等级和研制类型的软件应遵循相应的质量保证要求。

航天型号软件开发过程可以分成软件系统架构设计、系统需求分析与设计、软件需求分析、软件设计和实现、软件测试、系统试验、软件验收与交付、软件运行维护等八个主要技术活动，每个技术活动均应考虑安全性可靠性。本章介绍了每个活动的输入、输出、主要任务及要求，并对如何进行软件设计更改和技术活动剪裁提出了具体方法和实践。特殊说明的是，活动描述的顺序并不表示活动执行的顺序，活动执行的顺序应符合所选择的研制模型。在型号研制过程中，软件承制方应根据具体情况对技术活动进行必要剪裁，并在实践中不断总结经验，持续改进。

软件系统架构设计的目的在于针对多个配置项构成的软件系统，分析和明确各（分）系统内部的软硬件划分和相互协作关系。通过开展软件系统方案论证、软件系统分析、软件系统设计和软件系统测试方案设计四方面工作，构建软件系统架构，形成软件系统方案设计报告。

系统需求分析与设计、软件需求分析是针对单个软件配置项，挖掘、分析并建立用户需求、产品需求与产品部件需求的两项关键活动。其中，系统需求分析与设计主要是获取用户需求的过程，形成软件任务书；软件需求分析在充分理解用户需求的基础上，逐项细化为软件产品需求和产品部件需求，形成软件需求规格说明。在瀑布模型中，系统需求分析与设计、软件需求分析依次顺序开展，但针对软件需求尚不明确或不准确的项目，不可能一次性提出完整准确的软件任务书，通常情况下，系统需求分析与设计、软件需求分析需要多次迭代，可参考迭代模型、敏捷模型和原型模型，以迭代的方式进行需求获取、需求分析、需求描述和需求确认。

软件设计和实现主要包括概要设计、详细设计和编码实现三部分工作。其中，通过概要设计，选择、设计并实现对需求的解决方案；通过详细设计和实现，形成软件单元模块，制定软件组装策略，将软件单元模块组装形成可交付的软件产品。在迭代模型、敏捷模型和原型模型下，软件设计和实现、软件测试的工作可能同时开展，可通过自动的持续集成提升软件开发效率和质量。应重视软件代码实现与软件设计文档之间的一致性、软件编程的规范性、交付用户的软件使用文档的正确性等质量要求。

软件测试和系统试验是确保软件产品满足其规定的需求，证明软件产品在目标环境下满足预期需求的两项关键活动，软件测试主要包括单元测试、组装测试、配置项测试和系统测试四个测试级别，系统试验包括仿真试验、综合试验、匹配试验、总装测试等。其中，单元测试、组装测试和配置项测试为面向单个软件配置项的测试，系统测试的主要对象是系统，搭建真实硬件系统环境或仿真环境，验证软硬件之间、各软件配置项之间接口匹配性以及各软件配置项功能性能是否满足系统要求。

软件验收与交付是软件交付用户正式使用前应进行的一项关键活动，软件产品按照软件开发计划规定的研制流程完成相关工作后，软件交办方要依据软件任务书、有关技术说明文件及适用的标准，对软件产品进行验收，验收通过后，软件承制方可向交办方交付软件产品。

软件运行维护是软件生存周期的最后一项活动，从软件产品交付用户开始，一直持续到软件产品退役或服务终止。这个活动的目的就是产品交付后，向顾客或最终用户提供持续稳定的产品和服务，满足顾客需求，增加顾客满意度。

3.2 软件系统架构设计

3.2.1 概述

航天软件系统研制是一个复杂的系统工程，如何能够在复杂的系统中保持各软件相互协调一致地工作，软件系统架构设计至关重要。软件系统架构设计包括软件系统方案论证、软件系统分析、软件系统设计、软件系统测试方案设计四个过程。软件系统方案论证主要是初步制定软件系统方案，梳理关键技术，识别项目风险。软件系统分析与设计的主要工作是完成型号软件统一化要求，包括软件开发和测试标准统一化，处理器、编程语言、集成开发环境的统一化，从而使所有软件开发单位采用相同的标准和技术要求。航天软件系统分析与设计分为两个层面，首先是整个型号的软件系统分析与设计，其次是各主要分系统的软件系统分析与设计。软件系统测试方案设计明确测试范围和测试级别，选择测试类型，进行测试任务分工。

表 3－1 描述了软件系统架构活动的输入、主要任务和输出。

表 3－1　软件系统架构活动的输入、主要任务和输出

分类	文件名称/任务名称
输入	1)业务发展规划、用户需要； 2)需求调研提纲或总体任务书； 3)系统架构、货架产品； 4)应遵循的设计准则，包括技术方案选择准则、型号可靠性安全性大纲、型号标准化大纲、软件工程化大纲等规范

的需求分析工具、过程管理平台、配置管理平台、开发环境、仿真测试环境，以及场地、人力资源保障等。

在软件系统方案论证阶段，可使用“CORT－CRISS”软件体制分析和软件方案决策法对软件系统方案进行论证。CORT 软件体制分析法结合型号特点，从以下四项进行分析：软件系统复杂度、操作系统类型、冗余架构、拓扑结构。每项分解为若干特征点要素，并对每个特征点要素进行说明和举例，如表 3－2 所示。CRISS 软件方案决策法主要从软件组成、接口关系、软件体制、选用分析和风险分析五方面进行评价，对型号系统中软件专业部分进行决策。按照表 3－3 的内容，采用“CRISS 软件方案决策法”，逐项进行审查，并给出审查意见。

表 3－2　CORT 软件体制分析法

软件体制	软件体制特征	特征点要素	特征点要素选项/举例	备注
CORT	软件系统复杂度（Complexity）	配置项数	□精简软件系统：配置项数<6 □标准软件系统：配置项数 6～12 □复杂软件系统：配置项数>12	
		处理器选型	□DSP □SPARC □龙芯 □X86 □其他______	
		总线选型	□1553B □串口 □LVDS □Glink □TTE □其他______	
		实时性要求	□5ms □10ms □20ms □其他______	
	操作系统（OS）	箭上 OS	□无 □战星 □SZOS□SpaceOS □其他______	
		多核调度	□独立调度 □统一调度	
		地面 OS	□战旗 □VxWorks □Windows □麒麟 □其他	
		数据库	□无 □XML □达梦□金仓 □MySQL □其他	
	冗余（Redundancy）	箭上总线冗余	□单总线 □双总线 □其他______	
		处理器冗余	□无冗余 □双冗余 □三冗余 □其他______	
		地面冷热备份	□无备份 □热备份 □冷备份	
	拓扑（Topology）	箭上拓扑架构	□集成式 □分布式 □其他______	
		地面拓扑架构	□前置测控 □后置测控 □集成测控	
		数据服务框架	□单机 □C/S □B/S □其他______	
		大数据系统	□无 □采用　大数据系统	
		故障诊断系统	□无 □采用　故障诊断系统	

表 3-3　CRISS 软件方案决策法

决策	审查要点	审查内容	审查人	审查情况
CRISS	软件组成（Compose）	软件系统的总体功能描述完整		
		重点功能进一步说明		
		关键软件组成识别完整		
		关键软件的开发环境和操作系统识别正确		
	风险分析（Risk）	对软件研制过程中的风险进行分析		
		已识别风险的控制措施可控		
	接口关系（Interface）	关键软件之间的接口图清晰		
		接口中包含初步的数据流		
	软件体制（Software）	软件体制中对软件系统复杂度进行描述		
		软件体制中对操作系统进行描述		
		软件体制中对冗余要求进行描述		
		软件体制中对软件系统拓扑关系进行描述		
	选用分析（Select）	软件系统架构选用分析充分		
		软件货架产品选用分析充分		
		软件关键技术选用分析充分		

3.2.2.3　软件系统分析

软件系统分析是一种问题解决技术，它将一个系统分解成各个组成部分，目的是研究各个组成部分如何工作、如何交互，以实现其系统目标。软件系统分析的任务不是具体地解决问题，而是确定“为了解决这个问题，目标系统必须做什么”，主要是确定目标系统必须具备哪些功能。

航天软件系统是一个复杂的软件系统，软件系统分析的目的是控制系统复杂性。分解和抽象是控制复杂性的两种基本手段，软件系统分析采用自顶向下逐层分解的方法，对于一个复杂的问题，人们很难一下子考虑清楚问题的所有方面和全部细节。通常可以把一个大问题分解成若干个小问题，每个小问题再分解成若干个更小的问题，经过逐层分解，每个最底层的问题都是足够简单、容易解决的，于是复杂的问题也就迎刃而解了。而抽象则要求人们将注意力集中在某一层次上考虑问题，而暂时隐藏或忽略那些低层次的细节。在软件系统分析这个最高级别抽象层面上，使用面向问题域的语言描述“问题”，概括“问题解”的形式。而后在系统设计和软件设计层面，不断地具体化，不断地用面向过程的语言描述问题，最后在软件实现这个最低抽象层面上给出可直接实现的“问题解”。

在航天软件系统分析时，采用抽象化和层次化的方法，依据工程总体下达给软件系统的任务要求，在最高级别抽象层面上开展功能、性能、接口、数据需求以及其他约束条件的分析。

3.2.2.3.1　功能需求分析

软件系统功能需求分析从箭、星、船、器系统任务剖面分析入手，围绕箭、星、船、

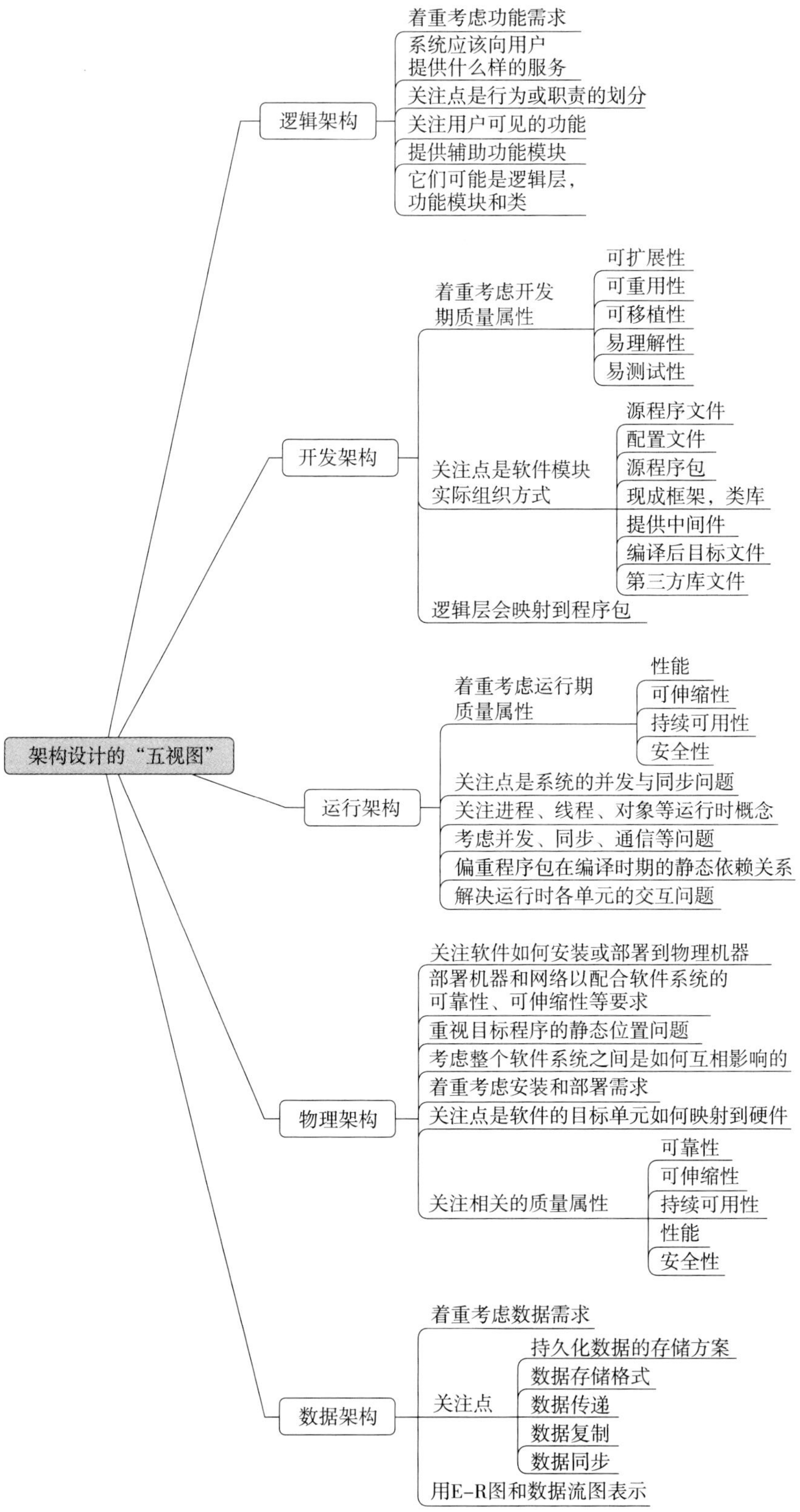

图 3－2　“五视图”软件系统架构设计方法

3.2.2.4.1　逻辑架构设计

依据型号任务要求和型号软件系统分析，确定各分系统软件系统承担的功能以及相互间的接口关系和接口协议。具体要求如下：

（1）功能划分

分析总体任务要求，开展系统功能需求分解和归类，确定各分系统软件系统承担的功能；在分系统设计阶段，划分软硬件之间、软件配置项之间的功能，确定各软件配置项的功能。

进行软件系统的可扩展、可移植性设计，以适应后续软件系统功能扩展及软件运行环境的变化。

（2）接口规划

分析总体任务要求，进行分系统软件系统间以及分系统各配置项之间的接口设计，确定相互之间接口通信的介质、内容、方式、格式、负载分配、可靠性以及错误处理要求。

各分系统软件系统间的接口协议应文档化，必要时，可以形成整个型号的接口控制文件。各分系统形成配置项之间的接口设计说明。

3.2.2.4.2　物理架构设计

依据总体任务要求以及各分系统软件系统的功能，确定各分系统软件系统间的连接关系和物理链路。主要内容如下：

1）根据逻辑架构设计的功能划分确定组成软件系统的各逻辑单元，各逻辑单元应该是能够独立运行的最小软件单元，而不应该是多个软件单元的集合或者冗余的软件集合。

2）确定各逻辑单元的物理连接链路，如1553B总线、串行通信总线、双口RAM、网络等通信链路，明确链路的冗余方式和单向通信、双向通信、单工通信、双工通信、半双工通信的方式。

3）确定逻辑单元的冗余关系，包括软件热备份设计、三冗余设计、备份软件切换设计。热备份工作的软件需要确保备份软件不影响主机软件工作，主机软件失效后备份软件能够替换工作；三冗余软件设计需要确保信号、数据输入的一致与同步，输出数据、控制指令的同步以及一致性；备份软件切换方案应该确保系统能够及时发现被切换软件故障，能够进行有效切换。

4）通过软件系统结构图的形式描述软件系统。可以借助物理架构设计视图进行描述，不同的图标表示不同的逻辑单元、通信链路；相同的逻辑单元、通信链路应该通过相同的图标表示。

图3-3是某型号地面测发控系统物理架构示意图。

3.2.2.4.3　开发架构设计

软件系统开发架构视图设计的主要目的是：确保各软件配置项使用成熟可靠的软件开发环境、硬件运行平台等；确定各软件配置项的相关信息，包括软件功能、安全关键等级、规模、严酷度、研制类别等。主要内容如下：

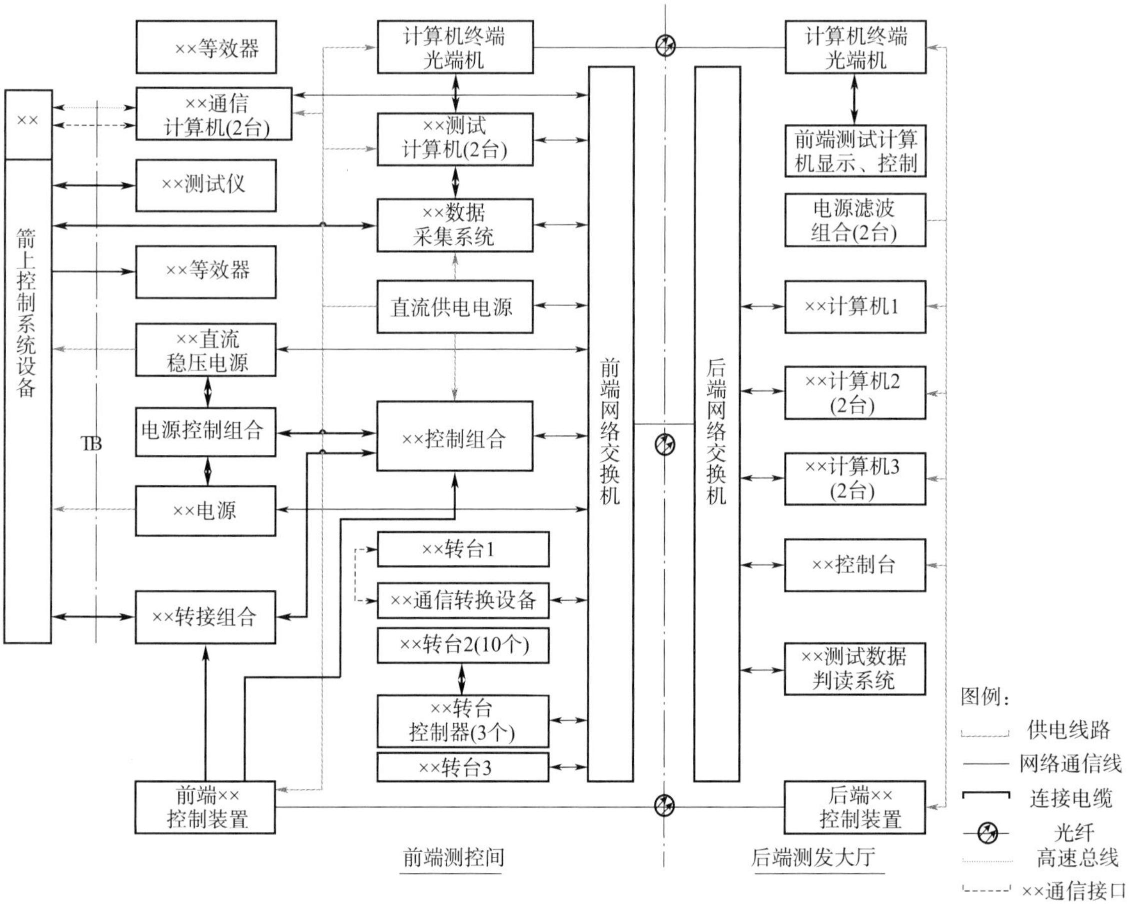

图 3－3　某型号地面测发控系统物理架构示意图

（1）提出型号软件统一化要求

依据总体任务要求，确定关于处理器、操作系统、编译器、数据库、测试验证、人机界面、接口格式、软件杀毒等方面的要求，必要时形成型号软件统一化要求。

硬件选型和资源需求：处理器选型应依据系统要求，考虑处理器功能、性能、精度、可靠性、开发工具支持及开发效率、技术继承性等要求，同时还应考虑产品渠道、产品成熟度、开发风险、国防安全等因素，尽量在货架和通用产品范围内进行选择；优先选用成熟度高、抗辐噪能力强的处理器以及验证充分、有源代码的编译器。资源需求包括：程序数据空间、通信接收缓冲大小、中断、查询方式、处理器与处理器之间的通信方式、硬件冗余设计等。选择硬件运行平台，除了需要保证硬件平台的处理能力、内存容量、浮点数据的精度等能够满足系统对软件的功能、性能要求，还有留用足够的余量，以便于后续应对软件计算功能的增加。

软件选型：需满足系统功能性能要求，同时也提升开发效率、降低开发成本。操作系统选型应综合考虑系统应用场合、实时性要求、可靠性要求、系统的复杂性、开发成本、技术继承性、现有基础等因素。编程语言选择应考虑所用的处理器、操作系统，进而确定编程语言。编译器选择应考虑编译功能、性能、使用限制，同时应考虑编译器成熟度，尤其开源编译器应考虑是否进行测试、验证；对编译器进行验证，测试其对开发语言词法、语法、语义规则、编译选项支持的正确性分析；功能、性能、标准符合度、支持处理器指令集组合的正确性、全面性；检查是否存在恶意代码，并找出其触发方式。对于有源代码的编译器，应该按软件关键等级至少为 B 级的软件测试要求进行测试。开发工具包括集成开发环境和调试工具，应考虑工具成熟稳定、掌握程度，可使用资源是否丰富，统一开发工具。数据库选型应考虑数据存储能力、管理能力（查询、备份、日常管理）、安全需求及价格因素。根据软件测试要求确定可能需要的软件测试工具。

（2）编制软件配套表

提出软件系统配套表的框架（格式参考附录 B.1），完成各分系统软件系统设计后，根据其设计结果在框架中补充相应的软件产品配套情况，形成型号的软件配套表。

通过对软件配置项进行初步危险分析，确定软件配置项的潜在危险、潜在危险的严重等级、发生的可能性、风险指标、配置项的控制类别，并根据上述分析确定软件的安全关键等级。

3.2.2.4.4　运行架构设计

运行架构设计即进行时序设计、确定性能指标。主要内容如下：

（1）时序设计

全系统层面，依据总体任务要求，明确型号软件系统的工作模式，确定各工作模式下任务剖面及规划各任务剖面下的时序，包括发生的时机、持续的时段以及不同任务剖面间的切换时机等。

在分系统层面，要根据系统运行的时间轴，找出时间轴上各个节点的时序，确定影响软件系统运行状态的时序点，进而确定发出方、接收方、发送条件、各软件配置项之间的协作方式、内容、备保措施、异常处理要求。

（2）确定性能指标

依据总体任务要求，根据各分系统软件系统所承担的功能，对响应时间、数据吞吐量、数据处理能力等约束条件进行整体考虑，提出各分系统软件系统的性能指标，并预留一定的余量。

运行架构视图设计按照“逐步求精”“分而治之”的原则分层进行设计，全系统层面的时序设计根据不同任务剖面，以时间轴来描述各时序点；分系统层面的时序图应该在系统时序图的基础上，进行时序事件链分析，逐层进行细化，直至每个软件配置项。图 3 - 4 是某型号地面测发控系统发射流程时序示意图。在图中，最下面一行是时序主线，列出了各地面软件在时序链节点上的关键动作。也可以用表格的形式进行时序事件链分析，表 3 - 4 是各个节点的时序分析示例表。

时序图的优点在于直观展示各个时间节点上相关软件的交互关系以及各软件动作的先后顺序，而时序表则更注重描述时序动作的细节、可靠性保障和预案措施，两种描述方式互为补充。

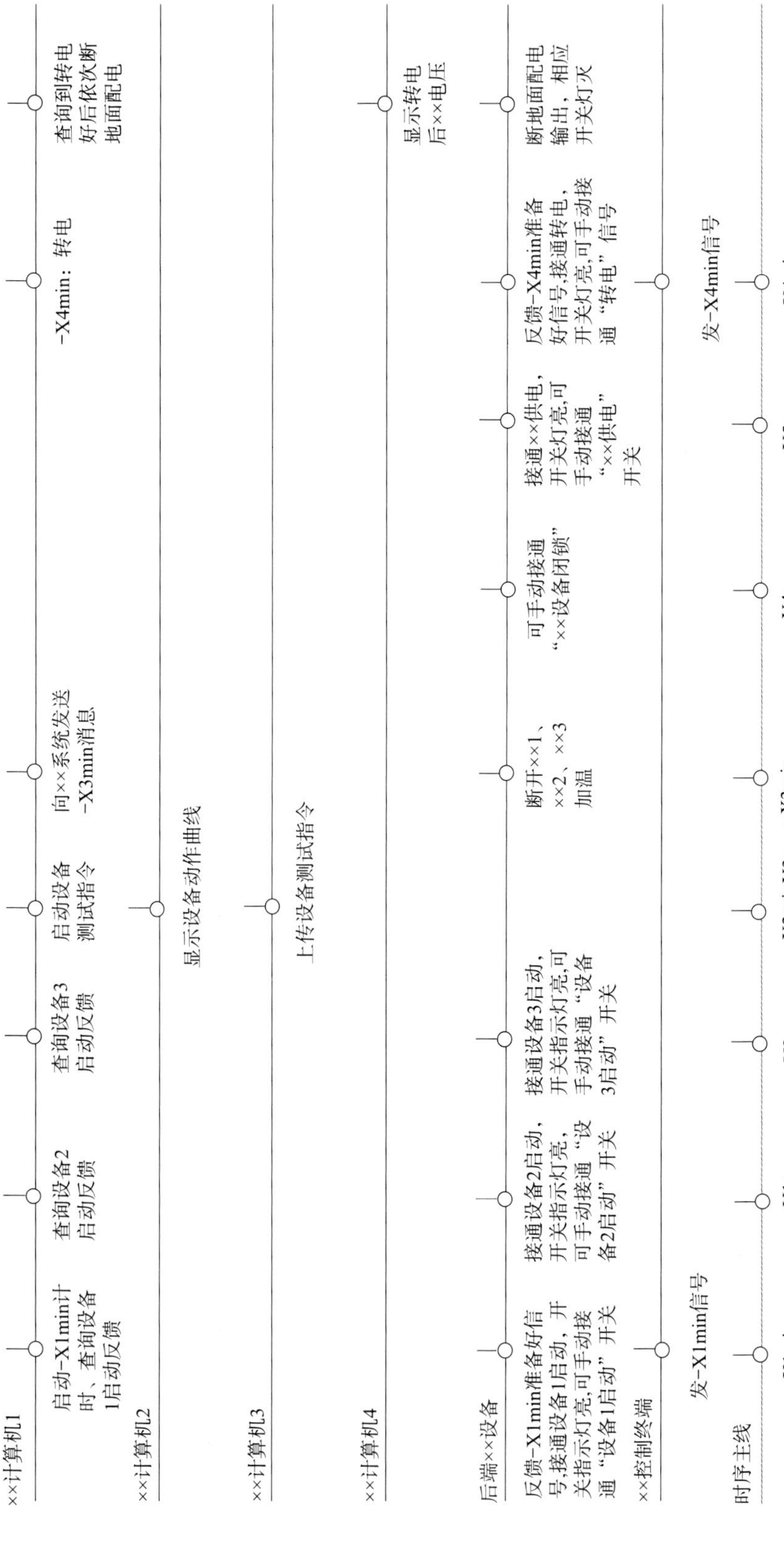

图 3－4　某型号地面测发控系统发射流程时序示意图

表 3－4　某型号地面测发控系统发射流程时序分析示例

时序时间/s	动作名称	涉及系统	功能实现(包含硬件和软件)			动作不执行产生的后果
			输入	执行动作	输出	
－XX min	××动作指令	控制系统、××系统	地面××计算机程序 1:收到××系统“－XX min”准备指挥口令。 可靠性措施:××计算机主副机热备冗余工作。若出现接收××系统指令失败,可执行地面主机切换至副机运行	地面: 1. 动作描述: 地面计算机程序 1:向箭上发送××动作指令,接收箭上××动作回令。 地面计算机程序 2:接收箭上射前测试数据,显示数据曲线、接收××脉冲数据,启动箭上控制指令实时判读程序。 地面计算机程序 3:接收箭上射前状态数据,显示箭上单机程序运行状态,××软件射前自检码,××1 参数,××2 传感器数据,××3 温度数据,××3 电压数据,××4 采样信息,××5 数据。 2. 保障措施 信号传输链路为双点双线;对于××通信命令接口设置超时检测与重试机制,可以选择进行重试。 箭上: 1. 动作描述: ××软件:收到地面计算机程序 1 发送的动作指令,执行××动作,向地面发送动作执行回令。开始接收×、××、×××等敏感器件采样参数,进行××计算,直到××时刻。开始接收箭上控制系统各单机的遥测数据,开始启动遥测计算机字的发送,并通过箭地链路发送给地面通信计算机。 2.保障措施: 若地面未收到箭上动作指令回令,可通过地面计算机程序 1 选择重试。或重启单机复位,重新装定程序并再次执行该动作指令	系统:××系统 网络信号:发送“－XX min 准备好”回令	该指令执行失败,需要重新进入－XX min 准备指挥控制流程

3.2.2.4.5 数据架构设计

根据总体任务要求以及数据存储的容量、实时性限制等要求进行数据架构设计，包括：数据交互、数据存储、数据浏览及数据判读。主要内容如下：

（1）数据交互

进行总体各分系统之间的软硬件交互设计、分系统内部软硬件交互设计。确定软件配置项间接口的传输介质、通信内容、来源去向、启停时机、发送周期、校验方式、超时时间、重发机制、错误处理等内容；确定软件配置项与硬件之间接口的通信内容、方式、容错要求、时间特性要求、滤波要求；确定软件配置项人机交互界面信息输入、信息输出、软件操作接口等设计内容。

（2）数据存储

根据软件配置项的数据存储要求、计算机的存储容量及处理能力限制，设计数据存储方案，包括数据存储地点（例如总控网实时数据服务器和历史数据服务器，测量系统数据处理与发布服务器，控制系统主控计算机、数据处理计算机、箭地通信计算机等设备）、数据存储方式（例如文本文件、二进制文件、数据库等）、数据存储格式、数据备份方案（例如测试结束后，控制系统数据处理计算机自动收集各地面计算机的测试数据，进行存储备份）。

（3）数据浏览

设计数据浏览方案，主要考虑数据内容、数据浏览形式（例如控制系统对箭测和地测数据在测试过程中以曲线、数字量、虚拟灯、虚拟电压表、虚拟电流表等进行实时显示的要求）等方面；

（4）数据判读

设计数据判读方案，主要考虑数据判读设备（例如主控计算机、数据处理计算机、箭地通信计算机等设备各自判读哪些数据）、数据判读方式（例如实时判读或事后判读，人工判读或自动判读）。

3.2.2.5 软件系统测评方案设计

航天软件系统一般由多个软件配置项组成，每个软件配置项通过测试，并不意味着整个软件系统可通过测试，所以应按照软件系统设计方案及软件交互失效模式，针对软件系统与外部环境在动态交互过程中可能出现的各种问题及危险失效情况，依据软件系统分析内容提出软件系统测试要求，进行充分的软件系统测试。

型号应开展软件集成测试方案设计，可关注但不限于以下六个方面：系统软件功能、性能在系统环境下是否满足任务书要求；系统软件之间的接口、流程是否匹配，是否满足任务书要求；系统软件与硬件之间的接口是否匹配、是否满足任务书要求；系统软件对于系统故障的适应能力；系统软件在系统环境下工作的稳定性和健壮性；系统软件相关文件的正确性。编制系统软件集成测试大纲，作为系统软件在系统环境下进行系统级集成测试的依据。

型号应开展软件第三方测评方案设计，从测试范围、测试级别、测试类型、准入条件和终止条件、测试任务分工等方面进行设计，编制型号软件第三方测评实施方案（模板见附录B.4）。型号需保证软件必要的测试时间，使软件研制工作与型号研制过程相匹配，纳入型号研制流程统一管理。型号应进行软件系统测试覆盖性分析，将软件系统功能、性能的验证要求和验证项目精细分解至相关的系统级测试、配置项测试，保证软件的测试覆盖性和有效性。软件交办方可提出测试要点，确保软件开发与测试人员对硬件特性、飞行工况、使用约束、故障模式、安全底线、软件可能造成的系统级风险、测试环境与真实运行环境的差异等理解到位。型号在工程研制阶段应完成配置项级的所有测试，在状态鉴定阶段应开展系统级测试。

3.3　系统需求分析与设计

3.3.1　概述

系统需求分析与设计在软件系统分析与设计的基础上，将顶层抽象化的软件系统/子系统需求逐层分解和分配，形成具体的软件系统/子系统需求，整个过程体现了从抽象到具体、从概念到实现的特征。通常细化到每个软件配置项的需求，将系统非形式的需求表述转化为完整的需求定义，描述软件为完成某项特定任务要做什么，明确性能、接口、关键性要求等非功能性需求，最终形成软件任务书，作为进一步开展软件需求分析的依据。

表3-5描述了系统需求分析与设计活动的输入、主要任务和输出。

表3-5　系统需求分析与设计活动的输入、主要任务和输出

分类	文件名称/任务名称
输入	1)软件系统方案设计报告/软件系统设计说明； 2)系统/子系统初步危险分析报告； 3)其他相关输入文件
主要任务	1)功能需求定义； 2)性能需求定义； 3)接口需求定义； 4)关键性要求； 5)重用需求识别； 6)软件设计约束； 7)非技术性需求； 8)软件任务书形成与确认
输出	1)软件任务书及其等效文档； 2)接口控制文件(通信协议等)

3.3.2　主要任务及要求

3.3.2.1　任务流程图

系统需求分析与设计的任务流程示意图如图3-5所示。

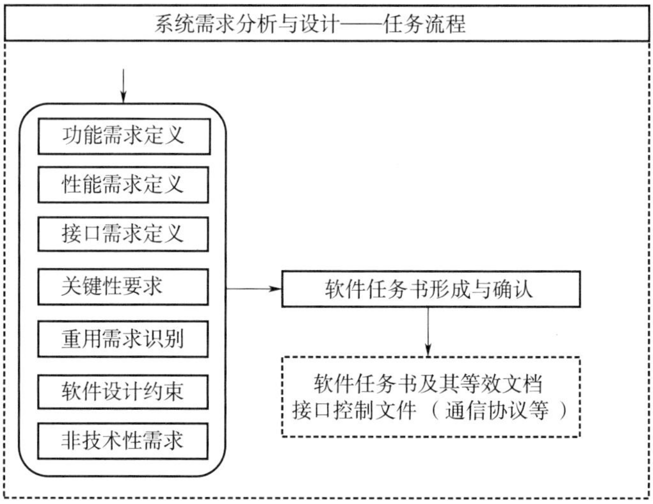

图 3-5 系统需求分析与设计的任务流程示意图

3.3.2.2 功能需求定义

分析软件与其环境要素之间的关系，识别软件参与系统的工作模式，定义功能需求。环境要素主要包括硬件环境、软件环境、使用环境和空间环境四个方面的内容要求。

1）硬件环境是指运行软件所需的硬件设备及硬件资源，如计算机系统（包括处理器、存储器等）、外部设备、通信接口等；通过硬件识别，进一步定义软件边界范围和业务目标，明确软件所属型号系统/分系统/单机的任务、用途、组成、原理、与软件有关的主要技术指标和要求等内容，可以使用图表等形式进行概括，如系统/分系统组成图、原理图、系统结构图等。

2）软件环境指支持软件开发和运行所需的软件资源，如软件开发环境、操作系统、数据库系统、通信/网络软件、监控软件、驱动程序、测试工具等。

3）使用环境指软件的存储方式、安装方式和启动方式，操作人员和维护人员的技术能力等；需明确计算机上电复位后的软件启动策略，如上电程序加载方案、复位后软件和系统状态及启动流程等。

4）空间环境方面指软件运行的空间环境特点，例如，电磁、辐照、长期贮存等。这些环境要素在很大程度上影响着软件的运行方案。

下面以某综合测试软件为例，详细描述功能需求定义的主要工作。

硬件环境方面，该综合测试软件运行于箭载计算机中，主要用途是根据地面主控端给出的测试命令，执行相应的测试项目，完成对系统内其他单机的功能和性能测试，并输出测试结果，硬件环境示例如图 3-6 所示，外部接口关系示例如图 3-7 所示。

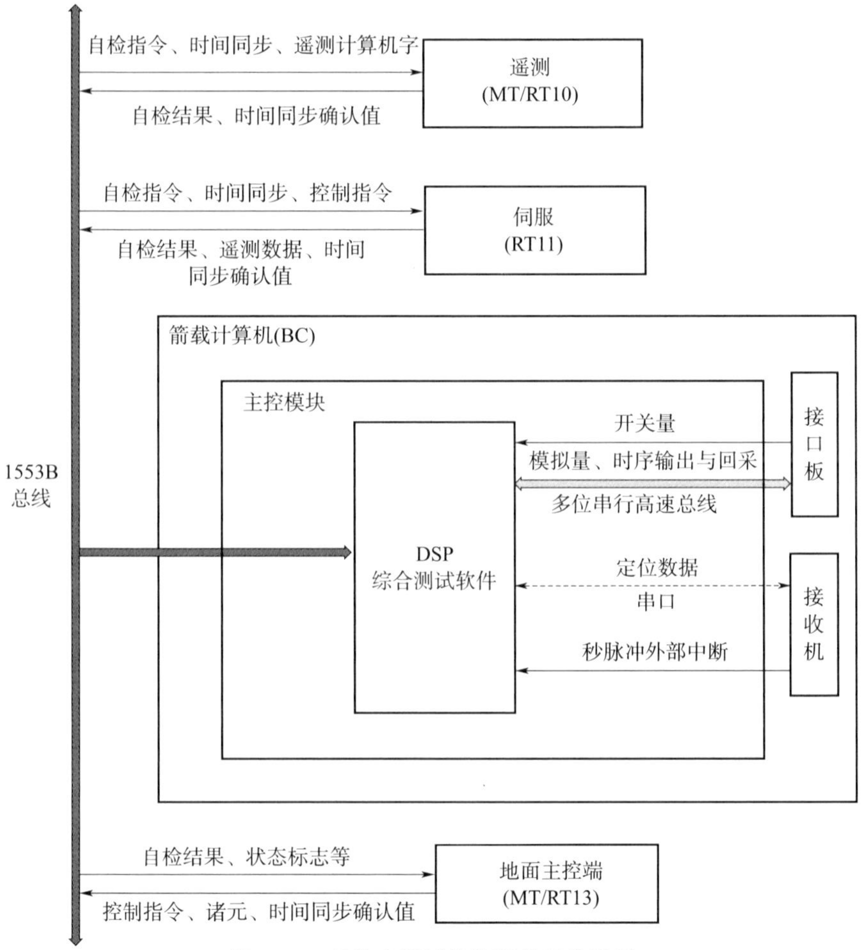

图 3-6　某综合测试软件硬件环境示例

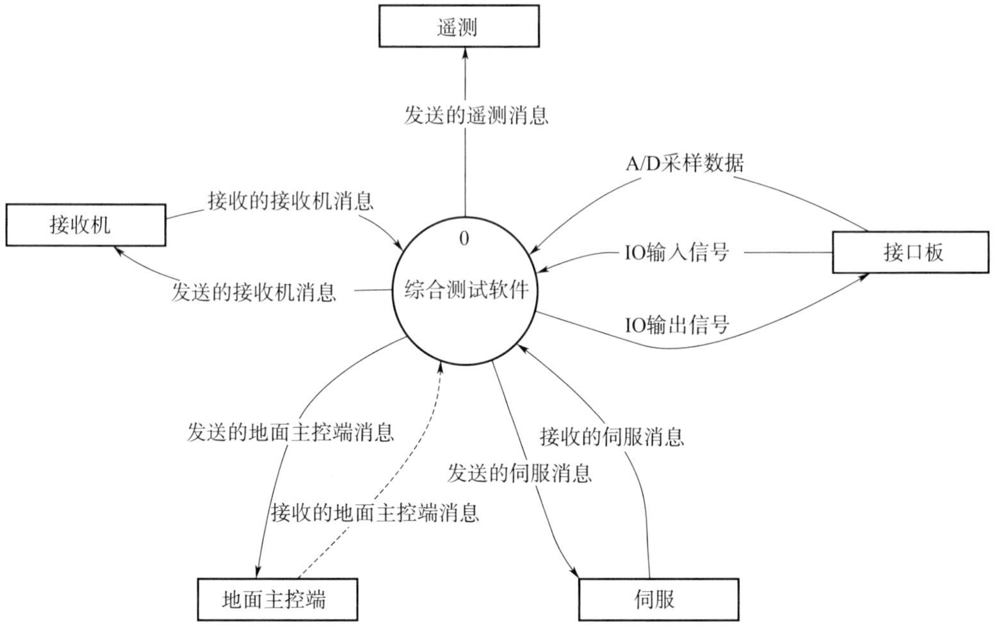

图 3-7　某综合测试软件外部接口关系示例

软件环境方面，该综合测试软件运行在SPARC处理器上，采用C语言编写，编译环境为SZIDE T2.1，无操作系统。

使用环境方面，该综合测试软件空间分配表见表3-6，该软件通过1553B总线上传至箭载计算机DSP中的RAM区，箭载计算机中固化监控软件，负责箭载计算机的程序上传及数据下传，完成分系统测试程序的上传装定后，由箭机监控软件根据地面计算机命令启动综合测试软件，由综合测试软件根据地面计算机命令启动相应的测试项目。

空间环境方面，该综合测试软件在地面测试阶段使用，无特殊空间抗辐照需求。

表3-6　某综合测试软件空间分配表

地址范围	大小/Byte	用途	备注
0x00000000～0x0001FFFF	128K	BOOT PROM区	系统加电复位后首先进入BOOT PROM进行有关的初始化运行
0x30000000～0x30007FFF	1M	61580模块	采用32位操作方式，低16位数据为有效数据，高16位数据为无效数据；1553B地址空间每次地址+4。 寄存器区基址：0x20000000～0x20003FFF 存储器区基址：0x20004000～0x20007FFF
0x30100000～0x302EFFFF	1984K	FPGA地址空间	
0x302F0000～0x302FFFFF	64K	FIFO空间地址	
0x30800000～0x30FFFFFF	8M	FLASH	用于存放固化的用户代码和数据
0x50000000～0x501CFFFF	1856K	用户RAM空间	用于存放用户代码和数据
0x501D0000～0x501FFFFF	192K	监控RAM空间	用于存放监控软件

该综合测试软件的使用者为地面主控端，从使用者的角度，描述地面主控端与综合测试软件的工作模式，应具备时序通路测试功能、喷管测试功能、收星定位测试功能、伺服性能测试功能等，该工作模式下的用例图如图3-8所示。

3.3.2.3　性能需求定义

性能要求是在系统分析与设计的基础上进行性能指标的分解，提出分配给本软件的性能要求，包括时间特性、数据精度、数据处理能力、存储容量等内容。

1）时间特性需求：对有实时性要求的软件，应分析和明确软件的时间特性要求，如功能的处理时间；判断发送或接收数据的时间限制，如数据更新频度、两组指令间的时间间隔、超时时间等；周期性任务一般应满足20%的时间余量要求。

2）精度需求：分析软件为满足用户任务要求应达到的数据精度，如数据或数值计算的精度要求、数据传输的精度等。

3）数据处理能力需求：分析软件为完成其功能所能处理的数据量，如通信传输的峰值及负载等。

4）容量需求：分析程序/数据使用的存储器空间、磁盘空间的容量等。

某综合测试软件性能需求定义示例见表3-7。

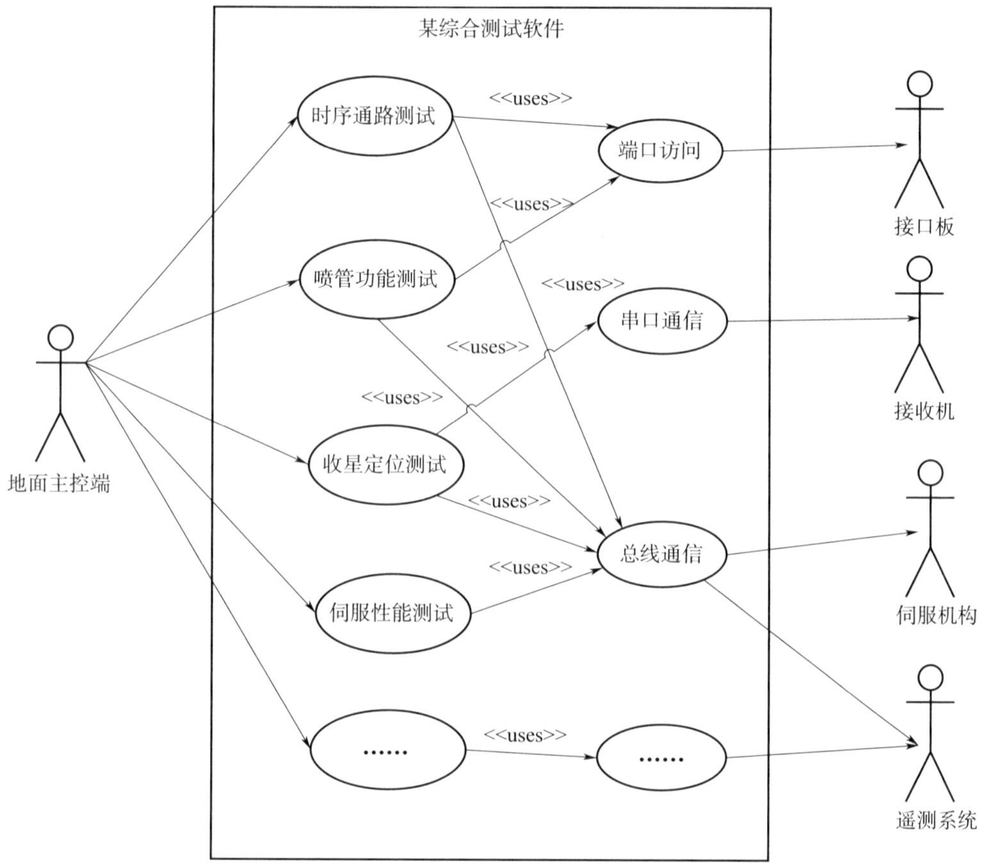

图 3-8　某综合测试软件用例图

表 3-7　某综合测试软件性能需求定义示例

序号	描述	要求
1	时间特性需求	控制周期为 20 ms，周期性任务一般应满足 20%的时间余量要求
2	精度需求	数值计算使用双精度浮点数
3	数据处理能力需求	1553B 总线负载不超过 50%
4	容量需求	内存占用空间不超过存储器空间的 20%

3.3.2.4　接口需求定义

通过分析软件接口需求信息，确定软件内外部的连接关系，保证软件内部各功能之间以及软件与用户、与外部硬件或其他软件组件之间的正常交互。软件接口需求主要包括对软件内外部接口关系的高层抽象分析，以及对接口数据的详细分析。其中，高层抽象定义通过软件内外部接口关联图表示和描述，针对软件接口数据的具体分析，按照用户接口、硬件接口、软件接口和通信接口详细描述。

1）用户接口：针对有用户界面要求的软件，需要定义在用户界面上的软件组件，并简单描述每个用户界面的逻辑特征，可制定统一化的界面风格；

2）硬件接口：识别相关的硬件设备，定义软硬件之间交互的数据和控制方式；

3）软件接口：识别相关的软件组件，包括其他应用软件、操作系统、数据库、驱动程序等；

4）通信接口：建立对软件接口和硬件接口的通信规则，对接口特性进行分析，分析接口出错方式及出错概率，并以此为基础确定通信方法、数据编码、错误检查、同步方法以及检验/纠错方法。

以某综合测试软件为例，该软件为嵌入式软件，不涉及用户接口，硬件接口描述参见图 3－6，软件接口描述参见图 3－7，通信接口描述以“伺服性能测试”中的“伺服动作角度指令”为例，如表 3－8 所示。

表 3－8 通信接口示例

数据项名称	伺服动作角度指令		信源、信目	BC→RTx－SAx－3
发起时机	执行“伺服性能测试”指令		发送周期	20 ms
序号	内容	类型	值	
1	伺服作动器 A 控制角度指令	16 位有符号整型	LSB＝0.001，值域：－6.5°～＋6.5°	
2	伺服作动器 B 控制角度指令	16 位有符号整型	LSB＝0.001，值域：－6.5°～＋6.5°	
3	CRC 校验码	16 位无符号整型		

3.3.2.5 关键性要求

为更好地实现系统功能，在功能需求定义的同时，必须充分考虑软件质量属性，主要从可靠性、安全性和保密性三方面识别关键性要求。

3.3.2.5.1 可靠性

软件的可靠性分析自上而下进行，依据系统可靠性分析结果，分解、分配形成对软件配置项的可靠性要求，重点关注以下几方面的软件可靠性需求：

1）接口设计要求，如与硬件接口相关的异常处理要求、单机软件受其他单机影响的防护设计要求；

2）冗余设计要求，如系统故障诊断与恢复机制、热备份/冷备份冗余策略、对与操作员有关的容错要求、对软件关键信息采用三取二处理的要求等；

3）裕度设计要求，如最坏情况下的软件时序设计要求；

4）单粒子效应防护设计要求，如软件利用错误检测与纠正功能（Error Detection And Correction，简称 EDAC）对存储器进行刷新的要求；

5）供配电保护设计要求，如配合电源失效保护的软件设计要求；

6）数据设计要求，如输入数据合理性判别、非法数据处理要求。

3.3.2.5.2 安全性

软件的安全性分析自上而下进行，首先进行系统的初步危险分析，识别对航天器产品安全性构成潜在威胁或可能造成危害的危险源，对危险源进行危险分析，确定型号的危险事件，形成危险源清单。系统总体开展安全性分析，并结合危险分析结果，提出分系统安全性要求。分系统和单机在初步危险分析的基础上开展安全性分析，并根据分系统安全性要求，开展软件的安全性分析，提出软件的安全性要求，识别软件安全关键等级和安全关键功能，并落实到软件任务书。软件安全性需求主要包括：

1）能够直接导致危险发生的软件的可能失效，如姿态轨道控制软件推力器控制功能失效导致整星姿态异常，最终导致任务失败；

2）实现安全性关键功能的软件的可能失效，如姿态轨道控制软件全姿态捕获功能失效，导致任务失败；

3）实现安全恢复功能（从危险状态恢复到非危险状态）的软件的可能失效，如数管中央处理单元软件重要数据恢复功能失效，导致姿态轨道控制计算机掉电恢复时无法正常运行；

4）用于检测安全性关键部件的软件的可能失效，如软件对安全性关键部件故障诊断功能的失效，导致部件故障无法正确检测和隔离，引起系统失效；

5）系统用于减少事故发生可能性的软件的可能失效，如软件对部件故障报警功能的失效，导致部件故障无法识别，引起系统失效。

3.3.2.5.3 保密性

识别与系统安全保密性、完整性问题相关的需求，或关系到限制产品进入或使用的涉及保密或隐私问题的需求。主要包括物理、数据或软件方面的保密性，如定义用户身份认证或授权、数据加密存储及加密传输等，分析安全保密性需求必须明确满足安全保密性的策略。

3.3.2.6 重用需求识别

软件开发应遵循继承性和可扩展性原则，充分利用组织的软件重用资产，优先选用产品化软件、标准化算法和重用构件、架构，同时进行软件的可扩展可重用设计，使软件能够适应任务需求的变化，在软件任务书中提出软件选用组织资产的需求和软件向组织资产提供可扩展和可配置的开发需求。

3.3.2.7 软件设计约束

提出对软件设计有约束的要求，一般包含以下内容：

1）软件的数学模型、规则、计算公式、参数名称、符号等要求；

2）软件的编程语言以及编程规则，如使用C语言应满足某种编程规范等。

3）软件的开发工具和环境要求；

4）软件的测试验证工具和环境；

5）软件的重用性和可移植性要求，如产品化软件、Ⅰ/Ⅱ类软件、软件模型库的使用要求和软件研制基线等。

3.3.2.8 非技术性需求

软件的非技术性需求，是指软件任务提出方、软件承制方、用户等利益相关方对软件的质量控制、验收交付、运行保障、进度等要求达成一致的承诺。

质量控制要求一般包括研制流程、开发和测试需遵循的标准、评审要求、文档要求、配置管理要求、测试验证要求和测试要点、对承制方的要求等。

验收交付要求一般包括验收准则、验收环境、软件交付形式、数量、装载介质、交付文档清单、软件版权要求等，必要时规定软件的固化落焊要求。

软件保障要求规定验收交付后软件的运行维护、安装、培训等保障性要求。

进度要求提出软件项目的进度和里程碑，以及用户需要参加的评审等要求。

3.3.2.9 软件任务书形成与确认

3.3.2.9.1 软件任务书形成

软件任务书是系统需求分析与设计的产物，应描述软件的功能需求、性能需求、接口需求、关键性要求、重用需求、设计约束以及其他非技术性需求等内容，可参照 GJB 438C—2021《军用软件开发文档通用要求》编制。软件任务书应遵循正确性、无歧义性、完整性、可验证性、一致性、可理解性、可修改性、可追踪性的要求，减少不必要的沟通和理解差异。

3.3.2.9.2 软件任务书确认

软件任务书提出后，需要检查一致性、是否有遗漏以及无歧义等内容，通常采取邀请相关方和同行专家实施评审的方式，确认系统需求，评审重点内容应包括：

1）正确性：软件任务书中的功能、性能描述必须与系统/产品的整体目标一致；

2）无歧义性：软件任务书中使用标准化术语，并对术语的语义进行准确的、统一的解释；

3）完整性：软件任务书不能遗漏任何上一层级系统需求；

4）可验证性：对于软件任务书中的任一需求，均应存在技术和经济上可行的手段用来进行验证和确认；

5）一致性：软件任务书的各部分之间不能相互矛盾。这些矛盾可以表现为术语使用方面的冲突、功能和行为特征方面的冲突，以及时序方面的前后不一致；

6）可理解性：软件任务书对于用户、设计人员和测试人员应易于理解，避免提出概念模糊的要求；

7）可修改性：软件任务书的格式和组织方式应保证能够比较容易进行后续的增加、删除和修改，以便修改后的任务书能够较好地保持其他各项属性；

8）可追踪性：软件任务书必须将分析后获得的每项需求与上一层级系统需求项清晰地联系起来，并为后续开发和其他文档引用这些需求项提供便利。一般采用跟踪矩阵建立软件任务书与上一层级系统需求的追溯关系。

3.4 软件需求分析

3.4.1 概述

软件需求分析是对系统需求的分解和提炼，通过需求分析与建模，将系统需求转化为软件可实现的功能，提出面向软件开发人员的技术需求。

表 3－9 描述了软件需求分析活动的输入、主要任务和输出。

表 3－9　软件需求分析活动的输入、主要任务和输出

分类	文件名称/任务名称
输入	1)软件任务书； 2)应遵循的需求分析准则； 3)其他相关输入文件
主要任务	1)运行方案和场景分析； 2)功能需求分析； 3)性能需求分析； 4)接口需求分析； 5)数据需求分析； 6)质量属性分析； 7)重用需求分析； 8)软件需求形成与确认
输出	软件需求规格说明

3.4.2　主要任务及要求

3.4.2.1　任务流程图

软件需求分析的任务流程示意图如图 3－9 所示。

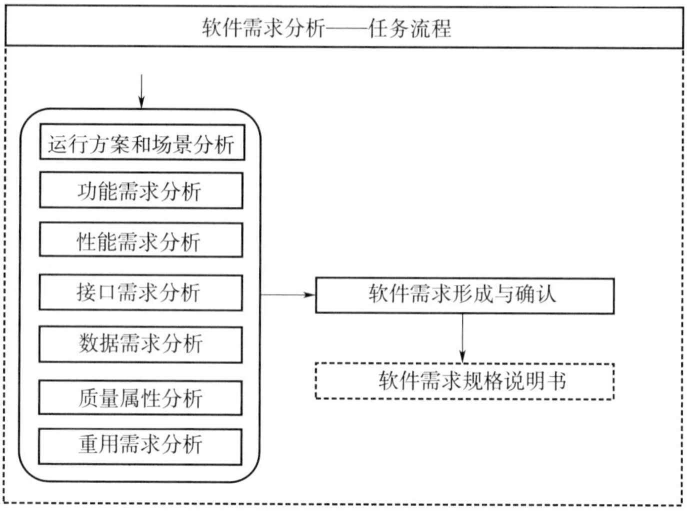

图 3－9　软件需求分析的任务流程示意图

3.4.2.2　运行方案和场景分析

系统需求分析与设计过程明确了软件边界范围和业务目标，识别了软件参与系统运行的工作模式。软件需求分析在系统需求分析与设计结果基础上，进一步识别软件在不同工作模式下的场景，标识场景中的参与者，包括某（分）系统、操作人员，以及各种外部环境要素，分析场景中的环境要素对软件设计的影响，给出软件常规、降级、紧急事件等场景的运行状态（模式）和转换方案，这些系统的使用场景有助于软件开发人员对软件功能、性能等需求的理解和验证。

针对在不同场景下识别软件的运行方案，对于严格按照时间顺序执行的软件功能需求定义，可以采用时间链（或事件链）方式分析任务流程，描述任务流程中的所有任务功能，任务流程和任务功能分配关系可用二维图表的方式表示，示例如图 3－10 所示，横轴是沿着软件运行的时间、事件轴进行划分，需确认横轴上状态转移变化条件及变化状态；纵轴是根据任务流程内部的各功能进行划分，需确认纵轴上各功能执行的顺序关系，明确各功能的开始条件和结束条件，分析状态迁移事件，应覆盖正常转换、备份转换及异常转换的情况，说明状态迁移的触发来源、事件名称及详细描述。对于基于用户交互场景的软件需求，可以采用基于状态图的方法进行软件的功能需求分析。

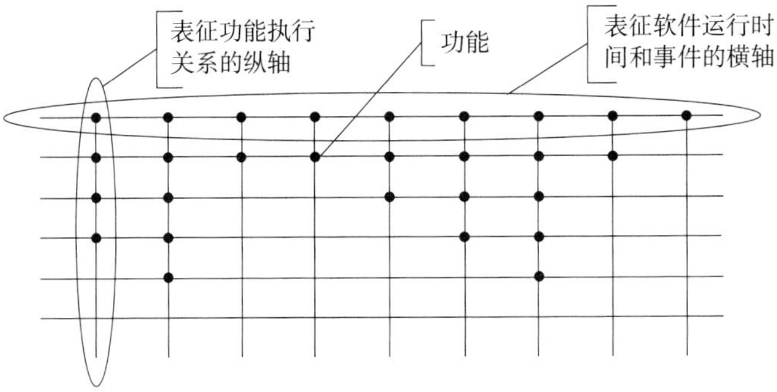

图 3－10　任务流程和任务功能分配关系图示例

按照各场景的任务要求，分析每个场景内部的子流程和子功能。需要注意的是，流程和功能是逐层分解的，上层是下层的抽象，下层是上层的分解实体，具备可双向追溯能力，功能分解应尽量降低功能之间的耦合度，最底层的子功能应具有单一的、确定的用途，且与其他子功能之间接口较少。图 3－11 为功能需求分解示意图。常用分析方法有结构化方法和面向对象方法。

功能分解时应注意以下方面：

1）每个功能不宜分解过多的子功能，一般为 7 到 11 个；

2）每个功能及其子功能都应明确唯一的标识符号，可索引，软件功能要求应是条目化的；

3）功能应出现在与其属性相符的功能层次上，例如，“计算校验和”功能不宜出现在与“判断接收控制指令正确性”相同的层次上；

4）应说明各功能的外部接口，尤其是对于数据处理或计算类功能，应说明主要的数据传递关系；

5）应规定各功能之间的执行顺序；

6）应明示安全关键功能；

7）对于尚未完全确定的要求，可以用“待定”或“暂定”方式显示说明，以便后续

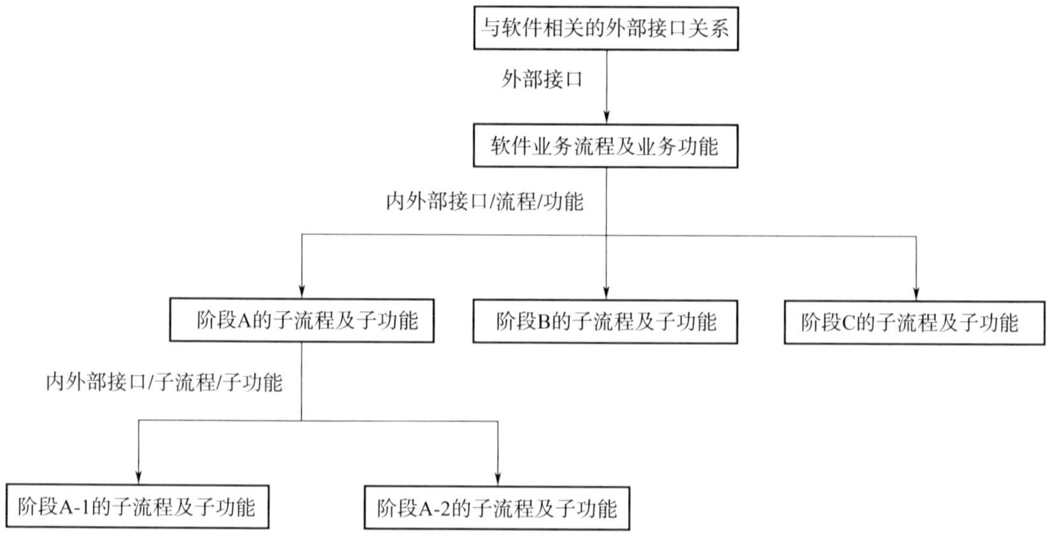

图 3－11　功能需求分解示意图

要求明确时，及时消除，并提醒软件开发人员，此处可能存在变化，提前预留更改余量，便于软件更改维护。

以某综合测试软件为例，该软件启动运行后，周期性查询地面主控端给出的测试命令，根据不同的命令执行不同的测试项目，测试完成后重新查询测试命令，准备进入下一次测试，软件运行模式及状态转换图如图 3－12 所示。

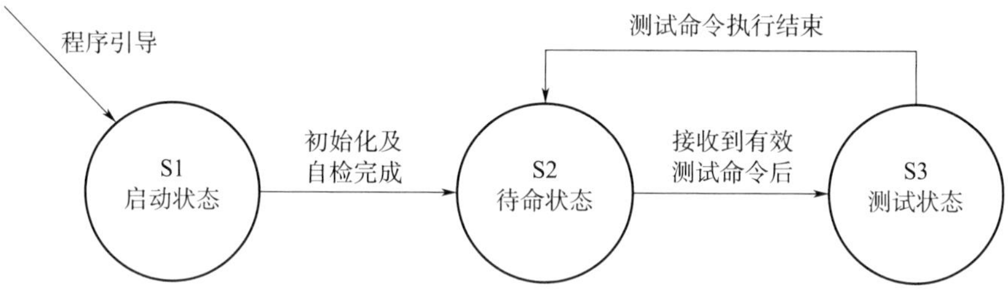

图 3－12　综合测试软件运行模式及状态转换图

软件引导运行后首先进入启动状态，在完成初始化及自检后进入待命状态；在待命状态下，软件周期性查询地面主控端给出的测试命令，同时进行常规的巡检功能；在接收到有效的测试命令后，根据具体的命令，转入测试状态并执行相应的测试项目，测试项目执行结束后重新进入到待命状态，软件运行模式名称及进入条件见表 3－10。

表 3－10　软件运行模式名称及进入条件

业务流程名称	触发条件说明
S1 启动状态	软件引导
S2 待命状态	软件初始化及自检完成后 某项测试完成后

续表

业务流程名称	触发条件说明
S3 测试状态	接收到有效的测试命令后

顶层业务流程和业务功能分解示例见表 3－11。

表 3－11　顶层业务流程和业务功能分解示例

业务流程	顶层业务功能	一级业务功能	二级业务功能
S1 启动状态	软件初始化及自检	初始化	硬件初始化 1553B 总线初始化 中断初始化 数据初始化 任务创建
		上电自检	内存自检 IO 自检 总线芯片自检
S2 待命状态	命令解析与处理	命令查询	
		命令解析与执行	
	巡检功能	周期性自检	开关量采集 A/D 采样及模拟量计算
		遥测输出	
S3 测试状态	时序通路测试	延时控制	
		时序输出	IO 输出 开关量采集 A/D 采样及模拟量计算
		遥测输出	
	喷管功能测试	延时控制	
		时序输出	IO 输出 开关量采集
		遥测输出	
	收星定位测试	接收机定位数据录取及转发	接收机定位数据录取
			接收机定位数据发送
		遥测输出	
	伺服性能测试	伺服曲线生成与角度输出	
		伺服反馈角度采集	
		遥测输出	

3.4.2.3　功能需求分析

3.4.2.3.1　顶层需求建立

通过运行方案和场景分析，系统需求得到了细化分解，需要从软件开发人员角度，对系统需求进行归纳总结，提取共性需求，遵循功能高内聚、低耦合原则，结合系统需求特点，形成顶层软件需求功能。以某综合测试软件为例，根据 3.3 节系统需求分析与设计结果，识别顶层产品需求功能（见表 3－12），各功能间的数据流和控制流如图 3－13 所示。

表 3－12　某综合测试软件顶层产品需求功能

序号	顶层产品需求功能	依据原则
1	初始化及状态准备	软件启动后的状态准备阶段
2	输入消息处理	对输入输出接口进行抽象，依据介质类型分别处理，通信功能单独抽象，减少功能的耦合性，接口包括 1553B、串口、A/D、开关量
3	输出消息处理	
4	获取测试流程	核心功能，地面主控端测试指令处理
5	测试流程处理	核心功能，各测试项具体功能要求

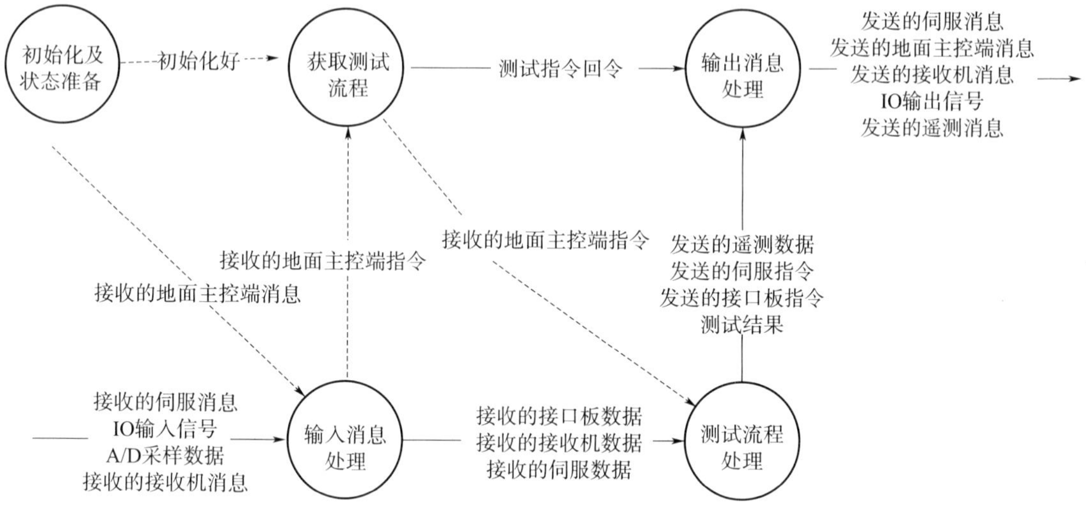

图 3－13　某综合测试软件顶层需求示例

3.4.2.3.2　逐层需求分解

依据顶层软件需求模型，逐层分解到软件能够单独完成的某个具体业务流程。以某综合测试软件为例，分解“测试流程处理”的业务流程，如图 3－14 所示，该层的输入输出流应与图 3－13 对应上层的输入输出流保持匹配，上层的数据流可以是抽象的，分解到叶子节点时，底层数据流需能明确到具体的数据项信息。表 3－13 为“测试流程处理”的输入输出流与分解到下一层对应的输入输出流之间的关系。

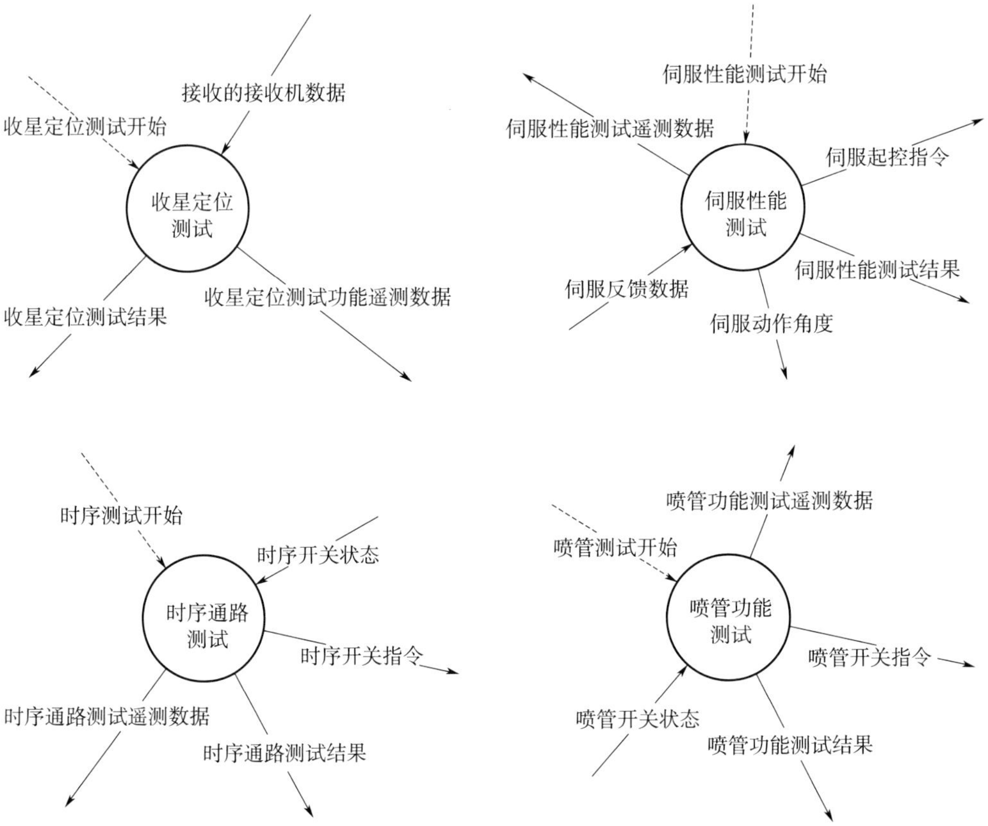

图 3-14　某综合测试软件测试流程处理需求分解示例

表 3-13　“测试流程处理”的信息流分解关系

	顶层数据项	下一层数据项
输入数据	接收的接收机数据	—
	接收的接口板数据	时序开关状态
		喷管开关状态
	接收的伺服数据	—
	接收的地面主控端指令	收星定位测试开始
		伺服性能测试开始
		时序通路测试开始
		喷管功能测试开始

续表

	顶层数据项	下一层数据项
输出数据	发送的伺服指令	伺服起控指令
		伺服动作角度
	发送的接口板指令	喷管开关指令
		时序开关指令
	测试结果	收星定位测试结果
		时序通路测试结果
		伺服性能测试结果
		喷管功能测试结果
	发送的遥测数据	收星定位测试遥测数据
		伺服性能测试遥测数据
		时序通路测试遥测数据
		喷管功能测试遥测数据

3.4.2.3.3　功能需求描述

根据功能需求分析结果，描述功能需求，将识别出的功能以某种统一化、结构化的语言进行表达，不考虑功能的具体实现方式，一般可采用“输入—处理—输出”的描述方式，涉及的数据项应建立共享的数据字典，以避免相同数据定义在多处出现不一致。

1）输入应确定与功能有关的所有输入信息，包括其来源、名称、含义、格式、约束、接收方法、数量、范围及换算方法，必要时应说明输入频度、响应时间要求、优先顺序、操作控制等要求；

2）功能的处理内容一般包括：应明确功能的任务规则，如功能激励/响应的序列/执行条件（即功能的创建、更改、使用、结束），遵循的算法规则等；应明确数据从输入到输出的处理过程，包括基本流程、备选流程（含异常流程）；应明确功能的其他要求，如功能占用资源的限制（时间资源、空间资源等）；为明确功能要求，对功能进行的必要说明，如图形描述、逻辑描述、文字描述、算法描述等；

3）输出应确定与功能有关的所有输出信息，包括其去向、名称、含义、格式约束、传送方法、数量、输出范围及换算方法。必要时应说明时间要求、优先顺序和输出形式等要求；

每个功能需求除上述描述外，还应包括功能需求标识和优先级。其中，需求标识应保证唯一性，建议采用层次编号进行标识，保证在引用需求、跟踪需求、发生需求变更以及跟踪引用时避免受到影响；优先级是根据用户对软件的时间进度、项目预算、人力资源以及质量目标等约束条件，确定各功能点的开发及交付顺序，明确不同需求的重要及紧迫程度，例如高优先级、中优先级、低优先级等。

以某综合测试软件的“伺服性能测试”功能为例，功能需求描述如图 3－15 所示。

功能名称：伺服性能测试

功能标识：C _ SFXNCS

需求优先级：高

功能描述：飞行控制软件接收到地面主控端给出的伺服性能测试命令后，以 20ms 为控制周期按照曲线依次向伺服控制器 A、B 发出控制角度指令，并在该过程中以 20 ms 为周期采集伺服反馈角度，实时将反馈角度与控制角度进行比较，测试结束后将结果下传至地面。

输入要求：

序号	输入来源	输入形式	输入内容	输入类型	标识符
1	地面主控端	外部数据	测试命令	16 位无符号整型	DM_CSML
2	伺服控制器	外部数据	A 作动器反馈角度	16 位有符号整型	SF_AngleA_FK
3	伺服控制器	外部数据	B 作动器反馈角度	16 位有符号整型	SF_AngleB_FK

输出要求：

序号	输出去向	输出形式	输出内容	输出类型	标识符
1	伺服控制器	外部数据	A 作动器控制角度指令	16 位有符号整型	SF_AngleA_ZL
2	伺服控制器	外部数据	B 作动器控制角度指令	16 位有符号整型	SF_AngleB_ZL
3	地面主控端	外部数据	测试结果	16 位无符号整型	DM_CSJG

处理要求：

接收到地面主控端给出的测试性能命令后，进行如下处理：

1）使能伺服反馈角度总线消息，采集周期为 20ms；

2）按照曲线要求，以 20ms 为周期先向 A 作动器发出梯形波与正弦波指令，再向 B 作动器发出梯形波与正弦波指令（其中幅值 $A=2°$，正弦曲线周期为 1s）；

3）在曲线发送过程中，实时读取 A、B 作动器反馈角度并与控制指令角度进行比较，当偏差超过 0.3°时认为测试结果异常。

4）曲线结束后停止采集伺服反馈角度。

5）向地面下传测试结果。

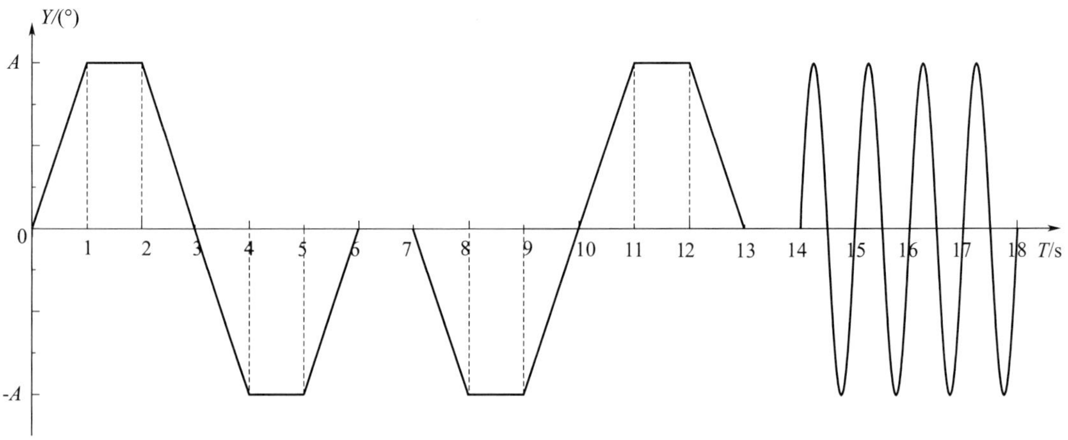

图 3－15　某综合测试软件“伺服性能测试”功能需求描述示例

3.4.2.4　性能需求分析

软件的性能需求主要通过对系统需求的性能指标的分析、对软件功能需求的分解，以及对外部环境要素的分析得到，如果对软件有明确的量化指标要求，应作为性能需求单独提出。

1）时间特性需求：针对有实时处理要求的软件，尤其是强实时控制类软件，时间特性要求很苛刻，应提出控制周期及其余量要求、事件或状态查询的响应要求、关键数据传输最大延时限制要求、与实时系统的时间关系（如时序控制的序列、时机、宽度及偏差等）等；对于带图形界面的软件，应提出图形界面的显示刷新时间要求；其他与时间特性相关的需求，如硬件访问的时间约束要求、时钟同步要求、通信时间要求等；

2）精度需求：分析数学计算过程的数据精度要求（包括数据位数）、时序时间精度要求、关机时间精度要求、通信协议的数据转换精度要求等；针对有长时间运行的软件，需要考虑数据长时间累积是否存在精度损失的情况；

3）数据处理能力需求：分析软件在系统运行环境中必须具备的数据处理能力，并提出量化指标要求，如单位时间内必须完成的数据处理量值、数据传输的峰值及负载要求等；

4）容量需求：分析软件的静态存储空间需求和动态存储数据的空间容量需求，提出程序/数据使用的存储器空间要求、堆栈使用的存储空间要求、磁盘空间的容量及余量要求等；

5）其他性能需求：分析其他与系统或软件相关的性能约束，如支持的用户数量、处理器的负载、软件无故障运行时间等。

某综合测试软件性能需求定义示例见表3－14。

表3－14　某综合测试软件性能需求定义示例

序号	描述	要求
1	时间特性需求	每个控制周期内占用时间不超过16 ms，惯性器件采样时间不超过4 ms
2	精度需求	数值计算使用双精度浮点数
3	数据处理能力需求	每个控制周期内1553B总线通信数据量不超过500个字
4	容量需求	飞行软件程序、数据、堆栈剩余空间大于分配空间20%
5	其他性能需求	软件无故障运行时间为72 h

3.4.2.5　接口需求分析

在系统需求分析与设计过程中，明确了软件内外部之间的物理连接关系，定义了数据交互的格式和控制方式，规定了用户界面显示内容和界面风格。软件接口需求分析应遵循“完整性、一致性、高可靠”原则，在保证与系统需求要求一致的前提下，完善数据传输协议，分析硬件传输介质特性，制定防错、纠错或错误重试策略，确保数据交互安全可靠。

用户接口分析时，需与软件使用方充分沟通，获取用户的使用性需求、易用性需求、操作习惯等界面相关需求后，提出软件界面的整体布局和界面元素需求，应考虑以下方面：

1）界面布局要上下左右平衡，不要堆挤数据，在满足系统显示要求的前提下要注意精简内容、表达清晰，界面各功能区要重点突出，功能明显；

2）当用户执行非法操作或执行时产生错误的情况下，系统应弹出消息提示界面用以提示用户，可分为提示消息、警告消息和错误消息三类，不同类型消息提示界面的主色调应明显区分，其中，消息错误界面应给出足够的提示信息，一般包括：错误类型、错误产生原因、错误的严重程度、错误造成的影响、强制的错误处理方法（或由用户选择错误处理方法）等；

3）界面元素应体现统一化界面风格，界面元素包括主窗口、二级窗口、弹出窗口、菜单、工具栏、指示灯、功能按钮、单选框、复选框、静态文本框、文本编辑框、列表框、树形控件、进度条、曲线框等；界面设计前应规定每个界面元素的基本样式、比例建议、字体要求、颜色，以及界面整体布局和使用场景。

软件与硬件之间的接口分析应考虑以下方面：

1）状态接口分析要求：信号滤波宽度要求、前沿有效或后沿有效要求、连续有效或累计有效要求；

2）数据输入接口分析要求：模拟量和数字量采样数据的合理性判别处理要求、滤波处理要求、初始采样数据的处理要求；

3）时序接口分析要求：时序容错控制要求、时序发出时间及持续宽度要求、时序发出条件和顺序要求。

软件之间的接口分析应考虑以下方面：

1）软件通信协议一般应包括帧头、帧尾、数据长度、校验码等部分，通信协议制定要便于解帧、组帧和确保信息正确，一般信息可以采用累加和校验、奇偶校验方式，对于关键信息应采用CRC校验或更严格的校验方式；

2）接口协议应规定异常处理机制，包括出错重发、超时处理、错误数据处理等措施；

3）通信传输负载分配时需根据总线传输能力、传输数据量及其实时性要求进行合理安排，在保证实时性要求的前提下尽量使传输负载均衡，应明确信息传输顺序、时间间隔、周期、通信波特率等；

4）应明确通信传输方式，必要时需明确建立连接、断开连接等过程；

5）为防止出现数据丢失，软件数据处理时应尽量使用环形缓冲区，环形缓冲区大小应能够适应最恶劣情况；

6）对于分帧传输的大数据量信息，除保证帧顺序、帧数据正确外，应对所有接收到的数据帧组装后再次进行校验；

7）通信协议中的数据元素设计时需考虑下述因素：依据数据精度要求和传输负载率要求，确定传输数据的分辨率和类型；对于关键控制信息应避免使用单个位表达含义，可以使用多位的方式（如0x5555、0xAAAA表达不同含义）。

某综合测试软件在软件需求分析阶段“伺服动作角度指令”通信接口示例见表3－15。

表 3-15　某综合测试软件通信接口示例

<table>
<tr><td colspan="2">数据项名称</td><td colspan="2">伺服动作角度指令</td><td>信源、信目</td><td>BC→RTx-SAx-3</td></tr>
<tr><td colspan="2">发起时机</td><td colspan="2">执行“伺服性能测试”指令</td><td>发送周期</td><td>20 ms</td></tr>
<tr><td colspan="2">错误处理</td><td colspan="4">校验和不正确或 RTx 无响应或通信错误均应在本周期内重试 2 次</td></tr>
<tr><td>序号</td><td>内容</td><td>类型</td><td>值</td><td colspan="2">说明</td></tr>
<tr><td>1</td><td>伺服作动器 A 控制角度指令</td><td>16 位有符号整型</td><td>LSB=0.001
值域：-6.5°～+6.5°</td><td colspan="2" rowspan="2">占用 16 比特，高 4 位补 0，低 12 位采用二进制补码表示，D11 为符号位，当符号位为“0”时，代表角度为“+”，与实际物理量的转换关系为：角度值(°)=$D\times6.5/2047$；当符号位为“1”时，代表角度为“-”，与实际物理量的转换关系为：角度值(°)=$(D-4096)\times6.5/2047$，其中 D 为参数对应的十进制值</td></tr>
<tr><td>2</td><td>伺服作动器 B 控制角度指令</td><td>16 位有符号整型</td><td>LSB=0.001
值域：-6.5°～+6.5°</td></tr>
<tr><td>3</td><td>CRC 校验码</td><td>16 位无符号整型</td><td></td><td colspan="2">对序号 1～2 的数据进行 CRC 校验</td></tr>
</table>

3.4.2.6　数据需求分析

在功能需求分析时，必须进行数据需求分析，从软件外接口关联图中的输入/输出流开始分析，首先建立顶层的数据元素，顶层的数据可以是抽象的，不必指向任何一个数据实体，通过逐层功能需求分解，顶层的每项数据元素将相应分解到下层的一个或多个数据实体，最终建立数据模型，完整描述软件内外部数据关系。数据字典是数据模型中的数据实体集合，数据字典一般包括数据项、数据结构、数据流、数据存储等内容。数据项是数据的最小组成单位，若干个数据项可以组成一个数据结构。数据项应包括数据标识、物理含义、数据类型、单位、值域、来源和目的地等信息，某综合测试软件“伺服性能测试”功能相关数据字典示例见表 3-16。

表 3-16　某综合测试软件“伺服性能测试”功能相关数据字典示例

序号	数据标识	物理含义	数据类型	单位	值域	来源	目的地
1	ServoAngle_A	伺服作动器 A 控制角度	64 位浮点数	度	[-6.5,+6.5]	本 CSCI	伺服控制器
2	ServoAngle_B	伺服作动器 B 控制角度	64 位浮点数	度	[-6.5,+6.5]	本 CSCI	伺服控制器
…	…	…	…	…			

3.4.2.7　质量属性分析

系统需求分析与设计过程针对软件可靠性、安全性和保密性三方面提出关键性要求，软件需求分析应对这些要求逐条分析，识别并落实到与之对应的软件功能需求中，有关软件安全性可靠性需求分析内容详见 3.11 节。除上述关键性要求以外，还应从软件产品的使用方面识别其他质量属性，如测试性需求、维护性需求、保障性需求、移植性需求和易用性需求。

在测试性需求分析方面，从软件的可观察性、可控制性、可分解性、模块独立性、简单性等方面分析软件的测试需求。其中，“可观察性”应考虑软件在运行过程中运行信息的保存、错误状态的检测和报告等设计，以提高测试信息的查询能力；“可控制性”应考虑对软件和硬件的状态及变量的控制、对接口和模块的控制、对任务流程和使用场景的控制，以提高测试的输入能力和覆盖能力；“可分解性”应对复杂的接口和功能、复杂的任务流程和使用场景，进行适当、合理的分解，提高测试的可控性；“模块独立性”应选择高内聚、低耦合的设计，将用户界面、功能、接口进行有效的隔离，降低相互的影响；“简单性”应从功能简单性、结构简单性、代码简单性等几个方面进行考虑。

在维护性需求分析方面，考虑软件灵活性、扩充性、在轨维护需求，如对操作方式变化、运行环境变化、同其他软件接口变化的适应性，不同场景下软件运行所需数据和文件的区别等，使软件易于修改、改进以及重构。

在保障性需求分析方面，考虑软件交付前后两个阶段的保障性需求，软件交付前，应具备软件开发工具、软件调试验证设备、软件使用和运行环境等资源保障能力，应具备软件开发过程的需求变更适应能力；软件交付后，应具备软件维护与改进、升级、应对运行环境改变的能力。

在移植性需求分析方面，了解最终用户对软件移植方面的期望，考虑对软件可能的运行平台、软件哪些部分可能移植到其他操作环境，选择能增强软件产品可移植性的开发方法。

在易用性需求分析方面，了解最终用户的技术能力水平和使用习惯，考虑易学易用程度、交互效率和可理解性，辅助设计最佳用户界面。

3.4.2.8 重用需求分析

软件重用的目标是提升软件开发效率，通常考虑最多的是代码重用，但对于从事航天特定领域的单位或部门来说，软件开发大多数从需求开始就具备一定的继承性，在历史类似功能的软件基础上开展适应性更改和研制工作，说明软件功能需求也可以重用。重用需求比较简单的方式是从现有需求规格说明中复制，如果从整个软件研发过程考虑重用，比较复杂的方式是重用整个功能组件，包括从需求、设计、编码到测试各阶段。

重用包含了重用已有组件和开发可重用组件两方面内容。在准备重用已有组件时，首先从需求描述层面分析与重用组件的一致性，然后对重用组件的成熟度进行评价，给出完全重用还是部分重用的结论，同时需关注对重用组件的使用约束，避免重用组件在新的运行环境下出现不匹配的问题。提出开发可重用组件时，应在同领域内开展共性需求分析，收集相似项目软件的共性需求，基于任务剖面开展面向平台的系统通用分析，统一规划系统信息流与数据流以及系统间软硬件接口设计，建立系统架构，提出面向产品化软件的功能、性能、接口等通用需求，形成产品级共性需求规格说明，针对共性需求在项目软件中的应用，项目软件开展需求分析时依据输入文件提取可重用需求信息，形成可重用的需求项列表，分析结果应在需求双向跟踪矩阵中进行标识，以便于跟踪与验证。

3.4.2.9 软件需求形成与确认

3.4.2.9.1 软件需求形成

软件需求规格说明书是软件需求分析的产物，应对系统需求分析与设计阶段明确的需求进行进一步分析，可参照 GJB 438C《军用软件开发文档通用要求》编制，软件需求规格说明除描述软件的运行方案和场景、功能需求、性能需求、接口需求、质量属性和重用需求外，还应包括软件设计约束和非技术性需求。

3.4.2.9.2　软件需求确认

软件需求规格说明提出后，需要检查一致性、是否有遗漏以及无歧义等内容，通常采取邀请相关方和同行专家实施评审的方式，确认软件需求。除此之外，在软件需求分析过程，还应着重关注产生的衍生需求，明确定义软件功能的重要性和紧急性排序，定义需求优先级，指导软件设计及编码工作时的开展顺序，明确软件安全关键功能，指出某项功能是否是系统的关键核心功能，是否会影响软件安全性，是否会影响软件安全等级的评价，在开展软件需求评审及软件测试工作时，应对安全关键功能进行重点关注。系统设计人员与软件设计人员应确认模糊或有遗漏的系统需求，迭代完善系统需求和软件需求。应建立软件需求与系统需求的追踪矩阵，使系统需求与软件需求传递完整、一致。

3.5　软件设计和实现

3.5.1　概述

软件设计和实现是将软件需求转化为软件框架、接口、数据结构、部件、单元模块，最后通过集成、调试形成软件代码的过程。

表 3-17 描述了软件设计和实现活动的输入、主要任务和输出。

表 3-17　软件设计和实现活动的输入、主要任务和输出

分类	文件名称/任务名称
输入	1)软件需求规格说明； 2)应遵循的设计准则； 3)其他相关输入文件
主要任务	1)软件概要设计； 2)概要设计结果评审； 3)软件详细设计与实现； 4)软件调试； 5)代码审查
输出	1)软件设计说明； 2)软件使用说明； 3)源程序、执行程序

3.5.2　主要任务及要求

3.5.2.1　任务流程图

软件设计和实现主要分为概要设计、详细设计和实现，体现了逐渐细化和不断迭代的思想。在概要设计过程中，首先根据软件需求分析结果，进行软件设计决策，开展软件架构设计，划分软件部件，定义数据结构，创建外部接口和各层/部件之间的内部接口。在软件详细设计和实现过程中，将每个部件细化为单元模块，描述输入、输出和处理过程，完成软件编码、编译和调试工作，编制使用说明。

软件设计和实现的任务流程示意图如图 3-16 所示。

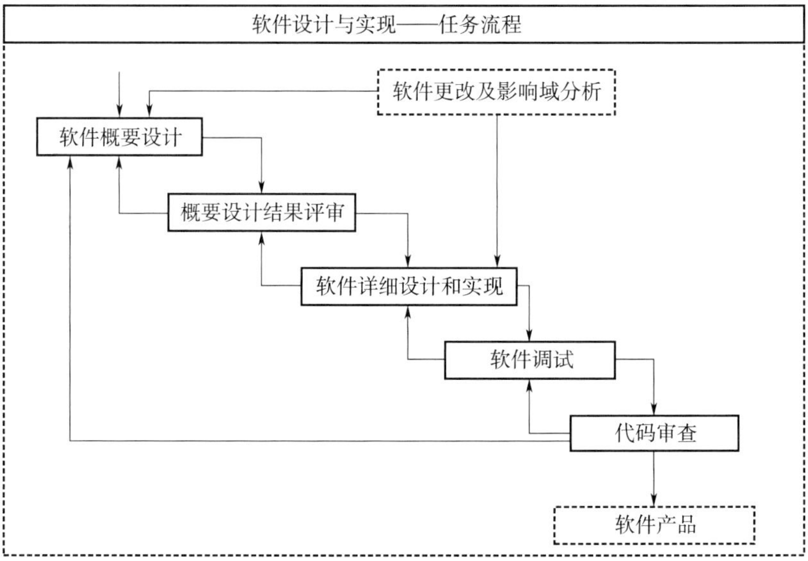

图 3-16 软件设计与实现的任务流程示意图

3.5.2.2 软件概要设计

3.5.2.2.1 设计决策

在软件设计之初，必须考虑如何高效率、高质量开发软件，无论是航天领域还是其他商业软件研发领域，软件设计都不是从零开始，大部分软件是在已有成功项目产品基础上开展设计工作，同时兼顾质量因素和约束，因此，软件设计始于决策，分析需求的共性和可变性特征，提出非功能性需求对应的设计约束，决策选择或开发可重用的软件框架和构件，确定软件架构设计的关键需求，这里提到的软件架构设计区别于 3.2 节描述的软件系统架构设计，它是在完成软件（分）系统架构设计基础上，针对其中的软件配置项开展设计工作。

软件重用设计决策充分考虑本项目或其他项目经过考核成功的成熟技术以及重用资产库，在满足设计指标的条件下，优先考虑选择可重用的软件框架和构件，并进行适用性分析，分析软件框架、构件功能对软件需求、使用环境的适应性，分析构件的执行时间、运算精度、可重入性等特性与软件需求的适应性，对重用的程度、范围和有效性进行评估，确保重用的正确性。当需要重新开发时，应考虑设计未来可重用的软件框架和构件，开展领域共性需求分析与设计，构建可重用资产。

软件非功能性设计决策应获取软件需求的性能、安全性、可靠性、易用性、可维护性、可测试性、可移植性、安全保密性等需求，考虑成本与研制周期约束，建立非功能需求优先级，确定软件设计关键指标，设计要求如下：

1）性能：指软件运行时间以及资源占用效率；应分析软件运行情况，制定并行、分时及前后台处理等设计决策；

2）安全性：指软件具备不导致人员伤亡、系统损坏、重大财产损失或不危及人员健康和环境的能力；应分析已标识的软件危险状态或事件，制定消除危险或降低风险的设计决策；

3）可靠性：指在规定的条件下，在规定的时间内软件不引起系统失效的能力；应分析软件是否存在潜在薄弱点，制定故障检测、隔离和恢复等设计决策；

4）易用性：指在指定条件下使用时，软件被理解、学习、使用和吸引用户的能力；应考虑易理解性、易学性、易操作性等要求，制定与用户交互、界面布局等设计决策；

5）可维护性：指软件被修改的能力，修改包括纠正、改进使软件适应对环境和需求的变化；应分析软件未来可能改变的需求，软件设计时考虑模块独立性、简单性、灵活性等要求，明确应遵循的设计准则，制定相应设计决策；

6）可测试性：指软件发现故障并隔离、定位其故障的能力，以及在一定时间和成本前提下，进行测试设计、测试执行的能力；应综合考虑软件可操作性、可观察性和可控制性，设置软件运行状态监测点、隔离点，以及日志记录，制定相应设计决策；

7）可移植性：指软件从某一环境转移到另一环境的难易程度；应考虑软件代码组织需求，制定分层封装、与硬件底层相关代码解耦的设计决策；

8）安全保密性：指软件保护信息和数据的安全能力；应分析软件应用场景需求，制定信息存储安全、信息传输加密、身份认证、系统备份与恢复等设计决策。

3.5.2.2.2 架构设计原则

软件架构设计是软件研制从面向用户需求到面向软件设计人员的关键环节，它完成从需求到设计的映射，形成软件框架、部件、接口和数据结构，为软件详细设计和实现提供重要依据。软件研制后期，尤其是进入运行维护阶段后，软件更改维护成本在很大程度上取决于前期软件架构设计的好与坏。

Robert C. Martin 在软件架构方面提出了 SOLID 原则，告诉我们如何将数据和单元模块组织成构件，以及如何将各个构件链接成为软件。SOLID 是五个原则的首字母缩写，分别是：单一职责原则（Single Responsibility Principle，SRP）、开闭原则（Open Closed Principle，OCP）、里氏替换原则（Liskov Substitution Principle，LSP）、接口隔离原则（Interface Segregation Principle，ISP）、依赖倒置原则（Dependence Inversion Principle，DIP）。在软件开发过程中，无论是面向对象设计，还是结构化设计，都可以参考该设计原则，但不要求强制遵守，需要综合考虑质量、进度和成本因素，在平衡取舍后设计出好的软件架构。总结历史项目经验，好的软件架构需遵循以下设计原则：

1）分层设计：划分不同的业务层次，这里说的层次指的是逻辑分层，注意层次划分的合理性，过多层次会引入性能问题。

2）独立性设计：应保证各层/部件的功能实现独立性，降低各层/部件在共用资源、控制逻辑、数据接口传递等方面的耦合度，支持部件组合实现不同业务。

3）高内聚、低耦合：与单一职责原则（SRP）类似，任何一个软件模块都应该只对某一类行为者负责，反过来说，软件模块承担的职责越多，耦合度就越高，不利于软件更改维护。内聚性体现在软件模块与其他模块的相关联性，完成一项独立功能，与软件其他模块之间的交互越少，说明内聚度越高。

4）开闭原则（OCP）：设计良好的计算机软件应该易于扩展，同时抗拒修改。该原则是开发可重用软件框架的基础，好的可重用软件框架具备“对扩展开放”和“对更改关闭”的两个特征，当需求发生变更时，可以对构件进行扩展，但不必改动构件的源代码，可通过配置参数的更改满足新需求；我们实际软件开发过程中，在对领域需求非常熟悉的前提下，也很难将所有更改封闭，采用重构技术可以持续改进软件框架，软件设计人员需要衡量进度和成本的代价，对于实时性要求很高的嵌入式软件，还要综合考虑空间和时间性能指标的影响。

5）接口隔离原则（ISP）：客户端不应该依赖它不需要的接口；一个类对另一个类的依赖应该建立在最小的接口上。设计相邻层之间和各层内部部件之间的交互接口，将接口与部件功能实现分离，但该部件对外提供的接口并不适用所有存在依赖关系的其他部件时，则需要按照该原则将接口进行拆分，提高内聚性和灵活性，反过来如果接口过多，也会增加软件复杂程度，所以还需兼顾其他因素。

6）质量因素权衡：应考虑不同优先级的非功能需求对软件设计的约束，根据非功能需求优先级，权衡技术决策，使软件架构达到最优，例如，为了满足性能需求，必须考虑软件运行过程的各类情况，可制定并行、分时和队列等设计决策。可以采用质量因素关系矩阵描述这些质量因素的相互制约或相互促进关系，表 3－18 为质量因素关系矩阵，“＋”表示行需求正向促进列需求，“—”表示行需求可能对列需求产生负面影响，空白表示行列两种质量因素之间影响不明显。

表 3－18　质量因素关系矩阵

	性能	安全性	可靠性	易用性	可维护性	可测试性	可移植性	安全保密性
性能			—	—	—	—	—	
安全性	—			—		—		＋
可靠性	—			＋	＋	＋		
易用性	—					—		
可维护性	—		＋			＋		
可测试性	—		＋	＋	＋			
可移植性	—			—	＋	＋		
安全保密性		＋						

软件系统架构设计推荐“五视图”方法（具体介绍参见 3.2 节），软件配置项的开发架构和物理架构通常在软件系统架构设计阶段已确定，在软件概要设计过程中，将软件需求的运行场景与模式、数据流、控制流、状态转换等需求模型进行设计归类，重点开展逻辑架构设计、运行架构设计和数据架构设计，这三种视图之间没有明显的先后设计顺序，同时进行，相互影响，不断迭代，最终指导软件详细设计和实现工作。

3.5.2.2.3　逻辑架构设计

逻辑架构设计关注功能逻辑划分和接口定义。其中，功能逻辑划分主要包括逻辑分层和层内部件划分两部分内容，体现了自顶向下、由粗到细的过程；接口定义是在不断细化逻辑架构的基础上，对层层之间、部件之间交互机制的具体表现。

功能逻辑划分根据软件需求分析结果，归类和细化功能模块，提取通用功能模块，定义合理的架构层数及各层的职责，在同一层内进行部件划分。设计要求如下：

1）归类功能模块：将功能需求按照业务相关性进行分析，通常情况下，业务上紧密相关的一组功能在实现上会涉及相同的函数、类、数据结构等，因此，应将这组功能映射到一个功能模块，再细化其内部功能，以实现设计的高内聚、松耦合。

2）识别通用功能：一些公共功能（例如异常处理、运行日志、数据通信）用于同时支持多组功能的实现，应当运用参数化、抽象等设计手段，提炼“通用功能”，通用功能的分离，有利于提高重用性、减少重复代码。

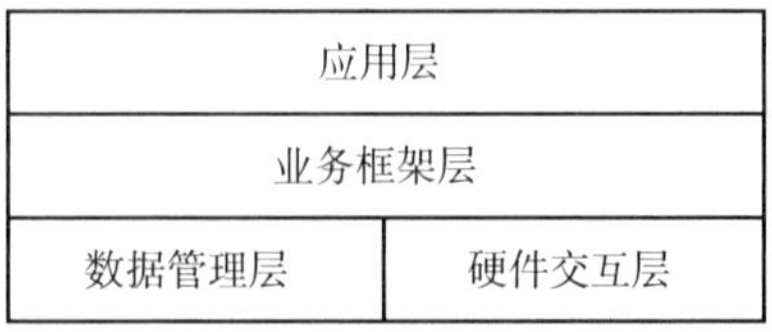

图 3－17　四层软件架构

3）划分架构层次：分层架构体现了“封装”设计思想，封装外部交互，各层更加关注内部逻辑实现；常见的四层软件结构如图 3－17 所示，通过“硬件交互层”封装与底层硬件的交互，通过“数据管理层”封装与文件系统或数据库的交互，通过“业务框架层”封装通用业务处理逻辑，该层是实现底层硬件服务多样化与上层应用多样化的中间件，是评价软件架构“可维护性、可移植性”等质量因素的关键设计，“应用层”在业务框架层之上实现面向用户需求的不同业务处理。需要注意的是，层次划分不是越多越好，尤其是实时性要求高的软件，层次划分越多，端到端的控制流穿越的中间层数越多，可能会带来性能问题，因此要权衡质量因素约束。

4）划分各层部件：确认分层架构后，明确各层的功能职责，以及层层之间的边界，在此基础上，进行功能模块和通用功能的细化，在各层内部划分多个部件/子部件，并通过接口设计和运行架构设计，规定不同层、不同部件之间的交互接口和交互方式；同时，进行基于软件部件的故障树分析、软件失效模式及影响分析，标识出软件安全性关键部件。

接口设计是在软件架构的层次和部件划分初步确定后进行，包括用户接口、与外部软硬件系统的外部接口，以及各层/部件之间的内部接口三部分，设计要求如下：

1）用户接口设计描述软件与用户之间的信息交互，应明确向用户提供的命令和语法结构，以及软件应答信息；针对用户界面设计，应明确各种状态下的界面布局、键盘命令清单及处理过程、“菜单＋键盘”驱动的软件逻辑状态转移图与界面状态转移图、各种操作提示信息和故障警告等内容，在满足用户正常需求的前提下，应考虑软件可靠性安全性设计因素，进行用户界面防差错设计，例如，采用界面按钮＋键盘组合键方式、二次提示确认方式等执行安全关键功能；若项目规定了统一的界面风格，涉及布局、颜色、图形、信息提示等，需按照要求开展界面设计。

2）软硬件接口设计描述软件配置项与硬件之间、与其他软件配置项之间的接口关系，首先明确硬件的物理设备，数据库、驱动函数库、操作系统服务等软硬件接口；其次，明确接口介质、地址、传输速率、通信协议、通信错误检测等信息，针对通信过程中潜在的竞争识别、死锁条件等进行异常情况的处理策略设计；需定期检查软件通信协议，因为接口变更容易被忽略，软件设计人员应密切关注接口规格说明的变更。

3）内部接口设计描述层层之间、层内部件之间的交互方式，与部件设计紧密相关，属于部件设计的一部分，须明确层/部件具体功能和职责，封装层/部件内部实现，定义层/部件对外交互接口，接口形式通常有函数调用、结构体、接口类等方法；同时遵循接口隔离原则（ISP），考虑拆分面向不同应用或接口定义，避免接口耦合度增加导致的风险。

以某综合测试软件为例，根据软件需求分析情况，对软件功能需求进行归类分析，软件功能包括时序通路测试、喷管功能测试、惯组功能测试、收星定位测试、伺服性能测试等，从软件设计角度分析，这些测试功能为上层应用的测试逻辑，需通过硬件层的不同介质/端口访问实现与外部的通信，因此，该软件从功能逻辑方面划分为硬件接口层、框架层、应用层三个层次，如图 3－18 所示。其中，硬件接口层封装对各类硬件接口的访问；框架层作为“中间件”，将应用层与硬件接口层隔离，一方面，面向该测试类软件的典型需求，提供测试流程管理的核心服务，另一方面，将对硬件接口的典型使用需求以及部分通用算法模块等进行封装，提供应用层使用；应用层通过对框架层的访问和组合使用，从而实现具体功能。

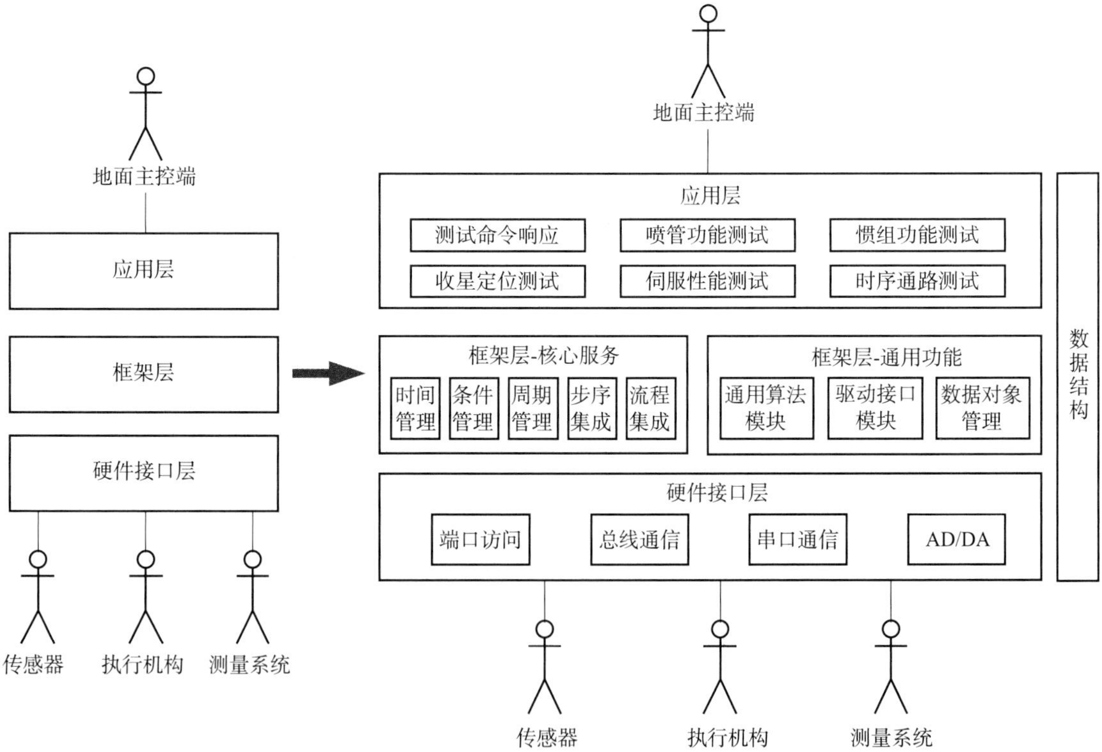

图 3－18　某综合测试软件分层架构图

该综合测试软件为实现基于 1553B 总线通信的相关功能测试，首先设计基于 1553B 总线通信的数据结构，示例如图 3－19 所示，该数据接口贯穿硬件接口层、框架层及应用层的接口设计，同时设计硬件接口层对上层提供的接口函数以及框架层对上层提供的接口函数，如图 3－20 所示。以伺服性能测试为例，该功能需要从 RT 地址 1 子地址 4 采集 6 个字，消息的运行周期为 100 ms，设计为采样类消息，具体功能实现示例如图 3－21 所示。

```
typedef struct BUS _ MSG _ FW
{
  /＊应用层需要维护的成员变量＊/
  BYTE bRTAddr;                  // RT 地址
  BYTE bSubAddr;                 //子地址
  BYTE bWordCount;               //字个数
  BYTE bDirection;               //消息方向
  INT32 dwPeriod _ ms;           //消息传送周期，单位：ms
  BYTE bInFrameID;               //编排在哪个帧中
  BYTE bHaSsetAttrMask;          //定义时请务必初始化为零
  /＊框架层需要维护的成员变量＊/
  WORD wCmdWord1;                //命令字 1
  WORD wCmdWord2;                //命令字 2（仅 RT—RT 消息使用）
  WORD wStackPtrInBU;            //指向 BU－61580 描述符栈中位置的指针
  INT16 wSendMinusPeriodCnt;     // 剩余发送周期数（减至 0 后置 SUSPEND）
  BYTE bWorkStatus;              //消息工作状态
  WORD wBcBlockStatus;           // BC 块状态字
  WORD wTimeTag;                 //时标状态字
  WORD wRtStatus1;               // RT 状态字 1
  WORD wRtStatus2;               // RT 状态字 2
……
} ST _ 1553 MSG _ FW;
```

图 3－19　某测试软件 1553B 总线通信数据结构示例

```
//硬件接口层向框架层提供的接口函数
extern void BC _ PrepareMsgStructToBU (ST _ 1553 _ MSG FW  ＊pstBusMsg. BYTE bArea);
extern BYTE BC _ WaitForCurrFrmEnd (UINT32 dwTimeoutUs, BYTE bTimeOutType);
extern void BC _ FrameStart (UINT32 dwWaitPrevFrmUs, BYTE bHeadMspPtr);
exern WORD BC _ Read1553Data (UINT32 dwTimeoutUs, BYTE bTimeOutType, ST _ 1553 _ MSG _
FW  ＊pst1553Msg);
……
//框架层向应用层提供的接口函数
exterm BOOL FW _ bSet1553MsgActive (ST _ 1553 _ MSG _ FW  ＊pst1553Msg);
extern BOOL FW _ bSet1553MsgSuspend (ST _ 1553 _ MSG _ FW  ＊pst1553Msg);
extern BOOL FW _ bRegist1553Msg (ST _ 1553 _ MSG _ FW  ＊pst1553Msg, BYTE bIsChangable);
extern BOOL FW _ bUpdate1553Msg _ SeriesCntInPeriod (ST _ 1553 _ MSG _ FW  ＊ pst1553Msg,
UINT8 bSeriesCntInPeriod);
……
```

图 3－20　某测试软件 1553B 总线通信接口函数示例

```
//应用层需要定义消息类型
ST _ 1553 _ MSG _ FW us _  st1553Msg _ Servo1 _ Feedback =
{
    RT _ ADDR _ SERVO _ STAGE1,
    1,
    8,
    DIRECTION _ RT _ TO _ BC,
    MSG _ PERIOD _ 100MS,
    FRAME _ CTRL,
    0
};
//初始化时进行消息注册
FW _ bRegist1553Msg (&us _ st1553Msg _ Servo1 _ Feedback, MSG _ ATTR _ CHANGABLE);
……
//初始化后进行消息激活
FW _ bSet1553MsgActive (&us _ st1553Msg _ Servo1 _ Feedback);
……
//功能结束后进行消息挂起
W _  bSet1553MsgSuspend (&us _ st1553Msg _ Servo1 _ Feedback);
……
//*在框架的固有运行流程中，利用硬件接口层提供的函数和应用层设置的属性信息进行调度*/
static void FW _ PrepareForFrame (BYTE bframeFlag, BYTE bArea, WORD wDescStackPtr, WORD
wMsgBlockPtr)
{
  ……
  for (i=0; i<fw _ st1553MsgPtrArray _ Locked. dwiSize; it +)
   {
    ……
    if ( (pst1553Msg —>bWorkStatus == MSG _ STATUS _ ACTIVE)
      && (pst 1553Msg—>bInFrameID == bFrameFlag) )
     {
          ……
          /*向 BU-61580 准备数据*/
          BC _ PrepareMsgStructToBU (pst153Msg, bArea);
          ……
    }
    ……
  }
  ……
}
```

图 3-21　伺服性能测试功能实现示例（部分代码）

3.5.2.2.4　运行架构设计

运行架构设计主要是控制流设计工作，关注进程、线程、中断服务程序等运行时控制流，以及相关的并发、同步、通信等设计。运行架构设计对软件运行过程的质量因素有重大影响，例如性能、可靠性、安全性等。可通过时序图/序列图、协作图等说明关键交互过程。运行架构设计主要包括：确定运行策略、任务划分和任务间通信设计三部分内容。

（1）确定运行策略

软件以何种顺序执行一系列控制流是运行策略要确定的内容，通常采用“中断＋循环”前后台运行、多线程运行等方式实现控制流。其中，“中断＋循环”前后台运行方式一般用于无操作系统支持的嵌入式软件，多线程运行方式广泛用于基于操作系统的非嵌入式软件，近几年随着航天嵌入式软件规模和复杂度增长，以 GNC 软件为代表的嵌入式软件普遍开展基于实时操作系统的研发，并已成功应用。

（2）任务划分

在无操作系统的环境中，“任务”指的是各个中断以及中断外部的主程序等并发对象；在操作系统环境中，“任务”指的是进程、线程、任务等并发对象。由于这些并发对象有可能相互制约或相互打断，造成系统死锁或并发冲突，因此应控制任务个数，简化任务接口，降低任务间的耦合度，削弱任务间的相互制约关系。

针对“中断＋循环”前后台运行方式，应合理安排中断优先级次序，一般情况下，一次性的偶发的或中断服务所需时间较短的中断，考虑安排在较高级别；频度高或中断服务所需时间较长的应考虑安排在较低级别；同时还应考虑中断不及时响应造成的影响。

针对多线程运行方式，可以按照设备依赖性、时间依赖性和功能聚合原则合理划分任务，任务数量并非越多越好，尤其是针对时间和空间资源有限的运行环境，任务越多对处理器的额外消耗越多，因此，应综合考虑任务划分，在遵循以下原则的前提下，尽可能降低处理器的额外消耗。

设备依赖性主要考虑从通信接口角度进行线程、任务划分。常用的通信接口包括：RS422/RS485 串口、以太网、1553B 总线、双口 RAM、FIFO 通道、高速串口等，可以根据不同的通信接口及功能划分任务，例如，将“RS422/RS485 串口通信任务”和“以太网通信任务”分为两个独立任务。然而，不是所有与硬件相关的通信都可以设置独立任务，还应考虑到实时性能。

时间依赖性主要考虑从周期性任务和非周期性任务角度进行线程、任务划分。周期性任务包括 5ms 实时控制任务、1ms 状态查询任务、1s 遥测处理任务等等；非周期任务包括事件驱动任务、随机中断驱动任务等。应用软件应根据不同的时间要求分别设置独立任务。

功能聚合性主要考虑从“高内聚、低耦合”角度进行线程、任务划分。一个任务应完成一个完整的功能，划分后的任务间应独立，耦合性低。

（3）任务间通信设计

任务间通信一般采用共享内存、文件、消息队列、管道等方式进行信息和控制交互，设计时应考虑任务之间的同步关系，以及临界资源冲突问题。任务间同步及互斥应采用信号量、事件等方式，防止任务间并发冲突和死锁，相同优先级调度推荐使用时间片轮转调度。对临界资源必须采用互斥量进行保护。例如共享内存，无论是一个内存变量，还是一片内存区域，建议设计为只有一个任务有改写权限，其他任务只允许读，这种方法简单可靠，但遇到多个任务都需要改写共享内存的情况，则该共享内存属于临界资源，必须采取适当措施，可以使用数据加锁或循环队列方法，对临界资源进行原子操作保护，避免修改过程中被其他中断/任务打断，并读取正在被修改的不完整数据。

以某测试软件的典型需求为例，该类软件通常以“命令-响应”方式完成测试功能，即根据不同的测试命令执行相应的测试项目。每一个测试项目可能由一系列连锁的动作组合而成，这些动作之间可能按照某种顺序、某种时间间隔、某种条件逻辑等关系组合在一起，以测试流程的形态存在。由于该类软件往往以某种控制周期为节拍，因此一个测试流程的执行代码会分散到多个控制周期里，而在每一个控制周期里，除了完成测试流程本身的功能，还需要完成一些基础功能，例如一些通用的输入输出处理、周期性的任务等等。

基于上述特点，选择基于嵌入式操作系统的方案对软件的运行架构进行设计。假设某项目中的具体需求如下：控制周期为 5ms，使用外部定时中断方式实现；通信接口为 1553B 总线，根据需要划分为采样类消息与输出类消息两大类；软件的主要功能为综合测试，它运行在多核处理器的某一个核上，具有多核之间数据交互的需求（数据收发由操作系统管理，接收使用中断方式、发送由单独的任务完成）。

按照该测试软件的功能需求，它的运行需要以 5ms 为节拍，因此依据时间依赖性原则，设计一个独立的 5ms 周期任务，用来完成每个控制周期的主运行流程；由于通信接口只涉及 1553B 总线，依据设备依赖性原则，设计一个独立的 1553B 总线管理任务，且能够根据请求来处理某一类消息；依据功能聚合性原则，将测试流程调度管理单独封装为一个任务，用来对各个测试流程进行统一的调度管理。另外，由于涉及多核间通信，在软件应用层中可以通过唤醒核间通信发送任务（OS 提供）来实现对外发送，通过设计独立的接收任务（在核间通信中断中被唤醒）来处理接收到的数据；任务之间的通信采用消息队列方式，可以设计具体的协议来表征任务间调用的功能需求；各任务的优先级可以根据具体需求进行设置。各任务主要功能及唤醒源见表 3-19，各任务运行时序逻辑关系如图 3-22 所示。

表 3-19　各任务主要功能及唤醒源

序号	任务代号	主要功能	唤醒源
1	5 ms 周期任务	完成每个 5 ms 周期的主运行流程	5 ms 中断
2	流程调度管理任务	对测试流程进行管理	5 ms 周期任务
3	1553B 总线管理任务	对 1553B 通信进行管理	5 ms 周期任务
4	接收核间数据任务	对接收到的核间数据进行处理	核间通信接收中断

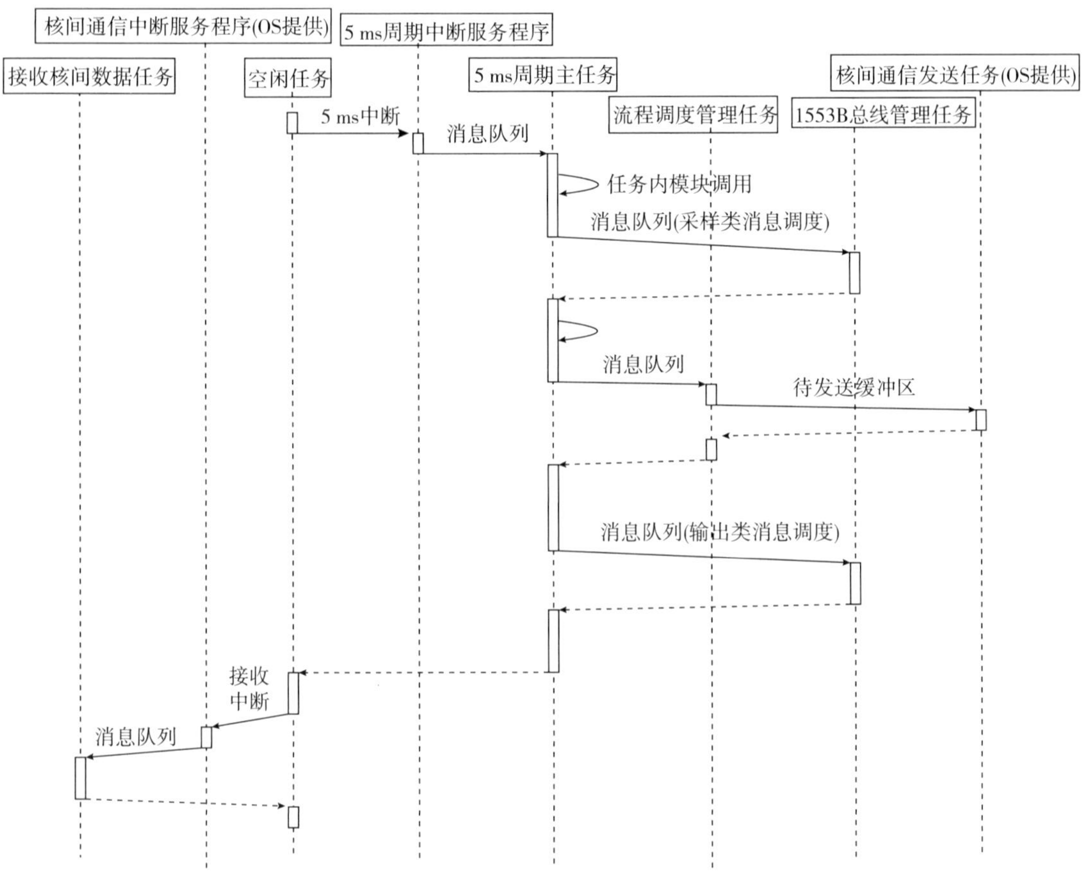

图 3－22　某测试软件运行序列图

3.5.2.2.5　数据架构设计

在软件系统设计的数据架构基础上，开展每个软件配置项的数据架构设计。设计要求如下：

1）逻辑结构设计应明确全局性数据和各部件间传递的数据流结构，包括数据元素的单位、含义、值域、初值、来源和去向，必要时还需说明信息合法性检查、错误和恢复处理；

2）物理结构设计应明确软件内部数据结构的存储要求，涉及访问方法、存取单位、存取载体等方面，其中，存取载体包括：数据库、堆栈、结构体、联合体、循环队列和磁盘文件等。

数据库设计时，应选择适用的数据库访问方式，定义各数据表的结构；文件设计时，应明确所有数据记录文件的名称、路径、类型、访问方式与内部格式；堆栈、结构体、联合体、循环队列等数据结构应明确其静态格式及访问方式（例如，深度优先访问、循环队列空满处理等）。

3.5.2.2.6　制定软件组装策略

在完成软件架构设计的基础上，提出软件组装策略，确定软件组装所需的环境约束，以便在软件实现过程进行软件组装。软件组装策略一般有：

1）一次性组装：首先对每个模块分别进行调试/测试，然后将调试/测试通过的软件按照预先规划的软件结构要求组装在一起，形成一个完整的软件。

2）自底向上组装：首先对软件结构最底层的每个模块分别进行调试/测试，然后将这些模块按照软件结构层次逐层组装成较大的软件，并对各个较大的软件进行调试/测试，最后逐层由底向上组装成为一个完整的软件。

3）自顶向下组装：首先对软件结构最顶层的主模块分别进行调试/测试，然后采用深度优先或分层的策略，逐层由顶向下组装成为一个完整的软件。

4）自顶向下-自底向上集成：将软件划分为三层，中间层为目标层，对目标层上面的一层使用由顶向下的集成方式，对目标层下面的一层使用自底向上的集成方式，最后在目标层汇合的三明治（混合式）的集成方式。

5）基于功能关系的集成：从功能角度出发，按照功能的关键程度对模块依赖关系进行的集成方式。

6）基于使用关系的集成：针对面向对象软件，通过类之间的使用关系进行集成。

3.5.2.3　概要设计结果评审

软件概要设计完成后，应对概要设计结果实施同行评审，审查软件架构设计是否合理可行，审查要点如下：

1）概要设计是否实现了需求分析的所有功能需求；

2）概要设计是否有接口设计、数据结构设计、用户界面设计等除功能设计以外的其他重要内容；

3）概要设计是否标识安全性关键部件；

4）概要设计是否综合考虑了需求分析的质量因素；

5）概要设计是否遵守规定的设计原则，例如，分层设计、独立性设计、高内聚、低耦合等等；

6）概要设计是否可以作为软件详细设计和软件组装测试的依据。

3.5.2.4　软件详细设计和实现

3.5.2.4.1　单元模块设计

将该软件概要设计中的软件部件逐项细化，形成若干软件单元模块，并对软件单元模块进一步描述，确定单元模块内部的详细实现过程。

1）规定软件单元模块之间的接口，包括函数调用接口、函数参数说明、函数返回值说明、上下层调用关系等；

2）明确软件单元模块输入、输出、处理逻辑或算法，定义内部数据结构，在实现软件功能的同时，应满足计算精度、响应时间和超时、数据吞吐量、周期运行裕度、任务并发处理、软件无故障运行时间、存储空间使用等性能指标；

3）根据概要设计确定的软件安全性关键部件，进行基于软件单元的故障树分析、软件失效模式及影响分析，确定软件安全性关键单元模块；参照 GJB/Z 102A《军用软件安全性设计指南》进行软件可靠性和安全性设计。

3.5.2.4.2　软件编码和编译

根据软件设计要求和编程规范开展编码工作，选择编程语言和对应编译器，并在规定的编译环境中进行编译，根据编译提示信息，初步修改软件编码错误，直至编译通过。

对于在使用操作有人机交互界面、控制情况需要说明或者有其他注意事项的情况一般应编制软件使用说明。如需说明的内容较少，可考虑将内容合并到其他相关文档中。

3.5.2.5　软件调试

软件调试目的是诊断和改正程序中潜在的错误，可利用编译器自带的调试工具、硬件附带的调试工具或第三方提供的调试工具进行软件调试。软件调试过程包括软件的组装过程，需要根据软件概要设计的软件架构和组装策略，有步骤地对软件进行组装和调试。软件调试与软件测试不同，软件测试目的是尽可能多地发现软件错误。

软件调试方法主要有强行排错法、回溯法、原因排除法等。其中，“强行排错法”通过设置断点或将内存数据、程序运行状态等信息打印输出方式，分析定位错误，这种方法效率较低，建议最后使用；“回溯法”从最先出现错误的位置入手，人工向回追踪源代码，直至找到错误根源；“原因排除法”是通过演绎或归纳并引入二分法的概念来实现，对与错误相关的数据进行分析，查找潜在的错误原因，先列出所有可能的错误原因，再执行测试逐个进行排除，类似归零的故障树分析。

软件调试过程应做好软件运行状态信息记录，示例如下：

1）记录通信异常、非法输入、调用驱动（或外部模块）得到异常返回值、功能异常分支等信息，可用于快速掌握软件运行状态；

2）记录软件堆栈动态使用情况，可用于堆栈溢出、软件宕机等问题排查；

3）记录软件的时间特性，如周期任务最大剩余时间、从接收到某信号到执行某动作的响应时间、特定算法的最长耗时等，可用于分析各种工况下软件性能指标的符合情况。

3.5.2.6　代码审查

在提交软件测试前，应对源代码实施代码审查，审查软件代码规范性，以及与软件设计说明的符合性，审查要点如下（对于一些通用规范性检查，需考虑使用静态分析工具以提高审查效率）：

1）源代码的书写、注释是否符合代码编制规范性标准；

2）源代码是否遵守相应的安全设计规范，如C或者C＋＋语言是否遵循GJB 8114《C/C＋＋语言编程安全子集》；

3）安全关键性策略实现的正确性；

4）对照软件任务书、软件需求规格说明等审查代码是否符合功能要求；

5）审查初始化、中断使用、多任务处理、临界资源分析、通信接口设计、性能和余量、软件支持环境（操作系统、数据库、编译器、驱动程序等版本状态）、硬件使用、时序控制、测试流程等实现正确性；

6）软件设计是否综合考虑了质量因素，例如可靠性、安全性、可测试性、可维护性等。

3.6 软件测试

3.6.1 概述

软件测试贯穿于航天型号软件研制全过程，测试级别通常分为单元测试、组装测试、配置项测试和系统测试。

软件测试依据实施主体分为开发方测试、第三方评测、验收测试和鉴定测评。开发方测试由软件开发方实施，第三方评测由具有资质的独立软件评测机构实施，验收测试由交办方组织实施，鉴定测评由用户方组织实施。原则上A、B级软件和影响发射流程的C级软件应开展第三方评测。

软件测试的测试类型一般包括文档审查、静态分析、代码审查、代码走查、功能测试、性能测试、接口测试、安全性测试、边界测试、余量测试、强度测试、数据处理测试、人机交互界面测试、恢复性测试、安装性测试、逻辑测试等。

表3-20描述了软件测试活动的输入、主要任务和输出。

表3-20 软件测试活动的输入、主要任务和输出

分类	文件名称/任务名称
输入	1)测试任务书、测试合同或等效文件； 2)软件任务书/软件需求规格说明； 3)软件设计说明/接口协议/计算机使用手册等文件； 4)源程序/可执行程序； 5)软件使用手册等保障文件
主要任务	1)单元测试； 2)组装测试； 3)配置项测试； 4)系统测试； 5)回归测试(必要时)
输出	1)测试大纲(含测试需求规格说明、测试计划)； 2)测试说明； 3)测试记录； 4)问题报告单； 5)测试报告

3.6.2 主要任务及要求

3.6.2.1 任务流程图

软件测试的任务流程示意图如图3-23所示。

每一测试级别按照阶段均可分为测试分析与策划、测试设计与实现、测试执行和测试总结，软件更改后应进行相应级别的回归测试，在回归测试时应进行影响域分析，如果需要更改测试内容、补充测试用例，则应该重复测试分析与测试、测试设计与实现、测试执行的过程。

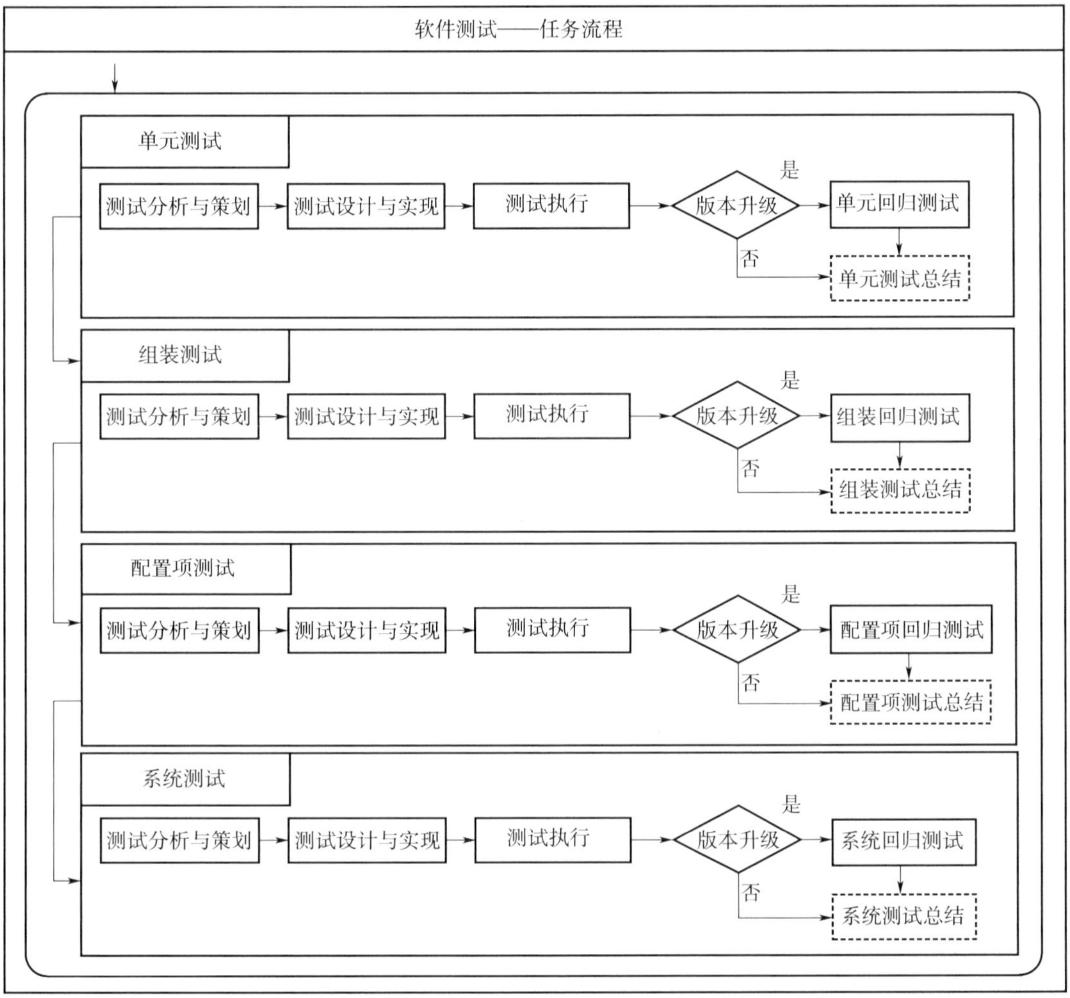

图 3-23　软件测试的任务流程示意图

3.6.2.2　单元测试

单元测试是对软件的最小组成单位——软件基本单元的测试，目的是检验每个软件单元能否正确地实现其功能，满足其性能和接口要求。单元测试的对象是编译通过的软件单元，测试依据是软件设计说明，一般由开发人员执行测试。

3.6.2.2.1　单元测试分析与策划

确定单元测试的测试内容、测试要求及使用的测试工具，明确测试范围，确定测试资源要求、需要的技术和方法、测试结束条件、测试进度等，编写单元测试计划。

(1) 单元测试的内容

单元测试的主要内容包括测试软件单元的外部接口、功能实现、重要执行路径、局部数据结构、错误处理路径以及上述各项的边界条件。其主要内容说明见表 3-21。

表 3-21 单元测试的主要内容

序号	测试类型	说明
1	接口测试	实参和形参的数目是否相等;实参和形参的属性是否匹配;实参和形参的单位是否一致;传到被调用模块的实参的数目是否与形参的数目相等;传到被调用模块的实参的属性是否和形参的属性匹配;传到被调用模块的实参的单位是否与形参单位一致;调用内部函数时参数的次序、属性和数目是否正确;是否引用了与当前入口无关的参数;是否修改只是作为输入值的形参;在不同的模块中全局变量的定义是否一致;是否把常量当作变量传送等
2	功能测试	对照软件单元的设计说明,验证软件是否完成了所需的功能,确认是否存在功能遗漏或实现错误
3	局部数据结构测试	设计测试用例以发现如下类型的错误:不正确的或不一致的数据声明、初始化错误或没有赋初值、不正确的变量名、不一致的数据类型、上溢/下溢或引用错误
4	重要执行路径测试	重要执行路径指那些处在完成安全关键功能、算法功能、复杂控制逻辑和数据处理功能等重要部位的执行路径。应设计测试用例以发现错误的计算、不正确的比较和不正确的控制流向等错误
5	错误处理路径测试	设计用例对所有的错误处理路径进行测试,防止出现如下错误:错误触发的条件不正确或无法满足、指出的错误不是所遇到的错误、错误边界条件的处理不正确、错误处理的实现逻辑错误等
6	边界测试	软件通常在边界上出错,应采用边界值分析法,针对边界值及其左、右值分别设计测试用例,以发现软件错误
7	逻辑测试	利用程序内部逻辑结构及有关信息来设计测试用例,对程序所有逻辑路径进行测试,进行覆盖率分析

(2) 单元测试的要求

1) 软件单元的每个特性应至少被一个正常测试用例和一个被认可的异常测试用例覆盖;

2) 测试用例的输入应至少包括有效等价类值、无效等价类值和边界数据值;

3) 语句覆盖率达到 100%、分支覆盖率达到 100%; A 级的软件 MC/DC 覆盖率达到 100%。覆盖率分析技术详见 5.6.4.2 节白盒测试方法。

(3) 单元测试工具

为提高测试效率,型号研制过程中通常采用单元测试工具以支持测试用例设计和测试执行。单元测试的运行环境原则上应与软件运行环境保持一致。单元测试工具一般需要自动获取函数的接口、全局变量、底层调用等信息,自动生成测试执行需要的脚本和驱动程序(驱动模块和桩模块);所生成的脚本和驱动程序能够编译后直接运行,支持对测试覆盖率进行记录和分析,确保达到语句和分支覆盖指标要求。

由于被测单元本身并非一个独立运行的程序,与其他单元存在多个调用的关系,为了模拟这种关系,并为被测单元构成一个完整的执行环境,需要建立两种辅助测试模块:驱动模块和桩模块。驱动模块用于模拟被测单元的上层模块,用于接收测试数据,启动运行被测单元,以获得实际输出结果;桩模块是被测单元调用的下层模块,用来模拟被测单元的外部接口函数,在测试执行时使被测单元能够完整闭合地运行。由于被测单元可能调用多个其他模块,故可能存在多个桩模块。目前,多数单元测试工具均支持驱动模块和桩模块的自动创建。

由构建的驱动模块和桩模块组成的被测单元的测试环境如图3-24所示。

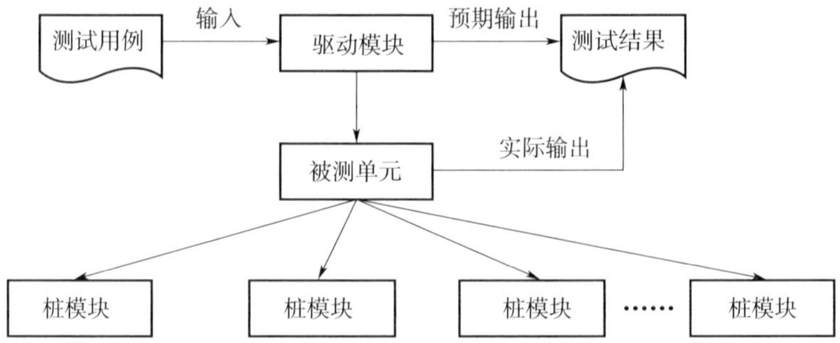

图3-24 单元测试环境示意图

3.6.2.2.2 单元测试设计与实现

依据单元测试计划，提取测试项，编写相应的测试用例，依据测试用例设计测试输入数据（输入数据可以是模块的输入参数、全局变量、寄存器、外部端口数据、存储区等）及确定对应的输出数据值，编写单元测试说明。

单元测试的策略包括黑盒测试和白盒测试，黑盒测试用例设计常用方法有功能分解法、等价类划分法、边界值法和错误推测法等。对于具有输入/输出变量的被测单元，应采用等价类划分法，将输入域的范围划分为若干子集，然后选取典型值和边界值设计测试用例；针对使用了指针或数组的被测单元，应检查指针非法引用或数组越界的情况，采用边界值和错误推测法设计测试用例；针对复杂的判断、循环和分支结构，如果无法达到覆盖率要求，需借助白盒测试方法补充相应测试用例，达到覆盖率要求。

某软件的被测单元ptrObser（）的源代码如图3-25所示。该函数有两个参数p和q，其中q为指向int的指针类型。该函数的功能是：若整型参数p在0～20之间时，指针q指向的值为p的2倍，上限值为30，否则指针q指向的值为－1。

```
void  ptrObser (int p, int *q)
{
    if ( ( p<=0) || (p>20) )
     {
        *q=-1;
     }
    else
     {
        *q=p*2;
        if ( *q>30 )
           *q=30;
     }
}
```

图3-25 某软件的被测单元ptrObser（）的源代码

该单元测试的用例设计见表 3－22。

表 3－22　单元测试用例示例

参数	用例 1		用例 2		用例 3		用例 4		用例 5	
	输入	预期	输入	预期	输入	预期	输入	预期	输入	预期
p(int)	－1		21		0		20		14	
q(int＊)		－1		－1		－1		30		28

为确保满足语句和分支覆盖率要求，需至少设计如上 5 个测试用例。其中用例 1 和用例 2 采用等价类划分法，用例 3 和用例 4 采用边界值分析法，用例 5 是为了满足覆盖率的要求而补充设计的测试用例。

3.6.2.2.3　单元测试执行

单元测试人员按照测试计划、测试说明的内容和要求，使用单元测试工具执行测试用例。单元测试工具一般都有测试结果自动比对功能，可自动判断测试用例是否通过。在执行过程中，观察并记录测试过程、测试结果以及发现的错误。覆盖率达不到要求时，需修改和补充测试用例。开发人员修复软件缺陷后，针对修复后的被测软件开展单元回归测试工作。

单元测试发现的主要问题包括：

1）与设计说明的不一致问题；

2）软件逻辑问题（例如，逻辑操作符使用错误：if((a＜0)&&(a＞255))，实际应为 if((a＜0)||(a＞255)))；

3）不可达代码和分支问题（通过覆盖率分析发现）。

单元测试执行完成后，应将测试用例（测试脚本，含驱动模块和桩模块）、单元测试工具给出的原始数据记录、软件问题报告单等纳入配置管理。

3.6.2.2.4　单元测试总结

汇总和分析单元测试结果，评价软件单元的设计和实现，提出软件改进建议。总结单元测试计划和单元测试说明的变化情况及原因，以及对应测试异常终止的情况，对未能被测试活动覆盖到的语句和分支进行分析，并给出其他验证手段的结果说明。

3.6.2.3　组装测试

组装测试是在软件系统集成过程中所进行的测试，是把各个单元逐步组装成高层的功能模块（软件部件）并进行测试，直到整个软件成为一个整体。组装测试的目的是检验软件单元之间的接口关系是否正确，并将经过测试的单元构成符合设计要求的软件。组装测试的对象是通过单元测试的软件单元，测试依据是软件设计说明，一般由开发人员执行测试。

3.6.2.3.1　组装测试分析与策划

确定组装测试的测试内容、测试要求以及使用的测试工具，明确开展组装测试所使用的集成策略、测试技术和方法，确定组装测试的风险及应对措施；确定测试资源、测试结束条件、测试进度等，编写组装测试计划。

（1）组装测试的内容

组装测试的内容主要包括模块间接口测试、全局数据结构测试、模块的功能和性能测试等，见表 3－23。

表 3－23　组装测试的主要内容

序号	测试类型	说明
1	模块间接口测试	涉及两个方面的内容：模块间的调用关系和数据项的相容性。调用关系通常可以从静态分析工具产生的程序结构图得出，调用覆盖的原则是调用图中的每个模块在调用图的某个路径上被调用，并且每个被调用的模块被全部可能的调用者调用过；数据项的相容性是考虑调用时数据传递的正确性，要考虑到数据项的范围和数据域相容、数据类型相容、数据对象相容、传递方式相容（如存储器、寄存器、高速缓冲存储器、累加器或数据库等硬件设备）
2	全局数据结构测试	列出所有通过全局数据结构产生接口关系的模块，可以使用数据依赖图来描述。建立数据依赖图是从一个模块开始，找出该模块引用的各种数据，建立属于该模块的直接读和写操作，然后扩大到该模块的下层模块的全部数据引用，一直到达最低层模块。全局数据结构包括：全局变量、寄存器、端口数据、存储区、文件和数据库等。特别的，针对文件和数据库，文件指针位置、关闭/打开状态、读写方式以及对数据库进行的访问和域操作等都需要进行验证
3	功能测试	应对组装好的中间功能模块进行功能测试，测试整个功能模块是否满足相应的功能需求
4	性能测试	应对组装好的中间功能模块进行运行时间、运行空间、计算精度等方面的性能测试，特别要考虑边界数据，在算法实现模块中测试最长路径下的计算时间等

（2）组装测试的要求

1）组装测试应标明组装策略；

2）软件部件的每个特性应至少被一个正常的测试用例和一个被认可的异常测试用例覆盖；

3）测试用例的输入应至少包括有效等价类、无效等价类和边界数据值；

4）应测试软件部件之间、软件部件和硬件之间的所有接口；

5）应测试运行条件（如数据、输入/输出通道容量、内存空间、调用频度等）在边界状态下，软件部件的功能和性能；

6）对安全关键的软件部件，应对其进行安全性分析，明确每一个危险状态和导致危险的可能原因，并对此进行针对性的测试；

7）发现是否有多余的软件单元。

（3）组装测试工具

组装测试一般使用软件单元测试环境进行，同时，为了验证与硬件接口的交互过程、故障处理功能或部分性能指标，也可以使用软件配置项测试环境进行。

3.6.2.3.2 组装测试设计与实现

按照组装测试计划和组装策略，依据软件设计说明，提取测试项，编写相应的组装测试用例（确定调用深度，决定组装的层数），并依据测试用例设计测试输入数据，搭建组装测试环境，编写组装测试说明。

由软件单元和软件部件组装成新的软件部件时，应根据软件单元和软件部件的特点选择便于测试的组装策略，组装策略可以分为非增式组装和渐增式组装。非增式组装是指把所有软件单元一次组装起来进行测试，这种方法只适用于软件单元较少的小规模程序，否则容易出现混乱。渐增式组装又分为自顶向下组装和自底向上组装两种。自顶向下组装策略是按照设计的系统层次结构图，以主程序模块为中心，自上而下逐步组装和测试处于低层的模块，按照深度优先或者广度优先策略，对各个模块一边组装一边进行测试。自顶向下组装测试过程中需要编写桩模块代替下层模块。自底向上组装策略是从最底层模块开始，按照系统层次结构图，自下而上逐步组装并逐步进行测试。自底向上组装测试过程中需要编写驱动模块代替上层模块，当测试到较高层模块时，所需的下层模块功能已经具备，不再需要桩模块。

自顶向下组装策略如图 3-26 所示。示例中共有 M1、M2、M3、M4、M5 五个单元模块完成单元测试，准备进行组装测试。其中由于 M1、M2 调用的 2 个模块未就绪，分别用 S1、S2 代替。按照广度优先策略的组装顺序为：M1-M2-M3-S1-S2-M4-M5；按照深度优先策略的组装顺序为：M1-M2-S2-M3-M4-M5-S1。采用自顶向下组装策略可尽早验证程序控制结构设计的正确性。

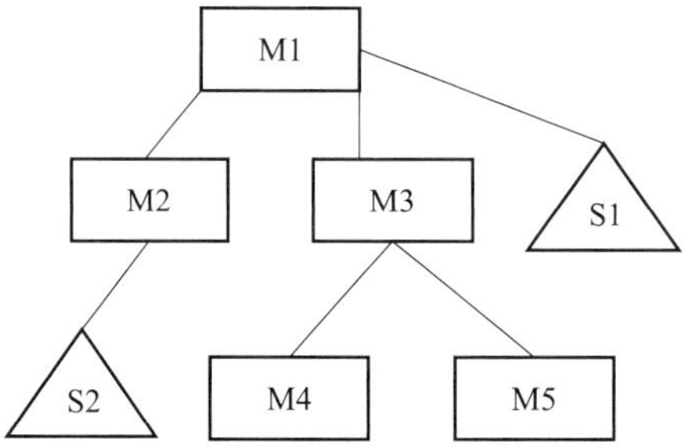

图 3-26 自顶向下组装策略示意图

自底向上组装策略如图 3-27 所示。示例中最底层的单元模块构成 3 个功能簇 C1、C2、C3。需要为这 3 个功能簇分别开发 3 个驱动模块 D1、D2、D3。D1、D2、D3 分别调用 C1、C2、C3，对 C1、C2、C3 分别进行测试。然后去掉 D1、D2、D3，从上层单元中选择一些单元，构造更多的功能簇以进一步测试。采用自底向上组装策略可尽早验证底层模块功能和行为的正确性。

3.6.2.3.3 组装测试执行

测试人员依据测试用例，按照测试环境需要，编写自动化测试用例脚本或者手工输入测试数据，以执行组装测试用例。在执行过程中，认真观察并记录测试过程、测试结果和发现的错误。研制人员修复软件缺陷后，测试人员对修复后的被测软件开展组装回归测试

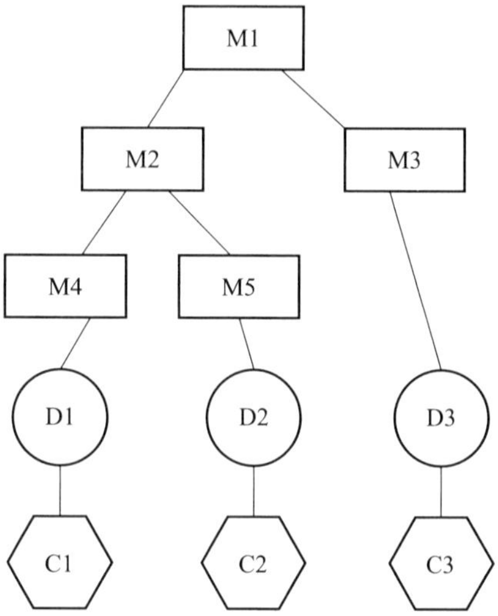

图 3－27　自底向上组装策略示意图

工作。

组装测试执行完成后，应将测试用例（测试脚本，含驱动模块和桩模块）、组装测试工具给出的原始数据记录、软件问题报告单等纳入配置管理。

3.6.2.3.4　组装测试总结

汇总和分析测试结果，评价软件结构设计，提出软件改进建议。总结组装测试计划和组装测试说明的变化情况及原因，以及对应测试异常终止的情况，确定未能被测试活动充分覆盖的原因，并给出其他验证手段的结果说明。

3.6.2.4　配置项测试

配置项测试的目的是检验所开发的软件是否满足软件需求规格说明中规定的软件功能、性能、接口、可靠性安全性、约束及限制等要求。通常采用黑盒测试方法来设计测试用例，并结合白盒测试方法对测试覆盖率情况进行分析。配置项测试依据是软件需求规格说明，一般由独立的软件测试人员进行。

3.6.2.4.1　配置项测试分析与策划

确定配置项测试的测试内容、测试要求，确定测试环境（至少包括软件项、硬件与固件项、环境的差异性分析）；确定测试的充分性要求和测试终止条件；确定测试资源、技术和方法、测试进度并进行风险分析；建立软件需求项与软件测试项的双向追踪关系；确定要受控的测试工作产品，编制配置项测试计划。

（1）配置项测试的内容

配置项测试的内容应覆盖软件需求规格说明中规定的功能需求、性能需求、接口需求、可靠性安全性需求、边界需求、余量需求、恢复性需求等相关技术内容和要求，采取相应的测试类型进行确认和验证，见表 3－24。

表 3-24 配置项测试的主要内容

序号	测试类型	说明
1	功能测试	依据软件任务书，逐项验证软件的各项功能点，测试输入应包括有效等价类、无效等价类和边界值。对存在状态转换的功能项，通过状态转换图的方式辅助测试项分解
2	性能测试	依据软件任务书，逐项测试软件的各性能指标。分析软件不同的运行场景，并对各场景下软件的性能指标进行考核
3	接口测试	依据通信协议对软件的各种接口进行测试，测试应覆盖正常和异常的情况
4	安全性测试	对软件安全性需求中确定的与软件相关的所有故障模式进行逐一测试，验证软件处理故障模式的安全性措施的正确性与有效性
5	边界测试	考核软件输入、输出及状态转换的边界，覆盖边界内、边界外和临界点
6	余量测试	测试软件运行过程中的存储空间余量、时间余量以及运行堆栈余量等
7	强度测试	有强度要求或隐含强度要求的功能，开展强度测试，测试相关功能从正常状态、异常状态直至功能失效的临界点
8	数据处理测试	对软件完成专门数据处理的功能，如数据的存取、采集、融合与转换等功能进行测试
9	人机交互界面测试	对界面显示的符合性、准确性、直观性等进行测试；对操作输入的方便性、健壮性、提示性等进行测试；对人机交互的友好性、导航性、适宜性等进行测试
10	恢复性测试	恢复性测试是要验证在克服硬件故障后，系统能否正常地继续进行工作，且不对系统造成任何损害，应考虑各种典型的恢复或重置条件
11	安装性测试	在用户需求提出的配置环境下，对软件进行安装、卸载、重复安装，以检查安装过程是否符合要求，发现安装过程的错误
12	逻辑测试	依据测试要求对软件源代码和目标码开展逻辑测试，语句、分支动态覆盖率满足相关标准要求，动、静态结合测试后语句与分支的测试覆盖率达 100%

（2）配置项测试的要求

1）必要时，在高层控制流图中做结构覆盖测试；

2）应逐项测试软件需求规格说明规定的配置项的功能、性能等特性；

3）配置项的每个特性应至少被一个正常的测试用例和一个被认可的异常测试用例所覆盖；

4）测试用例的输入应至少包括有效等价类、无效等价类和边界数据值；

5）若有人机交互的情况，应测试人机交互界面提供的操作和显示界面，包括用非常规操作、误操作、快速操作测试界面的可靠性；

6）应测试运行条件在边界状态和异常状态下，或在人为设定的状态下，配置项的功能和性能；

7）应按软件需求规格说明的要求，测试配置项的数据安全保密性；

8）应测试配置项的所有外部输入、输出接口（包括和硬件之间的接口）；

9）应测试配置项的全部存储量、输入/输出通道的吞吐能力和处理时间的余量；

10）应按安全关键等级和软件需求规格说明的要求，对配置项的功能、性能进行强度测试；

11）应测试设计中用于提高配置项的安全性和可靠性的方案，如结构、算法、容错、冗余、中断处理等；

12）对安全关键的配置项，应对其进行安全性分析，明确每一个危险状态和导致危险的可能原因，并对其进行针对性测试；

13）对有恢复或重置功能需求的配置项，应测试其恢复或重置功能和平均恢复时间，并且对每一类导致恢复和重置的情况进行测试；

14）按照要求开展源码和目标码覆盖率测试。

（3）配置项测试环境

应尽量建立与软件实际运行环境相一致的配置项测试环境。针对所选用的测试环境，一方面要纳入配置管理，确保其状态是已标识、受控和可用的，按照质量认证要求对其进行验证和鉴定；另一方面，应开展环境差异性分析，重点考虑数据、时序、运行环境、外部接口、系统负载等方面的差异性，确保测试结果的有效性。配置项测试环境一般分为全数字仿真环境、半实物仿真环境和全实物实装环境，应根据测试任务和进度要求选择合适的测试环境。

①全数字仿真环境

全数字仿真环境通过开发目标机 CPU、内存、外围接口芯片、外围设备 I/O 接口以及外部信号事件激励的数字模拟器，在宿主机上实现对嵌入式软件进行测试，可有效地解决航天软件研制过程过分依赖硬件环境，造成开发、测试过程受限于硬件而测试不充分等问题。全数字仿真测试环境的优点：1）可以快速构建虚拟测试环境，虚拟硬件可以重复使用，大大降低了硬件测试环境的开发时间和成本；2）提供更为丰富的测试手段，如模拟各种硬件故障、实现特定的测试输入、支持复杂的测试脚本等，实现对各种飞行工况和异常工况的测试覆盖，从而提高测试充分性和自动化水平。其缺点：1）不同的处理器需要开发不同的模拟器；2）仿真交联系统的难度较大，不同设备之间的时钟同步和时序关系维护困难。

全数字仿真环境示意图如图 3－28 所示。

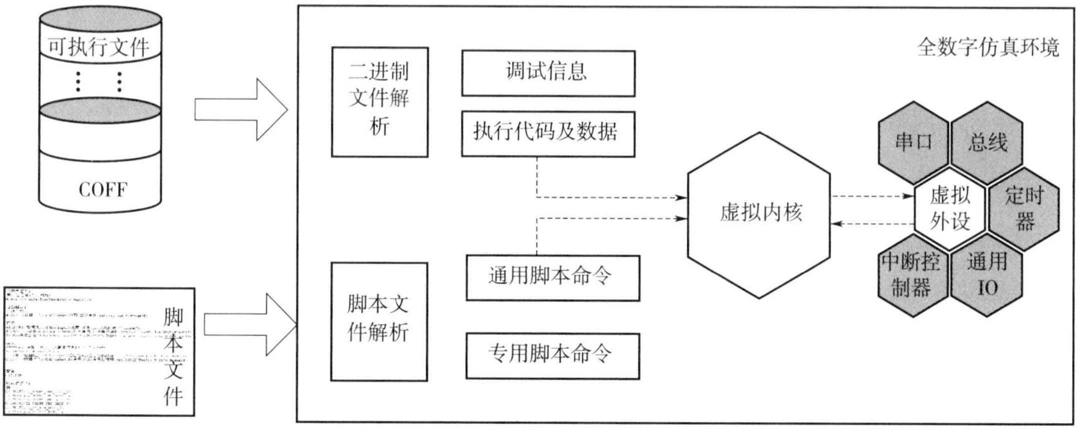

图 3－28　全数字仿真环境示意图

②半实物仿真环境

半实物仿真环境是一种介于全数字和全实物之间的测试系统，具备全实物仿真测试环境真实性以及全数字仿真设置灵活性的优点。半实物仿真将控制器（实物）与仿真模型结合在一起进行测试。在半实物仿真测试环境中，被测软件运行在特定的目标机中，保持了被测软件运行环境的真实性；与目标机连接的其他设备则通过硬件模拟器实现，能够真实地模拟被测软件运行所需的外围物理环境，并且能够灵活设置被测软件的输入，驱动被测软件运行，同时接受和处理被测软件的反馈和输出结果，从而形成对被测软件的自动、实时、非侵入式的闭环测试。其缺点是测试过程的可控性不足，对故障工况的模拟和测试很难保证。

半实物仿真环境示意图如图 3－29 所示。

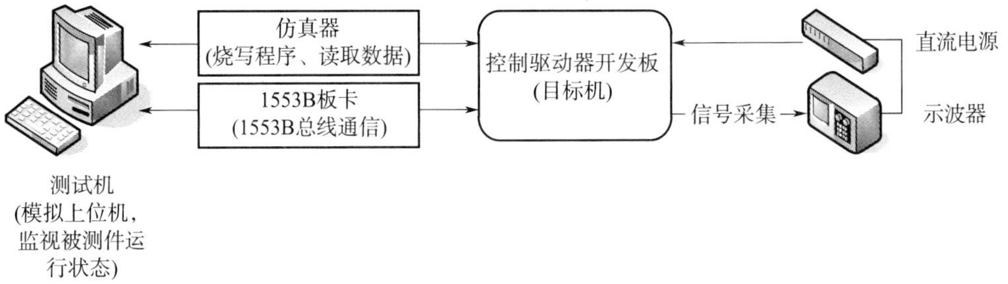

图 3－29 半实物仿真环境示意图

③全实物实装环境

全实物实装环境是最逼近真实环境的一种运行环境，被测软件处在完全真实的运行环境中，直接将目标机（含嵌入式软件）和其他外围设备建立真实的链接，形成闭环测试系统。全实物实装环境对于实时嵌入式控制软件验证具有独特的作用。首先，全实物实装环境不必使用数学模型来代替系统和控制对象的物理运动和相互作用，而是系统实物直接参与对控制对象的控制，可以有效发现系统设计和部件模型存在的问题；其次，全实物实装环境避免了系统中某些实物部件难以建立精确数学模型的困难；第三，全实物实装环境是研究控制对象复杂控制律的重要方法，能够有效验证设计方案，为各种方法的实际应用创造条件。其缺点是通用性低、开发成本高，针对异常、边界和极限工况不能提供有效的验证手段，测试覆盖性难以保证。

3.6.2.4.2 配置项测试设计与实现

依据软件需求规格说明和配置项测试计划，分解测试项，设计相应的测试用例，编写配置项测试说明。明确测试用例设计方法，并依据测试用例设计测试输入数据；建立和校核测试环境，并进行环境差异性分析，记录校核结果，为测试执行做准备。

针对不同的测试类型，下面结合航天软件工程经验，对相关的测试方法和测试策略进行说明。

(1) 功能测试

功能测试对软件需求规格说明中的功能需求逐项进行测试，以验证软件功能实现是否符合软件需求规格说明。功能测试的要求和策略包括：

1）对软件配置项控制流程的正确性、合理性等进行测试。

2）用正常值的等价类数据和非正常值的等价类数据测试，应覆盖所有有效和无效等价类。

3）对每个功能的合法边界值和非法边界值数据进行测试。

4）至少采用等价类划分、边界值分析用例设计方法，根据具体需求可采用功能分解法、判定表、场景分析法等用例设计方法。

5）对初始化功能进行测试，包括所有输入输出芯片设置，使用的所有中断设计以及输出数据的初始化设置。

功能测试示例：

需求概述：对指定的 RAM、FIFO、FLASH 区域进行写入、回读操作，三个区域操作均正确，则自检通过，发送自检正常结果 0x55 给外系统，否则不发送结果。

测试方法：采用等价类和判定表的方法开展测试用例设计，本需求涉及三个条件元和一个动作元，详细的用例设计思路见表 3－25。

条件元 1：RAM 自检正常；

条件元 2：FIFO 自检正常；

条件元 3：FLASH 区域自检正常；

动作元：自检通过并发送自检正常结果 0x55。

表 3－25　功能测试用例设计示例

等价类	条件元 1	条件元 2	条件元 3	动作元
自检正常	1	1	1	1
自检异常	0	X	X	0
	X	0	X	0
	X	X	0	0

注："1"代表条件成立，"0"代表条件不成立，"X"为任意值。

（2）性能测试

性能测试对软件需求规格说明中的性能需求逐项进行测试，以验证软件性能是否满足要求。性能测试的要求和策略如下：

1）测试程序在获得定量结果时计算的精确性（如数据处理精度、时间控制精度、时间测量精度）。

2）测试软件配置项的时间特性，给出实际的时间值，包括响应时间、运行时间。

3）测试为完成功能所能处理的数据量。

4）测试程序代码使用的最大堆栈深度。

5）考虑最坏情况，如测试主循环最大执行时间，考虑在正常设计约束下某个中断最大可能发生的次数、多个不同级别中断的最大可能嵌套的层数。

6）分析软件不同的运行场景，并对各场景下软件的性能指标进行考核，针对每个性能指标需多次重复测试（至少 3 次），选取与标准值偏离最远的一次作为测试评价依据。

性能测试示例：

需求概述：要求软件进行滤波处理时间小于 200 ms。

测试方法：具体设计方法见表 3－26。

表 3－26　性能测试方法与用例设计示例

测试要点	分析要素	分析内容
极限运行场景分析	输入域分析	开展与该性能指标相关的数据输入域分析，结合本示例选取三类输入域，分别为标准数据、上偏数据和下偏数据，测试软件在上述三类输入数据条件下的滤波耗时
	路径分析	分析软件与性能相关的最长执行路径，以及相应的输入条件
	并发分析	分析中断（高优先级任务）对性能的影响
运行条件分析	脚本要求	测试脚本应简洁，降低插装对被测件的影响
	环境差异性	分析软件运行环境对性能的影响，尤其是外部仿真设备对性能的影响。结合本示例，软件在滤波处理过程中无与外部硬件接口的交互处理，测试环境与真实运行环境一致
	结果要求与选取策略	应获得不少于三次的测试结果数据，选取测量最恶劣值

（3）接口测试

接口测试是对软件需求规格说明中的接口需求进行逐项测试。接口测试应覆盖所有的输入接口和输出接口。接口测试的要求和策略如下：

1）测试软件对系统每一个真实接口的正确性。

2）检查从接口接收和发送数据的能力。

3）检查数据格式、数据类型的符合性。

4）检查数据的约定、协议的一致性。

5）检查软件对外围接口特性的适应性，如在允许的传输频率、幅度变化范围内，软件接口部件能否正常工作。

6）测试接口异常情况下（如硬件故障、通讯超时、故障状态、数据混乱等）软件的反应和处理方式。

接口测试示例：

需求概述：软件按照如下协议要求通过串口发送和接收数据。数据协议格式要求为：

顺序	1	2	3	4	5	6
字段	帧头	数据区	0x00	校验和	数据长度	帧尾

测试方法：具体设计方法见表 3－27。

表 3-27　接口测试方法与用例设计示例

测试要点	等价类	测试充分性
软件对串口消息接收、解析与处理的正确性	无故障	正常消息接收
	数据故障	非法浮点数
		数据区内容错误
	协议故障	帧头错误
		数据长度错误
		长度字段错误
		校验和错误
		帧尾错误
		填充字节错误
	链路故障	消息不完整(半帧)
		消息超时(超时后收到)
		消息缺失
软件串口消息组帧发送的正确性	无故障	正常数据发送

(4) 安全性测试

安全性测试是检验软件是否满足软件需求规格说明规定的安全性准则和要求，重点检验软件的容错能力和防止灾难性故障的能力。安全性测试的要求和策略如下：

1) 应覆盖软件需求规格说明中所有的安全性需求。

2) 应进行对异常工况下系统/软件的处理和保护能力的测试（如系统安全工作模式、能源安全管理模式）。

3) 对有双工切换、多机切换功能的软件配置项，进行相关功能的正确性和连续性测试。

4) 对说明的安全性关键性操作，进行操作正确及操作错误的测试。

5) 对重要数据的抗非法访问能力、防破坏能力进行测试（如空间单粒子防护处理、三取二操作）。

安全性测试示例：

需求概述：在转电到起飞期间，当通道1超差连续保持0.2 s时，输出紧急关机时序，控制周期为5 ms。

测试方法：紧急关机是软件在发生故障状态下通常采取的典型安全性措施，对其开展安全性测试的要点包括软件故障判断，以及故障发生后安全性措施的有效性。通常安全性测试的测试方法与功能测试相似，一般包括：等价类、边界值分析法、判定表和状态图等。以紧急关机为例，安全性测试从考核紧急关机的时间区间的正确性和考核紧急关机逻辑两个角度开展，具体设计方法见表3-28和表3-29。

考核紧急关机的时间区间的正确性，重点覆盖状态转换的边界点，此处采用边界值分析法开展用例设计：

• 实施紧急关机的时间区间：[转电，起飞]。

• 边界内及典型边界点：转电－0.005 s、转电时刻、转电到起飞区间、起飞＋0.005 s。

• 边界外：转电前、起飞后。

表 3－28　安全性测试用例设计示例 1

等价类	场景描述	边界	紧急关机
异常	在[转电－0.005s,转电＋0.195s],满足紧急关机条件	跨左边界、边界外	0
	在[起飞－0.195 s, ∞],满足紧急关机条件	跨右边界、边界外	0
正常	在[转电,起飞],满足紧急关机条件	边界内	1
	在[转电,转电＋0.2s(未收到起飞信号)],满足紧急关机条件	左边界点,边界内	1
	在[起飞－0.2s,∞],满足紧急关机条件	右边界点,边界内	1

考核紧急关机逻辑，用判定表设计测试用例：

条件元 1：通道 1 超差；

条件元 2：连续 0.2s；

动作元：输出紧急关机时序。

表 3－29　安全性测试用例设计示例 2

等价类	条件元 1	条件元 2	动作元
正常	1	1	1
异常	1	0	0
	0	1	0

注："1"代表条件成立,"0"代表条件不成立。

（5）边界测试

边界测试是对软件处在边界或端点情况下运行状态的测试，考核软件的功能和性能在其边界条件下或边界的临近区域内是否依然满足设计要求。边界测试的要求和策略如下：

1）软件的输入域/输出域的边界测试（缺省的含进位操作的边界值应进行边界测试，如：时间应考虑年底、月底、零点、闰年、闰秒等）。

2）状态转换的边界测试（如：工作模式的自动转换条件）。

3）功能界限（如：考虑计时器、计数器溢出后翻转工况）。

4）性能界限。

5）容量界限。

6）边界测试点选取策略至少选取左边界值、边界端点、右边界值。

边界测试示例：针对采用计数器变量进行计时功能验证时，应充分考虑计数器变量类型所表示的值域范围，设计用例须考虑出现计数器翻转等边界工况，验证软件处理是否正确。

软件定义计数器变量为 16 位无符号整型（值域范围为 0～65 535），用该计数器变量对 48 s 计算周期进行计时，惯组姿态角计算周期为 20 ms（计数器每周期计时+1），则该计数器能够表示的最大时间为 65 535 * 0.02 s=1 310.7 s=21.845 min。当测试时间大于 21.845 min 时，计数器将发生翻转，计数清零后重新开始计时到 48 s 时，软件会重新进行四元数初值计算并进行姿态角初值合理性判别，而此时经过 21.845 min 的计算，内存中的数据不是初始状态，导致重新计算的惯性姿态角有较大误差，导致姿态角数据不连续。

针对该问题的纠正措施是：修改源程序，当计数器翻转时，对姿态角重新赋初值。

（6）余量测试

余量测试是检测软件是否达到系统要求的余量的测试，若无明确要求，一般至少保留 20%的余量。余量测试的要求和策略如下：

1）测试空间存储量的余量。

2）测试输入/输出通道的余量（数据吞吐余量）。

3）测试时间余量。

余量测试示例：

需求概述：5 ms 中断服务程序运行时间余量不小于 20%。

测试方法：通过性能测试获得中断服务程序的执行时间，性能测试关注点为程序运行的时间花销，而余量测试的关注点为时间的剩余。

（7）强度测试

强度测试是在预先规定的一段时间内，在软件设计能力的极限状态下，进一步在超出设计能力的状态下，验证软件没有影响系统功能与性能的错误。强度测试的要求和策略如下：

1）进行长时间功能并发综合测试：在软件需求规格说明要求的约束条件下提供最大数据量输入、功能并发、异常输入情况。例如，数据输入频度提高后达到一定时间通常才会出现缓冲区溢出或计数器溢出之类的错误。

2）对于按连续运行时间大于 24 h 而设计的系统，测试的最小时间应不少于连续 25 h。

3）测试软件运行在不正常到发生故障的情况（设计的极限状态到超出极限）。实施时从设计约束开始逐步加大强度，测试软件异常点（功能不能完全满足，如 100 帧数据丢失 1 帧），故障点（功能不能基本满足，如 100 帧数据丢失 10 帧）；在测试不正常和故障点时，应有反复测试的确认过程，经过反复测试，确定不正常和故障点。软件的不正常和故障点根据被测件任务需求确定。

强度测试的典型场景示例如下：

- 反复复位及频繁切机情况下的测试；
- 注入大姿态偏差情况下的测试；
- 工作轨道长期运行情况下的测试；
- 高频度通信情况下的测试。

强度测试示例：

需求概述：数据通信服务软件作为一个中间件被应用软件调用，当应用软件为发送方时，调用该软件按规定格式组帧发送出去，当应用软件为接收方时，调用该软件对收到的数据按规定格式解析。性能要求：从发送方调用数据通信服务软件的发送接口到触发接收方接收回调函数的延时不超过 100 ms（不包括发生重传的消息），每条消息的大小不大于 1 500 字节。

测试方法：需明确设计的极限状态，并以固定步长改变输入量或输出量，软件在首次发生故障情况下的能力即为软件的强度。应用软件调用数据通信服务软件的发送接口，每条消息传输大小为 1 500 字节，记录调用发送接口到触发接收方接收回调函数的时间差，选择时间最长的一次作为测试依据。在此基础上，以消息大小增加 50 个字节的步长递增，记录延时时间大于 100 ms 条件下消息大小，此消息大小即为该软件的强度瓶颈。

（8）数据处理测试

数据处理测试验证软件数据处理功能是否正确。数据处理测试的要求和策略如下：

1）应对数据文件的存取、数据库的存取、数据格式的转换等专门数据处理功能进行测试；

2）对数据库应用软件、数据采集软件、产生大量数据文件的软件等应进行数据处理测试；

3）数据处理测试可结合其他测试类型一起进行，如功能测试、性能测试、接口测试等。

数据处理测试示例：

需求概述：当接收到有效的数据后对数据的合理性进行判别，将其中造成尖峰的数据剔除，用预测值 X_{yc} 代替。根据连续的前四拍数据测量值平均值作为预测值，若 $|X - X_{yc}| \leqslant 30$ 成立，可以判断当前测量信息合理，反之则判断当前测量信息为野值，进行剔除以预测值替代。

测试方法：具体设计方法见表 3-30。

表 3-30 数据处理测试用例设计示例

测试要点	等价类	测试充分性
软件对野值剔除的正确性	无故障	所有数据均合理
	含野值	数据合理后出现不合理数据且保持
		数据不合理后合理数据保持
		数据合理、不合理间隔出现

（9）人机交互界面测试

人机交互界面测试的要求和策略如下：

1）测试操作界面、显示界面、界面风格与软件需求规格说明中要求的一致性和符合性。

2）对照用户手册或操作手册逐条进行操作和观察。

3）测试对错误命令或非法数据输入的检测能力与提示情况。

4）测试对错误操作流程的检测与提示。

5）以非常规操作（不符合操作流程）、误操作（非法操作，如有错误的数据类型作参数、错误的输入数据序列）、快速操作来检验人机界面的健壮性。

人机交互界面测试示例：

需求概述：输入电压且电压满足情况下，通电测试按钮生效，在按钮右侧显示子选项菜单：一键式测试、接收通道测试、发送通道测试。选定相应的选项后，按下“开始测试”按钮开始执行相应的测试项，选择“停止测试”按钮，测试结束。开始测试后，“通电测试”按钮上方的小灯点亮，右侧进度条开始更新，同时在运行提示区显示“正在执行×××”，×××为项目名称。测试界面的左下角为当前测试进程用时，测试项目开始时启动计时，测试项目结束时计时清零。

测试方法：使用鼠标、键盘的方式在界面上操作，具体设计方法见表 3－31。

表 3－31　人机交互界面测试用例设计示例

测试要点	分析要素	测试充分性
界面一致性	操作界面、显示界面、界面风格与软件需求规格说明的一致性	输入电压满足情况下，软件界面的一致性
		鼠标选择测试菜单，按下“开始测试”按钮后，软件界面的一致性
	操作过程与用户手册的一致性	在使用过程中软件操作步骤的一致性
界面健壮性	不按顺序操作时软件界面健壮性	在未开始测试时选择停止测试
	误操作时软件界面健壮性	开始测试后再次点击“开始测试”按钮
		输入电压为“abc”时软件处理的健壮性
界面易用性	软件对常用快捷键的处理	软件应响应 Alt＋F4 并给出提示
	控件、编辑框、显示框布局	在软件需求规格说明未明确要求时，控件、编辑框、显示框布局应符合常用习惯
	鼠标焦点默认选中位置	选择输入电压后鼠标焦点应默认在输入编辑框中
信息反馈	提示信息的准确性	在测试过程中查看界面的提示信息，信息应准确无二义性，不含调试信息

（10）恢复性测试

恢复性测试是要验证在克服硬件故障后，系统能否正常地继续进行工作，且不对系统造成任何损害。恢复性测试的要求和策略如下：

1）对每一种导致恢复或重置的条件逐一进行测试，检查软件配置项的探测错误功能。

2）测试在故障发生时能否保护正在运行的作业和系统状态。

3）系统恢复后，应检查能否从最后记录下来的无错误状态开始继续执行。

4）在克服硬件故障后，应测试系统能否正常地继续工作，且不对系统造成任何损害。

典型的恢复或重置条件一般包括：状态数据或重要数据的保存或恢复、备份系统启动、重新复位、加电、各类“看门狗”。

恢复性测试示例：

需求概述：软件每 1 s 喂一次看门狗，发生看门狗复位后软件应能够正常执行各项功能，运行状态保持不变。软件典型的功能包括时间同步、点火、出筒和飞行时序输出。

测试方法：

恢复性测试的要点包括三个方面：

1）探测错误的能力：软件能够自诊断故障并启动恢复措施；

2）数据保存能力：完整保存复位时刻的系统状态参数；

3）数据恢复能力：软件应能够辨别复位与初次上电状态，复位后各功能即状态恢复的有效且全面。

为确保上述三个测试要点验证的有效性，典型的测试用例设计思路为“场景＋故障”耦合，即分析软件典型运行场景以及该场景下软件动作约束。场景分析应关注两个要素：“关键性（一次性）动作发生前后和持续性动作发生期间”，测试软件在不同场景下发生故障恢复后，各关键功能的正确性、状态的连续性和约束行为的正确性。

以上述功能需求为例，具体设计方法见表 3－32。

表 3－32　恢复性测试用例设计示例

测试要点	典型运行场景	复位后的动作约束
关键动作前后	未进行时间同步发生复位故障	能够响应任何信号
	完成时间同步发生复位故障	不允许响应时间同步信号，复位后时间基点与复位前一致，其余信号可响应
持续性动作期间	点火时发生复位故障	不允许响应时间同步信号，能够接收点火信号和出筒信号，能够发送时序信号
	出筒时发生复位故障	不允许响应时间同步信号、点火信号，能够接收出筒信号，能够发送时序信号
	出筒后，某一时序正在输出中发生复位故障	不允许响应时间同步信号、点火信号和出筒信号，时序能够继续保持原时序口输出状态，复位后最终时序输出精度满足要求

（11）安装性测试

安装性测试是对安装过程是否符合安装规程的测试，以发现安装过程中的错误。安装性测试的要求和策略如下：

1）测试安装规程的正确性，包括参数装定、程序加载及安装结果的正确性检查。

2）根据运行环境要求，进行不同配置下的安装和卸载测试，以及卸载后再安装的测试。

3）在不同硬盘以及不同目录下进行安装测试。

安装性测试示例：

需求概述：启动计算机，建立“D：\综合调度管理软件”目录，把程序光盘（假设是 E 盘）中的“软件 . rar”文件拷贝到“D：\ 综合调度管理软件”目录中（如有文件，选择覆盖老文件），解压“软件 .rar”文件至当前文件夹。找到“D：\ 软件 \ setup. exe”，双击该exe文件并按照提示正常安装软件，待安装完成后，自动创建快捷方式“软件 . exe”到桌面。

测试方法：使用鼠标在界面上操作，具体设计方法见表3-33。

表3-33　安装性测试用例设计示例

测试要点	分析要素	测试充分性
安装步骤的正确性	安装步骤与用户手册的一致性	按照用户手册的步骤进行安装，应可以安装成功
	安装后软件启动的正确性	安装完毕后双击快捷方式启动软件
	安装过程中取消安装的情况	双击setup. exe，安装过程中取消安装，再次正常安装，软件应可以安装成功、正常启动
卸载后再次安装的正确性	先卸载再安装的正确性	分别删除文件夹或执行程序，再次执行安装操作，软件应安装成功、正常启动

（12）逻辑测试

按照要求开展源码和目标码的逻辑测试，开展测试覆盖率分析。逻辑测试是利用程序内部逻辑结构及有关信息来设计或选择测试用例，对程序所有逻辑路径进行测试。逻辑测试的要求和策略如下：

1）语句覆盖测试，验证每条语句是否已被执行过；

2）分支覆盖测试，验证每个判定的TRUE和FALSE是否已被执行过；

3）目标码覆盖测试，对于使用高级语言编写的程序代码，验证其所有可执行的机器码是否曾经被执行过。

针对未覆盖的语句和分支，应通过人工分析是否是因程序设计而导致的不可达分支（死代码），否则，应补充测试用例提高覆盖率。

逻辑测试参见本书5.6.4.2节白盒测试方法中的详细描述。

3.6.2.4.3　配置项测试执行

测试人员按照配置项测试计划、测试说明的内容和要求执行测试用例。在测试执行过程中，观察并记录测试过程、测试结果和发现的错误，填写问题报告单。具体要求如下：

1）应如实填写所有发生的测试结果，特别注意记录操作时刻及错误现象发生的时刻；

2）性能测试应进行最坏情况分析，并记录测量仪器（如示波器）给出的原始测量结果；

3）执行测试过程中，应根据测试充分性要求和有关原始记录，分析测试工作是否充分，视情况补充测试用例，但应留下用例记录，并在执行测试后，变更测试说明。

研制人员修复软件缺陷后，测试人员对修复后的被测软件开展配置项回归测试工作。配置项测试执行完成后，应将测试用例（测试脚本，测试输入数据）、配置项测试工具给出的原始数据记录、软件问题报告单等纳入配置管理。

3.6.2.4.4　配置项测试总结

提交配置项测试问题报告单，汇总和分析测试结果，评价软件配置项的设计与实现，提出软件改进建议，编写配置项测试报告。总结配置项测试计划和配置项测试说明的变化情况及原因，以及对于测试异常终止的情况，确定未能被测试活动充分覆盖的原因。

3.6.2.5 系统测试

系统测试是把经过测试的子系统装配成一个完整的系统来测试，其目的是在真实系统工作环境下检验完整的软件配置项能否和系统正确地连接，并满足软件任务书规定的功能和性能要求。系统测试的依据是软件系统设计说明和软件任务书，由系统/分系统测试人员负责实施。

3.6.2.5.1 系统测试分析与策划

确定系统测试的测试内容和要求；确定系统测试环境（至少包括软件项、硬件与固件项、环境的差异性分析）；确定测试的充分性要求和测试终止条件；确定测试资源、技术和方法、测试进度并进行风险分析；应建立软件需求项与测试项的双向追踪关系；确定要受控的测试工作产品，编制系统测试大纲和细则。

（1）系统测试的内容

系统测试是从系统完成任务的角度进行测试，测试内容和测试项目应覆盖软件系统设计说明中针对软件规定的所有要求，重点验证各软件配置项接口的正确性和协调性、各分系统之间接口的正确性和协调性。同时系统设计人员和软件研制人员应从软件的角度提出系统测试的内容要求，包括验证软件的功能、性能和该软件与所属系统的接口关系，以及在配置项测试阶段由于环境的限制不能完整地或真实地进行确认的功能特性、性能特性等，此外还需要补充由于测试环境限制而不能展开的个别测试项目。一般来说，在系统测试中，与软件相关的内容包括功能测试、性能测试、外部接口测试、安全性测试、人机交互界面测试等，见表 3-34。

表 3-34 系统测试的主要内容

序号	测试类型	说明
1	功能测试	对系统设计说明的功能需求逐项进行测试，以验证软件需求对系统设计说明的满足情况。从系统使用场景、任务剖面、业务流程的完备性和异常角度划分测试项。对存在状态转换的功能项，通过状态转换图的方式辅助开展测试项分解
2	性能测试	依据系统设计说明，考核系统的性能指标，分解系统不同的运行场景，在各场景下逐项验证系统的性能指标，关注软件性能和硬件性能的集成，选择与标准值偏离最远的一次作为测评评价依据
3	接口测试	对软件系统的所有外部接口进行测试： 1）考查多节点传递数据的一致性； 2）考查系统内设备间接口的匹配性
4	安全性测试	依据系统设计说明，进行如下测试： 1）提取相关的危险事件，开展安全措施有效性的测试； 2）分析输入链路失效影响，针对性进行测试
5	人机交互界面测试	1）系统各软件对统一界面集成规范的符合性； 2）关注系统操作步骤与系统操作章程（用户手册）的一致性
6	余量测试	多个软件在同一设备运行时，应考核同时运行时设备的余量，包括 CPU 占用情况、内存占用情况和增长趋势、硬盘存储占用量

续表

序号	测试类型	说明
7	强度测试	1)在系统使用场景中,分析系统设计的极限状态,以固定步长改变输入量或输出量,首次发生故障情况下的能力即为系统的强度; 2)开展各设备同时长时间运行的强度测试

(2) 系统测试的要求

系统测试应重点验证各分系统软硬件接口的正确性和协调性，包括数据流、控制流、时序关系和接口信息协议等；应根据完整飞行事件链或应用全过程，完成任务剖面划分，识别用例场景并设计用例加以验证；开展基于飞行或应用事件的故障分析，对软件实现的系统级故障自主处理功能开展测试；在系统测试中应覆盖系统设计方案中针对软件规定的所有要求，特别是要验证是否满足系统对软件的安全性要求，对于在系统测试中无法验证的要求，应追踪其在其他测试中的验证情况，确认是否符合要求。针对测试充分性，系统测试要求功能、性能需求覆盖 100%，接口需求覆盖 100%。

(3) 系统测试的环境

系统测试环境通常采用半实物仿真环境和全实物实装环境，采用完成研制的真实设备逐渐代替模拟器或仿真器，以逼真地模拟软件的真实运行环境。系统测试阶段通常能够发现与真实性相关的问题，包括多处理器设备之间的接口不相容、整个系统时序不匹配等问题，上述问题在真实的系统测试环境下比较容易暴露。

3.6.2.5.2　系统测试设计与实现

依据软件系统设计方案、软件任务书和系统测试计划，分解系统测试需求项，采用黑盒测试技术编写相应的测试用例，明确测试用例设计方法，并依据测试用例设计测试输入数据；建立和校核测试环境，并进行环境差异性分析，记录校核结果，为测试执行做准备，编写系统测试大纲和细则。

以某前端控制系统为例，该系统由配电软件、测试控制软件、状态监控软件、前端控制软件等 16 个软件组成，其中，配电软件运行在配电控制器 DSP 上，前端控制软件运行在前端控制设备上，测试控制软件、状态监控软件等 9 个软件运行在 12 个计算板组成的服务器上，其他软件运行在各自的计算机上。系统内外部接口均为以太网总线接口，使用指定的 UDP 协议，在各个状态中均需要使用经纬度数据进行计算。配电控制器和前端控制设备进行了双冗余备份，当主设备异常时自动切换到备用设备，以保持工作状态稳定。

系统在各设备连接完整且启动后处于初始状态，收到命令后开展对应的测试流程，进入目标状态。具体为：接收控制命令 1 或控制命令 2 后，进入待命状态；在待命状态时，若收到工作命令则进入工作状态，否则始终保持待命状态，时间不小于 7 * 24 h；收到工作命令后，在 5 min 内进入工作状态，若收到撤回命令则退回待命初始状态；收到恢复命令后，2 min 内进入初始状态。系统状态转换如图 3 - 30 所示。

对该系统进行进行测试，采用的测试方法有功能测试、性能测试、接口测试、安全性测试、余量测试、强度测试，系统测试需求分析和测试设计见表 3 - 35。

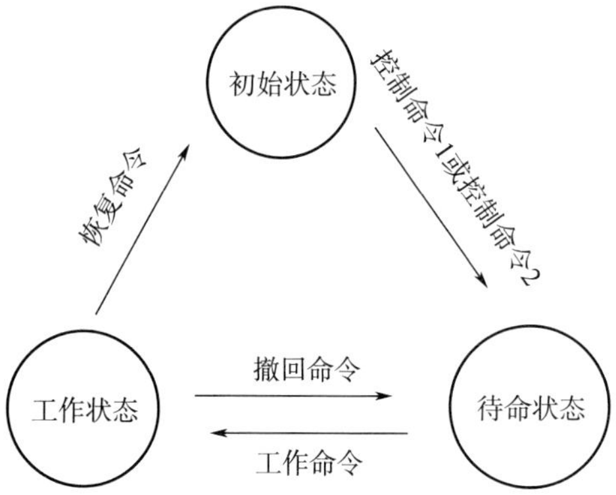

图 3-30　系统状态转换图

表 3-35　系统测试需求分析和测试设计

<table>
<tr><th>需求描述分解</th><th>测试类型</th><th>测试设计</th></tr>
<tr><td>系统状态转换</td><td>功能测试</td><td>
开展系统状态转换分析，见下表：
<table>
<tr><th>当前状态节点</th><th>迁移状态节点</th><th>迁移条件</th></tr>
<tr><td rowspan="2">初始状态</td><td rowspan="2">待命状态</td><td>控制命令 1</td></tr>
<tr><td>控制命令 2</td></tr>
<tr><td>待命状态</td><td>工作状态</td><td>工作命令</td></tr>
<tr><td rowspan="2">工作状态</td><td>待命状态</td><td>撤回命令</td></tr>
<tr><td>初始状态</td><td>恢复命令</td></tr>
</table>
状态转换测试用例设计覆盖策略：覆盖所有状态节点对和迁移条件，具体设计方法见下表：
<table>
<tr><th>测试充分性</th><th>状态转移节点</th><th>迁移条件</th></tr>
<tr><td rowspan="2">最长状态转移路径</td><td rowspan="2">初始状态→待命状态→工作状态→待命状态→工作状态→初始状态</td><td>控制命令 1，工作命令，撤回命令，工作命令，恢复命令</td></tr>
<tr><td>控制命令 2，工作命令，撤回命令，工作命令，恢复命令</td></tr>
<tr><td>最短状态转移路径</td><td>待命状态→工作状态→待命状态</td><td>工作命令，撤回命令，工作命令</td></tr>
<tr><td>典型运行场景</td><td>初始状态→待命状态→工作状态</td><td>控制命令 1，工作命令</td></tr>
</table>
</td></tr>
</table>

续表

需求描述分解	测试类型	测试设计
1)收到工作命令后,在 5 min 内进入工作状态,若收到撤回命令则退回待命初始状态。收到恢复命令后,2 min 内进入初始状态 2)配电控制器和前端控制设备进行了双冗余备份,当主设备异常时自动切换到备用设备,以保持工作状态稳定	性能测试	分析性能要求中存在的运行场景,本示例典型(异常)工作场景为: 1)各设备运行正常; 2)配电控制器主设备工作异常,执行自动切换; 3)前端控制设备主设备工作异常,执行自动切换; 4)配电控制器和前端控制主设备均异常,执行自动切换。 经分析,应验证上述四种典型工作场景,尤其应设置系统最低运行条件,即配电控制器和前端控制设备均执行自动切换条件下系统响应性能
在各个状态中均需要使用经纬度数据进行计算	接口测试	由于经纬度数据涉及多个软件传递,系统测试需要考核多节点传递该数据的一致性: 1)各软件使用的经纬度数据精度一致; 2)经纬度的度分秒和弧度的转换正确,满足精度转换要求
配电控制器和前端控制设备进行了双冗余备份,当主设备异常时自动切换到备用设备,以保持工作状态稳定	安全性测试	分别考核配电控制器和前端控制设备的主设备、备用设备在不同典型工况下工作异常时,设备冗余的有效性,工作状态保持的稳定性,系统应上报当前工作的设备,系统测试应覆盖如下状态的运行异常: 1)初始态运行时异常; 2)待命态运行时异常; 3)工作态运行时异常
测试控制软件、状态监控软件等 9 个软件运行在 12 个计算板组成的服务器上	余量测试	余量需求为隐含需求,系统测试应考查多个软件典型共用服务器的 CPU、内存、硬盘占用,余量应大于 20%,内存占用没有持续增长,维持稳定状态,硬盘占用增长可控
保持待命状态,时间不小于 7 * 24 h	强度测试	1)长时间运行强度。在 7 * 24 h 内,典型使用场景下,考核与时间相关的参数、变量数据翻转的正确性,内存、硬盘占用情况(可与余量测试一起开展); 2)数据处理强度。外部设备发送数据量持续增长,在系统出现影响功能的丢包、界面出现卡顿时,处理的数据量即为系统的强度瓶颈

3.6.2.5.3　系统测试执行

测试人员按照系统测试计划、测试大纲和细则的内容与要求执行测试用例，可与系统试验一同开展。在执行过程中，观察并记录测试过程、测试结果和发现的错误，认真填写测试记录。同时，根据测试的充分性要求和失效记录，确定是否需要进行补充测试，如需应留下用例记录，并在执行测试后，变更系统测试大纲。研制人员修复软件缺陷后，先开展软件配置项回归测试工作，软件配置项回归测试完成后，统一升级软件再开展修复后被测软件的系统回归测试工作。

3.6.2.5.4　系统测试总结

提交系统测试问题报告单，汇总和分析测试结果，提出软件改进建议，编写系统测试报告。同时，总结系统测试计划和系统测试大纲及细则的变化情况及原因，以及对应测试异常终止的情况，确定未能被测试活动充分覆盖的原因。深入分析系统测试的软件问题生成的原因、影响，剖析配置项测试和系统试验未验证出的原因，以更有针对性地开展配置项测试和系统试验。

3.6.2.6 回归测试

回归测试是指验证软件修改后更动部分的正确性，以及对原有功能、性能的不损害性的过程。回归测试的对象包括：更改后的软件单元、更改后的软件部件、更改后的软件配置项和更改后的软件系统。根据软件更改及影响域分析报告确定的测试验证要求开展相应级别回归测试工作。

（1）回归测试的方法

回归测试前应重点进行测试影响域分析：针对每项更改，分析回归测试应涉及的测试对象、测试类型、测试项和测试用例；特别地，应对变更影响涉及的可靠性安全性需求进行验证。一般当软件代码更改率超过30％时，应对更改后的被测软件进行一次完整、全面的测试。

（2）回归测试的步骤

1）根据软件的更改情况，进行测试影响域分析，确定回归测试要求，明确需要在回归测试中使用原有的测试用例或者补充新的用例。

2）运行测试用例，记录测试结果。

3）分析测试结果，编写回归测试分析报告。

（3）回归测试的范围及要求

严格说来，回归测试不是一个测试阶段，各个不同的测试阶段都可能产生回归。软件代码发生更改后至少要进行单元回归测试和配置项回归测试。

单元回归测试的范围为所有发生代码更动的单元模块，针对这些模块必须达到语句覆盖率100％和分支覆盖率100％的要求。配置项回归测试应该在影响域分析的基础上，对代码更动所对应的功能及其可能影响到的功能、性能接口以及可靠性安全性等进行测试。

3.7 系统试验

3.7.1 概述

系统试验的主要任务是在真实系统工作环境下验证系统设计的正确性、验证系统内各设备之间接口的正确性与协调性、验证系统软硬件之间的协调性与匹配性，同时，也是考核软件在系统运行中的安全性与可靠性，尤其在不同故障模式下软件运行是否符合系统预期，以确保软件产品达到用户要求。

系统试验一般包括综合试验（分系统联试）、匹配试验（分系统间联试）和出厂测试（整星测试）等几个阶段。其中，综合试验（分系统联试）主要目的是检查分系统功能、性能是否符合总体相关要求；检查分系统方案设计的正确性以及各设备之间接口的正确性与协调性，检查分系统硬件和软件工作的协调性与匹配性；检查分系统对于系统故障的适应能力；检查分系统各设备相互间的电磁兼容性等。匹配试验（分系统间联试）主要目的是检验分系统间接口、协议的正确性与匹配性，信息流程和信息处理的正确性，分系统协同完成功能、性能的正确性；检验箭（星）测试、发射程序、飞行程序及控制指令设计的正确性；检验测试使用文件的正确性；发现系统的薄弱环节；验证各分系统之间的电磁兼容性等。出厂测试（整星测试）主要目的是验证整个系统功能、性能是否符合最终用户要求；验证各分系统之间接口设计的正确性、匹配性和协调性；验证各分系统之间软硬件工作的协调性、匹配性；验证本系统与外系统之间接口的正确性、协调性和匹配性；验证整个系统的电磁兼容性。逐步完成从单个分系统联试到多个分系统联试，再到整个系统联试的全过程，达到验证整个箭、星、船、器整体功能、性能是否满足最终用户需求的目的。

表 3－36 描述了系统试验活动的输入、主要任务和输出。

表 3－36　系统试验活动的输入、主要任务和输出

分类	文件名称/任务名称
输入	1)系统任务书(用户研制总要求)； 2)与外系统的接口控制文件； 3)软件系统设计说明等； 4)已交付的产品(含软件、硬件)
主要任务	1)系统试验策划； 2)系统试验准备； 3)系统试验实施； 4)系统试验总结
输出	1)系统试验大纲； 2)系统试验细则； 3)系统试验记录； 4)系统试验报告

3.7.2　主要任务及要求

3.7.2.1　任务流程图

系统试验流程一般分为试验策划、试验准备、试验实施和试验总结等活动。系统试验策划活动主要依据系统任务书或者用户研制总要求、与外系统的接口控制文件等，梳理系统试验项目，明确试验目的、依据和考核的各项指标，确定试验环境、试验组织分工等内容，形成系统试验大纲和测试细则；系统试验准备活动主要包括成立试验队伍，明确参试人员岗位职责，组织人员培训，梳理参试设备和产品清单，检查和确认试验状态，并文档化；系统试验实施活动主要根据系统试验大纲和测试细则进行系统试验，分析并判定试验结果，对发现的问题进行确认与修改，并完成问题闭环；系统试验总结阶段，对试验结果进行分析总结，完成系统试验报告。

系统试验的任务流程示意图如图 3－31 所示。

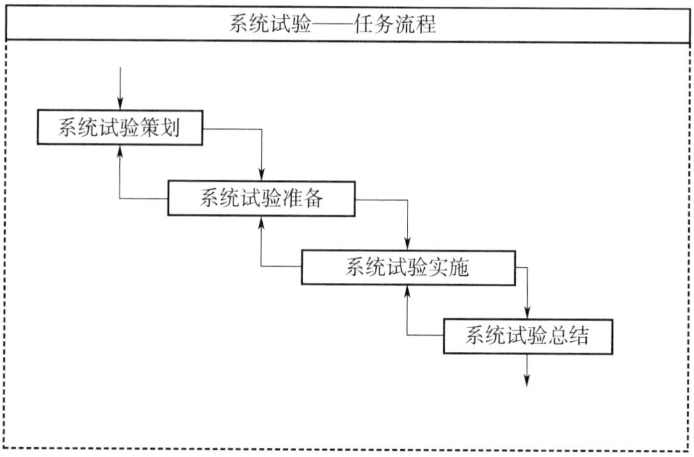

图 3-31 系统试验的任务流程示意图

3.7.2.2 系统试验策划

依据相应级别的系统试验输入文件，如任务书、接口控制文件等，分析并确定试验项目，编写系统试验大纲和试验细则，并通过正式评审。

系统试验项目设计时应重点关注：

1）试验项目要覆盖上级任务书或技术要求中的各项功能、性能指标要求，如根据系统在飞行全过程中不同飞行阶段的特点，完成任务剖面的划分，识别用例场景，设计相应的试验项目；覆盖系统与外系统之间、系统内各个子系统之间、各设备之间及软硬件之间接口关系，包括：数据流、控制流、时序关系、接口协议等。

2）试验项目的设计要有层次，试验项目的顺序要采取逐步集成的策略，先进行独立功能的验证，再进行集成功能的验证，最后进行全系统功能的验证。

以某分系统综合试验策划为例，该分系统综合试验设计了两个试验阶段：调整性试验阶段和稳定性试验阶段。调整性试验阶段主要对参试软硬件产品的正确性进行调试验证，确保参试产品状态稳定、受控，满足任务要求后，再进入稳定性试验阶段。

调整性试验一般按照单项检查、分系统测试、总检查、系统冗余功能检查、供电电源电压拉偏试验等的顺序设计试验项目。首先进行单项检查，在系统试验环境下单独对系统某项独立功能进行测试和检查，确认这些独立功能与任务要求的符合性，一般包括分离接插件功能检查、箭上设备试通电、软件加载、上传及运行测试、系统接口电路关键信号波形测试等。其次进行分系统测试，对各设备及分系统在系统工作状态下的功能和主要技术参数进行检查，一般包括时序与火工品控制功能检查、惯性器件等各类传感器功能检查、系统极性功能检查等。然后进行总检查，对分系统各种工作模式下功能和性能的正确性进行验证。为了尽量模拟分系统在实际工作过程中的各种工况，总检查状态和参数需进行专门的设计，人为模拟飞行轨迹，通过施加外部激励，达到不同工况的验证目的。由于无法在一次总检查项目中考核到全部的工况，一般设计多个总检查测试状态，比如系统火工品母线低压状态模飞检查、系统火工品母线高压状态模飞检查、发射及紧急关机功能检查等。系统冗余功能检查主要通过故障模拟试验验证冗余功能的有效性，一般在单项试验、分系统测试和总检查结束后进行，应覆盖系统级、单机级及模块级。供电电源电压拉偏试验主要在供电电源上限（上拉偏）和供电电源下限（下拉偏）的情况下检查系统的适应性，一般通过选择分系统测试或总检查测试项目完成。

稳定性试验在调整性试验完成后进行。在稳定性试验项目设计时，一般只设计分系统测试和总检查项目，而不再重复单项检查。该阶段重点考核系统工作的可靠性和稳定性。稳定性试验按正常电压、上拉偏、下拉偏三种电压交变的顺序进行，正常电压等效任务循环数一般不小于3次，上拉偏、下拉偏等效任务循环数不小于1次。首飞和视同首飞的型号应酌情增加稳定性试验的等效任务循环数。

3）在不损伤正式产品的前提下，尽可能多地考虑各种故障模式，对软硬件产品的故障处理能力进行验证，尤其是对各种发射预案进行验证试验。

4）开展系统试验覆盖性分析，遵循“单机覆盖系统，系统覆盖全箭、星、船、器，出厂覆盖发射场，地面覆盖飞行”的原则，对系统试验的测试覆盖性进行分析，梳理出不覆盖的测试项目，针对测试不覆盖项目按照“四不到四到”要求逐项检查确认，确保产品设计、生产受控。

5）开展风险分析，识别系统试验过程中的风险环节、关键过程，通过强制检验点、关键检验点、关键工序、禁用指令等方式将其纳入到测试细则等操作文件中并重点控制，如太阳翼展开、火工品装置控制等操作。

3.7.2.3　系统试验准备

系统试验前，应开展如下准备工作：

1）成立试验队伍。应成立试验领导小组（项目负责人担任组长），负责试验的组织、质量及安全等有关事宜；按试验大纲明确参试人员，明确岗位职责，建立岗位责任制。试验前对试验人员进行培训，确保严格按照操作规程操作。

2）准备技术文件。按要求准备试验用的文件以及试验记录表格，技术文件必须配套齐全，状态受控，与产品技术状态一致。技术文件准备一般包括以下内容：

- 列出系统试验所需要使用的图纸和技术文件，比如技术任务书、接口控制文件、系统的电路图、布置图、时序图、相关软件使用说明、各种参数处理要求等；
- 试验准备阶段状态检查表；
- 产品交接单；
- 产品交接检查记录表；
- 测试设备清单；
- 参试设备清单或状态表；
- 参试软件清单；
- 技安检查表；
- 试验状态检查表。

3）梳理参试产品清单。按照系统试验的级别梳理参试的软硬件产品清单，确保各参试产品技术状态清楚、明确，产品质量受控。表 3 - 37 和表 3 - 38 分别为某分系统试验参试硬件和软件产品清单示例。

表 3 - 37 参试硬件产品统计表示例

序号	产品名称	产品代号	主备数量	研制单位	主份编号	备份编号	备注
1	XXX 组合	8KXX - XX	1/1	XXX	XXX19009	XXX19010	
2							

表 3 - 38 参试软件产品统计表示例

序号	软件名称	产品代号及版本	单机名称	研制单位	关键等级	受控库/产品库	备注
1	XXX 软件 1	XXX01.01	箭机	XXX	A	产品库	更改
2	XXX 软件 2	XXX02.00		XXX	C	产品库	沿用
3							

4）准备系统试验环境并开展技术状态检查确认。

试验环境准备一般包括以下内容：

• 分析试验项目对系统试验环境的要求，并从单机及测试设备互联方式、测试输入输出方法、测试状态监视等方面确认符合性；

• 试验环境应使用真实箭、星、船、器上配套的产品，必须采用模拟器等替代的，应进行差异性分析确保系统试验的有效性；

• 按照试验项目及试验环境要求，搭建试验环境。

技术状态检查确认一般包括以下内容：

• 参试设备检查：检查产品装箱配套是否齐全完整，检查产品外观，进行多余物检查，检查产品证明书、履历书及合格证，填写产品交接检查表。

• 总线网络检查：对于采用总线的系统，使用总线自动测试仪或专用测试设备，按相应的标准进行总线网络检查。

• 电缆与设备间匹配检查：将各个设备与电缆网连接，按照相关技术文件要求，检查电缆与设备接插件是否匹配，逐项填写检查表内容，并进行签字确认。电缆网通路检查：采用专用设备、三用表或其他检查导体连续性的导通设备，连接测试设备与被测电缆网线路，用电流通路方法检查导体的连续性。绝缘电阻检查：连接设备与电缆网，系统处于不通电状态，采用通用或专用设备检查各隔离回路之间，及其对壳间的绝缘电阻是否在合格范围内。

• 火工品回路测试：包括保护电阻或限流电阻、回路线阻以及连接火工品的大控制回路阻值测试。采用专用测试设备或通用测试设备，连接测试设备与被测对象，测试设备输出测试电流，用电流通路方法检查各项阻值，通过的电流不应损伤被检查的电路，测试连接火工品的控制回路时，应确保流经火工品的电流处于安全范围。

• 接地检查：按供电系统接地要求检查试验室配电柜的供电、接地情况。

• 地面电源检查：将地面电源调到本机状态，分别对启、停控制及主副机切换等功能进行检查，并对控制直流稳压电源的调压功能进行检查。

• 通用计算机网卡绑定及IP地址检查。

• 杀毒检查：为保证发射场测试期间，各系统避免计算机病毒干扰，需要对各系统计算机进行病毒预防及管理，采用专用杀毒软件对计算机进行病毒查杀。在确认计算机未感染病毒后，卸载杀毒软件，避免由于杀毒软件影响到系统试验的进行。

5）开展技安检查。试验前应分析确定试验过程中的安全控制重点，在进行危险性较大的作业前，认真做好事故预想活动，并制定相应安全措施和突发事件的应急处置预案。对作业现场的环境、设备、配电、接地、消防设施等进行勘察和检查，填写技安检查表。

3.7.2.4　系统试验实施

试验准备完毕后，按系统试验大纲规定的要求完成全部试验内容，执行试验表格化管理的规定。试验过程应做到“有依据、按依据、留记录”，工作规范、有序、无差错、过程受控、记录可追溯。

系统试验过程中，每项试验都应及时填写试验记录，记录内容要完整、客观、真实，有量值要求的记录实测数据，内容一般包括：试验日期和时间，试验状态，试验结果，试验现场的温度、湿度，以及其他需要记载的事项，若出现故障，还要记录故障现象、原因及措施等。

另外，还应按照系统试验相关要求做好多媒体记录，形成完整的试验数据包项目清单，并纳入试验数据包管理。表3-39是多媒体记录表示例。

表3-39　试验多媒体记录表示例

序号	试验阶段	试验内容	部位	形式	照片（影像）编号	记录人	记录日期	备注
				照相/摄像				

试验过程中需要更改产品状态或试验内容和状态时，应按技术状态更改控制要求办理相关审批手续；临时补充的试验内容，由补充试验提出方明确补充试验要求，经相应级别的审批后方可实施补充试验工作。

系统试验过程中还应按照试验技术安全的相关要求开展工作，并做好记录。

针对试验过程中出现的问题，在保证设备安全的前提下，按故障等级做好实时处理，保护好现场，及时填写问题报告单并进行上报；形成质量问题快速响应机制，及时组织故障和异常现象的审理、分析、处置和验证；组织试验过程中出现的质量问题归零和举一反三。质量问题处置完毕后，产品在验收合格后方可使用，对于让步接收的产品应办理让步接收手续。

3.7.2.5　系统试验总结

系统试验结束后，应及时整理试验数据，对试验过程中的全部信息进行整理和归纳。开展试验数据判读，对各阶段测试数据的一致性进行比对，同一数据纵向比对，同类数据横向比对，关联数据联合比对，进行变化趋势或性能稳定性分析；开展成功数据包络分析，确认参试产品各项参数是否在产品成功数据包络内，并对超出数据包络的参数开展技术风险分析；开展测试覆盖性检查，对测试覆盖性分析中涉及的全部可测试项目及其测试结果逐条给出明确结论，对不可测试项目的过程控制措施落实情况逐条确认。

最后，对试验过程进行总结，分析试验结果，对试验过程中出现的质量、安全问题进行说明，编写试验报告，试验报告应按规定程序审批，并通过质量管理部门组织的试验评审。评审通过后，将试验报告、试验数据和评审结论进行归档。

3.8 软件验收与交付

3.8.1 概述

列入航天型号软件配套表的软件产品，在交付使用前应履行软件产品验收过程。软件验收交付前，应按软件开发计划完成规定的研制、测试工作，满足软件任务书（或合同）的功能、性能、接口、可靠性和安全性等要求，规定的各类文档齐全，并通过系统测试验证和质量节点评审，软件已纳入配置管理，完成软件研制总结工作。软件具备以上验收条件后，由软件交办方组织验收，验收通过后，软件产品交付用户使用。

表 3－40 描述了软件验收与交付活动的输入、主要任务和输出。

表 3－40 软件验收与交付活动的输入、主要任务和输出

分类	文件名称/任务名称
输入	1)软件开发计划； 2)软件任务书、合同(技术协议)； 3)软件质量保证大纲； 4)软件产品验收(放行)准则； 5)软件产品； 6)其他相关输入文件
主要任务	1)软件产品验收； 2)软件产品交付
输出	1)软件产品交付清单； 2)交付后的软件产品及证明文件； 3)软件产品证明书； 4)软件质量履历书； 5)软件研制总结报告； 6)软件验收评审结论

3.8.2 主要任务及要求

3.8.2.1 任务流程图

软件验收与交付包括软件产品验收和软件产品交付两个过程。

软件产品验收工作根据型号配套关系，按分系统对单机、总体对分系统逐级进行。原则上前一级验收未通过，不得进行后续的验收工作。

在软件具备验收条件后，承制方向交办方提交软件产品验收申请，双方共同或交办方委托承制方制定验收计划，交办方成立验收组，按照软件任务书、合同（技术协议）等双方约定的验收依据，进行软件产品验收测试，审计软件产品配套情况和配置管理情况，召开验收评审会并形成验收评审结论。

软件产品验收后，承制方应按照验收评审意见完成后续工作，闭环解决所有遗留问题，在得到验收组或其指定人员认可后，按软件任务书（或合同）要求将软件产品移交给交办方。

软件验收与交付的任务流程示意图如图 3－32 所示。

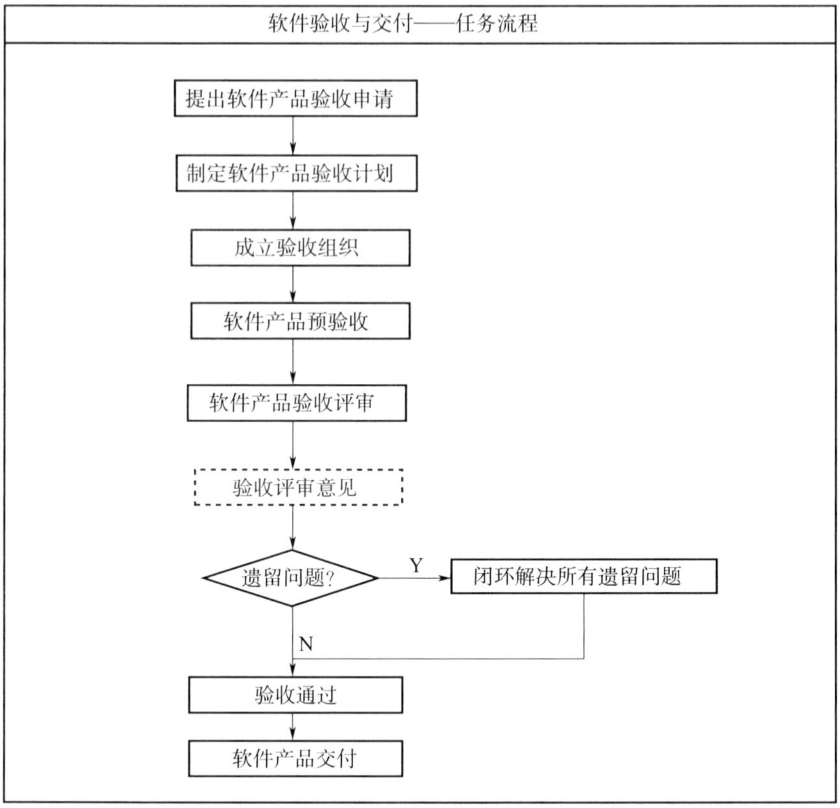

图 3－32　软件验收与交付的任务流程示意图

3.8.2.2　软件产品验收

3.8.2.2.1　提出软件产品验收申请

交办方应向承制方明确软件验收要求，制定“验收产品清单”（包括软件名称、代号等，示例见表 3－41）、“验收需准备的文件、资料清单”（示例见表 3－42），承制方按照软件任务书、合同（技术协议）和两个清单的要求准备被验收软件产品，并开展自查工作，自查合格后方可提出软件产品验收申请。

表 3－41 验收产品清单示例

序号	产品名称	产品代号	数量	产品编号	备注

表 3－42 验收需准备的文件、资料清单示例

序号	文件、资料或记录名称	备注
1	软件研制任务书及其等效文档	
2	软件需求规格说明(含接口文件)	
3	软件设计说明	
4	软件用户手册/软件使用说明	
5	软件开发方测试计划、测试说明、测试报告、测试记录等	
6	A、B级软件第三方测试计划、测试说明、测试报告、测试记录等	
7	软件历次评审结论报告(含代码走查结论及遗留问题处理情况)	
8	软件配置管理表单	
9	软件产品证明书、软件质量履历书	
10	紧急放行、例外放行文件	
11	……	

承制方应向交办方提交正式的软件研制总结报告，作为软件产品验收申请，详细说明申请验收软件产品的研制情况，主要内容一般包括：

1）软件研制任务来源、软件用途及组成；

2）软件研制遵循的主要标准和规范；

3）软件的研制过程、工作内容及主要质量控制点；

4）软件输入、输出文件清单；

5）软件产品配套情况；

6）软件主要功能和性能满足情况；

7）软件技术流程执行情况；

8）软件沿用情况；

9）软件技术状态变化情况（包括更改前后描述、更改原因、对系统及相关系统的影响域分析、验证及落实情况）；

10）软件单元测试、组装测试、配置项测试、系统测试/系统试验和第三方测试等测试验证情况（包括测试验证过程、结论、测试验证问题统计与落实情况）；

11）质量问题归零及举一反三情况；

12）可靠性安全性分析、设计和验证情况；

13）软件质量复核复算情况（包括复核复算问题统计与落实情况）；

14）软件配置管理情况；

15）遗留问题及处理意见；

16）结论。

交办方在收到软件研制总结报告后，应及时了解被验收软件产品的功能、性能和文档等方面的内容，检查其是否与软件任务书、合同等验收依据文件相符，提出是否同意验收。如不同意，应提出不同意的原因并说明还要补做哪些工作，退回承制方。一般情况下，不同意验收的理由主要为：

1）软件质量问题未归零；

2）软件指标不满足任务书及相关技术文件要求；

3）软件研制规定的工作项目未完成；

4）存在严重不符合项；

5）遗留问题落实情况未经交办方确认；

6）软件技术状态更改手续不齐全；

7）验收材料准备不齐全。

3.8.2.2.2　制定软件产品验收计划

验收计划由承制方和交办方协商确定，包括验收内容、技术条件、验收方法、进度安排、人员组成、验收通过准则以及验收记录等内容。验收活动分为预验收和验收评审两个阶段，其中预验收主要为现场审阅文档和程序，验收评审一般以正式会议进行。

验收计划中还应确定符合任务书、合同（技术协议）规定的验收地点。一般验收地点选定在承制方，承制方应按计划提供必要的验收测试设备、资源及其他条件；若安排在交办方或用户提供的验收地点，则除交办方或用户应提供相应设备、资源和条件外，还要求承制方事先准备所应提供的软硬件环境。

3.8.2.2.3　成立软件验收组织

按单机、分系统、总体逐级成立软件验收组，组长应由副总师或系统主任设计师担任，成员一般应包括任务书提出方、用户代表、同行专家、质量监督代表、质量部门以及上级部门代表等。

3.8.2.2.4　软件产品预验收

软件验收组制定“验收过程检查表”（示例见表3－43），对软件产品各项性能指标符合性、提供资料正确性进行逐项检查确认，向承制方提出整改意见。承制方据此进行整改，对验收组所提问题和建议予以明确答复。

表3－43　软件（预）验收过程检查表示例

序号	检查项目	检查内容	检查结果		检查人	备注
			是	否		
1	软件是否按配套表交付文档和程序(包括载体)					
2	软件研制是否执行了软件工程化要求					
3	软件产品是否符合软件任务书、合同(技术协议)规定的全部功能、性能要求					
4	软件文档是否齐全、有效、文文一致、具有可追溯性					

续表

序号	检查项目	检查内容	检查结果		检查人	备注
			是	否		
5	软件产品证明书、软件质量履历书是否符合标准规范，软件产品证明书是否有档案部门的确认和标识					
6	软件是否已按计划流程完成了规定的各阶段工作，是否完成了全部要求的产品（文档等）并通过评审，评审问题是否均已闭环解决					
7	软件研制过程提出的问题是否已落实或者有明确意见					
8	软件走查是否结论明确、无遗留问题					
9	软件技术状态的更改是否受控，更改后是否进行了回归测试					
10	A、B级和进入发射流程的C级软件是否通过了第三方测试					
11	测试是否充分，测试结论是否正确					
12	测试环境与被验收软件的实际运行环境是否一致					
13	是否对本型号或其他型号问题进行了举一反三					
14	软件文档和程序是否按规定置于配置管理（产品）库中保管					
15	检查所有软件更改记录、配置管理库的管理记录及审批签署情况是否符合要求					
16	……					
验收组组长签字：						

注：表中所列项目如果对被验收项目不适用，可在备注中说明“不适用”，或对本表格进行剪裁。

3.8.2.2.5　软件产品验收评审

软件验收评审会应在完成预验收后，由交办方组织进行。在听取承制方的软件研制总结报告后，软件验收组综合预验收意见，结合软件产品验收准则对软件产品的正确性、完整性及软件工程化程度作出评价。

软件验收组在充分讨论基础上，应形成评审结论，评审结论分为两种：通过和不通过。验收通过的软件产品，应填写软件产品验收报告，详细记录验收的各项内容、评价及验收结论，验收组成员在软件产品验收报告上签字。根据验收组表决情况，由验收组组长在软件验收报告上签署意见。未通过验收的软件，应由承制方根据验收评审意见（建议），在交办方规定的期限内改正或补充后，重新履行验收过程。经验收组同意，再次验收评审的过程可以简化。验收结论示例见表3－44。

表3－44　验收结论示例

××年××月××日，××单位组织有关人员对××型号软件进行了验收评审。会议成立了评审组（名单附后），听取了设计师作的《××××软件研制总结报告》，经讨论认为： ××××软件按型号软件工程化要求完成了研制工作，研制过程清楚、技术状态受控，出现的＊＊＊质量问题已归零（若有质量归零问题），并完成了本型号及其他型号质量问题的举一反三工作，经开发方测试、第三方测试和系统试验验证的考核，结果表明软件功能和性能指标满足任务要求，可以交付使用。 验收组长：××× ××年××月××日

3.8.2.2.6　验收活动的剪裁

验收过程应执行表格化检查制度，包括对软件研制过程的结果进行确认。对于新研软件产品（含发生Ⅰ、Ⅱ类技术状态变化产品）的首次验收工作，应在预验收通过后方可提交正式验收。

A、B级软件应独立验收，C、D级软件可随整机验收。对于小规模软件、复用的软件和再次验收的软件，经交办方同意后可简化验收过程，简化内容应在验收计划中明确。

3.8.2.3　软件产品交付

软件产品通过验收后，承制方按照软件任务书、合同（技术协议）要求提出软件产品移交项目清单，进行软件产品移交。

3.8.2.3.1　软件产品的复制

承制方应按移交清单规定的载体和数量，准备好应交付的全部文档和程序。软件产品的复制应按事先规定好的流程进行，选定认证合规的生产厂或供应商所提供的光盘、U盘、ROM、FPGA等载体，从产品库提取验收合格的程序文件的副本，在软件配置管理员、型号质量主管等监督下，由软件承制方指定专人，在专用设备上使用规定的操作规程，复制或固化规定的数量，经验证后标上统一的标识，并按规定分别包装好。应交付的文档可按文档管理规定制作好，需要时，软件产品证明书和质量履历书还要有复印件。

3.8.2.3.2　软件产品的移交

承制方、交办方必须指定软件产品交接的负责人，在软件验收组指定人员的监督下进行产品移交。双方应根据产品移交项目清单，逐项清点、核实、签字、移交。移交清单上应列出移交项目名称、数量、载体、版本标识等说明，并填写软件交接时间，由交付、接收双方签字。交接记录应填入产品证明书和质量履历书中并签字。

3.8.2.3.3　软件产品的安装

交付的软件产品可能被固化在ROM、FPGA等存储介质上，也可能被复制在光盘、U盘、磁盘等软件生产介质上，可分别由接收方或交付方指定专人固化到存储介质上或按使用说明进行安装使用。固化软件安装形式分为离线固化和在线固化，离线固化是作为软件载体的存储芯片装机前，通过专用编程器方式，将软件写入芯片的过程；在线固化是作为软件载体的存储芯片装机后，通过数据通信总线方式，将软件写入芯片的过程。在软件产品安装过程中需明确各部门职责、生产过程控制内容等。一般情况下，装载时或安装后第一次使用时，需要承制方人员参加。

以在线固化为例，首先应发起“软件在线写入任务通知单”（示例如图3-33所示），经设计师系统填写软件在线写入明细表，将其下达给软件生产人员。软件生产人员按照任务单要求，借阅软件产品母盘及软件固化操作说明，按照在线固化软件生产过程控制程序进行固化，确保“软件在线固化质量跟踪卡”（示例如图3-34所示）填写完整并签字确认。单机主管设计和软件主管设计通过对整机进行测试，共同完成软件功能的测试验证，验证完毕后，设计人员及其他验证人员需在软件在线固化质量跟踪卡中签字。

软件在线写入任务通知单

××固化单位：

根据____型号____阶段____任务的要求，需要____年____月____日前按软件在线固化明细表要求，完成要固化产品的数量套 填产品名称产品（编号：填产品编号 ）的软件在线写入任务，请执行。

×××处

年 月 日

软件在线写入明细表

序号	软件名称	软件代号	软件图号	阶段标记	整机代号	更改标记	使用文件图号	印制板号	芯片位号	芯片牌号	数量
1											
2											

拟制（科研生产部门） 校对（软件主管设计） 审核（单机主管/系统主任设计师） 批准（型号两总）

图 3-33 软件在线写入任务通知单示例

软件在线固化质量跟踪卡

编号：

型号（批组号）		整机名称		整机代号	
写入任务单号		技术通知单号		研制阶段	
写入设备名称		写入设备编号		写入设备状态	

软件写入

序号	软件名称及代号	更改标记	单机编号	是否正常	操作者	备注
1						
2						

验证试验（验证方填写）

序号	验证试验项目	单机编号	验证结果	备注
1				
2				

操作者：（一岗） （二岗） 验证者： 检验者： 用户代表：

图 3-34 软件在线固化质量跟踪卡示例

3.9 软件运行维护

3.9.1 概述

软件运行维护从软件验收交付后开始，主要包括提供技术支持与服务、开展产品升级与维护、收集分析运行维护数据三部分工作。其中，软件产品升级与维护是在软件交付使用后，因质量问题、运行环境变化或功能性能提升等原因，对软件（包括程序、数据和文档）进行的诊断、分析、有限局部再设计、修改及交付活动，主要包括适应性维护、完善性维护、纠错性维护和预防性维护四种类型。

1）适应性维护：为适应逻辑、算法、软硬件环境等变化而对软件进行修改，使软件产品在已改变了的新要求下仍能使用，包括为实现新算法或逻辑、新系统接口需求、新软件支持环境需求或新硬件需求而作的变更。

2）完善性维护：为完善性能（如提高计算精度、节省存储空间、缩短响应时间等）、易用性（如改进用户界面）、可读性（如调整代码结构、增加注释、完善文档等），而对软件进行的维护。

3）纠错性维护：为改正软件产品中存在的错误（如设计错误、编码错误、文档错误等），而对软件进行的维护。

4）预防性维护：为了预防潜在缺陷影响或提高软件可维护性而主动进行的软件更改。预防性维护的目的是使程序更容易理解，使后续维护更容易。预防性维护包括软件防差错设计、软件可靠性安全性设计、应对未来可能的运行环境变化等。

表3-45描述了软件运行维护活动的输入、主要任务和输出。

表3-45　软件运行维护活动的输入、主要任务和输出

分类	文件名称/任务名称
输入	1)用户运行维护需求； 2)软件产品升级需求； 3)软件运行维护规程； 4)其他相关输入文件
主要任务	1)策划运行维护活动； 2)提供技术支持与服务； 3)开展产品升级与维护； 4)收集分析运行维护数据
输出	1)软件运行维护计划； 2)软件运行维护过程记录； 3)软件运行维护数据分析相关报告； 4)软件设计更改及影响域分析报告，以及受影响的相关文档(变更时)； 5)维护后的软件产品及证明文件(变更时)； 6)维护后的软件验收结论(变更时)

3.9.2　主要任务及要求

3.9.2.1　任务流程图

从软件项目策划开始，应考虑运行维护阶段的工作内容，涉及为顾客或最终用户交付安装、培训服务、咨询服务、产品升级等方面，此时运行维护计划颗粒度通常较粗，随着软件项目推进，根据用户需求或产品升级需求的逐步明确，进一步细化完善软件运行维护计划，并按计划开展运行维护相关工作，定期收集分析运行维护过程数据，针对过程管理薄弱环节或软件产品缺陷，应及时开展举一反三，完善软件设计规范或运行维护规程，以指导本项目后续工作或其他项目工作，提升运行维护服务能力。需要特殊说明的是，当前项目的改进若形成新的项目，则开展新项目的软件系统方案论证，不属于当前项目的运行维护阶段。

软件运行维护的任务流程示意图如图 3－35 所示。

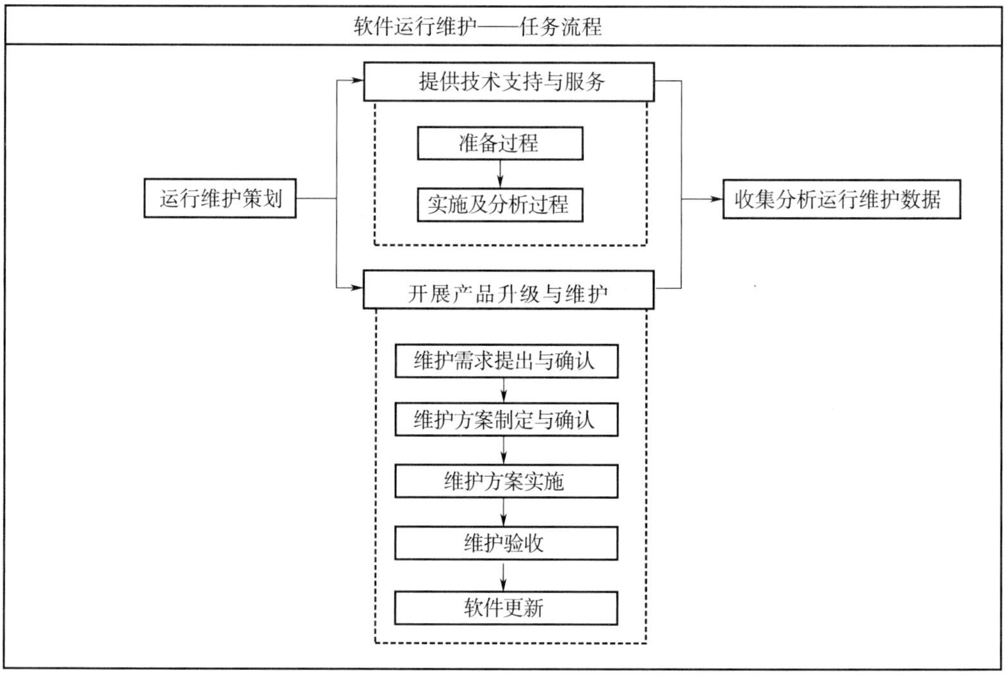

图 3－35　软件运行维护的任务流程示意图

3.9.2.2　策划运行维护活动

航天型号软件的运行维护从软件验收交付后开始，各项目需要根据单机、分系统或总体的型号配套关系，制定软件运行维护计划，与验收单位或最终用户确定运行维护的对象范围、运行维护阶段的起止条件，获取系统或设备定期维护、技术培训与咨询、产品优化升级等需求，策划进度安排、资源保障、风险管理等内容。若涉及软件产品变更，还需策划软件更改及影响域分析、软件测试、验收与交付、软件更新、质量保证、配置管理等内容。相关技术支持或产品升级需求若在项目研制初期已明确，应开展工作策划并纳入项目开发计划，若属于应急或临时性需求，应在顾客提出需求后，依据沟通结果或技术要求开展策划，单独形成软件运行维护计划，确保资源保障到位，运行维护活动按计划有序开展。

3.9.2.3　提供技术支持与服务

3.9.2.3.1　准备过程

技术支持与服务一般包括大型试验任务的现场服务、技术交底与故障预案演练、提供技术或产品使用培训、咨询服务、例行检查维护等。为向顾客提供更好的技术支持与服务，需要完成如下准备工作：

1）编制操作手册，含操作方法和操作规程等内容；

2）识别操作人员培训需求，制定培训合格评价准则；

3）对操作人员实施岗位技能培训和考核；

4）制定紧急情况下的应急操作预案；

5）识别人力资源、环境资源、设备资源等保障性需求。

3.9.2.3.2　实施及分析过程

1）参加全系统合练、正式飞行等大型试验任务，参试人员要进行岗位技能培训和考核，熟悉岗位应知应会。若用户为现场操作人员，承制方应履行好二岗职责，试验过程中严格监督操作人员按照操作手册执行，出现异常情况及时报告。试验任务结束后，应进行试验过程数据及结果分析，编制试验结果分析报告。

2）参加大型试验任务或交付最终用户使用的软件产品，根据产品成熟度以及系统使用环境等情况，提出技术交底清单，向顾客说明出现常规性故障的应急预案，如果条件允许，可与顾客一起实施故障预案演练，确保顾客能够熟练掌握预案实施步骤。

3）产品交付前后对顾客进行技术或产品使用培训、技术咨询等服务，培训教材可单独成册也可纳入整个系统培训教材中。

4）按计划对交付顾客的产品开展例行的检查维护并做好记录，及时掌握产品的健康状态，通过例行检查维护工作，分析软件产品实际运行状态，识别可能的产品升级需求。

3.9.2.4　开展产品升级与维护

航天型号软件验收交付后的软件产品升级与维护活动一般包括：维护需求提出与确认、维护方案制定与确认、维护方案实施、维护验收、软件更新五项内容。

3.9.2.4.1　维护需求提出与确认

维护需求可由交办方、顾客或承制方提出，并经由相关方协商认可，确认软件维护需求。一般采用表格形式提出申请，明确被维护的软件产品信息，包括所属装备、软件名称、版本、运行环境、当前产品部署情况等，详细说明软件维护需求的具体内容，并明确完成软件维护的时间、软件更新的地点和数量。

不同类型的软件维护需求描述有所区别。针对适应性维护，说明软件逻辑、算法、软硬件环境等变化对应的软件变更需求。针对完善性维护，说明扩展功能、提升性能、提升用户体验以及用户满意度等变化对应的软件变更需求。针对纠错性维护，说明软件产品缺陷和问题复现情况。针对预防性维护，说明为适用未来需求，提高软件可维护性而主动提出的软件变更需求，包括防止潜在缺陷、软件可靠性与安全性等方面。

在确认维护需求过程中，不同类型的软件维护需求关注点有所区别。针对纠错性维护，关注软件产品问题的严重性和影响范围，问题是否已定位，问题机理是否清晰，并提出可行的纠正措施。针对适应性维护、完善性维护和预防性维护，除完善软件功能外，应关注当前版本软件的性能、可靠性、安全性、易用性、可维护性、可测试性、可移植性、安全保密性等非功能需求的待改进项，重视顾客或最终用户的改进意见，同时应对软件变更的技术难度、可行性、影响范围进行初步分析与确认。

3.9.2.4.2 维护方案制定与确认

软件维护需求确认后，承制方策划软件更改及验证工作、配置管理、质量保证、资源保障、进度安排、风险分析等内容，并编制软件维护计划。

承制方与用户共同对维护计划进行确认，双方达成一致意见后，方可实施维护方案。

3.9.2.4.3 维护方案实施

维护方案实施过程同3.10节“设计更改”，其中软件设计更改及影响域分析环节在整个维护方案实施过程起到关键策划作用，首先识别软件更改类别，其次从以下五方面开展影响域分析：

1）从硬件接口、软件接口协议、内外部中断、程序内部调用关系、数据结构、软件性能、软件可靠性安全性、软件运行环境等方面开展影响域分析；

2）识别受影响的软件需求规格说明、软件设计说明、软件接口规格说明、软件安装使用说明等软件工作产品；

3）分析软件更改是否涉及软件产品使用方式的变化，包括固化、非固化、存储介质等方面是否发生变化，固化地址、启动地址等是否发生变化；

4）分析对计划进度的影响；

5）针对每项更改内容，提出需要开展的软件测试工作，是否有特殊验证要求，识别相关测试环境资源是否能够及时到位。

按照软件维护计划、软件更改设计及影响域分析结果，更改相关软件工作产品，开展软件回归测试、系统测试、软件测评等工作，并记录整个维护实施过程。

3.9.2.4.4 维护验收

维护验收过程同3.8节“软件验收与交付”，验收审查须有用户代表、总体单位、研制单位、同行专家等相关方参加。验收审查对象主要包括：软件设计更改及影响域分析报告、软件维护总结报告、软件回归测试报告、软件测评报告（必要时）以及其他软件技术文档等。针对维护验收开展的形式，经用户方同意后可简化验收过程，最终形成是否通过验收的结论。

3.9.2.4.5 软件更新

更改后的软件通过验收批准后，承制方与用户确定更新范围，实施软件更新及培训工作。软件更新实施单位需建立规范的软件更新流程，包括软件更新发起、软件产品准备、更新过程记录、更新结果检查确定四项内容。软件更新应从产品库提取，软件更新后须有相应的测试验证或二岗人员质量监督检查环节，确保整个软件更新过程有记录，软件更新结果正常。

3.9.2.5 收集分析运行维护数据

承制方应建立软件运行维护过程数据收集与分析机制，定期收集各型号在技术支持与服务、产品升级与维护方面的过程数据，如质量问题、用户意见反馈、人力资源投入（主要是技术支持与服务方面）等，组织完成质量问题的举一反三，挖掘运行维护工作的改进点，完善相关设计和管理规范。

3.9.2.5.1　分析问题与举一反三

应高度重视型号进入运行维护阶段的质量问题，质量问题要进行技术归零和管理归零，并在其他型号完成举一反三工作，避免同类问题重复发生。

采用参与用户现场试验任务或调查问卷方式，及时收集用户在软件使用过程中的易用性方面意见，通过完善性维护和预防性维护持续提升用户满意度。

收集各型号进入软件运行维护阶段后的纠错性维护情况，详细记录问题现象、原因分析及定位、机理分析、纠正及纠正措施，并从软件设计可靠性安全性、测试用例设计覆盖性、过程质量保证等方面总结警示，形成航天型号故障启示录。

3.9.2.5.2　提升运行维护服务能力

承制方需在运行维护规程完备性、用户意见快速反馈、服务响应效率等方面持续提升运行维护服务能力，提升用户满意度。

应建立完备的技术支持与服务规程，包括执行软件安装任务、向用户提供培训服务、参加用户组织的试验任务等详细规程。应建立多渠道软件交付后的用户意见反馈机制，如：定期回访用户、参加用户组织的试验任务过程的意见采集等。除按照策划、实施、验收及软件更新有序开展软件维护工作外，还有一部分软件维护为具备突发性、时间紧迫性特征的应急维护任务。针对应急维护任务，承制方应建立高效的软件运行维护管理流程，缩短从维护需求提出、人员调度、维护方案实施，到现场实施维护的时间，建议使用信息化工具手段提高应急响应效率。

3.9.2.5.3　提高软件可维护性

软件运行维护过程处于软件生存周期阶段后期，但影响运行维护的因素应在整个软件生存周期给予考虑，如在需求分析、设计和实现阶段，应充分识别维护性需求，并将其落实到软件开发工作中，使整个系统具备良好的可维护性。软件升级方式应尽早明确是否有在线升级本软件、其他单机软件的使用需求。

需求分析阶段，应确保软件功能、性能、质量因素及其他约束等需求详尽，与引用参考文件的内容保持一致，描述内容无歧义，相同内容应避免在需求的多处重复出现；应开展重用需求分析，重用需求不仅可提高研制过程效率和产品质量，减少返工，还能够促进不同项目软件维护的资源共享，降低运行维护成本；应明确在可测试性方面的需求，如软件须考虑对用户操作过程、软件运行状态与性能、异常处理、通信数据等信息的记录与跟踪，以便软件测试与故障排查；应明确在可扩展性和灵活性方面的需求，如通过更改参数方式适应地面测试和飞行状态功能；应明确软件需求规格说明编制要求或应遵循的文档编制规范。

软件设计阶段，应明确软件架构设计原则，优先选择成熟可重用的软件框架和构件，综合考虑软件非功能需求，设计最优软件架构；应充分考虑软件每项非功能性需求，是否能够具体落实到软件设计中；应详细描述用户接口、与外部软硬件系统的外部接口、各构件之间的内部接口等信息交互与同步机制；应将软件设计的可变部分与不变部分隔离；应明确软件设计说明编制要求或应遵循的文档编制规范。

软件实现阶段，软件编码应遵循相关编程标准；软件编码应考虑可读性，组织或单位应制定统一且易理解的代码书写规范，包括标识符的命名风格、注释、程序编写时的缩进、空行等要求；应做好软件内部不同层次和构件之间的接口封装，尽可能少地暴露内部实现机制，谨慎使用全局变量；软件代码结构应体现分层设计，遵循“高内聚、低耦合”原则划分各层的功能，软件构件/模块设计应具备简单、独立特征，以降低整个软件复杂度，如构件/模块内部异常不会影响其他构件/模块、模块单入单出等；应考虑软件可移植性，不应编写与特定编译器有依赖关系的代码，应考虑不同处理器的数据大小端问题、封装底层硬件的访问等。

3.10　设计更改

3.10.1　概述

航天型号软件在研制过程中，为适应不同任务的需求变化，需要对软件进行设计更改。同时在型号软件研制过程中，常常由于软件需求或者方案论证不充分、设计更改不完善、更改影响域分析不全面、更改验证不充分等原因，引发软件缺陷，造成严重质量问题。因此需要从更改原因、更改依据、更改类别入手，逐项分析更改影响的范围，分析更改措施的合理性、正确性，并提出更改后测试试验要求、更改过程的配置管理要求，从而确保更改的完整性、正确性以及测试的完备性，确保航天软件产品的质量。

表 3-46 描述了软件设计更改活动的输入、主要任务及要求、输出。

表 3-46　软件设计更改活动的输入、主要任务和输出

分类	文件名称/任务名称
输入	软件任务书，软件问题报告单，质量问题归零报告，应遵循的标准
主要任务	1)确定软件更改原因及更改类型； 2)确定更改方案和实现方法； 3)软件更改影响域分析； 4)软件更改测试与验证； 5)软件更改风险评估
输出	软件更改报告单，更改后软件文档及代码，软件设计更改及影响域分析报告，软件测试报告

3.10.2　主要任务及要求

3.10.2.1　任务流程图

软件会因任务要求的变化、缺陷的处置、设计可靠性的提升、质量问题的归零和举一反三、产品的升级等进行设计更改。软件的设计更改应遵循航天产品技术状态更改五项原则，即：论证充分、各方认可、试验验证、审批完毕、落实到位，并编制《设计更改及影响域分析报告》（模板见附录 B.3）。

软件设计更改的任务流程示意图如图 3-36 所示。

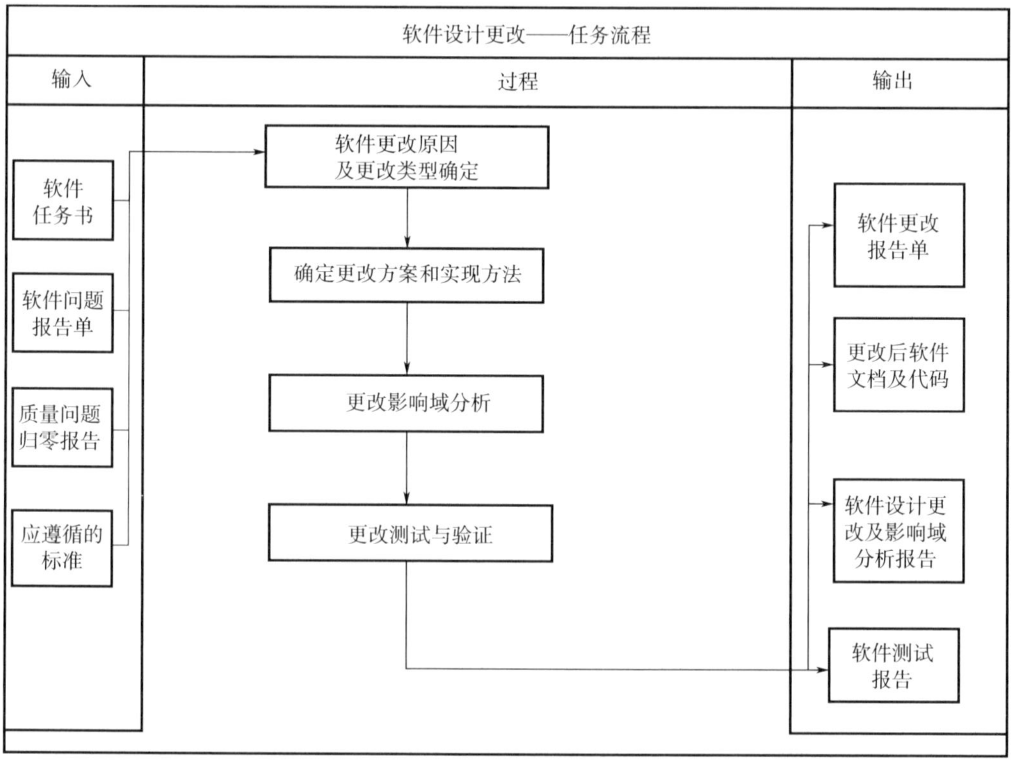

图3-36 软件设计更改的任务流程示意图

3.10.2.2 确定软件更改原因及更改类型

软件更改的原因有很多种，有用户引发的，有自身缺陷引发的，有测试/试验问题引发的，也有举一反三引发的。在进行软件更改时首先要确定软件更改原因，以便有针对性地开展影响域分析。

软件更改原因一般分为以下类型：

1）软件任务书（用户需求）变更引起的更改；

2）设计要求变更（或设计错误）引起的更改；

3）代码审查意见引起的更改；

4）测试发现问题引起的更改；

5）质量问题归零引起的更改；

6）质量问题举一反三引起的更改；

7）其他问题引起的更改。

软件更改类型与《航天产品技术状态控制要求》（Q/QJA 32A—2021）中规定的技术状态更改类型相一致，即分为Ⅰ类、Ⅱ类、Ⅲ类。其中Ⅰ类更改是涉及产品技术状态变更的重大更改，涉及其他系统软件配置项或硬件，或对进度、经费有较大影响的更改。Ⅱ类更改是涉及产品技术状态变更的一般更改，涉及软件配置项内部的功能、性能更改。Ⅲ类更改是不影响满足产品要求或产品质量的更改。此处的Ⅰ、Ⅱ、Ⅲ更改是针对软件更改项目的分类，与Ⅰ、Ⅱ、Ⅲ、Ⅳ类软件研制类型不同，请注意区别。

可用表 3－47 的形式描述更改原因及更改类型。

表 3－47　更改原因及更改类型统计表

更改原因 更改项目	需求变更	完善设计	代码审查意见	测试问题			质量问题归零	质量问题举一反三	更改类别		
				开发方测试	第三方测试	系统测试			Ⅰ类	Ⅱ类	Ⅲ类
合计											

3.10.2.3　确定更改方案和实现方法

对每一项更改，逐一说明软件更改的原因、更改的可行性，并制定软件更改方案和实现方法。更改方案根据更改需求制定，以更改对软件配置项接口、性能等影响最小，方案最简化，测试验证最容易覆盖为原则。实现方法包括代码、数据的修改情况，并须给出软件更改前后的变化情况；对与其他型号相同的功能更改、其他型号质量问题举一反三引起的更改，说明更改措施是否与其他型号相同或不相同，并给出理由。

不同更改原因的更改可行性分析如下：

1）若是软件任务书要求，则给出任务书具体的章节号和要求，并说明更改前的状态；

2）若是提高可靠性、完善设计要求或软件设计错误引起的变更，则描述原先存在的缺陷或薄弱环节，引出更改要求；

3）若是代码审查意见要求，则给出代码走查专家的具体意见；

4）若是软件测试发现的问题，则简要描述问题的现象、定位与机理，引出更改要求；

5）若是质量问题归零要求，则给出质量问题归零报告名称，并简要描述质量问题的现象、定位与机理，引出更改要求；

6）若是质量问题举一反三要求，则给出质量问题归零报告名称，并简要描述质量问题的现象、定位与措施，引出举一反三要求；

7）若是其他原因，则描述原因，引出更改要求。

3.10.2.4　软件更改影响域分析

对每一项软件更改均需进行更改影响分析，一般从软件配置项外部接口、内部接口、安全性可靠性、工作产品和使用文档、使用方式等方面进行分析。

3.10.2.4.1　软件配置项外部接口影响分析

分析软件更改是否涉及配置项外部硬件接口，要对所有外部的硬件接口进行分析，对受影响的硬件接口要进行详细分析。

分析软件更改是否涉及配置项外部软件接口及协议，至少要考虑协议的数据格式、握手关系、校验方式、通信速率、时序关系等的变化，要格外分析更改是否会引起资源冲突。

分析软件更改是否涉及外部中断（硬件产生的中断），至少要从以下几个方面考虑：

外部中断是否会造成时间冲突、是否会造成资源冲突、中断嵌套情况是否有变化、优先级是否有变化、中断使用方式是否有变化、实时性是否受影响、中断服务程序更改是否对主程序产生影响等。

3.10.2.4.2　软件配置项内部接口的影响

分析软件更改是否涉及程序调用关系和任务调度关系的变化（包括删除、增加或顺序改变等），同时要分析软件更改是否涉及程序执行路径及状态的变化。

分析软件更改是否涉及输入输出关系的变化，至少要考虑实际参数与形式参数的个数、属性和量纲是否发生了变化，是否匹配等。

分析软件更改是否涉及数据结构（含全局数据）的变化，包括数据的增删、数据长度、量纲、值域、初始化、传递关系、异常值的处理、作用域是否发生变化等。

分析软件更改是否涉及软件运行时间、数据精度、内存容量、内存释放等的变化，包括中断内外时间是否变化，是否会引起运行超时，是否导致堆栈溢出，是否存在内存泄漏等。

分析软件更改是否涉及内部中断，至少要从以下几个方面考虑：内部中断是否会造成时间冲突，是否会造成资源冲突、中断嵌套情况是否有变化、优先级是否有变化、中断使用方式是否有变化、实时性是否受影响等。

3.10.2.4.3　软件可靠性安全性的影响

分析软件更改是否涉及软件的可靠性安全性，包括是否引入了新的故障模式，是否影响到软件安全关键功能等，一旦涉及则需要重新进行可靠性安全性分析并进行相应验证，以确保其可靠性和安全性。

3.10.2.4.4　软件工作产品和使用文档的影响

分析软件更改是否涉及软件工作产品的变化，设计文件包括软件需求说明、软件设计说明、软件接口设计说明等，使用文件包括使用说明、软件安装说明、发射场测试流程文件、软件维护说明等。

3.10.2.4.5　软件产品使用方式的影响

分析软件更改是否涉及软件产品使用方式的变化，包括固化、非固化、存储介质等方面是否发生变化，固化地址、启动地址等是否发生变化。

3.10.2.5　软件更改测试与验证

根据软件更改影响域分析的结果，制定更改测试方案，提出更改测试、验证要求：

1）文档审查和代码审查要求，对不同安全等级的软件，各研制单位可以根据本单位的质量要求安排文档审查和代码审查，并给出审查结论。

2）更改后软件单元测试要求，包括单元功能实现正确，分支、语句覆盖率100%，若未达到100%则需给出原因，并给出不影响正常功能的结论；

3）更改后软件确认测试要求，要求覆盖更改项目及其功能性能；

4）更改后软件系统试验要求，包括仿真试验、综合试验、匹配试验等，要求测试项目覆盖更改项目及其功能性能，要求通过操作或数据判读证明软件更改正确，对其他功能无影响；

5）更改后软件故障模拟试验要求，包括故障模拟试验项目及预期试验结果，要求通过操作或数据判读证明软件更改正确、对其他功能无影响；

6）更改后特殊验证要求，对于在常规测试流程和故障模拟试验中无法做到测试覆盖的更改项目，可提出特殊验证要求，通过测试判读证明软件更改正确。

3.11 软件安全性可靠性分析与设计

3.11.1 概述

软件安全性可靠性分析与设计工作贯穿于软件生存周期全过程，应与软件系统架构设计、系统需求分析与设计、软件需求分析、软件设计和实现等技术活动紧密结合，通常采用自上而下逐级分解的方式，经过数轮次迭代后，对关键和重要功能提出趋于稳定的安全性可靠性设计措施，并通过软件测试、系统试验等方法进行验证。

软件安全性可靠性分析与设计的任务流程示意图如图 3－37 所示。

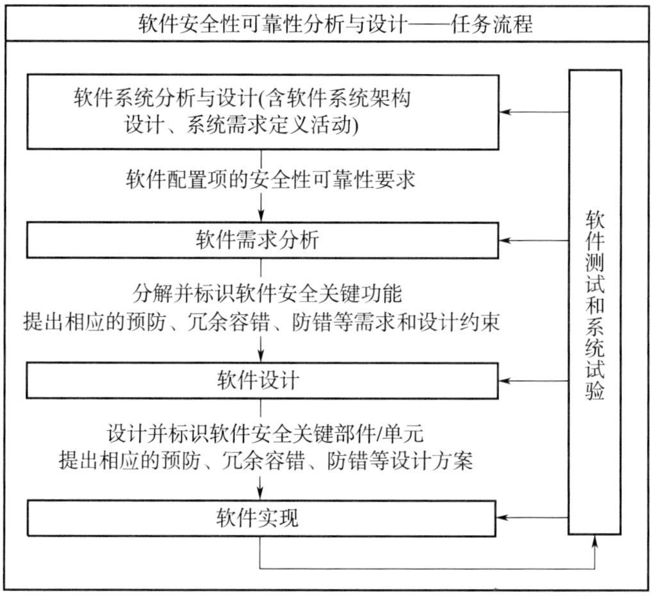

图 3－37 软件安全性可靠性分析与设计的任务流程图

3.11.2 软件系统安全性分析与设计

软件系统分析与设计完成从软件系统到软件配置项的细化，涵盖软件需求分析之前的软件系统架构设计、系统需求分析与设计活动。软件系统安全性可靠性分析与设计偏重于安全性，主要工作是依据系统初步危险分析（PHA）结果，开展软件初步危险分析，识别出可能引起危险事件或用于控制危险事件发生的软件配置项，明确每种危险事件对应的触发条件，制定相应的安全危险减轻措施，并提出验证要求，确定软件配置项的安全关键等级，反映到相关软件配置项任务书中。在软件配置项任务书中，应明确列出软件的可靠性和安全性要求，例如，不期望出现的事件、不期望事件的应对措施、软件的容错设计要求、数据冗余要求、应遵循的设计标准和设计准则等。

对于航天型号软件而言，针对系统的危险事件，需综合考虑安全危险减轻措施的效果、成本及可行性等因素，为每个识别出来的危险分别制订相应的危险减轻方案，以下为若干可参考的软件安全危险减轻措施。

3.11.2.1　软件故障检测

软件故障检测是在软件中内置一定的检查和测试技术，确保软件处于安全状态或者没有进入错误状态。软件故障检测的前提是明确定义软件的安全状态或者识别出软件的不安全条件，从而在恰当的位置测试软件所处的状态或者拥有的条件。根据故障检测的依据不同，软件故障检测可以分为误用检测和异常检测。对于安全状态明确的软件，软件故障检测设计仅需检查软件是否处于安全状态；只要软件处于非安全状态，它将触发报警机制。对于安全状态并不明确，而故障类型明确的软件直接检查故障，只要没有触发故障就认为软件处于安全状态。

软件故障检测措施内置于软件内部，设计和实现时必须全面考虑。首先，由于软件故障检测机制将改变软件的控制流，对软件行为具有一定的影响。其次，软件故障检测机制可能会依赖软件状态，尤其是软件状态改变的历史信息，因此会导致软件执行时间和空间开销增加。最后，软件安全状态描述和故障描述必须明确、准确。

3.11.2.2　软件故障隔离

软件故障隔离措施是防止软件的错误扩散和传递，避免小问题变成大问题。软件故障隔离并不需要检测软件是否进入到不安全状态。它的主要思想是确保软件部件之间的影响最低，部件之间通过明确定义的、可验证的方式通信。从隔离的维度上看，隔离技术分为时间隔离和空间隔离。从隔离实现措施上看，可以是逻辑隔离，也可以是物理隔离。

软件故障隔离需要在软件之外增加逻辑或者物理隔离措施，并且在软件部件的接口上增加检查机制。虽然这对软件有一定的影响，但是影响程度相对较小，并且与软件结构化、模块化要求一致。这是安全关键软件设计推荐的措施之一。

软件故障隔离的基本要求是确保由软件实现的安全关键功能与非安全关键功能之间的隔离，并且对安全关键功能的输入数据进行检查，使得任意一个功能不正常的软件构件都不会调用到安全关键软件模块。

3.11.2.3　软件故障容忍

软件故障容忍是确保软件系统在出现故障的情况下仍然能够完成既定的任务。与故障检测不同，它并不检查软件是否发生故障，而是确保系统功能正确地被实现。故障容忍的基本原理是冗余，如可以分为空间冗余或者时间冗余。软件故障容忍的主要方法是同一个功能由不同的人员或者方法实现。

现行的故障容忍技术有恢复块技术和 N 版本编程技术。恢复块技术利用不同的方式实现同一个功能，并且这些功能版本顺序执行；如果第一个版本功能出现故障，那么继续执行后续版本。N版本编程技术也是利用不同的编程技术、人员、算法实现同一个功能，这些不同的软件版本同时执行，最后在所有版本运行的结果上进行投票，选择出正确的结果。

软件故障容忍技术具有较大的性能开销和开发成本，常用于安全关键等级比较高的控制系统中。此外，考虑到成本和实现难度，软件故障容忍技术通常与硬件容忍技术相结合，典型的故障容忍结构是多机冗余结构。

3.11.2.4 软件故障恢复

软件故障恢复是在软件系统已经失效的情况下采取的一种应急措施，也就是说故障隔离和故障容忍措施已经无法发挥作用时，必须快速地使得系统重新进入到安全运行状态。

航天型号软件研制过程中，针对软件故障设立了多个层次的恢复技术，包括全系统冷启动或者热启动、软件配置项冷启动或者热启动、软件模块热启动、异常处理等。

3.11.2.5 防御编程技术

防御编程技术是一种实现层面的措施，它主要验证软件功能模块的前后条件是否满足。从编程角度看，典型的防御编程技术包括变量边界值检查、变量越界处理、防止进入安全关键循环等。

3.11.2.6 校验技术

校验和是检测数据完整性的最为有效的措施。目前有大量的校验和算法，如异或、累加和、CRC、SHA-1和MD5等。它的主要用途是检查软件部件之间的数据传输错误、长期存储的数据错误、软件非法修改等。

校验和机制需要额外的计算来处理数据。复杂的校验值计算算法可能需要较大的计算量，因此校验和的使用及算法选择需要考虑处理能力限制。

奇偶校验是计算机系统中常见的数据完整性检查机制。相对于校验和，奇偶校验开销较小，它主要利用额外的一个二进制位来标示其他位的校验值。奇偶校验通常用于通信系统或者内存系统中，由于其简单性，通常利用硬件机制来执行检查。

3.11.2.7 硬件冗余

对于一些非常关键的系统，可以增加硬件冗余功能模块作为备份，以确保软件功能失效时，可以使用硬件手段完成该功能。需注意的是，不能因硬件冗余而降低对软件系统的冗余要求。

3.11.3 软件安全性需求分析

根据系统初步危险分析结果、软件危险分析结果和软件任务书，自上而下将系统级安全性可靠性需求分解至软件配置项，也可以自底向上分析得出系统安全性可靠性需求，再将这些系统安全性可靠性需求传递到所有受影响的子系统。通过上述分析过程，识别出每个软件配置项的安全关键功能，确定安全性需求，并根据危险发生的可能性和严重性对需求的安全关键性进行排序。常用的安全性分析方法有软件故障树分析（Software Failure Tree Analysis，简称SFTA）方法和软件失效模式、影响及危害分析（Software Failure Modes and Effects Analysis，简称SFMEA）方法。

针对安全关键功能，应提出安全保证措施要求，包括采用冗余、降级处理、故障处理与恢复、降级运行等。需求规格说明中应明确标识软件安全关键功能，并明确记录与每一项软件安全性可靠性需求相关的有效、无效的状态或模式，与之相关的硬件、软件及操作者的约束和条件。在进行SFTA和SFMEA分析时需将相关硬件故障模式作为输入进行分析，软件容限能力应包含软件系统对硬件故障模式的容忍程度。

3.11.3.1 安全运行模式、运行状态与安全条件

软件安全性需求包括有效的运行模式或者状态，以及禁止或不适用的模式或者状态，应避免软件进入禁止或不适用的模式或状态。允许的参数边界可能会随着运行模式或者任务阶段的不同而不同。例如，在整个软件需求中查找是否存在可能导致不安全状态的条件和潜在失效隐患，例如不按顺序、错误的事件、不适当的量值、不正确的极性、无效的命令、环境干扰造成的错误以及指挥失灵模式之类的条件，应对所有的不安全状态的条件和潜在失效隐患，制定适当的响应要求。

3.11.3.2 容错和容失效

容错是为了处理最有可能发生的一些故障，以及那些发生概率小但是危险的故障，以防止软件或系统进入失效状态。容错机制能防止大多数微小的差错传播演变成失效。容失效是忽略大多数故障，仅对较高层次的可能导致系统失效的差错进行处理。

软件需求分析应明确系统是否应能容错或容失效，或两者兼而有之。大多数系统采用容失效（而不是容错）来达到可接受的安全性等级。对于安全关键的系统，应具有一定的容错能力及容失效能力。

冗余设计是容错和容失效的主要方法，应考虑：

1）依据失效容限，确定冗余要求。一般依据软件安全性等级，确定软件的失效容限要求，例如要求容许有一个或两个失效而不导致系统危险；根据软件的失效容限要求，确定软件冗余要求，一般采用软件三冗余设计，软件三冗余设计一般有两种模式，一种是紧耦合模式，一种是松耦合模式。紧耦合模式三冗余软件普遍有同步的需求、输出表决的需求。松耦合模式不要求三冗余软件进行同步，但要求进行输出表决。紧耦合模式三冗余软件之间同步的可靠性需求包括软件初始化同步需求、信号输入同步需求、接收不冗余软件数据输入同步需求。

2）信息冗余要求。对于安全关键信息（包括重要程序和数据）应该保存到两个或更多个存储空间，通过两个或更多的产生方式和传输方式进行产生、收集和表决判断。

3）故障检测、隔离和恢复。应规定故障检测、隔离和恢复机制。

4）冗余管理/转换逻辑。对于要求冗余的任何危险控制，应规定冗余策略（如冷备份、热备份）和转换逻辑。

3.11.3.3 危险命令处理

危险命令是其执行（包括无意执行、失序的执行或不正确执行）能导致一个已标识的严重的或灾难性的危险，或能导致对危险控制能力降低的命令。危险命令处理包括接收、传送或者启动关键信号或者危险命令的硬件或者软件功能，危险命令处理特别注意较长的命令路径会由于通信线路电磁干扰、设备故障或人员差错，将增大出现不希望或不正确的命令响应的概率。

3.11.3.4 接口

接口类型包括功能接口、物理接口、人机接口。应对接口特性进行分析，分析接口出错方式及出错概率，并以此为基础确定通信方法、数据编码、错误检查、同步方法以及校验和纠错码方法。接口错误检查或者纠正措施应适合于接口的出错概率。

接口数据的定义应明确物理层和逻辑层协议，其中物理层协议包括传输协议、传输率、误码率、同步通信或异步通信、基本数据格式（起始位、数据位、校验位、停止位）；逻辑层协议包括通信数据量、帧格式、数据内容、换算要求、字节之间和帧之间的时间关系等。在通信接口数据定义时，应确保通信双方协议的一致性和完整性。

3.11.3.5 数据

对软件所使用的各种数据进行定义，包括规定静态数据、动态输入输出数据及内部生成数据的逻辑结构，列出这些数据的清单，说明对数据的约束和要求（包括重要数据的边界值是否有要求，数据区与程序区分开存放、常量与变量分开存放，强制类型转换要考虑数据类型的范围，对非法数据的处理要求，重要数据的可观测要求等）。

规定数据采集的要求，说明被采集数据的特性、要求（是否需要进行数据合理性判别，是否需要进行滤波处理）和范围，对影响成败的关键数据，如诸元数据、影响飞行控制的关键常数或重要标志等，要有明确的处理要求，在使用前后都要进行校验。

对于影响飞行结果判读的，要求数据要有明确的发送与数据处理要求（例如发送的数据格式、个数、顺序、时机等）。

应该在需求说明中建立数据字典，说明数据的来源、处理及目的地。

3.11.3.6 时序、吞吐量和规模

对于安全关键功能，应考虑系统资源和时间约束条件，进行时序、吞吐量和规模分析，分析与执行时间、I/O 数据速率和内存/存储器分配有关的软件需求，考虑余量。典型的约束需求包括临界时间、自动安全保护时间、采样速率、内存资源等。

1）临界时间：安全关键的系统“临界时间”是从故障产生时刻到系统达到不安全状态时刻的时间段；安全保护和恢复措施的设计应充分考虑真实世界的条件和相应的临界时间；仅当在最长的响应时间和临界时间之间有足够的余量时，自动安全保护才是有效的危险控制方式。

2）自动安全保护时间：在临界时间比现实人工操作者的响应时间短，或控制回路中没有人工参与的情况下，常常要求自动安全保护；这可以由硬件或软件或两者的结合来

执行。

3）采样频率与物理参数的变化速率：采样速率的选择应考虑噪声水平、系统和物理参数变化特性；测量非关键信号时，采样速率应至少是最大预期信号频率的2倍；对于关键信号，以及用于闭环控制的参数，通常认为采样速率必须比系统特征频率至少高出10倍。

4）内存的使用与可用性：可以根据原先的软件开发经验来评估内存的使用，估计存储在内存中的代码的规模、存储数据空间和用于存储中间计算结果和最终计算结果的临时空间（堆、栈的规模）。在安全关键软件中，应仔细考虑动态内存分配的使用，动态内存分配问题可能由如下原因造成：未释放所分配的内存（内存泄漏）；两次释放内存（引起异常）；或者缓存溢出而覆盖代码或者其他区域。不使用虚拟内存机制；如果出现内存使用违例，那么将系统快速置于一个安全状态。

5）I/O通道的使用负载与可用性：应考虑输入和输出数据量与“I/O通道”匹配性，“I/O通道”包括内部的硬件、过程间的通信，以及外部通信接口；应分析数据收集和安全关键数据可用性之间的资源冲突。例如，在发生失效时，I/O通道可能因错误消息而过载，而重要信息可能因此丢失或者被覆盖，可以采取将错误消息管理任务与重要消息处理任务各自独立的解决方案。

6）执行时间与CPU负载和可用性：分析CPU负载的时间变化并确定产生峰值负载的环境，分析在高负载条件下的执行时间是否可以接受；考虑多任务所造成的定时影响，例如，消息传送延迟或者因其他任务占有而不能访问所需要的资源；考虑代码是否将在RAM或ROM中执行，ROM的访问速度通常较慢。

7）程序存储空间与可执行代码的规模：估计存储在设备（EPROM、闪存等）中的可执行软件的规模，程序规模包括操作系统及应用软件。

8）存储的数据量与可用的容量：考虑产生的数据量和可用的存储空间量（RAM、磁盘等）。

3.11.3.7　中断要求

1）中断基本情况：列举该软件用到的全部中断，但不包括软中断；分析它们属于定时中断、还是周期性中断或随机中断，是偶发的还是频繁的，是系统内的还是系统外部的。

2）中断的优先级分配：一般情况下，一次性的、偶发的或中断服务所需时间短的中断，考虑安排在较高的中断级别；频度高或中断服务所需时间较长的应考虑安排在较低级别。

3）中断嵌套要求：应优先考虑中断不允许嵌套的工作模式，在必须使用中断嵌套时，应考虑被其他中断嵌套后的中断最坏服务时间，是否仍能满足系统的实时性要求，应避免同一中断源的中断嵌套。

4）异常中断处理要求：分析硬件平台异常中断，明确软件针对异常中断的处理需求；发生异常中断时，计算机硬件出现问题，软件本着容错的原则考虑如何进行处理，可以采取直接返回、返回触发异常指令的下一条指令、返回指定地址等方式，应屏蔽不使用的中断源，并挂接空中断处理函数。

3.11.3.8　异常处理要求

1）硬件设备故障处理要求：应明确对关键硬件设备的故障检测、隔离或恢复要求。

2）输入合理性检查要求：对于所有模拟及数字输入，应在按照这些值执行安全关键功能之前进行范围和合理性检查，明确输入数据的非格式化数和非法数处理要求。

3）输出合理性控制要求：对于所有安全关键控制指令或参数，应在输出前，严格控制其值、输出时机在安全合理区间和时间段内，防止系统误进入危险状态，硬件被破坏，或执行机构做出危险的动作。

4）数学运算合理化保护要求：对于运算过程中的数学计算应进行合理化保护，明确除零处理要求、对数处理要求、反三角函数处理要求、偶次方根数据要求等。

5）防止程序跑飞要求。

6）错误提示要求：应明确软件运行到异常处理分支下的错误提示或记录要求，如采用界面弹报错提示框、发送遥测、记录日志等要求，便于日后故障定位。

7）异常处理情况下的软件状态转换要求：应明确软件运行到异常处理分支下的状态转换要求，如是否继续运行、是否清除原状态、是否重试等要求。

8）防误操作要求：运行过程中有人机交互的软件，设计时应考虑用户短时间内重复同一操作对软件和系统的影响，应进行防误操作设计。

3.11.3.9　性能要求

1）时间特性要求：应考虑事件或状态查询的响应要求、中断服务程序最长运行时间要求、控制/运算周期及余量要求、不同时序之间匹配性要求、时钟同步要求、通信时间要求、硬件访问的时间约束要求、数据库的访问时间要求等。

2）精度要求：应考虑数据精度及有效数据位数要求、时序时间精度要求、周期稳定性要求等。

3）容量要求：应考虑程序/数据使用的存储器空间分配要求、空间使用余量要求、磁盘空间容量要求等。

4）其他性能要求：支持的最大用户数量、处理器的负载能力、事件/进程/线程的并发处理能力、软件无故障运行时间等。

3.11.4　软件安全性设计

软件设计在需求分析活动已开展的软件安全性可靠性分析工作基础上，通过对部件/单元进行分析，标识出软件安全关键部件/单元，并采取相应的预防、冗余容错、防错等手段加强软件安全关键部件/单元的安全性可靠性设计。

3.11.4.1　最小危险设计

安全关键系统软件设计的一个重要方面是最小危险设计。如果可能，通过设计消除识别的危险或者减小危险发生的概率或严重程度，可采用如下方法：降低软件和接口的复杂度；用户安全设计代替用户友好设计；开发和集成过程中的可测试性设计；给予高风险的部件/单元更多设计资源（例如，空间和时间）。

安全性设计的基本考虑包括功能分配、程序接口、故障处理、性能余量、可追踪性、可测试性。

功能分配主要考虑：

1）确定哪些模块、类等将实现安全关键需求，尽可能将安全关键的部件与非安全关键部件隔开；

2）最小化安全关键部件的数目，安全关键部件之间的接口设计也应实现低耦合；

3）详细记录安全关键部件在设计层次结构中的位置和功能；

4）详细记录安全关键部件如何追溯到初始安全性需求，以及该需求是如何实现的；

5）详细说明安全性相关的设计和实现约束。

程序接口主要考虑：

1）定义所有部件之间的功能接口，对于安全关键部件，尽可能限制它们与其他部件的交互；

2）标识软件内的共享数据，设计应将安全关键的数据与其他数据隔离开来，并使非安全关键部件不能访问安全关键数据；

3）详细记录包含安全关键数据的数据库和数据文件，以及所有访问它们的部件；

4）详细说明每一个接口的设计；

5）标识在接口中使用的安全关键数据。

故障处理指故障检测、恢复和安全保护，主要考虑：

1）为安全关键部件制定差错检测或恢复方案；

2）考虑对异常外部输入的响应；

3）考虑危险操作场景，应考虑防止人为差错产生、在故障发生前予以识别以及降低危险发生的风险的方法；

4）考虑在操作中是否要求进行内存测试、何时运行这些测试，以及这些测试能否影响安全关键功能；

5）考虑使用内存利用率校验对内存余量不足的提前预警；

6）在保护关键内存块数据避免遭受无意破坏或删除方面，带内存管理单元的处理器提供一种保护机制，在使用物理地址或逻辑内存地址的系统上，按照关键内存地址对动态分配例行程序返回的地址范围进行检查，注意逻辑和物理地址是不可相互比较的；CRC校验或差错纠正代码是对可能被意外破坏的关键数据进行检测和纠正的软件方法；

7）考虑必须实现哪种容错和容失效措施，以及实现方法，考虑是否使用多版本软件以及如何保证这些版本的功能独立性。

性能余量主要考虑：

1）说明安全关键部件是如何对安全性需求作出响应的，并定义这些部件的设计余量；

2）采样频率的选择应考虑噪声水平和控制系统以及物理参数的预期变化，对于非关键信号的测量，采样频率应至少是最大预期信号频率的两倍，对于关键信号，以及用于闭环控制的参数，采样频率应比系统特征频率高出至少十倍；

3）数字化系统选择的字应至少能减小量化噪声影响以确保系统的稳定性；字长和浮点系数的选择应适合整个系统环境中处理的参数，太短的字长可能造成误解，太长的字长可能造成特别复杂的软件和 CPU 资源的过渡滥用，以及调度和计时的冲突等；

4）计算机读数据、计算和输出结果需要一定的时间，因此有些控制参数将总是延迟，控制系统应适应这种情况，并应校验计时时钟基准数据、同步和精确性（抖动），分析任务调度。

可追踪性主要考虑：

1）对于每一个部件，应追踪软件需求，尤其关注软件安全性需求的可追踪性；

2）所有的需求都应向下传递到设计，维护可追踪性矩阵或其他文档以帮助对此进行验证；

3）为每一个安全关键的设计特征明确测试和验证方法。

可测试性主要考虑：

1）软件测试性设计要求：包括软硬件运行状态和设备故障诊断两方面的设计工作，前者主要协助设计师排查未知的设计缺陷和改进设计，后者主要用于设备故障的定位，及时更换故障设备；

2）软件运行状态监测要求：软件应能监测输入输出信息、当前运行流程、软硬件运行状态、软件关键运行分支的执行情况，并记录日志或界面显示；当出现异常情况时，能够初步定位于某软件或某功能，针对有用户操作的软件，应记录用户的操作过程，以辅助事后分析和故障排查；应及时监测 CPU、硬盘、内存和堆栈的使用余量，设置使用余量门限，若超限应报警提示；

3）故障诊断设计要求：故障诊断设计只诊断设备故障，不诊断设计缺陷；应列举所有可能出现的设备故障模式（包含软件和硬件），每个故障模式作为故障树的根节点，开展故障树分析，对每个叶子节点设置测试点，通过采集数据判定叶节点是否生效，综合得出根节点故障模式是否生效的结论；必要时，故障诊断可采用单机、分系统和系统的分级设计思路实现。

3.11.4.2 与硬件或系统相关的设计

1）电源失效保护：软件要配合硬件处理在加电瞬间电源可能出现的间歇故障，避免系统潜在的不安全初始状态；在电源失效时提供安全的关闭；在电源的电压有波动时，使它不会产生潜在的危险。

2）加电检测：软件设计时应考虑在系统加电时完成系统级的检测，验证系统是安全的并在正常地起作用，可能时，软件应对系统进行周期性检测，以监视系统的安全状态。

3）电磁干扰：对于电磁辐射、电磁脉冲、经典干扰，以及在深空使用的计算机可能遇到的宇宙重粒子的冲击，硬件设计应按规定要求将这些干扰控制在规定的水平之下，软件设计要使得在出现这种干扰时，系统仍处于安全状态。

4）系统不稳定：若某些外部因素使系统产生不稳定，不宜继续执行指令，软件应采取措施，待系统稳定后再执行指令。

5）接口故障：应充分估计接口的各种可能故障，并采取相应的措施；例如，软件应能识别合法的及非法的外部中断，对于非法的外部中断，软件应能自动切换到安全状态；反馈电路中的传感器有可能出现故障并反馈异常信息，软件应能预防将异常信息当作正常信息处理而造成反馈系统的失控；同样，软件对输入、输出信息进行加工处理前，应检验其合理性。

6）干扰信号：对被控对象的变化信号中伴随存在的干扰信号采用数字滤波器加以过滤时，采样频率的确定不仅要考虑有效信号的频率，还要考虑干扰信号的频率。

7）错误操作：软件应能判断操作员的输入操作正确（或合理）与否，在遇到不正确（或不合理）输入和操作时，拒绝该操作的执行，并提醒操作员注意错误的输入或操作，同时指出错误的类型和纠正措施。

8）机械限位控制：对具有机械安全限位要求的硬件设备，软件应对输入给硬件的控制数据进行极限限位和容错处理。

3.11.4.3　围绕故障和失效的设计

为了防止故障在软件中传播，安全关键部件必须与非安全关键部件完全独立，必须在其内部检测错误，并且不允许错误传播。接收部件应能够捕获并包容该错误。

软件必须执行的功能通过独立的并行冗余实现失效容忍。要实现真正独立的并行冗余，必须在每个并行路径执行不同的软件。对于两个独立的并行流，单一失效不会使两个都失效，对于三个并行流，不可能出现能同时使三个都失去功能的两个失效。

软件禁止执行的功能通过独立的多序列约束实现失效容忍，约束由运行不同软件的不同处理器控制。对于两重约束，任何单个失效、操作错误、事件或环境不会引发两个约束失效。对于独立的三序列约束，任意两个失效、操作错误、事件或者环境不会引发三个约束失效。

容错设计方法如下：

（1）“阴影”技术

对于连续变化的安全关键参数，一个非常有用的冗余技术是“阴影”技术。高层过程实现适当的冗余，能够仿真底层过程，预测期望的性能，从而判断底层过程是否发生失效，在发现失效时切换底层过程。

（2）自测

有时故障检测/恢复可以基于底层处理器的自测实现，底层处理器向高层处理器报告其状态，高层处理器将报告失效状态的处理器换出。

（3）多数表决

有些冗余机制是基于多数投票实现的。当要诊断的失效比较复杂时可以采用该技术。多数表决实现比失效容限更高的冗余；三选二实现单一失效容忍；五选三实现双失效容忍。

（4）故障容器区

建立故障容器区，以防止软件故障的传播，例如防火墙或者“来源”检查，实现了故障区的隔离，防止故障传播。

（5）冗余软件结构

冗余软件结构采用不同的代码版本。与N版本编程不同，其版本不需要执行相同的操作。例如，主软件是高性能的版本，满足功能和性能需求，如果高性能版本有问题，则提供一个高保证（或高安全）版本。

（6）部件自保护和检测

部件实现自我保护和自我检测。自保护部件不允许其他部件破坏，否则向调用它的部件返回错误提示；自检查部件检查自身错误，并尝试恢复，例如数据合理性检查。

3.11.4.4 与硬件相关的接口软件设计

1）输入/输出合理性检查：对于所有模拟和数字输入和输出，应在执行相应安全关键功能之前进行范围合理性检查，针对I/O输入信号，需明确采样有效确认频率（一次、连续多次或累计若干次），是边沿有效还是电平有效，以及多次采样的时间间隔和次数，对于外来的安全关键信号，应采取两个及两个以上的方式采集和判断信号有效；针对I/O输出控制信号，须连续发送多次或定期刷新，信号总宽度应保持足够时间，并回读I/O输出寄存器或回采反馈回路的I/O输入，确保该信号输出有效。

2）数据传输校验：数据在硬件介质传输过程中，应使用累加和、奇偶校验、CRC校验等检查数据传输的正确性。

3）数据有效性判断：对外来数据，应避免使用全1或全0作为有效输入数据。

4）对硬盘访问的检查：软件启动时，应对硬盘进行检查，若发现异常，则自动修复，并记录日志。

5）对DSU调试、双口RAM、DMA等不经过CPU直接修改内存的情况，应使用volatile关键字以防编译器省略内存访问指令，建议对所有硬件地址指针都用volatile关键字，且不可使用cache，以防cache与内存不一致。

3.11.4.5 人机界面设计

人机界面设计主要从显示界面、人机接口、安全关键操作、报警和故障等方面进行设计。

显示界面设计主要考虑：

1）向操作员提供的安全关键显示信息、图标及其他人机交互方式应清晰，简明且无二义性；

2）显示应考虑颜色、字体大小和位置等因素，符合人机工程要求；

3）基于任务需求将信息分配到不同的页面；

4）对于包含在不同页面的所有必要信息相互一致；

5）页面的显示内容不宜太多，要显示的内容过多时可考虑根据类型分页显示；

6）应考虑界面显示占用的空间大小，例如，界面的列表框等用来提示用户的信息，应设置最大显示行数，超过最大行数时应删除旧的信息。

人机接口设计主要考虑：

1）明确人机接口的安全关键设计，包括对预想的单个或多个操作员失效的分析；

2）确保无效的操作请求被加上标记，并向操作员指明；

3）要求最少两条独立的命令来执行安全关键功能，并考虑在启动任何安全关键指令序列之前是否要求一个操作员响应或授权；

4）避免在操作员未知的情况下改变系统的安全状态；

5）安全关键状态变更时，确保有状态变更报告；

6）能清晰区别关键输入，检查输入的范围和合法性；

7）允许撤销和恢复：行动应能撤销，错误应能恢复；

8）提供适当且及时的反馈：如果操作完成，则应给出提示；应说明下一步选项或者行动；应使操作员能够感知到对系统的控制及系统对其行动的响应；

9）显示软件正在运行的实时状态；

10）需要若干秒或更长时间的处理功能，在处理期间应向操作员提供状态指示。

安全关键操作设计主要考虑：

1）人机交互软件要便于操作员用单一动作处理当前事务，使系统退出潜在不安全状态，并恢复到某一安全状态；该动作可以包含同时按两个键、按钮或开关；在操作员反应时间不足以防止灾难时，软件应将系统回到一个已知的安全状态，报告该失效，并向操作员报告该系统状态。

2）启动安全关键操作时，应由两个或多个人员在“与”方式下操作，并有完善的误触发保护措施，以避免造成无意激活；例如，在启动某个安全关键功能时，最少应由两个不同按键来启动，并且在设计这两个按键时，应使这两个按键在操作键盘或操作面板上保持一定的距离，以免误触发；两个操作员应独立地、最好在不同的操作键盘或操作面板上同时启动，且一个操作员不能同时启动也不能采取措施强迫另一操作员启动。

3）软件应能检测不正确的操作员录入或操作，并防止由于该差错的结果而执行安全关键功能；对于该错误录入或操作应向操作员报警；报警应包括错误信息和纠正措施；软件还应提供对有效数据的录入，并向操作员提供可视和/或声音反馈，使操作员知道系统已经接受该动作并正在处理它。

故障报警设计主要考虑：

1）报警应使例行报警与安全关键的报警相区别，并应使得在没有采取纠正措施或没有执行所要求的后续行为以完成该操作的情况下，操作员无法清除安全关键的报警；不安全状态的信号应尽可能直接送到操作员接口；应提醒操作员注意检测到的异常情况、所采取的措施，以及所导致的系统配置和状态。

2）对各分系统的故障报警标识不能仅是正常、报警、故障等笼统的标识，应在各分系统 FMEA、FTA 工作基础上，尽可能给出详细的、能定位到具体故障源的故障报警标识。例如，对各种可能的分系统回应信息超时的具体情况（在程序中对应不同的分支路径）进行标识设计；当用 n 位表示故障时，其能表示的故障个数为 2^n-1，其中用全 0 表示正常；通过标志字记录程序运行时所有的状态和错误，便于对程序运行情况进行分析和判断，有利于故障定位等。

3.11.4.6 通信设计

1）数据发送方应充分考虑数据接收方的数据处理能力（内存、处理时序和处理时间），在设计中应避免数据的发送方只负责发送数据，而不考虑数据的接收方能够正确接收和处理数据。

2）数据接收方要充分考虑发送方发送数据的各种情况，例如，要有全速数据传输情况下的处理能力，要能识别和处理重复的数据帧，对接收的错误数据帧要设计相应的错误处理功能，防止单帧数据错误导致整个通信信道阻塞。

3）在接口协议设计时，应确保通信数据帧由帧头、数据项（含帧号、帧长、数据体）、校验码和帧尾组成，以便接收方进行数据帧的同步，以及数据有效性的校验；帧之间的间隔通常要大于帧内字节之间的间隔，以便接收方有足够的时间对帧头进行搜索接收。

4）接收方应对收到的数据帧的帧头、帧尾、帧序号、转义字符、长度、校验等各数据域进行检查核对。

5）对外来输入数据（例如通信输入、文件输入、用户界面输入、装定参数等）要进行合法性和合理性检查。合法性检查的一个典型例子是非格式化浮点数检查，非格式化浮点数可能导致处理器停机，故 A、B 级软件应检查外来浮点数是否符合 IEEE 754 规范，防止 C、D 级软件偶然发来的非法浮点数导致 A、B 级软件死机；对不合法或不合理的数据应退出处理过程或替换为合理值进行处理；对外来字符串应检查是否有结束符，对外来数据的长度也应进行检查，以避免数组越界。

6）应明确接收外来数据的有效时间段，在其他时间段收到时应抛弃该输入数据。

7）应记录收到的非法输入数据，写入日志文件留待事后分析，必要时应提示用户进行处理。

8）定义通信格式时应保证全 0 包不能被当作有效包，否则 CRC 校验也能够通过；“全 0”和“全 1”状态一般不宜作为有效状态使用；软件应抛弃全 0 的数据包，软件重新启动某项功能时相应的通信数据应恢复为初始的全 0 状态。

9）前一项输入数据或指令未处理完毕时，不应响应后续的输入数据或指令，通信双方应约定对后续的输入数据或指令采取“丢弃”还是“暂存”的处理措施。

10）必要时，某些通信数据的第一帧或者某些通道的第一次采样数据应进行抛弃处理。

3.11.4.7 中断设计

应该尽量避免使用中断，能用查询方式的不用中断方式；如果使用中断，中断服务时间尽量短。在使用中断时，在中断初始化、中断开关、空中断处理、中断嵌套、中断内外共用资源冲突等方面进行安全性设计，并分析可能的误中断以及频繁中断的影响，合理采取措施。

中断初始化主要考虑：

1）一般应在软件运行的开始部分完成中断相关的初始化，初始化中断包括中断触发模式、中断向量、中断结束方式、中断屏蔽、清除已存在的中断信号等设置；在软件运行过程中有可能改变中断服务的入口（即中断向量的改变），改变中断向量的过程必须关闭中断；

2）初始化时应先关闭中断，然后设置中断处理函数、清除CPU的中断状态（防止中断刚打开就立即被触发），并清除外围器件的中断请求，最后再开启中断，必要时忽略第一次中断；

3）尽量采用脉冲式中断信号，避免采用电平式中断信号，电平式中断信号有可能因错误的中断清除时序，导致电平无法被清除，进而导致无法再次产生中断；

4）设置中断的边沿触发或电平触发，电平触发要确保电平宽度，边沿触发要有防止毛刺的措施（软件或硬件方法）。

中断开关主要考虑：

1）打开中断前，尤其第一次打开中断前，应考虑中断信号是否已经到达，是否丢弃第一次中断请求或结果；

2）只有在需要使用中断的事件/时间区间范围内打开该中断，暂不使用的中断均应屏蔽；

3）可以在主循环中重复执行打开特定中断的操作，防止中断被异常关闭。

空中断处理主要考虑：

1）应对所有硬件中断源，无论软件是否会使用，必须提供中断服务，即使中断不做任何工作，也要保证软件能够按照可靠的方式清除这一中断请求，不会阻碍其他中断和中断外软件的运行，不使用的中断应保证予以屏蔽。

2）应当屏蔽无用中断，并对无用中断设置入口并返回。

中断嵌套主要考虑：

1）禁止使用中断自嵌套；

2）尽量不使用中断嵌套，可采取如下避免嵌套的方法：进入中断服务程序后关闭不希望嵌套的所有中断；

3）要充分考虑中断优先级的影响；

4）应考虑被其他中断嵌套的中断服务时间一般都比较长，如果其中部分工作有强实时性要求，应在完成这部分强实时性工作后才允许其他中断嵌套。

中断内外共用资源冲突主要考虑：

1）无论是内存变量，还是共享内存区域，一般应考虑设计为中断外改写、中断内使用，或中断内改写、中断外使用（且只有一个中断服务改写）；如果设计需要中断内外或两个中断可以改写同一个共用资源，必须采取适当措施，如在可能出现并发访问临界资源的位置关闭中断或设置标志变量，避免发生共享冲突，造成其中一方写入的数据在没有被使用之前被另一方改变，或一方写入的数据引起另一方产生错误中断；

2）对于数组、结构体或不能用一条语句完成读写的变量，在中断内外或多个中断读写过程中，必须进行原子操作保护，避免修改过程被其他中断打断并读取正在被修改的不完整数据，确保数据的完整性；

3）中断服务程序应考虑代码可重入性，避免造成可重入错误。

3.11.4.8 多任务设计

每个任务要确定一个明确的优先级，任务优先级设定的依据是任务的安全关键等级及其定时要求。系统应确定一个根据优先级级别的任务调度机制，确保各软件配置项能够按照正确的顺序执行。另外，系统也应当存在一个机制来检测和防止软件任务执行顺序紊乱，优先级翻转是典型的任务执行顺序紊乱。多任务设计主要考虑：

1）针对多任务处理的软件，应考虑任务创建、任务优先级设置、任务调度机制、任务间同步与互斥、任务间通信与资源共享等要求，避免发生任务死锁、共享资源冲突、实时性高的关键任务不能及时得到调度等问题。

2）任务间同步与互斥应采用信号量、互斥量、事件等方式，任务间数据传递应通过消息队列、管道等方式，对临界区必须采用互斥量进行保护。

3）任务销毁时应保证任务所占资源全部释放，避免出现内存泄漏和因资源抢占导致的系统功能异常。

4）有可能被并发任务调用的函数应可重入，函数内不应使用静态局部变量或全局变量，防止一个任务执行时的中间结果被另一个任务意外改变。

5）某些驱动程序提供的 API 不支持多任务同时调用，使用前应确认是否支持多任务访问，如果不支持则应采取互斥保护机制。

3.11.4.9 防错设计

防错设计针对初始化、运行过程、信息存储进行。

初始化防错设计包括：

1）应关注系统中的各设备上电顺序，若其他设备或外围器件先上电，则有可能在本地准备好之前就接收到外部输入数据、I/O 信号或中断信号，若本地设备先上电，则可能对外的输出得不到响应，所以要分析在设备上电时刻或软件启动时刻的外部环境是否已准备好；

2）应用软件、FPGA 和硬件都应保证输出设备的初始状态为安全状态，软件启动过程不得因不稳定的系统状态而产生误输出信号，应待系统稳定后设置合适的输出值，然后再将端口设置为输出状态；

3）初始化完成后，前几个周期的输入数据可能不稳定，必要时可抛弃；

4）若软件中的某变量有集中预先约定的取值，则应明确在该变量出现非预定值的情况下如何处理，才能保证系统运行安全；

5）应考虑重复执行某些功能或重新启动软件的情况，在设备不断电的情况下，若收到重复执行的命令，应对各项数据和软件运行状态进行重新初始化，以进入新一轮工作过程，对外部操作和命令一般应无限次响应，不可出现“只允许运行一次、再次启动就会出现故障”的情况；

6）应限制程序运行实例只有一个，如果运行多个应给予提示并退出，再次启动程序；

7）应确认所有配置文件安装在正确路径下。

运行过程防错设计包括：

1）应只响应与目前状态有关的命令，对其他命令尽可能给出报错信息；

2）关键时序、通信握手、查询等待等应有超时处理措施；

3）某些处理器要求内存对齐，例如，32 位数据必须从 32 位地址边界开始存储，访问未对齐数据可能导致意外结果；

4）长期放置在 FLASH 类存储介质可能会失效，定期或使用前应对其存储的程序和数据文件进行完整性检查；

5）长期运行可能导致数据翻转，例如日历时间翻转、定时器翻转、数据值域翻转、消息帧序号翻转等，各种有可能翻转的数据都应分析其长度/位数是否足够，多长时间后会翻转，若翻转会带来何种后果；

6）长期加电运行需考虑是否有时间基准互相关联的软件，确认不会因时钟漂移导致的时间基准不准确影响软件功能或数据判读；

7）长期运行可能产生大量数据文件，应设置足够的硬盘存储空间，或定期清理旧数据文件，在磁盘剩余容量达到设计的临界值时应进行删除，防止硬盘满溢；应考虑单个数据文件不应过大，防止出现无法下载或文件过大时打开或写入失败的情况；

8）通常使用看门狗技术应对软件异常跑飞，看门狗定时溢出时应能进入专门的状态恢复程序；谨慎使用看门狗，必须使用看门狗的，应详细分析看门狗复位时必须保持的内部状态和对外输出，复位后原内部状态和输出状态不可发生变化。

信息存储防错设计包括：

1）对不需要修改的重要信息，条件允许时应放在不易丢失的只读存储器（ROM）中；对需要少量次数修改的重要信息，则应放在电可擦除可编程只读存储器（EEPROM）中；

2）对安全关键信息，应保存在多种或多个不同芯片中，并进行表决处理；

3）对可编程只读存储器（PROM）中的重要程序进行备份，一旦 PROM 中的程序被破坏，还可通过遥控命令等手段使系统执行其备份程序；

4）对随机存取存储器（RAM）中的重要程序和数据，应存储在三个不同的地方，而访问这些程序和数据都通过三取二表决方式来裁决。

3.11.4.10　时序、吞吐量和规模的余量设计

资源分配及余量要求：应明确软件代码存储空间、输入输出吞吐能力及处理时间要求，并保证满足系统规定的余量要求，一般要求应留有不少于 20%余量。

时序安排的余量考虑：软件工作的时序安排，要结合具体的被控对象确定各种周期，如采样周期、数据计算处理周期、控制周期、自诊断周期、输入输出周期等；当各种周期在时间轴上安排不下时，应采取更高性能的 CPU 或多 CPU 并行处理来解决，以确保软件的工作时序之间留有余量。

3.11.5 软件安全性实现

在软件实现过程中，一方面要针对安全性需求分析与设计要求，实现安全关键部件和单元的相关功能；另一方面在代码实现时要遵循相应的代码编制规范，如C/C++语言的安全性编程规范可参考GJB 8114《C/C++语言编程安全子集》（表3-48是一个示例）。编码完成后可采取代码审查方式开展代码验证工作，具体的代码审查单可以参考附录A。

表3-48 C/C++语言常用的安全性编程规范示例

序号	编码规范分类	编码规范内容
1	声明定义	以函数形式定义的宏,参数和结果必须用括号括起来
2		函数声明必须与函数原型一致
3		外部声明的变量,类型必须与定义一致
4		禁止使用extern声明对变量初始化
5		用于数值计算的字符型变量必须明确定义是有符号还是无符号
6	指针使用	禁止对参数指针进行赋值
7		禁止使用或释放未分配空间或已被释放的指针
8		动态分配的指针变量定义时如未被分配空间必须初始化为NULL
9		禁止文件指针在退出时没有关闭文件
10	分支控制	在if-elseif语句中必须使用else分支
11		除枚举类型列举完全外,switch必须要有default
12		switch中的case和default必须以break或return终止,共用case必须加以明确注释
13	运算处理	禁止将浮点常数赋给整型变量
14		禁止将越界整数赋给整型变量
15		禁止在逻辑表达式中使用赋值语句
16		禁止对逻辑表达式进行位运算
17		对变量进行移位运算禁止超出变量长度
18		禁止移位操作中的移位数为负数
19		数组禁止越界使用
20	运算处理	数组下标必须是大于等于零的整型数
21		除法运算中禁止被零除
22		缓存区读取操作禁止越界
23		缓存区写入操作禁止越界
24		使用字符串赋值、拷贝、追加等函数时,禁止目标字符串存储空间越界
25		谨慎对有符号整型量进行位运算
26	函数调用	禁止函数的实参和形参类型不一致
27		函数声明和函数定义中的返回类型必须一致

续表

序号	编码规范分类	编码规范内容
28	语句使用	禁止不可达语句
29		禁止不可达分支
30		禁止使用无效语句
31	类型转换	浮点数变量赋给整型变量必须强制转换
32		长整数变量赋给短整数变量必须强制转换
33		double 型变量赋给 float 型变量必须强制转换
34		指针变量的赋值类型必须与指针变量类型一致
35	初始化	变量初始化禁止隐含依赖于系统的缺省值
36		结构体初始化的嵌套结构必须与定义一致
37		枚举元素定义中的初始化必须完整
38	比较判断	禁止对逻辑量进行大于或小于的逻辑比较
39		禁止对指针进行大于或小于的逻辑比较
40		禁止对浮点数进行是否相等的比较
41		禁止对无符号数进行大于等于零或小于零的比较
42		禁止无符号数与有符号数之间的直接比较
43	变量使用	禁止局部变量与全局变量同名
44		禁止函数形参与全局变量同名
45		禁止变量名与函数名同名
46		禁止变量名与标识名同名
47		禁止仅依赖大小写区分的变量

3.12 技术活动剪裁指南

3.12.1 概述

航天型号软件研制过程中，应该按照不同的研制阶段、不同的安全关键等级以及不同的研制类型等进行分级分类管理，这就涉及对于技术活动的剪裁。在进行航天软件项目策划时，可以按照不同研制模型、不同研制类型、不同研制阶段、不同软件安全关键等级等进行适当的剪裁，并将剪裁结果落实到软件开发计划中。

技术活动剪裁的输入、主要任务和输出见表 3-49。

表 3-49　技术活动剪裁的输入、主要任务和输出

分类	文件名称/任务名称
输入	1)初步软件开发计划； 2)软件任务书、合同(技术协议)； 3)软件工程化大纲/软件产品保证大纲/软件质量保证大纲； 4)各单位的软件过程文件(如剪裁指南等)

续表

分类	文件名称/任务名称
主要任务	1)生存周期模型及活动剪裁； 2)软件工作产品剪裁
输出	软件开发计划

3.12.2 剪裁流程和工作项目要求

3.12.2.1 剪裁原则

为了使软件产品研制具有良好的效益和技术可行性，软件研制过程技术活动的剪裁应遵循如下几项原则：

1）应根据软件项目的特点、项目所处的研制阶段（方案、初样、试样、状态鉴定）、软件安全关键等级以及项目所属型号的类型特点等方面，对技术活动进行选择和剪裁；

2）各技术活动的选择和剪裁，应综合考虑本项目承担任务的特点，与其保持协调一致。软件规模、复杂度、风险越大，关键性及质量要求越高，剪裁控制应越严格。

3）对各技术活动的所有剪裁，应确保不降低产品质量，不降低过程的可视性。应执行剪裁审批流程，审批通过后方可进行剪裁。

3.12.2.2 剪裁要求

剪裁应充分考虑软件项目的特点、项目所处的研制阶段（方案、初样、试样、定型）、软件安全关键等级以及项目所属型号的类型特点等因素。剪裁内容包含全部的技术活动及其工作产品。

3.12.2.3 实施剪裁

技术活动剪裁主要包括生存周期模型及活动剪裁、软件工作产品剪裁，并更新软件开发计划。

在项目策划初期，软件项目负责人应结合软件项目的特点、项目所处的研制阶段（方案、初样、试样、状态鉴定）、软件安全关键等级以及项目所属型号的类型，进行生存周期模型及相关活动的剪裁。

在不同研制阶段生存周期模型的各个技术活动都会产生工作产品，在进行项目策划时，软件项目负责人应结合软件所处的阶段、软件项目的特点、软件的研制类型等进行软件工作产品的剪裁。

技术活动剪裁完成后，应更新软件开发计划，将剪裁结果落实到软件开发计划中。

技术活动剪裁的任务流程示意图如图 3-38 所示。

3.12.2.3.1 生存周期模型及活动剪裁

在项目策划初期，形成了初步软件开发计划（包括软件项目配置项分析、进度计划、资源保障计划、项目决策分析）后，软件项目负责人应根据型号软件工程化大纲/软件产品保证大纲/软件质量保证大纲等要求，结合项目的特点、项目所处的研制阶段（例如，

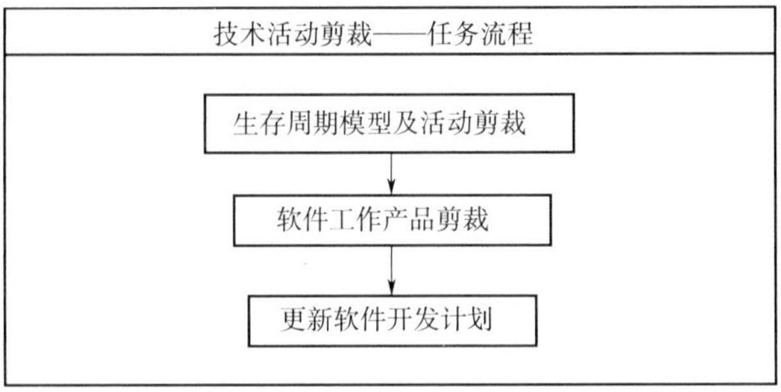

图 3－38　技术活动剪裁的任务流程示意图

方案/模样、初样、试样/正样、定型等)、项目的所属领域类型（例如，型号领域等）等，选择合适的软件生存周期模型，并结合软件关键等级对相关技术活动进行剪裁。其中工程活动剪裁要求可以参考表 3－50，测试活动剪裁要求可以参考表 3－51。项目利益相关方要对剪裁内容进行讨论，达成一致后，将剪裁结果补充到软件开发计划中。

表 3－50　软件研制工程活动剪裁示例

研制阶段	软件关键等级	剪裁要求			活动	剪裁思路
		型号领域 1	型号领域 2	型号领域 n		
方案/模样	A、B、C、D	○	○	○	软件系统架构设计	方案/模样阶段主要目的是为了验证系统方案和关键技术，如软件有工作，应至少保证编制软件任务书以及软件原型
		○	○	○	系统需求分析与设计	
		○	○	○	软件需求分析	
		○	○	○	软件设计和实现	
		○	○	○	软件单元测试	
		○	○	○	软件组装测试	
		○	○	○	软件配置项测试	
		○	○	○	软硬件集成测试	
		○	○	○	系统试验	
		○	○	○	软件验收与交付	
		○	○	○	软件运行维护	
初样	A、B	△	△	△	软件系统架构设计	初样阶段根据型号特点，综合时间进度、资源等因素，可以考虑剪裁部分开发方测试活动，但初样阶段需进行飞行试验的项目应参照试样/正样阶段剪裁
		△	△	△	系统需求分析与设计	
		△	△	△	软件需求分析	
		△	△	△	软件设计和实现	
		○	○	○	软件单元测试	
		○	○	○	软件组装测试	
		○	○	○	软件配置项测试	
		△	△	△	软硬件集成测试	
		△	△	△	系统试验	
		△	△	△	软件验收与交付	
		△	△	△	软件运行维护	

续表

研制阶段	软件关键等级	剪裁要求			活动	剪裁思路
		型号领域 1	型号领域 2	型号领域 n		
初样	C、D	△	△	△	软件系统架构设计	
		△	△	△	系统需求分析与设计	
		△	△	△	软件需求分析	
		△	△	△	软件设计和实现	
		○	○	○	软件单元测试	
		○	○	○	软件组装测试	
		○	○	○	软件配置项测试	
		△	△	△	软硬件集成测试	
		△	△	△	系统试验	
		△	△	△	软件验收与交付	
		△	△	△	软件运行维护	
试样/正样	A、B	△	△	△	软件系统架构设计	试样/正样阶段应是软件研制最完整最完备的阶段。 试样/正样阶段 A、B 级软件应开展第三方测评；影响发射流程的 C 级软件建议开展第三方测评
		△	△	△	系统需求分析与设计	
		△	△	△	软件需求分析	
		△	△	△	软件设计和实现	
		△	△	△	软件单元测试	
		△	△	△	软件组装测试	
		△	△	△	软件配置项测试	
		△	△	△	软硬件集成测试	
		△	△	△	系统试验	
		△	△	△	软件验收与交付	
		△	△	△	软件运行维护	
	C、D	△	△	△	软件系统架构设计	
		△	△	△	系统需求分析与设计	
		△	△	△	软件需求分析	
		△	△	△	软件设计和实现	
		○	○	○	软件单元测试	
		○	○	○	软件组装测试	
		△	△	△	软件配置项测试	
		△	△	△	软硬件集成测试	
		△	△	△	系统试验	
		△	△	△	软件验收与交付	
		△	△	△	软件运行维护	

续表

研制阶段	软件关键等级	剪裁要求			活动	剪裁思路
		型号领域 1	型号领域 2	型号领域 n		
定型	A、B	△	—	△	软件系统架构设计	根据领域特点，有定型阶段的航天型号软件研制也应根据软件特点开展定型阶段的技术活动的剪裁。 另外，应按照用户要求开展第三方定型测评
		△	—	△	系统需求分析与设计	
		△	—	△	软件需求分析	
		△	—	△	软件设计和实现	
		△	—	△	软件单元测试	
		△	—	△	软件组装测试	
		△	—	△	软件配置项测试	
		△	—	△	软硬件集成测试	
		△	—	△	系统试验	
		△	—	△	软件验收与交付	
		△	—	△	软件运行维护	
	C、D	△	—	△	软件系统架构设计	
		△	—	△	系统需求分析与设计	
		△	—	△	软件需求分析	
		△	—	△	软件设计和实现	
		○	—	○	软件单元测试	
		○	—	○	软件组装测试	
		△	—	△	软件配置项测试	
		△	—	△	软硬件集成测试	
		△	—	△	系统试验	
		△	—	△	软件验收与交付	
		△	—	△	软件运行维护	

注：1. 表中“△”表示该活动建议设为必选活动项，“○”表示该活动建议设为可选活动项；
2. 对必选项进行的剪裁应说明理由，在开发计划中明确，并经过审批；
3. 该表的制定目标是通用要求，型号若有特殊要求，应按照型号要求执行相应测试工作。

表 3-51　软件测试活动剪裁示例

测试级别	测试类型	软件等级			
		A	B	C	D
单元测试	静态分析	△	△	△	△
	代码审查	△	△	△	△
	功能测试	△	△	△	△
	逻辑测试	△	△	○	○
组装测试	功能测试	△	△	△	△
	接口测试	△	△	△	△
	逻辑测试	△	○	○	○

续表

测试级别	测试类型	软件等级			
		A	B	C	D
配置项测试	静态分析	△	△	△	△
	功能测试	△	△	△	△
	性能测试	△	△	△	△
	接口测试	△	△	△	△
	余量测试	△	△	△	△
	边界测试	△	△	△	△
	代码审查	△	△	△	△
	逻辑测试	△	○	○	○
系统试验	功能测试	△	△	△	△
	性能测试	△	△	△	△
	接口测试	△	△	△	△

注：1. 表中"△"表示该活动建议设为必选活动项，"○"表示该活动建议设为可选活动项；

2. 对必选项进行的剪裁应说明理由，在开发计划中明确，并经过审批；

3. 该表的制定目标是通用要求，型号若有特殊要求，应按照型号要求执行相应测试工作。

3.12.2.3.2　软件工作产品剪裁

软件项目在不同研制阶段生命周期模型的各个活动都会产生工作产品，在进行项目策划时，软件项目负责人应结合软件所处的阶段、软件项目的特点、软件的研制类型等进行工作产品的剪裁。剪裁要求可参考表 3-52 和表 3-53。

表 3-52　项目工作产品剪裁示例

活动	工作产品	方案	初样	试样	定型	剪裁思路
软件系统架构设计	软件系统方案设计报告	必选	必选	可选	可选	若试样、定型阶段软件系统方案无变化可不编制该报告
	软件系统接口说明	可选	必选	必选	必选	由于方案阶段主要验证关键技术，对于软件接口还没有完全确定，因此可以考虑剪裁
	软件项目开发计划	必选	必选	必选	必选	
软件验收与交付	软件产品盘	—	可选	必选	必选	方案和初样阶段不交付外场试验可以不形成软件产品盘
	软件研制报告	可选	必选	必选	必选	方案阶段主要验证关键技术，软件不验收，可不编写此报告
软件运行维护	专项复查报告	—	可选	可选	可选	应根据型号安排确定是否编写此报告，对于首次应用或首飞型号，应编写此报告
	质量问题归零报告	—	可选	可选	可选	应按实际发生情况编写此报告

表3-53　配置项工作产品剪裁示例

活动	工作产品	Ⅰ类软件	Ⅱ类软件	Ⅲ类软件	Ⅳ类软件	剪裁思路
软件系统架构设计	软件任务书	可选	必选	必选	必选	对于沿用软件，可以剪裁该报告
软件需求分析	软件需求说明	可选	可选	必选	必选	1)对于沿用软件，不需要编制该报告； 2)对于只更改参数的软件，不涉及代码更改的，可以剪裁该报告
	软件设计更改及影响域分析报告	可选	必选	必选	可选	1)对于沿用软件，不需要编制该报告； 2)对于新研制的软件，未经飞行试验考核的更改，可以剪裁该报告，但软件更改控制应正常开展
软件设计与实现	软件设计说明	可选	可选	必选	必选	1)对于沿用软件，可以剪裁该报告； 2)对于只更改参数的软件，不涉及代码的更改，可以剪裁该报告
	软件源代码与执行代码	必选	必选	必选	必选	
	软件使用说明	可选	可选	可选	可选	对于涉及用户安装或者界面操作的软件，该工作产品不能剪裁
软件单元测试	软件单元测试计划 软件单元测试说明 软件单元测试报告	可选	可选	必选	必选	对于沿用软件和只更改参数的软件，因为不涉及软件代码的更改，可以剪裁该报告，但必须进行必要的代码审查以确认涉及更改功能的正确性
软件组装测试	软件组装测试计划 软件组装测试说明 软件组装测试报告	可选	可选	必选	必选	对于沿用软件和只更改参数的软件，因为不涉及软件代码的更改，可以剪裁该报告，但必须进行必要的代码审查以确认涉及更改功能的正确性
软件确认测试	软件确认测试计划 软件确认测试说明 软件确认测试报告	可选	必选	必选	必选	对于沿用软件，可以剪裁该报告

3.13　小结

本章详细介绍了软件研制过程中的软件系统架构设计、系统需求分析与设计、软件需求分析、软件设计和实现、软件测试、系统试验、软件验收与交付、软件运行维护、设计更改等主要技术活动，提供了如何研制软件的具体方法和实践案例。针对航天软件安全性可靠性高的特点，对软件安全性可靠性分析与设计方法进行了详细描述。技术活动剪裁指南为在项目中实施技术活动提供了剪裁原则、剪裁要求以及可剪裁的范围，可有效指导项目差异化管理。

参 考 文 献

［1］ 王晓玲，宋征宇，安占新，载人航天工程运载火箭软件研制实践［M］，北京：中国宇航出版社，2021.

［2］ 原中国人民解放军总装备部，GJB/Z 102A，军用软件安全性设计指南［S］．2012 年 7 月．

［3］ 原中国人民解放军总装备部，GJB 8114，C/C＋＋语言编程安全子集［S］．2013 年 7 月．

［4］ 中国航天科技集团公司，Q/QJA 30A，航天型号软件工程化要求［S］．2013 年 4 月．

［5］ Roger S Pressman，软件工程［M］．郑人杰，马素霞，白晓颖，等，译．北京：机械工业出版社，2008.

第4章　管理活动指南

4.1　概述

软件研制过程中的管理活动为软件研制的技术活动提供了必要的基础保障，航天软件研制过程中的管理活动主要包括项目策划与监控、质量保证、配置管理、风险管理、供方管理、测量分析、同行评审等。本章各节详细介绍了每个活动，并对如何管理软件项目提出了具体方法和实践案例，这些管理活动按照软件所选择的生存周期模型围绕技术活动主线贯穿软件研制过程。在型号研制过程中，软件承制方可根据具体情况对管理活动进行必要剪裁，并在实践中不断总结经验、持续改进。

项目策划与监控贯穿整个软件研制过程，基于估计结果、项目特点和约束，制定并维护项目计划，统筹安排项目进度、资源等，确保计划合理可行。项目计划覆盖项目将实施的各项管理活动和技术活动。依据计划监控项目执行情况，当实际状态显著偏离预期值时，采取适当的纠正措施，确保项目达成预期目标。

质量保证对照适当的过程说明、标准和规程来客观地评价已实施过程、工作产品，并确保这些评价所提出的所有问题得到解决。在项目整个生存周期，质量保证通过验证和改进过程的一致性，确保交付高质量的产品和服务，提升顾客满意度。

配置管理通过开展配置标识、变更控制、配置状态纪实和配置审核等活动，建立并维护工作产品的完整性和一致性，向顾客提供正确产品版本。置于配置管理下的工作产品包括向顾客交付的产品、指定的内部工作产品、采购的产品、工具以及生成和描述这些工作产品时使用的数据项。

风险管理采取持续、前瞻的方法来管理风险与机遇。通过开展风险管理策划、风险识别、风险分析、风险应对和风险监控等一系列活动，降低风险对项目目标实现的影响。

供方管理规定了项目获取供方交付物的要求，通过管理外部供方交付过程及交付物，评价外部供方履约能力，以确保外部供方提供的过程、产品和服务符合要求。

测量分析使用能够提供客观结果的方法来指导项目和组织实现测量要求和目标。这些客观结果作为灵活决策和采取适当纠正措施的依据，满足对管理、改进和绩效的信息需要，应用数据驱动管理，给各级领导提供量化的决策依据。确保在实现项目目标的同时，组织能力和绩效也得到同步提高。

同行评审作为一种从软件工作产品中识别并消除缺陷的方法，通过与同行专家一起对选定的工作产品实施评审，识别并解决工作产品的问题，可以减少后期的修改和维护工作，也为更好地理解软件工作产品提供帮助。

4.2 项目策划与监控

4.2.1 概述

项目策划与监控的目的是统筹考虑和平衡进度、质量、成本、资源等约束，制定和维护合理适用的项目计划，并据此监控和管理项目活动，及时发现影响项目目标实现的问题，采取措施以确保项目成功。

表 4-1 描述了项目策划与监控活动的输入、主要任务和输出。

表 4-1 项目策划与监控活动的输入、主要任务和输出

分类	文件名称/任务名称
输入	1)软件系统方案设计报告、软件任务书或其等效文档； 2)软件需求规格说明； 3)应遵循的方法和指南； 4)其他相关输入文件
主要任务	1)定义项目过程； 2)开展项目估计； 3)安排项目进度； 4)制定项目计划； 5)监控计划执行情况； 6)分析并纠正项目偏差； 7)变更项目计划
输出	1)软件项目开发计划； 2)软件项目估算报告； 3)软件项目进展报告； 4)软件项目里程碑报告

4.2.2 主要任务及要求

4.2.2.1 任务流程图

项目策划与监控依据软件任务书、软件需求规格说明等要求开展软件项目策划工作，制定并维护软件项目计划。在软件研制过程中按照计划监控项目的进展情况，将软件规模、工作量、成本、进度等实际值与计划值比较，标识和分析与计划的偏离，在项目实际进展显著偏离计划时，采取适当的纠正措施，及时解决项目存在的问题，确保项目达成预期目标。

项目策划与监控的任务流程示意图如图 4-1 所示。

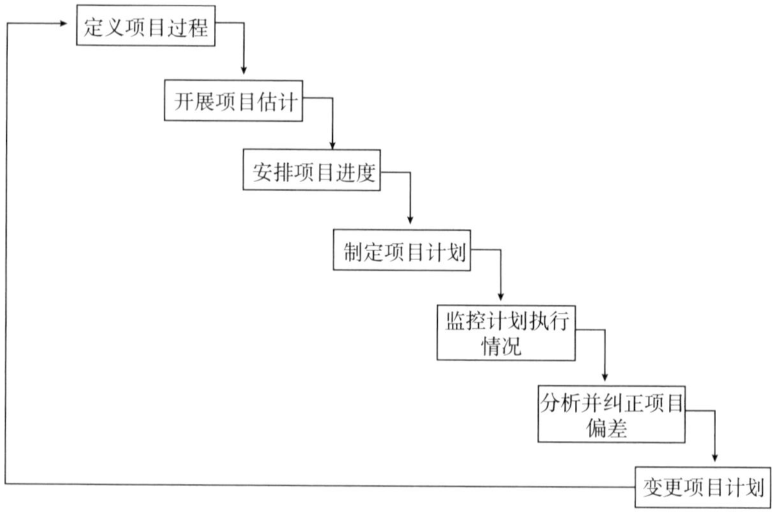

图 4－1　项目策划与监控的任务流程示意图

4.2.2.2　定义项目过程

定义项目过程是软件项目策划的基础。首先根据项目的约束和特征（如规模、复杂度、成熟度、周期、资源限制、质量要求等），选择适合的软件生存周期模型，并根据组织的剪裁指南，剪裁标准软件过程，建立项目的已定义过程。对于软件研制能力成熟度高的研制单位（如已经达到 GJB 5000 四级及以上等级的研制单位），应该使用量化管理技术来定义项目的已定义过程，以实现质量与过程绩效目标。

4.2.2.2.1　生存周期模型选择准则

对于一个或一类特定的软件项目，选择软件生存周期模型应遵循的准则如下：

1）模型应与软件项目本身的特点相匹配（如软件需求的确定性、软件规模与复杂性等）；

2）模型应有利于软件开发的管理与控制；

3）模型应有利于开发满足质量要求的软件产品；

4）模型应满足软件应用系统的整体开发进度要求；

5）模型应有可能控制并消除软件开发风险；

6）模型应有可用的计算机辅助工具的支持；

7）模型应与用户和软件开发人员的知识和技能相匹配。

4.2.2.2.2　生存周期模型选择考虑的因素

选择生存周期模型考虑的主要因素如下：

1）需求的确定性：当需求完全确定时，适宜采用瀑布模型开发；当大部分或最核心部分的需求确定时，适宜采用增量模型进行开发，其余不确定的当明确后在后续版本中实现；当需求不确定时，适宜采用迭代模型或敏捷模型进行开发。

2）需求的稳定性：当在开发过程中，需求稳定且变化不大时，适宜采用瀑布模型进行开发；当在开发过程中，需求有较大变化时，适宜采用增量模型或迭代模型进行开发。

3）需求的完备性：当所有的需求都被定义了的情况下，适宜采用瀑布模型或增量模型进行开发；当有些需求可能没有被识别或发现的情况下，适宜采用迭代模型或敏捷模型进行开发。

4）软件的规模和复杂性：对规模大、但可清晰地划分为多个独立功能部件的软件，适合选择增量模型进行开发；对中小规模、功能较少的软件，适宜采用敏捷模型进行开发。

5）开发人员对软件开发技术的熟悉程度：当对开发的语言及环境使用熟练，适宜采用瀑布模型或增量模型进行开发；当对开发技术不熟悉时，适宜采用迭代模型进行开发。

6）软件架构的确定性：当软件架构已经确定下来或不存在架构风险时，适宜采用增量模型进行开发；当软件架构还没有确定下来时，适宜采用迭代模型进行开发。

7）资源的可用性：当需要的时间、人员、资金和开发工具条件都能够具备时，适宜采用瀑布模型进行开发；当需要的时间、人员、资金和开发工具条件只是部分具备而不是全部具备时，适宜采用迭代模型、增量模型或敏捷模型进行开发。

8）开发成本预算：当开发的成本预算较少时，宜采用迭代模型；当开发的成本预算较多时，宜采用瀑布模型或增量模型。

9）软件的继承性：当软件项目大部分都可以继承和复用原来的软件时，适宜采用增量模型进行开发；当为新研软件时，宜根据前文描述的原则选择采用瀑布模型或迭代模型进行开发。

10）软件产品质量和过程控制：质量要求高的重大工程软件产品、软件研制流程（阶段个数、任务划分、衔接次序）和过程质量控制（逐一顺序完成）要求明确的软件产品适宜采用瀑布模型进行开发。

4.2.2.2.3 确定软件项目研制过程

结合需求及组织资产库中类似项目的历史数据，确定符合实际情况的软件项目研制过程，并在软件开发计划中说明项目应遵循的过程、实施的剪裁与剪裁的理由等。

4.2.2.3 开展项目估计

4.2.2.3.1 建立产品分解结构

根据项目需求，以可交付成果为导向建立产品的分解结构，将可交付成果按层次划分为较小的、更易管理的组成部分；自上而下逐级细化产品分解结构，直到较底层的工作包，工作包应能支持规模的估算；确定软件产品分解的配置项/部件的实现形式，实现形式分为：开发、购买和重用，当实现形式为重用时，根据项目新研程度确定重用系数。

制定产品分解结构时应考虑以下内容：

1）与已有基线软件产品的区别；

2）识别可复用的软件部件/单元；

3）软件产品应分解为较小的、易于管理的元素；

4）软件产品分解结构应根据任务需求按照产品的功能逐层进行分解，要粒度适当，大小可比，对于微、小规模软件可以分解至软件配置项的下一层，中规模及以上软件至少向下分解两层。

产品分解结构随着项目的进展而演化，初始的产品分解结构可用于初始估计，随着项目的不断细化、明确，可逐步确定产品分解结构更低层的产品元素。可根据更为具体的产品分解结构来估计当前阶段的具体工作，细化项目的实施计划。产品分解结构示例如图 4-2 所示。

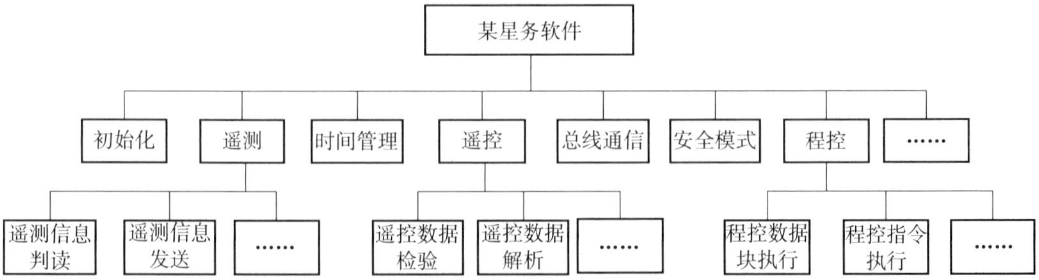

图 4-2　某软件产品分解结构示例

4.2.2.3.2　建立软件工作分解结构

软件工作分解结构（Work Breakdown Structure，简称 WBS）是对软件在研制过程中所应完成的工作按一定逻辑自上而下逐级分解所形成，软件工作分解结构一般包括工程类活动、项目管理类和支持类活动等，根据项目已定义过程建立，要粒度适当、大小可比。随着项目的进展，WBS 可不断细化，以指导项目的实施。

4.2.2.3.3　软件规模估计

软件规模估计是为了判断待开发软件代码的规模、相关文档的规模以及代码难度系数。规模是工作量估计和成本估计的基础，必须先于工作量估计和成本估计完成。软件规模可以用源代码行数或功能点数进行度量计算，代码和功能点可能是新开发的，也可能是修改已有的，两者的规模估计同等重要。软件文档规模以页数进行度量计算。代码和功能点难度系数主要考虑软件项目的可靠性要求、产品复杂度、软件复用程度、人员能力、需求明确程度、技术成熟度等因素对开发难易程度的影响。

软件规模估计的方法有历史类比法、专家估计 Delphi 法、功能点估算法、加权平均法、头脑风暴法、故事点估计法和分析评议法等。不同软件可采用不同的估计方法，如有类似项目的历史数据，则使用历史数据估计软件产品的规模；若没有类似项目的历史数据，则可使用专家估计 Delphi 法、功能点估算法等进行规模估计。

以历史类比法为例，估计人员根据相关经验，尽可能参照以往项目的历史数据，按照下列步骤进行估计：

估计人员根据相关经验，尽可能参照以往项目的历史数据，按照下列步骤进行估计：

1）估计人员对项目的约束、项目特点以及项目范围达成共识；

2）选择合适的度量单位，明确估计的假设和约束；

3）选择估计方法，结合选择的技术解决方案（开发工具、语言、平台等），基于估计假设和约束，对产品分解结构中的代码功能模块的重用、修改、新开发规模和代码难度系数进行估计，对文档规模进行估计；

4）估计结果可能是一个最高值和最低值的范围，可能的话，使用适当的历史项目数据验证估计结果；

5）评审和修正软件规模估计的结果，对估计结果达成一致；

6）将软件规模估计的假设和结果记录并留存。

4.2.2.3.4 工作量估计

根据软件规模估计结果，估计项目的总工作量，以用于估计项目的进度和成本。工作量的度量单位通常是“人时”“人天”“人月”或“人年”。

工作量估计的步骤如下：

1）选择合适的度量单位，明确估计的假设和约束。

2）确定工作量估计的策略，可采用自顶向下法或自底向上法。

3）当使用自顶向下方式估计总工作量时，除使用专家估计 Delphi 法、历史类比法等方法外，还可按项目开发总工作量等于软件规模与人均生产率之比来计算；人均生产率由组织给出参考数据，项目根据具体情况取值，但要说明理由。将项目开发总工作量按一定比例分配给各阶段，该比例可参考类似项目的历史数据或组织给出的参考数据。例如，某项目开发工作量各阶段比例分配为：系统需求分析 12%、软件需求分析 10%、概要设计 12%、详细设计 20%、编码调试 20%、软件测试 20%、验收交付 3%、软件运行维护 3%。

4）估计项目支持活动的工作量，通常按在开发总工作量所占比例分别估计配置管理任务、质量保证任务的工作量，其中比例可由组织参考数据给出。例如，某项目的配置管理工作量占项目开发总工作量的 4%，质量保证工作量占项目开发总工作量的 5%。

5）估计出项目管理活动的工作量，一般为软件开发总工作量的 10%～20%。

6）评审和修正工作量估计的结果，对估计结果达成一致。

7）将软件工作量估计的假设和结果记录并留存。

4.2.2.3.5 进度估计

根据工作量估计结果，考虑历史数据或经验以及交付要求估计进度，估计步骤如下：

1）确定研制各阶段投入的人力资源，用于通过资源、工作量间的关联导出进度。

2）根据估计出来的项目工作量、人力资源投入情况，估计项目总进度（工期）和各阶段的进度：

$$\text{项目总进度} = \text{项目总工作量} / \sum(\text{项目成员投入百分比})$$

$$\text{项目阶段进度} = \text{项目阶段工作量} / \sum(\text{本阶段项目成员投入百分比})$$

3）以项目研制各阶段工作量估计结果为依据，根据项目要求的里程碑日期、交付日期，以及所选软件生存周期而确定的关键依赖关系，结合项目组成员的能力、各阶段投入的人员、产品质量控制流程，并运用经验，估计研制各阶段完成节点的日期，设置每个阶段的开始时间和完成时间；将估计的总进度、各阶段进度与项目里程碑计划中交付日期、里程碑日期相协调，当估计的进度结果不能满足交付要求时，应考虑调整资源投入或调整交付范围，确定项目的总进度和各个阶段的进度。

4）评审和修正进度估计的结果，对进度的估计结果达成一致。

5）将进度估计的假设和结果记录并留存。

4.2.2.3.6　成本估计

软件项目的成本估计需要参考国家最新的军用软件计价办法执行。本文中的成本估计仅针对综合费用而言，主要使用下式计算获得

$$C = W_{总} * P \tag{4-1}$$

其中，C 为软件估计得到的软件项目总成本，$W_{总}$ 为软件项目研制需要的总工作量，P 为软件研发人月综合费用率，一般是指承制单位软件研发综合费用的人月平均值，主要根据软件行业有关基准数据和军用软件综合费用变化情况确定取值，并动态调整。

4.2.2.3.7　关键计算机资源估计

关键计算机资源指在软件开发过程和运行过程中受到约束的计算机资源，包括内存容量（ROM 和 RAM）和处理器频率等。项目应明确软件开发过程和运行过程中所需的关键计算机资源，并进行估计。

估计关键计算机资源的步骤如下：

1）估计人员充分分析和理解需求后，确定是否有关键计算机资源。

2）如有关键计算机资源，应估计软件开发或运行中的资源状况，与估计的软件规模、计划的处理负载、预计的数据量或其他因素相联系，估计所需的各类资源总量。

3）当初始估计完成后，应对每一项资源建立适当的储备。

4）讨论和评审关键计算机资源估计的结果，对估计结果达成一致。

5）将关键计算机资源估计的假设和结果记录并留存。

4.2.2.4　安排项目进度

根据项目交付要求和估计结果安排项目进度，确定软件研制的具体工作日程，包括制定阶段进度计划和阶段实施计划，进度安排的步骤一般包括：

1）根据交付要求设置项目周期。

2）依据项目已定义过程，确定项目阶段。

3）根据用户要求设置项目里程碑。

4）根据工作量估计结果，结合人力资源情况、任务之间的前后依赖关系、经验值等，确定软件开发过程中各阶段进度、里程碑节点。

5）根据阶段计划及实际情况，对本阶段的工作任务进行细化，确定任务进度安排，形成阶段实施计划。单个任务的进度周期小于双周；尽量考虑任务之间的并行，缩短关键路径。

6）安排进度时应与各任务的负责人和参与人员详细讨论，确保得到项目参与人员的承诺。

4.2.2.5 制定项目计划

4.2.2.5.1 制定软件项目计划

根据项目已定义过程、项目估计结果、项目进度安排等制定软件项目计划，工作活动要求如下：

1）确定项目的目标和工作范围，明确工作产品，即项目交付件，并说明完成时机。目标必须是“可实现的”和“可验证的”。

2）确定项目团队，制定项目的角色职责表，定义每个角色的职责，并为已知的项目成员分配角色（一人可兼任多个角色）。

3）识别开展项目所需的知识和技能，确定配备的人力资源与所需知识技能之间的差距，制定项目培训计划。

4）基于项目已定义过程和对项目规模、工作量、进度的估计值，结合过去的经验以及资源和进度等外部约束，制定项目的进度计划。在进度计划中要标明进度假设条件、阶段和主要里程碑、任务间依赖关系（标识前置任务）和关键路径、关键依赖关系以及其他限制和约束条件。

5）根据软件工作产品的规模和项目特性，分析为完成各项工作任务所需的软硬件资源，同时按照组织的标准工作环境要求，明确项目的工作环境，并确定所要获得资源的时间、数量、详细配置等。对尚未具备的资源，应策划到位时间、责任人及跟踪方式。对已具备的资源，确保在需要时相关资源的可用性。必要时明确对资源进行完好性检查的计划，以及资源无法满足时的应急计划。当项目未使用组织工作环境标准，或使用的工作环境与组织标准有偏差时，记录结果及理由。

6）识别项目开发各阶段受影响的软件项目组外的利益相关方，制定利益相关方参与的计划。利益相关方包括项目委托方、硬件研制方、测试方、采购方、计划管理人员、项目管理人员、配置管理人员、质量保证人员、培训人员等。确定每个阶段利益相关方的参与时机、参与活动及提交的工作产品、验证方式，验证方式主要包括评审、审核、验收、测试等。

7）识别、记录与工作相关，可能影响项目目标实现的风险或机遇，根据其对目标实现的影响程度和发生的可能，制定风险或机遇应对措施；制定软件风险管理计划。

8）制定项目监控计划，明确项目需监控的参数、控制阈值、监控时机、周期和方式，以及发生显著偏离时采取的纠正措施等内容。

9）制定其他影响项目技术及管理活动的计划，如外部供方管理计划、测试计划、与本项目有接口的其他项目计划等。

如果项目采用敏捷模型，则项目计划分两级计划，包括总体计划和迭代计划，依据输入要求建立需求列表。针对需求列表，用故事点估计方法，确定各故事点规模，估计每个故事点工时，编写软件项目计划。根据需求优先级和顾客的进度要求，确定产品发布周期（通常为几个月）、发布次数、每次发布应完成的需求，以及产品增量的集成策略和集成顺序等。需求优先级越高，发布时间应越早。明确选择迭代模型，迭代既可以固定周期，也可以以迭代目标完成为结束标志。每个迭代一般为 2～4 周，不同迭代的周期可以不同。

确定迭代周期（通常小于 1 个月）和每项需求的完成准则。基于上次迭代的实际速度、估计结果、团队成员的能力和投入时间、产品质量等确定本次迭代的开发速度。依据发布计划和迭代的开发速度，选择高优先级的需求纳入迭代计划。

将用户需求分解为一人可在 4 至 16 小时完成的一项或多项任务，并在每日例会时确定任务的开始时间以及责任人。明确任务时应重点保障需求的完成，而非任务的完成，避免出现迭代结束时 90％的任务已完成，但所有需求均未完成的情况。每日计划中的任务在开始执行前均可根据进展情况进行调整，无需审批。

4.2.2.5.2　评审软件项目计划

软件项目计划应经过项目团队及利益相关方的评审，以获得受影响的利益相关方对项目的承诺，承制方的软件项目计划应得到交办方的认可，且软件项目计划中的重要节点应纳入型号整体研制计划，由单位的计划管理部门监督实施。

4.2.2.6　监控计划执行情况

4.2.2.6.1　任务分配与跟踪

开展软件研制各阶段细化的 WBS 分解和计划安排，明确每个任务的技术要求、计划工作量、任务间前后置关系、进度要求和任务负责人，并将工作任务分派至每个项目成员；项目组成员根据在项目中的实际工作填写项目个人工作日志，定期汇报任务完成情况（包括计划任务、更改任务等）；按照项目监控计划确定的时机和周期，将所有项目成员的工作进展进行审查、汇总，形成软件项目进展报告，一般进展报告包括以下内容：

1）项目进度、工作量、工作产品规模、风险等策划参数的执行情况；

2）资源计划落实到位情况，以及是否存在新增资源需求；

3）利益相关方的参与情况；

4）项目活动间的依赖关系监督情况；

5）组织工作环境标准在本项目中的使用情况；

6）当项目存在量化管理的项目目标时，应采取量化方式对项目目标的实现预期进行跟踪和控制；

7）本周期内项目实施过程中的主要问题或需要解决的问题；

8）对本周期内项目进展情况进行初步跟踪与分析。

4.2.2.6.2　召开项目进展例会

项目进展例会是跟踪项目的有效方式。应按照项目监控计划规定的时机、周期，召开项目进展例会，监控项目策划要素，会议主要内容包括：

1）分析项目进展状态情况，检查已分配任务、项目更改任务的完成情况，分析项目进度、工作量、工作产品规模、质量等策划参数的执行情况，对潜在的风险、实际的问题进行讨论和沟通；

2）协调利益相关方参与合作，当标识出的关键利益相关方不能按计划参与相应软件项目活动时，应及时采取补救措施，确保软件项目活动的实际成效不受影响；

3）分析项目资源计划的落实到位情况，以及是否存在新增资源需求，若有尚未到位的资源，应逐一作为风险纳入风险管理；

4）分析项目活动间的依赖关系，若出现问题，制定拟采取的措施，协调、更新项目活动间依赖关系，并通报利益相关方；

5）分配待处理的问题，跟踪已分配的问题处理结果；

6）分配后续任务，包括更改的任务，必要时确定项目的挂起、继续；

7）交流经验和建议。

如果项目采用敏捷方法，项目进展监控采用每日例会、迭代审查会和迭代回顾会的机制，用燃尽图等跟踪图的形式对前一天计划中需求和任务的完成情况进行监控，记录问题和识别风险、解决措施和解决情况，并及时更新迭代待办事项列表和燃尽图。

每个迭代结束召开迭代审查会，对迭代内的工作成果进行审查；审查对象是此次迭代形成的代码、测试结果、过程记录等；审查包括需求一致性审查、设计审查，以及针对初始化、接口、资源使用、可靠性安全性等方面的专项审查。

每个迭代结束召开迭代回顾会，进行进度、工作量、风险、利益相关方参与情况、关键依赖关系和工作环境等各项策划内容跟踪和更新；评价本次迭代并提出改进建议；项目团队收集和分析项目问题并跟踪解决。

4.2.2.6.3 实施里程碑评审

在软件项目计划规定的里程碑处实施里程碑评审，评审软件项目里程碑报告，分析里程碑所要求的计划完成情况、工作产品的状态、目前进展情况对后续进度的影响、风险控制情况（分析已有的风险、识别分析新增的风险）、利益相关方参与情况、配置管理情况、需求变更情况、SQA 审核情况、不符合项处理情况等，收集和分析项目测量数据、标识和分析项目策划参数对计划显著偏差及问题等。分析项目满足承诺的情况，识别潜在的风险、存在的问题，确定和分配措施项，并记录评审结果。

4.2.2.7 分析并纠正项目偏差

4.2.2.7.1 分析项目的问题

通过实施项目进展例会、里程碑评审会等监控活动，识别项目存在的问题（如技术的、管理的影响项目承诺实现的问题等），按照项目监控计划和测量分析计划，收集测量数据，分析项目策划参数实际值与计划的偏离，标识超出偏差控制阈值（如±20%）的问题。对收集的问题进行原因分析，根据分析结果，确定是否采取适当的纠正措施或接受偏差。

4.2.2.7.2 采取纠正措施

通过项目进展例会、里程碑评审会等对所收集的项目问题进行分析，确定要采取的措施，并通过这些会议进行协商，使利益相关方达成一致。分配这些措施项，必要时将这些措施纳入细化的项目计划，分派任务并实施，直至问题关闭，记录解决问题的过程和结果。项目问题的处理措施可以是对项目组成员的能力培训、补充人员、调整软件活动、改变正在进行的工作方式、修订项目计划、剪裁任务等。

4.2.2.8　变更项目计划

在项目实施过程中，出现涉及里程碑节点、外部资源和外部承诺变更等情况时，应按照变更控制流程执行计划变更，计划的变更应反映分配需求、设计约束条件、资源和进度间的依赖关系。当计划变更影响到质量保证计划、配置管理计划、测试计划等时，应根据需要修订相关计划。软件项目计划变更后应与利益相关方一起重新进行评审。

4.3　质量保证

4.3.1　概述

软件质量保证是评价并改进已执行的过程和所产生的工作产品的质量，确保其满足已制定的过程说明和适用的标准。

表 4-2 描述了质量保证过程的输入、主要任务和输出。

表 4-2　质量保证过程的输入、主要任务和输出

分类	文件名称/任务名称
输入	1)软件项目计划； 2)应遵循的方法和指南，如过程说明、标准、规程和产品质量保证检查单； 3)其他相关输入文件，如软件生命周期内的质量要求、软件产品保证要求、软件工程化大纲、软件产品保证大纲等；
主要任务	1)制定并维护质量保证计划 ； 2)客观评价已实施的过程和相关工作产品； 3)沟通并确保解决不符合项； 4)报告质量保证结果
输出	1)质量保证计划； 2)质量保证检查表； 3)不符合项记录(若有)； 4)项目质量保证进展报告； 5)质量保证工作总结

4.3.2　主要任务及要求

4.3.2.1　任务流程图

软件质量保证通过独立于项目组的质量保证人员，评价并改进已执行的软件研发过程及其产生的工作产品，包括软件开发和测试、配置管理、测量分析、风险管理等的质量，确保满足已制定的过程说明和适用的标准。从而达到以下目标：

1）通过对过程的审计确保交付给客户的产品具有高质量。

2）保证软件项目的过程恰当、合理，并遵循相应的标准规范。

3）对软件项目组各个方面的评价客观准确。

4）对发现的不符合项及时与当事人进行沟通，必要时将信息客观反馈给高层领导并争取高层的支持。

5）让软件研发的过程更加透明，以便项目组成员、各级管理人员，甚至客户都可以清楚了解项目的情况和问题，获得更多的安全感和信心。

质量保证的任务流程示意图如图 4－3 所示。

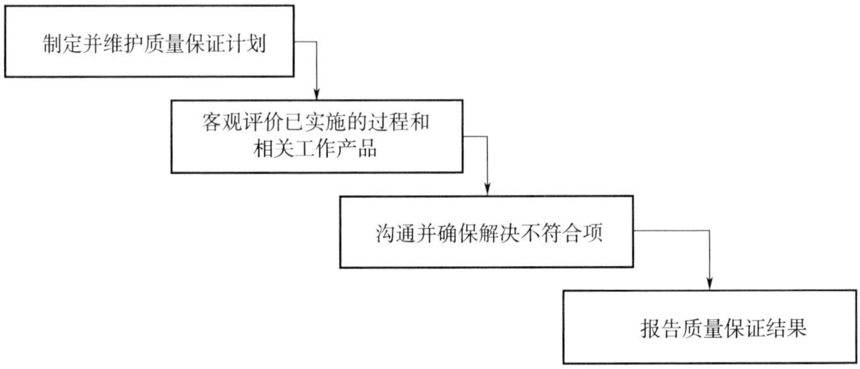

图 4－3　质量保证的任务流程示意图

4.3.2.2　制定并维护质量保证计划

质量保证计划是项目计划的重要部分，制定质量保证计划时，应充分考虑顾客或用户在产品全生命周期内的质量要求，与项目其他计划同步进行并相互协调。质量保证计划应得到评审，必要时获得顾客或用户认可。质量保证计划应及时更新，保持与其他计划间的一致性。

4.3.2.2.1　收集质量要求

质量要求主要包括以下几个方面：

1）航天产品通用质量要求，包括：软件总体策划与设计情况及软件分级分类管理要求，软件可靠性、安全性及安全保密要求，软件编程语言和编译系统，推荐的软件开发方法、技术和工具，工具质量保证方法，软件研制技术流程及质量控制节点，质量信息的收集、传递、分析、处理、反馈和归档要求，外购、外协和重用软件管理要求，开发方测试和第三方评测要求，软件配置管理要求，产品数据包要求，风险因素及控制措施，岗位人员技术培训要求等；

2）由组织制订的和由组织确认适用的有关标准、规程和模板等；

3）用户的要求（包括技术和非技术的）。

4.3.2.2.2　制定软件质量保证检查表

软件质量保证人员根据软件项目特点，根据项目开发计划中确定的软件开发过程，选择软件项目适用的检查表及检查项，如果组织设置多级质量保证人员，应分别依据各自职责，确定各自执行的检查表项目。

4.3.2.2.3　制定软件质量保证计划

软件质量保证计划一般包括以下内容：

1）明确顾客或用户对产品和过程的质量要求；

2）确定项目应遵循的标准、规程、约定等；

3）与项目其他计划编制者进行沟通，明确待评价的过程和工作产品；

4）明确过程和工作产品的客观评价准则，包括评价内容、方法、时机等；

5）确定质量保证工作相关方及职责和权限，以及所需的资源（包括人员、工具和设施等）；

6）确定质量保证应产生的工作产品，质量保证评价结果和不符合项报告的对象、方法和频度。

在保证软件质量保证计划要求内容的完整性前提下，软件质量保证计划既可独立成文，也可并入软件项目开发计划。在保持软件质量保证计划内容完整性的前提下，一份软件质量保证计划可以策划多个软件配置项的质量保证工作。

软件质量保证应覆盖软件生命周期各阶段过程和工作产品，主要工作内容及工作产品示例见表 4－3。

表 4－3　质量保证工作内容及工作产品示例

序号	阶段	主要工作内容	提交的工作产品
1	项目启动阶段	检查项目的启动过程、项目过程的定义	1)项目启动过程检查表； 2)项目定义过程检查表； 3)不符合项报告
2	系统需求分析与软件需求分析阶段	1)对需求开发与管理过程进行检查； 2)对《系统需求规格说明》《软件需求规格说明》的评审过程、内容进行检查； 3)对需求确认过程记录的内容进行检查	1)需求开发与管理过程检查表； 2)需求评审过程检查表； 3)需求文档内容的检查表； 4)需求确认记录检查表； 5)不符合项报告
3	项目策划阶段	1)对项目计划的内容进行检查； 2)对项目进度计划的内容进行检查； 3)对项目各种从属计划的内容进行检查； 4)对项目计划的评审流程进行检查； 5)对项目计划的过程进行检查	1)项目计划过程检查表； 2)项目计划评审过程检查表； 3)项目计划及其从属计划内容检查表； 4)不符合项报告
4	设计与实现阶段	1)对软件设计文档进行检查；对数据库设计文档进行检查； 2)对设计过程进行检查； 3)对设计阶段评审进行检查。 4)对软件实现过程进行检查； 5)对代码审查过程进行检查；	1)设计过程检查表； 2)设计评审过程检查表； 3)设计阶段各种文档内容检查表； 4)软件实现过程检查表； 5)代码审查过程检查表； 6)不符合项报告
5	软件测试阶段	1)对软件测试过程进行检查； 2)对软件测试计划文档进行检查； 3)对软件测试说明文档进行检查； 4)对软件测试报告文档(含测试记录和测试问题)进行检查； 5)对软件测试文档评审过程检查	1)测试过程检查表； 2)测试评审过程检查表； 3)测试阶段各种文档内容检查表； 4)不符合项报告

续表

序号	阶段	主要工作内容	提交的工作产品
6	系统试验阶段	1)对系统试验过程进行检查； 2)对系统试验大纲的评审过程进行检查； 3)对系统试验报告的评审过程进行检查； 4)对系统试验大纲和试验报告的内容进行检查	1)系统试验过程检查表； 2)系统试验评审过程检查表； 3)系统试验各种文档内容检查表； 4)不符合项报告
7	软件验收与交付阶段	1)对软件验收与交付过程进行检查； 2)对软件验收与交付的评审过程进行检查； 3)对软件产品证明书和软件产品履历书等"两书"的填写内容进行检查； 4)对用户验收报告的内容进行检查	1)软件验收与交付过程检查表； 2)软件验收与交付评审过程检查表； 3)软件验收与交付相关文档内容检查表； 4)不符合项报告
8	软件运行维护阶段	1)对软件运行维护过程进行检查； 2)对软件运行维护的评审过程进行检查； 3)对软件运行维护阶段产生的文档(如软件设计更改及影响域分析报告、软件复查报告等)进行检查	1)软件运行维护过程检查表； 2)软件运行维护评审过程检查表； 3)软件运行维护阶段各种文档内容检查表； 4)不符合项报告
9	项目结项阶段	1)对项目结项流程进行检查； 2)对项目结项报告内容进行检查； 3)提交个人对过程改进的建议	1)项目结项流程检查表； 2)项目结项报告内容检查表； 3)不符合项报告； 4)过程改进建议书

4.3.2.2.4　评审和发布软件质量保证计划

应对软件质量保证计划进行评审（可以同项目开发计划一起评审），评委可包括软件技术负责人、研制部门负责人、软件研制负责人以及有关工程组成员，评审通过的软件质量保证计划经批准后正式生效。

4.3.2.2.5　维护软件质量保证计划

发生下列情况时，软件质量保证计划应进行变更：

1）软件项目开发计划发生变更；

2）用户要求发生变化；

3）软件质量保证工程师工作进度发生偏差。

变更后的软件质量保证计划，经原级别批准后生效。

4.3.2.3　客观评价已实施的过程和相关工作产品

依据质量保证计划客观评价已实施的过程和工作产品，客观性可通过独立性和准则运用来实现，一般情况下，应由独立于项目开发之外的质量保证组来提供这种客观性。主要活动包括：

1）按质量保证计划客观评价选定的项目已实施过程；

2）按质量保证计划客观评价选定的项目产生的工作产品；

3）使用检查单开展客观评价活动；

4）标识客观评价中发现的不符合项，与相关项目成员沟通并得到确认。

4.3.2.3.1　准备

软件质量保证工程师收集本次过程和产品评价的详细信息。如果需要，在每次审核之前，向软件研制负责人和工程组发出审核通知，内容包括本次审核详细的时间、地点、参加人员等。

4.3.2.3.2　评价过程

软件质量保证工程师按照软件质量保证计划，根据《软件质量保证检查表》评价软件项目的实际执行过程是否符合既定的规范。一般要求在软件项目各个阶段至少实施一次过程质量审核。配置管理过程检查单示例见表 4-4。

表 4-4　配置管理过程检查单示例

项目名称		项目代号		项目负责人	
QA 人员		检查日期		评价过程	

序号	检查项	是否适用	审计结果	不符合项	备注
1	是否制定了项目的“配置管理计划”				
2	是否在“配置管理计划”中明确了配置管理员				
3	是否制定配置项和基线清单并分配了标识				
4	配置项标识是否符合规范				
5	软件“配置管理计划”是否被评审并得到批准				
6	软件“配置管理计划”是否同样纳入配置库管理				
7	是否按照“配置管理计划”的安排对配置库进行管理				
8	是否建立了开发库、受控库和产品库三级配置库				
9	配置库中是否存在完整的出入库记录				
10	配置管理库是否定期进行备份				
11	基线的变更是否有依据(问题单,技术通知单等)				
12	基线更动的报告是否经审批且签署完整				
13	对基线的更改是否进行了影响域分析				
14	发生变更的产品基线在重新建立前是否进行了相应的回归测试				
15	基线的发布是否经过相应审核和配置审计				
16	基线的发布是否生成发布清单				
17	是否按照“配置管理计划”定期完成配置状态报告				
18	是否按照“配置管理计划”定期完成配置审计报告				
19	配置状态报告和配置审计报告是否与实际情况一致				
20	配置状态报告和配置审计报告是否完整并符合相关要求				
21	相关的组能否及时得到所有的配置管理的过程产品				
22	开发库中是否进行了有效的版本控制				
23	是否进行了配置管理活动的相关测量				

4.3.2.3.3 评价工作产品

软件质量保证工程师按照《软件质量保证计划》，根据《软件质量保证检查表》评价软件项目的工作产品是否符合既定的规范。一般要求对产生的每个工作产品至少实施一次产品评价。产品在提交验证与确认前或文件审批会签时，软件质量保证工程师应该对工作产品进行评价。对于重要的工作产品（如需求规格说明等），产品评价的次数还应根据工作产品变更情况适当增加。

软件质量保证工程师可以通过参加评审的方式实施产品评价。根据软件项目的规模，可对工作产品的内容进行抽样评价，抽样应重点覆盖更改部分的内容或安全关键内容。一般大规模以上的软件项目，工作产品的抽样率不低于20%；中等规模的软件项目，工作产品的抽样率不低于30%；针对高安全关键等级的软件，抽样率应进一步提高。抽样准则应在软件质量保证计划中明确，并经过评审。

4.3.2.3.4 记录检查结果

软件质量保证工程师如实记录评价的状态并填写《软件质量保证检查表》，如果发现不符合项应予以记录，记录内容主要包括：审核对象、审核时间、不符合项严重等级、不符合事实，必要时还包括违反的检查项、引入不符合项的阶段等。

4.3.2.4 沟通并确保解决不符合项

与项目成员沟通，确定不符合项解决措施和解决时限，并确保不符合项得到解决。如果不符合项在项目内得不到解决，应逐级上报，确保不符合项在合适的管理层级得到处理和解决。主要活动包括：

1）与项目内相关成员沟通不符合项的解决措施和解决时限；

2）明确逐级上报渠道，确保项目内部无法解决的不符合项在合适的管理层得到解决；

3）当不符合项是由于外部供方原因所致时，要求外部供方制定解决措施并限期解决；

4）跟踪不符合项，直到其得到有效解决为止。

4.3.2.5 管理质量保证活动记录

应建立质量保证活动相关记录，保持其完整性，并确保相关方及时了解质量保证活动的状态和结果。主要活动包括：

1）建立质量保证活动记录及其清单，并使其受到相应管理；

2）将质量保证活动记录提供给利益相关方，或确保利益相关方有必要的查阅权限；

3）对不符合项进行分级、分类分析，以评估项目运行状态和运行质量，并将结果通报利益相关方。

4.3.2.5.1 编制软件项目质量保证进展报告

软件质量保证工程师定期汇总日常的软件质量检查情况，不符合项问题及其跟踪、处理情况，SQA 活动的度量结果，生成软件项目质量保证进展报告。定期汇总所有软件项目的 SQA 活动情况，分析共性问题和改进建议措施，生成组织级的软件质量保证分析报告。

4.3.2.5.2　通报结果

软件质量保证工程师定期将软件项目质量保证进展报告通报给软件工程组、软件负责人、软件研制部门、型号两总等相关方。定期将组织级的软件质量保证分析报告的相关内容通报型号两总、组织高级管理人员。

4.3.2.5.3　编制软件质量保证工作总结

软件质量保证工程师在软件项目验收前要对项目的 SQA 活动进行总结，包括检查次数、发现的问题及解决情况、SQA 活动工作量汇总及分析等，并形成报告。

4.4　配置管理

4.4.1　概述

软件配置管理（Software Configuration Management，SCM）简单而言就是管理软件的变化，通常由相应的工具、过程和方法组成，它标识和记录配置项的功能和物理特性、控制这些特性的变更、记录和报告变更的过程和状态，并验证它们与需求是否一致。配置管理的目的是通过配置标识、变更控制、配置状态记实和配置审核，建立并维护软件工作产品的完整性和一致性，以具备向用户提供正确版本的能力。软件配置管理是一个动态的概念，在整个过程管理的活动中占有很重要的位置。

随着软件技术的不断更新、软件系统功能的日趋复杂、参与人员数量的大规模增加，很多软件组织在日常的开发工作中都会或多或少地遇到很多问题，有些已不再是单纯的技术问题，需要软件配置管理参与其中。软件配置管理活动贯穿于项目的整个生命周期中，与项目过程密不可分。一方面，对于在软件工程中所产生的工作产品或变更请求通过配置管理活动进行管理，将有效信息存储于配置管理系统中；另一方面，项目人员可依赖配置管理活动获取配置项的有效版本和历史信息。

表 4－5 描述了配置管理活动的输入、主要任务和输出。

表 4－5　配置管理活动的活动输入、主要任务和输出

分类	文件名称/任务名称
输入	1)软件项目开发计划； 2)软件质量保证计划； 3)软件配置管理工具； 4)应遵循的方法和指南； 5)其他相关输入文件
主要任务	1)配置管理策划； 2)建立并维护配置管理系统； 3)生成、发布基线； 4)变更控制和跟踪； 5)软件配置状态记录； 6)软件配置审核； 7)软件产品发布

续表

分类	文件名称/任务名称
输出	1）软件配置管理计划； 2）软件配置管理相关表单； 3）软件配置状态报告； 4）软件配置审核报告

4.4.1.1 配置管理的几个概念

4.4.1.1.1 配置管理项

在 GJB 5000B 标准中，“配置管理”实践域中提到的配置管理对象命名为“配置项”，是指能满足最终使用功能，并被指定作为单个实体基线技术状态管理的硬件、软件或其集合体，它比本书前几章中出现的“软件配置项”涵义更广。为避免与前几章的内容混淆，本书将配置管理的各种信息项称之为“配置管理项”。

4.4.1.1.2 基线

基线是一组经正式评审同意的规格说明或工作产品，此后它们将作为进一步开发的基础，并且只有通过更改控制过程才能修改它们。

基线管理是将一组配置管理项作为一个整体进行统一命名，并将其作为一个特殊的配置管理项进行管理。

基线是软件生命周期各阶段末尾的特定点。在这些特定点上，阶段工作已经结束，并且已经取得了正式的阶段产品。基线就是配置管理库中的软件配置管理项在特定时期的一个“快照”。它提供一个正式标志，随后的工作基于这个标志进行。只有经过授权才能变更这个标志。每个基线都将接受配置管理的严格控制，对其的修改将严格按照变更控制规程进行，这就是“基线管理”的过程。

建立基线的概念是为了把各个阶段的工作划分得更加明确，使得本来连续开展的软件工作在这些点被分割开，从而更加有利于检验和肯定阶段性的成果，同时也有利于变更控制。

4.4.1.1.3 配置管理库

配置管理库就是指各种管理工具所创建的用于管理配置管理项的数据库。在软件生命周期的不同阶段，软件产品发生变化对项目进展的影响程度是不同的，所以一般按照控制权限将配置管理库分为：开发库、受控库和产品库。

开发库是指在软件生命周期的某一个阶段之内，存放该阶段产生的、多次迭代的工作产品的库。“开发库”对项目组成员具有比较宽松的出入库和变更的权限，设计人员可以随时进行各种操作，不必进行审批。

受控库是指在软件生命周期的某一个阶段结束时，存放作为该阶段产品发布的、与软件开发工作有关的信息，这些信息应通过审查或评审，并履行一定手续得到确认，且处于“冻结”状态的阶段产品的库。“受控库”对项目组成员来说权限控制比较严格，不能随意进行出入库和变更的操作，需要项目配置控制委员会（Configuration Control Board，简称

CCB）的审批。

产品库是指在软件生命周期的系统测试阶段结束后，存放最终产品而交付给用户或现场安装的软件的库。“产品库”存放交付给用户的产品，影响重大，它的出入库通常都需要组织级 CCB 中最高领导审批。

将开发库在项目开发组内设立并维护，受控库在研究室或部门里设立并维护，产品库在组织级或档案部门设立并维护，各自有不同的控制流程。将三库管理与多级管理相融合，是当前各个单位比较常见的配置管理库体系。

4.4.2　主要任务及要求

4.4.2.1　任务流程图

软件配置管理过程贯穿于软件项目整个生命周期的全过程。在项目开始之初，由配置管理员依据软件项目开发计划（后续文中若无特殊说明，均包含质量保证计划），遵循配置管理相关规范要求，开展软件配置管理策划工作，识别软件配置项，制定软件配置管理计划并实施，根据配置管理计划建立配置管理库，确定软件基线，标识软件配置项，控制配置项的更改，记录并报告软件技术状态变化，进行软件配置审核，有效控制软件产品的发布和交付，保持软件在整个生命周期中的完整性和可追溯性。

软件配置管理的任务流程示意图如图 4－4 所示。

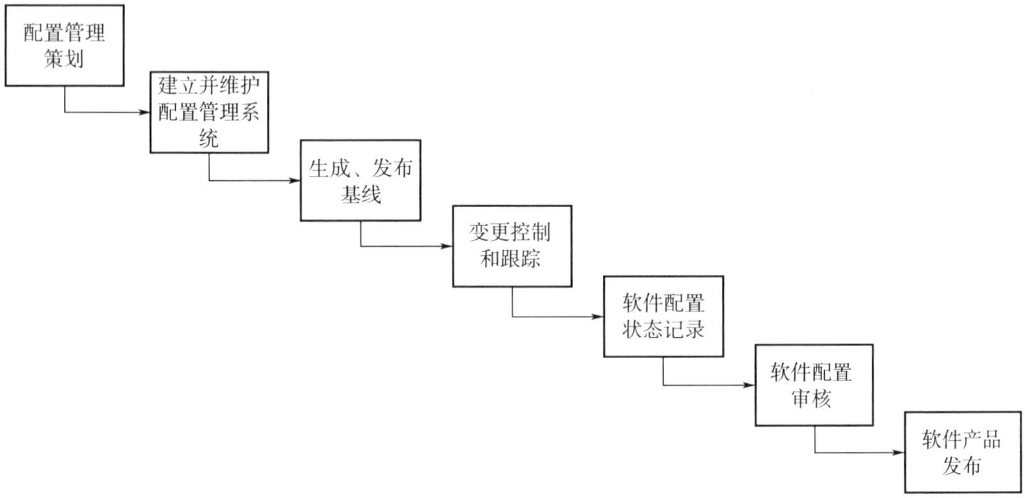

图 4－4　软件配置管理的任务流程示意图

4.4.2.2　配置管理策划

软件项目负责人和配置管理员协同工作，依据《软件项目开发计划》和配置管理相关规程选择和标识待纳入配置管理的工作产品，确定和标识基线及配置控制策略，制定软件配置管理计划，明确相应的配置管理人员、职责、资源，合理安排进度，有效地开展配置管理活动。

4.4.2.2.1　选择和标识配置项

配置管理员依据《软件项目开发计划》和配置管理相关规程，建立配置项选择和标识规则，选择纳入配置管理的配置项和构成配置项的工作产品，为便于标识和受控存取，可对识别的配置项进行分组管理，并形成配置项列表；明确软件配置项相关信息，包括：名称、级别、责任人、类别、开发环境、测试环境、相关外部技术文件等；依据软件配置管理相关规程对纳入配置管理的配置项赋予唯一标识；指明每个配置项纳入配置管理的时机和方式。

4.4.2.2.2　确定和标识基线

配置管理员根据软件项目开发计划要求，依据软件配置管理相关规程，确定项目建立的基线及其包含的配置管理项，并形成基线列表；依据软件配置管理相关规程对确定的基线赋予唯一标识；明确基线建立和发布的时机以及发布的对象。

4.4.2.2.3　制定配置管理计划

配置管理员依据《软件项目开发计划》、软件配置管理相关规程，制定软件配置管理计划，在计划中应明确以下内容：参与配置管理的角色和人员、组织及职责；纳入配置管理的配置项和标识；确定和标识的基线、已标识的软件配置项和基线及相关信息列表，配置项纳入配置管理的时机和方式、基线建立和发布的时机以及发布的对象、软件配置管理库结构、访问控制权限分配及相关安全措施、配置项和基线的变更及出入库控制要求、配置管理活动进度安排、对配置项配置状态记录和配置审核活动等内容。

由利益相关方（包括项目负责人、项目委托方、软件工程组、软件测试组、配置管理组、质量保证组以及配置控制委员会）组成评审组评审、通过软件配置管理计划并控制其变更。

4.4.2.3　建立并维护配置管理系统

依据配置管理策划结果和配置管理相关规程，获取有关资源，建立并维护配置管理系统（后续称配置管理库），建立开发库、受控库和产品库，建立多级控制机制，实现对已标识配置项的存储、检索、访问控制、变更控制、备份和恢复。

4.4.2.3.1　建立并维护配置管理库

配置管理员依据软件项目策划选择组织资产中的工具，建立配置管理库；制定配置管理库管理控制措施，维护配置管理库结构、组织规则及安全等方面要求；管理和维护配置管理库中的数据，并定期进行检查和备份，确保系统数据存储、恢复手段有效。

4.4.2.3.2　建立、维护三库并设置多级控制机制

配置管理员在配置管理库中负责建立项目的开发库、受控库和产品库，维护配置管理库的结构、权限、属性及用户等相关管理要求；明确开发库、受控库和产品库存储控制要求，对受控库和产品库的工作产品还应根据关键等级、密级等方面进行安全控制；配置管理员设置配置库的多级控制机制，针对开发库、受控库和产品库设置不同的出入库控制策略，同时针对软件开发项目的不同设置使用人员的访问权限。

4.4.2.3.3　使用配置管理库

配置管理员依据配置管理相关规程和《软件配置管理计划》，使用开发库、受控库和

产品库进行配置管理活动，具体如下：

1）入库控制：开发库使用管理软件的检入功能，不作审批要求；受控库、产品库由软件项目组提出入库申请，入库申请可以分级控制，受控库入库申请由项目的 CCB 审批，产品库入库申请由组织级的 CCB 审批，得到批准后，配置管理员依据入库申请单进行配置项入库操作。

2）出库控制：开发库使用管理软件的检出功能，不作审批要求；受控库、产品库由软件项目组提出出库申请，出库申请可以分级控制，受控库出库申请由项目的 CCB 审批，产品库出库申请由组织级的 CCB 审批，得到批准后，配置管理员依据入库申请单进行配置项出库操作，如果需要变更出库则按变更控制流程实施。

3）安全控制：配置管理库的备份应采用与使用的服务器分开的物理异地备份，确保库安全。

4）进入产品库的软件产品基线下的工作产品应取自受控库。

4.4.2.4　生成、发布基线

基线是开展后续工作的依据，申请建立基线需确保基线的完整性和相关配置管理项之间的一致性，生成基线的配置管理项均来自于配置管理库，经正式的批准或授权后在配置管理库中发布基线，确保基线和相关配置项一致、可用，同时保证项目组相关人员能够读取有效的基线版本。

4.4.2.4.1　申请基线并得到批准

依据《软件配置管理计划》，配置管理员提出基线建立申请，包括基线标识和基线版本所含配置项、发布时机和发布对象等，提交 CCB 审批；依据软件配置管理相关规程，CCB 审批基线建立申请，确保基线及相关配置项的完整性。

4.4.2.4.2　基线建立

依据《软件配置管理计划》和配置管理相关规程，经配置审核后，基线下的工作产品已通过评审并入库受控，配置管理员在配置管理库中建立基线，保证基线和相关配置项的完整性和一致性；同时更要关注在外场试验及运行维护阶段，若出现技术状态变化，一定要及时纳入配置管理，确保基线中工作产品协调、一致。

4.4.2.4.3　基线发布

基线建立后，配置管理员根据《软件配置管理计划》及时向利益相关方发布批准后的基线。

4.4.2.5　变更控制和跟踪

变更控制是配置管理中最重要的活动，利用覆盖全生命周期的软件变更控制规程，可以有效地控制并管理基线及其相关配置项的变更，确保整个变更过程有序、合法、规范。

4.4.2.5.1　提出变更申请

因任务功能发生变化、软件存在设计错误和缺陷、走查及测试和试验过程中发现的缺陷、软件的性能优化、算法改进以及完善设计等因素引起的变更，由软件项目组提出变更请求，详细说明变更的情况、性质及预估的影响，同时还需要说明更改类型、方案以及影

响的相关配置项等内容。

4.4.2.5.2　进行变更影响域分析

软件项目负责人组织项目委托方、软件项目组及其他相关人员对变更进行影响域分析，分析变更对项目、产品、合同和用户的影响；分析变更对系统功能、接口、成本、进度等的影响；分析对软件安全性、可靠性、专用能力和有效性及性能的影响；确定所涉及修改的配置项和受影响的基线和配置管理项；记录影响域分析结果和预计变更完成日期；软件项目负责人对变更申请给出清晰、明确的评估意见。

4.4.2.5.3　变更审批及配置项出库

对已经发起的变更申请，提交软件配置管理委员会进行变更审批。CCB 从全局的观点来评估变化对软件配置项内外的影响，决策是否实施此项变更；对于交付使用或定型后的软件产品的变更申请需要有附加的审批等级；配置管理员根据《软件变更申请单》，按照配置管理出入库要求提取配置项出库。

4.4.2.5.4　变更实施及评审

软件项目负责人组织人员对获得批准的变更申请检出指定配置项，实施变更；项目组成员指定配置项进行更改设计、编码、必要的回归测试及系统试验，验证并确认其更改的正确性，保证更改不会使已有的功能出错；项目负责人对更改后的配置项进行一致性、完整性审核，并送交 CCB 审查或评审；通过了审查或评审的变更后配置项可以履行入库手续。

4.4.2.5.5　变更入库及跟踪

配置管理员按入库控制将变更后配置项纳入配置库；必要时升级基线版本或产品版本；配置管理员负责跟踪变更过程申请，从开始直至变更后的配置项入库，并维护配置管理记录。

4.4.2.6　软件配置状态记录

为了清楚、及时地记载软件配置的变化，使项目相关人员了解项目开发的当前状态及其演化进程，建立并维护配置状态记录，以确保配置项和基线的状态及变更历史准确清晰，历史版本和变更可追溯。

4.4.2.6.1　编制软件配置状态记录

软件配置管理员定义并设置配置状态记录相关属性以及信息，能体现版本可追溯性；须详细记录受控库和产品库的出入库及变更情况，确保每个配置项的内容和状态无遗漏，且版本可恢复；须详细描述基线和配置管理项的各个版本以及版本之间的差异。软件配置状态记录可以通过配置管理工具自动生成，由配置管理员定期进行维护。

4.4.2.6.2　发布配置状态报告

软件配置管理员在配置项和基线新建和变更以及项目转阶段时，编制并发布《软件配置状态报告》，并向项目委托方、软件项目组、质量保证员、CCB 等人员发布；《软件配置状态报告》的发布，可以是事件驱动，也可以定期进行，需要根据所开展的项目的大小、周期而定。

4.4.2.6.3 读取和了解配置项的配置状态

《软件配置状态报告》存放于配置管理库中，利益相关方能够及时访问和了解软件配置状态，当发生更改时，也能及时读取所需要的更新后的配置项和基线的状态。

4.4.2.7 软件配置审核

配置审核目的是维护配置管理记录和配置项的完整性、一致性和准确性。一般在发布基线前应进行配置审核。执行配置审核，跟踪审核发现问题直至关闭。启动配置审核的时机为配置管理计划规定的审核时机。

4.4.2.7.1 执行功能审核

功能审核目的是验证配置项的（代码、文档等）的正确性和完整性，确认其功能、性能是否已满足功能基线文档中所规定的需求，变更内容是否落实，且是否通过了各类测试和试验验证，文档是否通过了评审。软件项目负责人结合评审、测试和试验验证等方式进行功能审核，配置管理员协助执行。

4.4.2.7.2 执行物理审核

物理审核目的是验证创建的配置项是否符合定义它的技术文档，审核受控库和产品库中配置项和基线的标识、版本和存储位置的正确性、完整性，以及配置管理项之间的一致性，功能审核遗留的问题解决情况等。配置管理员依据《软件配置管理计划》，在基线建立、变更以及转阶段时执行。

4.4.2.7.3 执行配置管理审核

配置管理审核目的是确认配置管理状态记录和配置项是否完备、一致和准确，验证项目配置管理活动与配置管理相关规程、《软件配置管理计划》是否相符，检查配置管理系统的管理和维护过程有无问题。一般由质量保证人员依据配置管理相关规程和《软件配置管理计划》，按照《软件质量保证计划》和质量过程审核检查单中要求进行审核。

4.4.2.7.4 编制、发布软件配置审核报告并跟踪

如果在审核过程中发现问题，软件项目负责人确认审核问题，给出意见或解决措施，配置管理员配合跟踪问题直至关闭；软件配置管理员在配置审核结束后根据审核情况编写和发布《软件配置审核报告》；软件项目负责人核准发布的《软件配置审核报告》，确认所有不符合项均闭合后，将配置审核结论通知到利益相关方。

4.4.2.8 软件产品发布

通过软件测试验证并经过系统试验的工作产品，其产品基线下的工作产品已经纳入产品库，并得到了软件配置控制委员会批准，可以进行产品的发布。软件的产品需按照生产检验要求进行验证，合格后方可生成软件产品证明书（合格证）。

4.5 风险管理

4.5.1 概述

风险管理目的是潜在的问题出现以前，对它们进行识别，以便采取措施减小或排除这

些问题出现的概率和产生的影响。风险管理活动一般包括风险管理策划、风险识别、风险分析、风险应对和风险监控。

对于航天工程而言，风险存在于技术、产品质量、操作、人员和系统管理等各个方面。国内外航天界均高度重视风险管理和控制。航天软件作为航天装备的“灵魂”，其风险管理与控制体现在软件研制全过程。需在软件研制的全生命周期内，按照预定的程序，采用一定的技术方法，识别风险项目，在分析风险可能性与严重性基础上确定风险综合等级，进而采取必要的应对措施，并随着型号软件研制工作的深入迭代开展，将风险消除或降低到可接受水平。

表 4-6 描述了风险管理活动的输入、主要任务和输出。

表 4-6　风险管理活动的输入、主要任务和输出

分类	文件名称/任务名称
输入	1)软件任务书及其等效文档； 2)软件开发计划； 3)应遵循的方法和指南； 4)其他相关输入文件，如软件工程化大纲、软件产品保证大纲等
主要任务	1)风险管理策划； 2)风险识别； 3)风险分析； 4)风险应对； 5)风险监控
输出	1)风险管理计划(可以包含在软件开发计划中)； 2)风险识别、分析、应对措施清单； 3)风险管理过程记录(包括风险审批单、风险监控记录等)

4.5.2　主要任务及要求

4.5.2.1　任务流程图

在项目研制初期，进行风险管理策划，包括确定风险管理策略、识别风险来源和类别、选择风险管理方法并制定风险管理计划，用于指导项目有效地管理软件风险。在整个软件研制过程中，依据风险管理策略和风险管理计划，持续识别、分析、评价和管理潜在的风险，并定期监控风险，确定风险状态，以便规划并适时启动风险处理活动，以缓解不利影响，将风险等级降到可接受的水平。风险管理应覆盖软件研制周期全过程，随型号研制进展分阶段审查、不断迭代、不断完善，对风险监控过程中识别出的新风险，应纳入型号研制计划，分级实现动态闭环。

软件风险管理的任务流程示意图如图 4-5 所示。

4.5.2.2　风险管理策划

风险管理策划主要目的是确定项目用于识别、分析和应对风险的策略（即风险管理策略），制定风险管理计划，为项目开展风险管理活动做好准备工作，以便指导项目有效地管理风险。

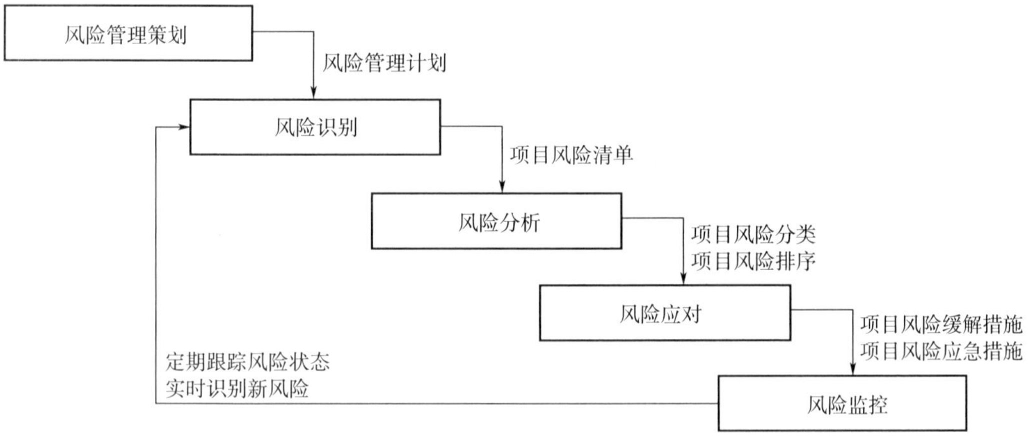

图 4－5　风险管理的任务流程示意图

4.5.2.2.1　确定风险的来源和类别

航天软件的风险来源一般有用户、质量、进度、成本、内外部因素等；风险的分类方法有很多种，本书的风险类别主要从技术风险、资源风险、管理风险等方面进行。

（1）技术风险

为进一步规范航天型号研制的技术风险管理工作，提高技术风险分析与控制的水平，确保型号任务成功，中国航天科技集团公司在 2013 年制定了《航天型号技术风险分析与控制要求》，提出了有航天特色的“飞行时序动作分析、‘九新’分析、成功数据包络分析”等多种技术风险分析方法，为航天软件技术风险分析提供了理论基础。在《航天工程技术风险管理方法与实践》一书中，针对航天软件研制的特点，从软件开发、软件测试、软件生产、软件运行维护等不同阶段出发，总结提炼出了需求风险、设计风险、环境风险、测试过程风险等 16 种通用的航天软件技术风险源，本书提到的技术风险主要借鉴该部分内容。

（2）资源风险

常见的资源风险包括内部资源风险和外部资源风险。内部资源风险包括组织支持的程度低、资源分配不合理、保障条件配备不到位等；外部资源风险包括外界因素变化幅度大、新技术发展速度快、协作配套单位管理不严格等。

内部风险大多来自组织的支撑程度不够，组织支撑包括提供良好的工作环境、文化氛围等，保证研制团队安心高效地工作。同时要给研制团队提供良好的知识和能力培训，为软件研制提供科学的程序和方法等。是否为研制团队提供强有力的组织支撑和过程保证、资源配备是否合理、设施设备等保障条件是否及时配套到位等都有可能给软件研制项目带来风险。

外部风险大多来源于外部供方的管理。在外部协作过程中，技术人员难以全程参加协作单位的技术分析和研制工作，不了解协作单位的质量控制过程，容易对外协产品的质量风险、技术风险、技术特性把握不全面，有可能导致风险的发生。

无论内部风险还是外部风险都涉及人员风险，这里的人员风险主要包括人员稳定性不足、团队协同程度低、人员学习能力较弱、执行能力不强等。

(3) 管理风险

航天工程是复杂的系统工程，这里提到的复杂性不仅仅体现在技术的复杂性，还体现在管理的复杂性上。以某运载火箭型号为例，该型号软件配套单位共32个，分布在航天、航空、电子等行业以及高校，由于承研单位质量管理体系、软件研制能力的差别，软件的管理难度逐渐增大。同时，由于近年来航天型号研制进度大幅缩短，技术难度逐渐增大，成本控制要求越来越高，这也增加了软件管理的风险。本书中管理风险主要是指新单位首次配套软件带来的风险，软件质量问题频发的风险，由于经费、周期、人员等资源限制对软件研制带来的风险，由于存在制度不完善带来的质量隐患等。

软件研制常见风险源与风险类别可以参考表4-7。

表4-7　常见的软件风险来源和风险类别列表

序号	风险类别	子类别	风险源	备注
1	技术风险	需求风险	新技术风险	
			需求不完整	
			需求存在歧义	
			需求发生重大变化	
			技术状态不稳定	
			需求理解偏差	
			安全需求缺漏	
			需求评审不到位	
2		环境风险	宿主机资源不足	
			宿主机缺陷	
			操作系统风险	
			开发环境风险	
			共存软件风险	
3		设计风险	架构风险	
			接口风险	
			编程不规范	
			重用风险	
			资源冲突	

续表

序号	风险类别	子类别	风险源	备注
4	技术风险	软件测试过程风险	测试需求风险	
			测试环境风险	
			测试设计风险	
			测试执行风险	
			数据分析风险	
5		软件生产过程风险	存储介质风险	
			生产设备风险	
			生产操作风险	
6		软件运行维护过程风险	环境风险	
			更改控制风险	
7	资源风险	内部资源风险	硬件资源不到位风险	
			软件资源不到位风险	
			人员队伍配套不到位风险	
			人员能力培训不到位风险	
8		外部资源风险	外协配套单位软件技术能力不足风险	
			外协配套单位软件管理能力不足风险	
			外协配套单位软件提供硬件资源不足风险	
			外协配套单位软件提供软件资源不足风险	
			外协配套单位软件人员队伍资源不足风险	
9	管理风险	新单位风险	首次配套软件产品的单位存在对航天软件研制经验不足风险	
10		质量风险	软件研制制度不完善带来的质量风险	
			由于经费、周期、人员等资源限制对软件研制带来的风险	
			借用成熟型号产品沿用分析不到位风险	
			软件研制过程控制不到位风险	
			试验中出现的问题归零不彻底风险	
11		进度风险	进度要求紧张带来的软件产品风险	
			软件研制进度控制不到位导致不满足用户要求的风险	
12		成本风险	经费紧张带来的软件产品验证不充分风险	
			软件研制成本控制不到位导致的超预算风险	

4.5.2.2.2　定义用于风险管理的参数

对于风险发生的概率、风险发生的时间段、风险产生的后果等风险参数，采用定量分析的方法，给出明确的参数定义。

风险发生的概率，表征风险发生的可能性大小，可以参考表4-8中对软件风险发生可能性等级分类的方法。

表 4－8　风险发生可能性等级分类示例

程度	等级	风险可能性程度表达	工程实践参考
极少	a	定量：几乎不发生，发生概率 $p<0.01\%$ 定性：很不可能发生，可以认为不会发生	该风险在系统级和单机级试验过程中以及同设计单位类似产品上从未出现过
很少	b	定量：很少发生，发生概率 $0.01\%\leqslant p<0.1\%$ 定性：在寿命期内不易发生，但有可能	1)该风险在系统级试验过程中曾出现过，但已归零且经过 6 发以上飞行试验验证； 2)存在新技术、新材料（器件）或新工艺，地面试验验证充分； 3)该风险在同设计单位类似产品上出现过 1 次； 4)存在该风险的单机安装在发动机舱或其他环境恶劣的舱段，且工作时段在飞行过程中
少	c	定量：偶尔发生，发生概率 $0.1\%\leqslant p<1\%$ 定性：在寿命期内可能有时发生	1)该风险在系统级试验过程中曾发生过 1 次以上，但已归零且全箭出厂后从未发生过； 2)存在新技术、新材料（器件）或新工艺，地面试验验证不完全； 3)该风险在同设计单位类似产品上出现过 2～3 次
可能	d	定量：频繁发生，发生概率 $1\%\leqslant p<10\%$ 定性：在寿命期内出现若干次	1)该风险在系统级试验过程中曾发生过但未彻底归零； 2)该风险在同设计单位类似产品上出现过 4 次
很可能	e	定量：很可能发生，发生概率 $p\geqslant 10\%$ 定性：频繁发生	1)该风险在系统级试验过程中曾出现过 2 次以上但未彻底归零； 2)该风险在同设计单位类似产品上出现过 5 次或以上

风险产生的后果，表征风险发生后产生影响的程度，可以参考表 4－9 对于软件风险后果严重性等级分类的方法。

表 4－9　风险后果严重性等级分类示例

程度	等级	风险严重性程度表述		
		质量	进度	成本
轻微	A	1)基本不影响任务目标实现； 2)无人员伤害	需要增加资源，要求完成日期可以满足	采取缓解措施，无影响
轻度	B	1)系统级轻微损坏或仅次要功能丧失，且可以立即修复，或者有冗余措施； 2)软件配置项非重要/非关键功能实现错误； 3)人员轻微伤害	需要增加资源，要求完成日期勉强满足	采取一些缓解措施，影响可接受

续表

程度	等级	风险严重性程度表述		
		质量	进度	成本
中等	C	1)阶段主要任务完成或达到的目标仅为任务的主要考核目标； 2)系统轻度损坏或主要功能丧失，且可以修复； 3)软件架构设计出现反复； 4)软件配置项关键/重要功能实现错误； 5)人员轻度伤害	里程碑稍有延误，要求完成日期不能满足	采取重大缓解措施，影响可接受
严重	D	1)型号任务未达到主要试验目的； 2)主要技战术指标不能实现； 3)影响任务转场、发射窗口推迟等； 4)系统毁坏或主要功能丧失，且无法修复； 5)分系统或重要单机技术方案重大错误； 6)人员严重伤害	里程碑较大延误，要求完成日期不能满足	影响可以接受，但已没有任何缓解余地
灾难	E	1)型号任务失败； 2)阶段任务无法完成或达不到任务目标； 3)技战术指标不能实现； 4)系统严重毁坏或全部功能丧失，且无法修复； 5)系统方案出现颠覆； 6)人员死亡	里程碑严重延误，要求完成日期不能满足	不能接受

注：质量、进度和成本指标要素为相互并列关系，一个风险后果的严重程度，取各指标严重程度最高的等级。

4.5.2.2.3　制定风险排序准则

使用风险发生可能性和风险后果严重性的评价矩阵确定风险等级，风险等级标准可以参见表 4－10 和表 4－11。

表 4－10　风险综合评价矩阵

严重性 可能性	A(轻微)	B(轻度)	C(中等)	D(严重)	E(灾难)
e(很可能)	Ⅲ	Ⅲ	Ⅳ	Ⅴ	Ⅴ
d(可能)	Ⅱ	Ⅲ	Ⅲ	Ⅳ	Ⅴ
c(少)	Ⅰ	Ⅱ	Ⅲ	Ⅲ	Ⅳ
b(很少)	Ⅰ	Ⅰ	Ⅱ	Ⅲ	Ⅲ
a(极少)	Ⅰ	Ⅰ	Ⅰ	Ⅲ	Ⅲ

注：数值范围是Ⅰ～Ⅴ，数值越大，风险的综合评级越高。

表 4－11　风险综合评级

<table>
<tr><th>程度</th><th>风险综合评级</th><th>风险等级</th></tr>
<tr><td>极低</td><td>Ⅰ</td><td rowspan="2">低风险</td></tr>
<tr><td>低</td><td>Ⅱ</td></tr>
<tr><td>中等</td><td>Ⅲ</td><td>中风险</td></tr>
<tr><td>高</td><td>Ⅳ</td><td rowspan="2">高风险</td></tr>
<tr><td>极高</td><td>Ⅴ</td></tr>
</table>

在软件研制过程中应该对所有风险进行跟踪控制，并根据风险的紧急程度和风险等级实施分级分类的控制措施，确保将风险降低到可接受的水平。对于Ⅳ级和Ⅴ级的风险，不允许出厂参加飞行试验。

4.5.2.2.4　制定和维护风险管理计划

在项目策划初期，应根据项目进度、成本和软件产品质量要求等情况，确定合适的风险管理策略，制定并定期维护风险管理计划。风险管理计划主要包含以下内容：

1）风险管理组织、角色和职责；

2）风险管理资源；

3）风险管理策略，包括风险源和分类方法、风险参数、风险评价准则等；

4）风险管理过程，包括关键活动和规程、方法；

5）风险管理活动进度安排，包括风险识别、风险监控的时机或周期。

在必要时，如发现了新的风险源、监控过程中发现风险识别与处理策略需要改变等情况时，需要及时变更软件风险管理计划。

4.5.2.3　风险识别

风险识别就是将航天型号研制过程的风险因素归类并分层地查找出来。风险识别包括确定风险源、风险产生的条件，描述风险特征和确定哪些风险事件有可能影响航天型号研制任务。尽管不是所有的风险都会严重影响航天型号研制任务，但是，有时一些风险的综合也有可能会对航天型号研制产生严重影响，因此，风险识别不是一次就可以完成的事，应当在航天型号研制的整个研制阶段内不断迭代。

4.5.2.3.1　选择风险识别的方法

风险识别应考虑技术、成本、进度、工作任务、性能、业务目标实现、内外部环境、需求、技术、资源、供应商、监管约束等因素。

目前应用比较广泛的风险识别的方法有很多种，如风险评价矩阵分析法、查找文档法、头脑风暴法、面谈法、检查表法、SWOT 分析法（Strengths、Weaknesses、Opportunities、Threats，简称 SWOT）、Delphi 法、概率估计评估法、风险树法等。本书中示例的方法为风险评价矩阵分析法。

风险评价矩阵分析法是定量或定性估算风险常用的方法，它是将决定危险事件的风险因素——严重性和可能性，按其特点划分为不同的等级，形成一种风险评价矩阵，并赋以一定的加权值来定性地衡量风险的大小，为风险跟踪和控制提供支撑。

查找文档法就是通过对航天型号相关的所有文档，包括研制计划、方案、前期文档及相关资料等进行审查，从而找出可能存在的风险因素的方法。项目的各种计划，以及这些计划执行的连续性都有可能揭示出可能存在的风险。

头脑风暴法通过营造一个无批评的自由的会议环境，使与会者畅所欲言，充分交流、互相启迪，产生出大量创造性意见的过程。

面谈法是指与经验丰富的航天型号研制的相关专家面谈，这是一条非常有效的数据收集途径，与不同的项目相关人员面谈有助于那些在常规计划中未被识别的风险。

检查表法是管理中用来记录和整理数据的常用工具。用它进行风险识别时，将项目可能发生的许多潜在风险列于一个表上，供识别人员进行检查核对，用来判别某项目是否存在表中所列或类似的风险。检查表中所列都是历史上类似项目曾发生过的风险，是项目风险管理经验的结晶，对项目管理人员具有开阔思路、启发联想、抛砖引玉的作用。

SWOT 分析法是一种进行战略决策的分析方法，它分析的基准点是对企业内部环境之优劣势的分析，在了解企业自身特点的基础之上，判明企业外部的机会和威胁，然后对环境做出准确的判断，继而制定企业发展的战略和策略。这一方法被借用到项目管理中进行项目风险分析，通过分析项目的优势、劣势、机会、威胁来确认项目的风险可能会来源于何处。

Delphi 法依据系统的程序，采用匿名发表意见的方式，即专家之间不得互相讨论，不发生横向联系，只能与调查人员发生关系，通过多轮调查专家对问卷所提问题的看法，经过反复征询、归纳、修改，最后汇总成专家基本一致的看法作为预测的结果。

概率估计评估法是一种识别与评估复杂系统的结构化、集成化的逻辑分析方法，它综合应用事件树、故障树等方法构建出风险事件链模型，集成工程各类定性和定量信息（如试验数据、仿真数据、专家判断等）进行模型量化与不确定性分析（如蒙特卡洛仿真），从而能够量化评估系统的可靠性和安全性水平，进行风险分析，为复杂系统全生命周期内的风险管理提供决策支持。

风险树法是将各项风险疑点之间的逻辑关系利用树状结构进行描述的一种图形化分析方法，可应用于各类风险的梳理，特别适用于关系较为复杂的系统。

4.5.2.3.2　识别与确认项目风险

在项目策划阶段，根据项目自身的特点，参考表 4－7 中常见的软件风险来源和风险类别，以及各研制单位自身的风险清单，形成项目风险清单；并选择合适的风险识别方法，识别项目的风险。对于识别出的风险进行风险管理参数的确定、风险的排序，便于后续风险应对和风险监控。

以某运载火箭控制系统软件项目为例进行说明。该项目属于新研型号，应用了一些新技术，配置了新的软件研制团队，在项目策划阶段，进行风险识别时，主要从技术、资源和管理三个方面进行了风险识别，形成的项目风险清单见表 4－12。项目应在软件研制的全生命周期内定期或事件驱动地识别风险，可通过项目工作例会、沟通或评审等方式获得利益相关方对已识别风险的认可，并及时更新项目的风险清单。

表 4－12　A 项目风险清单示例

序号	风险类别	风险源	产生原因
1	技术风险	需求风险	技术状态不稳定或需求发生重大变化，如全箭振动试验后可能需要更改设计参数
2		设计风险	1）接口风险：接口异常处理不完善、接口时序不匹配存在风险； 2）共享资源冲突：飞行软件采用多任务处理，多任务共享设备、共享变量等临界资源存在冲突的风险
3		测试设计风险	1）测试设计覆盖不全； 2）测试影响域分析不到位； 3）测试用例设计缺陷
4		……	……
5	资源风险	硬件资源不到位风险	由于项目中需要新研硬件设备（如仿真测试台、箭载计算机等），存在软件调试时还没有硬件资源的风险
6		人员能力培训不到位风险	由于项目中新组建软件研制团队，需要掌握型号中使用的新技术（如 TTE 总线技术等），存在对人员培训不到位的风险
7		……	……
8	管理风险	质量风险	由于经费、周期、人员等资源限制对软件研制带来的风险
9		……	……

4.5.2.4　风险分析

依据风险管理策略，对已识别的风险进行分析和评价，准确识别高优先级的风险，确保应对重要风险的资源充分，避免发生较严重的不良影响。

风险分析要依据风险管理策略，对已标识的风险进行风险特性评价，包括风险发生概率、影响严重程度；同时要了解已识别风险的性质，按照同一性质统一管理的原则，对风险进行分类。

对已标识的风险进行评价，评价主要包括确定风险等级、将风险按照轻重缓急进行排序，确保风险的重要程度与优先级对等，找出具有高概率和严重影响的风险。还是以前面的 A 项目为例，选择风险评价矩阵分析法，参考表 4－8～表 4－11 的相关准则，对已标识的风险进行排序，找出高风险（Ⅳ级和Ⅴ级风险），中风险（Ⅲ级风险）和低风险（Ⅰ级和Ⅱ级风险），具体见表 4－13。

表 4-13　A 项目风险排序示例

序号	风险类别	风险源	产生原因	严重性	可能性	综合评价（风险等级）
1	技术风险	需求风险	技术状态不稳定或需求发生重大变化，如全箭振动试验后可能需要更改姿控设计参数	E	c	Ⅳ
2		设计风险	1）接口风险：接口异常处理不完善、接口时序不匹配存在风险； 2）共享资源冲突：飞行软件采用多任务处理，多任务共享设备、共享变量等临界资源存在冲突的风险	D	d	Ⅳ
3		测试设计风险	1）测试设计覆盖不全； 2）测试影响域分析不到位； 3）测试用例设计缺陷	D	c	Ⅲ
4		……	……			
5	资源风险	硬件资源不到位风险	由于项目中需要新研硬件设备（如仿真测试台、箭载计算机等），存在软件调试时还没有硬件资源的风险	C	d	Ⅲ
6		人员能力培训不到位风险	由于项目中新组建软件研制团队，需要掌握型号中使用的新技术（如 TTE 总线技术等），存在对人员培训不到位的风险	E	a	Ⅲ
7		……	……			
8	管理风险	质量风险	由于经费、周期、人员等资源限制对软件研制带来的风险	E	c	Ⅳ
9		……	……			

4.5.2.5　风险应对

应对措施是指如何规避风险，在既定目标不变的情况下，改变方案的实施路径，从根本上消除特定的风险因素。有效地识别和分析风险后，要制定并实施风险应对措施。应对措施的有效性，直接影响风险应对的结果。

在对风险进行了充分分析的前提下，制定风险应对措施，就是要决定采取什么样的举措来应对风险。风险应对措施一般包括能够减轻风险的缓解措施、选择接受风险的容错措施、针对存在不确定性风险的研究风险措施、根据风险变化趋势采取不同举措的监视风险措施以及无法提前降低或减小风险的应急措施。风险的缓解措施一般在到达或超过规定阈值时，启动实施；风险的应急措施一般在风险发生时启动实施，以处理风险发生后的问题。根据风险监控的实际情况，当达到风险应对措施的启动条件时，启动应对措施。同时，还应针对减轻风险的缓解措施，关注措施实施后风险参数变化情况，判断缓解措施的有效性，并根据判断结果决定是否对正在实施的缓解措施进一步调整和控制；针对应急措施，应根据风险影响的程度，完善应对措施，更好地解决风险发生带来的问题。

技术风险控制主要包括通过严格按照软件工程要求开展软件研制工作，在软件研制全生命周期开展软件安全性和可靠性分析、设计与验证工作。针对不同的安全等级，使用多种可靠性安全性的分析与设计方法，提高软件产品质量；对技术风险进行不同程度的管理，严格按照研制阶段实施全过程质量管理和技术状态控制。软件研制过程中系统需求分析、软件需求分析、软件设计和实现到软件测试各阶段中的软件文档按照不同的级别进行逐项同行评审；软件实现后进行单元测试、组装测试、配置项测试、系统测试等全面测试验证，安全关键软件交付前需经过独立的第三方测评；软件研制过程中开展软件代码审查工作，成立专门的代码审查小组对软件源代码实施代码审查；软件交付前，对关键设计环节进行专项复查与确认，如软件功能、性能、接口、工作时序、异常处理、中断使用、软件测试验证覆盖性、软件安全性工具检查、软件运行环境等方面开展复查和复核复算工作，确保软件设计质量，消除技术风险。

资源风险的控制首先要提高组织内部的支持程度，包括对各种软硬件资源的配置要及时到位，要根据不同项目的特点配置合适的软件研制团队，同时加强对人员的培训，提升人员的能力水平；其次要加强对外部供方的质量管控，提出对外部供方的管理能力要求，包括承担项目的技术能力、资质能力、人员能力等，并且要设置对供方的质量控制点，按照双方协商的计划节点进行质量控制，确保供方产品的质量。

管理风险的控制主要工作就是确保项目研制按照软件相关管理要求开展工作，研制过程受控，技术状态清楚，产品交付后不存在低层次质量问题，且进度满足用户要求，成本可控。

还是以A项目为例，针对不同风险制定相应的应对措施，在措施实施后再进行风险评估，检查风险是否已经降低到可接受的水平，具体见表4-14。

表4-14 A项目实施风险控制后的风险水平示例

序号	风险类别	风险源	预防措施	严重性	可能性	综合评价（风险等级）
1	技术风险	需求风险	姿控参数设计为诸元形式，提前准备多套诸元并进行仿真测试，当姿控设计参数更改时，无须更改飞行软件代码，选定一套诸元进行装定	E	a	Ⅲ
2		设计风险	依据相关接口设计标准，制定接口设计文件，规范接口设计；同时在开发方测试、第三方测试和系统试验中设计专门的测试用例，验证接口设计的正确性	D	a	Ⅲ
3		测试设计风险	依据测试用例设计指南开展测试用例设计，确保测试用例设计的完整性；在开发方测试、第三方测试、系统试验中，采用不同的测试人员开展测试设计；组织同行专家进行测试用例评审	D	a	Ⅲ
4		……	……			
5	资源风险	硬件资源不到位风险	协调各方资源，确保软件调试环境到位；同时启动全数字环境的研制，在硬件资源不到位的情况下，可以确保软件在全数字环境下进行调试	C	a	Ⅰ
6		人员能力培训不到位风险	选择合适的研制人员，并在项目的研制早期对新技术开展培训	E	a	Ⅲ
7		……	……			
8	管理风险	质量风险	协调各方资源，降低软件研制风险	E	b	Ⅲ
9		……	……			

4.5.2.6 风险监控

风险监控的目的是为了最大限度地降低风险事故发生的概率，减小风险事件发生时造成的不良影响程度。对已识别的风险进行监控并及时沟通风险状态，是风险处置的必经阶段。

风险跟踪是一个收集、汇编和报告风险状态的过程。目的是正确和及时地收集风险状态、环境以及风险管理活动等有关信息并提供给相关人员和部门。对已识别风险进行跟踪，及时了解它是否得到正确的执行、应对措施是否产生了预期的效果，确保风险影响的结果向预期目标靠近。

定期或在内外部环境等变化时，对风险状态进行监督，根据监督结果更新风险状态，风险状态的变化包括新风险被识别、风险处置措施已实施、风险参数及优先级发生变化、风险关闭等。

例如，在不同时期风险的可能性和严重程度是不一样的，在需求分析阶段，客户不能提供明确的需求可能性很大，但因为没有开始研发工作，严重程度就不高；在系统测试阶段，发生需求变更的风险可能性较低，但一旦发生，严重程度极高。

在风险识别的各阶段，向利益相关方反馈风险策划、识别、分析、评价、应对、监控和沟通等信息，以达成风险控制决策的共识，并获得利益相关方参与风险管理活动的承诺。

4.6 供方管理

4.6.1 概述

航天软件作为极其复杂的系统工程项目，有众多的研制单位参与其中。有些单位并非系统内单位，且各家执行的质量管理体系标准不一，工程经验也有一定的差距。进行供方管理的目的就是保证所有供方提供的产品和服务都是安全、可靠且稳定的。

航天软件供方管理面临着一些新的形势：由于横向协作，航天体系外供方不断增多，企业性质、体制、理念差异大，传统的行政化色彩较浓的管理模式需要向市场化转变；由于技术跨度大，专业耦合度高，协作链条复杂，以“一次供方”管理为主的传统方式需要向二次、三次直至最末端的供方管理延伸；由于产品批量生产带来的质量稳定性要求，以关注结果符合性为主的传统管理方式需要向关注过程规范性管理转变。因此，航天系统的质量已不仅仅取决于单个企业，而是要有效地对各级供应商进行质量管理，从而做到对产品和服务形成的全过程进行严格的管理和控制。同时，基于航天系统高投入、高风险的固有特点，也要求航天企业对自己的产品供方进行全级次的质量管理，保证产品质量。

表4-15描述了供方管理活动的输入、主要任务和输出。

表 4-15 供方管理活动的输入、主要任务和输出

分类	文件名称/任务名称
输入	供方管理要求
主要任务	1)选择合格的外部供方； 2)建立并维护外部供方协议； 3)制定并维护外部供方协议管理计划； 4)执行外部供方协议； 5)监督所选择的外部供方过程； 6)确认并评价外部供方交付物； 7)接收并管理外部供方交付物； 8)外部供方动态评价
输出	合格供方名录、供方监督计划、供方管理过程记录(包括供方评价表等)等

4.6.2 主要任务及要求

4.6.2.1 任务流程图

供方管理在软件研制生命周期的主要任务包括选择合格的外部供方、建立并维护外部供方协议、制定并维护外部供方协议管理计划、执行外部供方协议、监督所选择的外部供方过程、确认并评价外部供方交付物、接收并管理外部供方交付物、外部供方动态评价。

供方管理的任务流程示意图如图 4-6 所示。

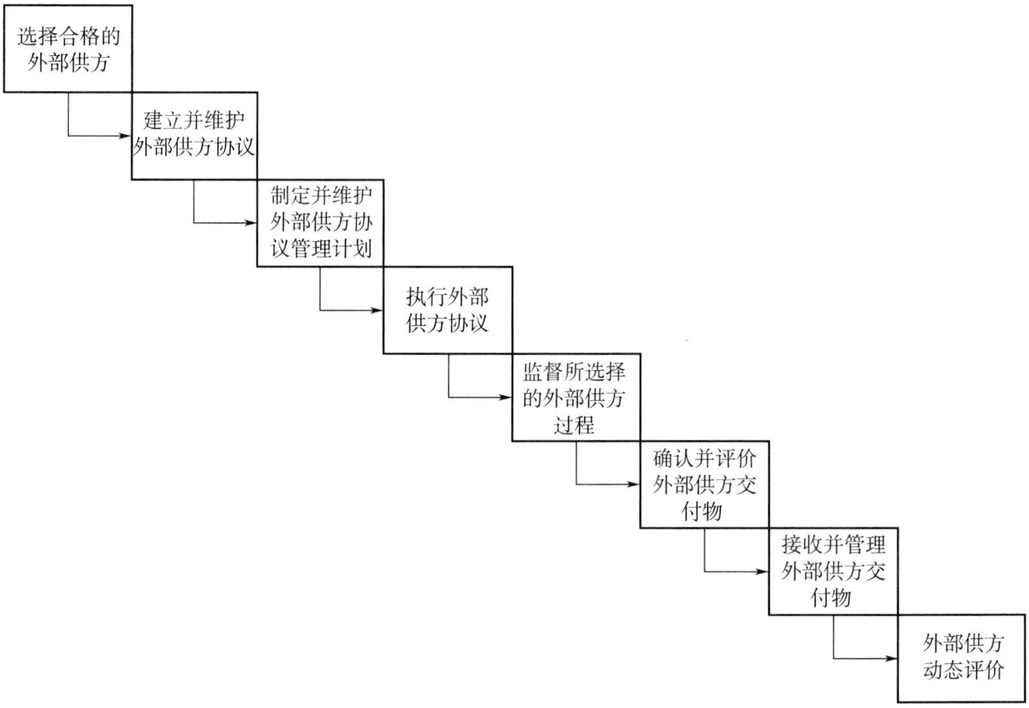

图 4-6 供方管理的任务流程示意图

4.6.2.2　选择合格的外部供方

在选择合格的外部供方时，要对备选外部供方满足需求的能力进行评价，并依据评价结果选择合格的外部供方，应确保对外部供方的风险进行了有效的识别并控制。软件外部供方的对象包括纯软件承包单位以及外包中包含软件的硬件承包单位。

（1）标识备选外部供方

在有外包需求时，应优先从合格供方名录中进行选择；对于目前名录内单位无法承担的新技术、新产品，需要重新选择供方的，需要对供方资质和能力进行考察，并形成有资质的潜在供方名单。在合格供方名录或有资质的潜在供方名单中对备选外部供方进行标识，并向标识的外部供方发布外包需求。值得注意的是，A 单位的 B 产品是合格选用产品，不代表 A 单位的 C 产品在供应范围内。

（2）明确外包需求的评价条件及评分标准

在提出外包需求前，应根据航天型号研制特点以及外包需求，明确外部供方的评价条件，评价条件应全面、具体、客观，综合考虑外部供方的业绩、资质能力、项目经验、技术开发与服务能力、设备管理、人力资源开发、质量控制、成本控制、用户满意度、交货协议等方面可能影响合作关系的因素，同时建立一套全面的供方评分标准，用于对供方做出全面、具体、客观的评价。

（3）评价与外部供方相关的风险

在标识出备选外部供方后，应对供方的队伍、技术能力、管理、产品保证、资源等与各备选外部供方有关的风险进行识别分析，并根据分析结果对风险进行评价。例如，协出单位应根据任务特点开展外部供方风险识别分析，从人员技术能力、研制保障能力、人员队伍配置、任务匹配性等方面识别外协任务风险，对外协任务风险进行量化分级，针对不同风险制定有针对性的后续措施，形成外协风险项目清单，并动态更新。

（4）评审与确认

初步形成备选外部供方名单后，应组织对外部供方名单进行评审和确认，根据评审结果，更新并确定备选外部供方；同时应对制定的外部供方评价条件和评分标准进行评审，评审确认后，应将评价条件和评分标准向外部供方公布。

（5）对外部供方进行评价

确认外部供方的备选名单后，应根据评价条件和评分标准，组织对各备选外部供方的评价活动。详细记录评价的结果，作为选择外部供方的依据。

（6）选择外部供方

选择合格外部供方时，应根据评价结果，从满足要求的备选外部供方名录中进行选择。确定选择的外部供方时，应明确记录选择该供方的理由。航天软件研制单位在选择外部供方时，优先选择具有 GJB 5000 资质的外部供方。对于承担 A、B 级软件研制任务的外部供方，需具有 GJB 5000 三级资格；对于承担 C、D 级研制任务的外部供方，如不具备 GJB 5000 资质，至少应具有 CMMI 或 GJB 9001C 等质量管理体系相关资质。

航天软件坚持科学管理、突出重点，分级分类、共建共享，开放融合、安全高效的供方管理原则，聚焦航天产业链中的短板、弱项，开展供应商管理工作；结合各业务领域特点，分级分类落实供应商管理职责；不断激发社会力量参与航天强国建设的活力，吸纳优质的供应商资源，建立开放融合的供应商体系。同时建设电子采购平台和供应商管理信息平台，运用智能网络、大数据等信息技术手段开展供应商管理相关数据统计分析和信息服务，不断提升优化数据深度可视和分析能力，支持供应商管理决策，推进供应商管理的科学化、精细化。

4.6.2.3　建立并维护外部供方协议

开展外协活动前，协出方应与外部供方就外协内容达成一致，并签订正式的供方协议。协议的内容应包括：协议标的与交付物清单、管理与技术约束、质量保证要求、过程监督要求、验收与评价要求等。当内外部需求发生变化，导致外协要求发生变更时，应及时与外部供方进行沟通并更新协议，确保在协议有效期内供需双方的外协要求一致。

协出方应定期或者根据内部需求变更情况，组织供方协议的评审，确保当前的需求、计划、过程、风险和市场情况能够准确反映在供方协议中。

对于供方协议的变化内容进行准确且详细的记录，并根据与外部供方的协商结果及时更新外部供方协议。同时做好供方协议的版本控制，确保供方的过程或工作产品的更改有据可依。对于与外部供方的协议及相关的数据，应进行妥善的管理和保存。

航天产品或服务协作配套合同（协议）应明确规定产品或服务的技术要求、质量保证要求、技术文件规定的要求、产品或服务验收要求、进度、协作方式、经费、违约责任及索赔约定等条款。

4.6.2.4　制定并维护外部供方协议管理计划

协出方应依据外部供方协议的相关规定，制定外部供方协议的管理计划，对必要的供方过程和产品进行监督、评价等管理活动。管理计划一般包括计划监督的过程、产品、外部供方产品交付进展和绩效的评审节点、本年度外部供方管理活动策划及计划安排、对识别的与外部供方有关风险的跟踪策划、计划进行的风险评审活动等，对于跨年度的长周期项目，应制定年度工作计划；对于外包需求明确的小规模软件，也可在外部供方协议中明确供方协议管理计划内容。制定监督、评审、测试、试验的计划后，应在计划实施前，告知外部供方。

4.6.2.5　执行外部供方协议

根据外部供方协议的有关规定，协出方应对供方的工作进展和绩效进行监督，监督的内容一般包括项目进度、费用使用和技术性能达标情况等。同时，成立审核专家组，采取现场审查或函审的方式，进行外部供方协议所规定的相关技术评审和管理评审活动。根据评审结果，对评审时发现的技术和管理问题进行沟通，要求外部供方制定问题的解决措施并进行整改，协出方应进行问题跟踪直至问题闭环。如有项目内部无法解决的问题，需提交总体单位或上级管理层等更高层进行决策，直至问题得到解决。

协出方应根据评审过程中的互动结果、评审问题以及评审意见和建议，对外部供方的绩效进行考核，并提出改进意见。

4.6.2.6　监督所选择的外部供方过程

为了更清楚地了解供方的履约能力，最大限度地降低项目风险，协出方应按照外部供方协议管理计划的相关要求，对所选择的供方过程及其工作产品进行有效的监督和评估。

首先，要监督所选择的外部供方过程及其工作产品，确认其是否满足供方协议的要求。其次，要对与外部供方有关的风险事项进行监督，确保风险被有效地识别并制定了相关的应对措施，根据风险监督结果，决定是否需要采取应对措施。第三，对监督发现或外部供方主动提出的履约过程中存在的技术、质量等相关方面的问题，要及时地进行分析、处理，避免这些问题影响外协过程和产品的进度、质量等。第四，要对所选择过程及其工作产品的监督结果进行分析，尽早发现是否存在影响供方履约能力的问题，若存在，连同供方一起，及时制定改进措施，避免影响供方协议的履行。第五，对供方交付物的等级、规模、开发经验、工具支撑等方面的主动性和参与程度进行评估，并根据评估结果，适当调整对供方过程监控的频次、时机、方法等。最后，协出方可以选择在合适的时机，对外部供方进行包括产品保证管理、产品保证要求在内的过程质量保证体系进行审核，强化对供方的监督和检查，并根据执行情况、供方特点和产品特点，不断完善审核策略。

航天软件研制单位对外部供方监督检查分为定期和不定期两种。定期的监督检查包括年度监督检查、重大里程碑节点的监督和评审等；不定期检查包括外部供方资质情况发生变化时、发生质量问题时等。

4.6.2.7　确认并评价外部供方交付物

协出方应依据外部供方协议，制定协出产品的验收准则和验收程序。协出方应组织利益相关方一起，在确认测试或验收评审之前，对验收准则和验收程序进行评审，确保验收准则和验收程序能够真实地反映出交付物的实际状态以及满足要求的程度，并与供方协调一致。

协出方应组织相关专家，根据验收准则和验收程序，对交付物进行验收，确保交付物的实际情况满足外部供方协议要求，对验收结果进行记录。同时，对未通过验收的内容进行标识，详细记录未通过验收的原因、不符合协议的哪项要求、与供方确认改进措施并对其进行跟踪直到问题结束通过验收。

依据评审或测试的结果，对交付物是否通过验收给出结论，明确是接收还是拒收外部供方交付物，并将验收结果反馈给外部供方。

4.6.2.8　接收并管理外部供方交付物

协出方应建立外部供方交付物管理控制机制，对外部供方提供的交付物正确地进行接收、存储、使用和维护等工作；同时，应对参与交付物接收、存储、使用和维护等工作的人员进行培训，确保参与者能够在存储、分发和使用交付物的过程中正确处置外部供方的交付物，且应遵循外部供方协议所规定的条款和条件。

如果外部供方按基线批量交付时，应对交付基线进行配置审核，确保外部供方协议中规定的交付物正确、齐备、一致；如果外部供方随开发进程逐件交付交付物时，协出方应对交付物进行验证，确保交付物满足供方协议的需求。

如果外部供方交付物在交付之后发生变更，协出方应对供方进行监督，确保供方按照变更控制要求执行变更，同时，可以对变更后的交付物进行测试、评审和验收，确保变更的正确性以及状态的一致性。

4.6.2.9 外部供方动态评价

建立外部供方的动态评价准则，明确供方绩效评价指标，并实施评价活动。当供方通过选择评价进入到合格供方名录后，就具备了参与航天型号产品研制的资格，根据动态评价程序对名录内的供方进行动态评价，确保航天型号产品合格供方名录的有效性，同时也督促供方持续改进，以满足航天型号产品研制的需要。同时，要根据业务目标的更新、上级系统要求的深化、外协需求的变化以及合格供方的发展变化，更新并维护评价准则。

动态评价要素应包含质量、进度、费用、服务四个方面要求，各业务领域可根据领域特点适当增加评价要素。绩效评价应以定量评价和定性评价相结合的方法，以定量评价为主。供应商绩效评价结果可分为"优秀"、"良好"、"合格"、"基本合格"、"不合格"五个等级。

绩效评价为基本合格的供应商须按要求进行整改，整改通过后可继续列入合格供应商名录，整改不通过将取消其供应商资格。绩效评价不合格的应取消其供应商资格，被取消资格的供应商再次申请准入的，应重新按照初次准入的标准实施准入管理。

4.7 测量分析

4.7.1 概述

软件项目或组织在研发或运行过程中，会产生大量的数据，这些数据可反映软件项目的进度、质量和成本，也可反映一个组织的运行效率、产品研制能力和经营目标达成情况等。

测量分析的目的在于开发和维护测量能力、数据分析能力，以便支持对管理、改进和绩效信息的需要。使用测量和分析的方法对工作和业务绩效进行管理，确保在实现项目目标的同时，组织能力和绩效也得到同步提高，为航天型号软件全生命质量管理提供决策依据和信息服务，用于提高软件系统效能和成熟度，降低软件生命周期费用。测量分析一般分项目级和组织级两个层面，项目级数据作为组织级测量分析的基础，两者相辅相成。本节主要侧重于项目级测量分析，通过项目级测量分析支撑组织用于监控和改进提升的信息需要，项目也同时应用组织提供的相关数据作为项目测量分析的基准数据。

测量分析的信息需要来源一般包括项目的质量需求、用户要求、项目管理、成本计算等，但不局限于以上来源，要充分收集来自各个利益相关方对测量分析的信息需要。

航天型号软件的测量分析一般包括以下方面：

1）建立航天型号软件测量分析的机制，策划和实施航天型号软件质量信息的采集和管理；

2）进行航天型号软件测量需求分析，确定信息的获取、处理、使用的程序和要求；

3）确定航天型号软件测量信息存储的要求，用于本项目的数据可存储在项目的测量库中，当数据由更多项目共享时，可存储在组织的测量库中；

4）明确信息上报的要求和渠道，确保相关人员及时了解和掌握软件研制的质量情况，采集的数据应能被用户、项目管理人员、工程技术人员、质量管理人员、体系改进人员、过程监督人员、软件产品评价人员、高层管理者等应用；

5）为航天型号软件研制与使用过程中，评价和提高软件产品质量，提供决策依据和测量信息服务；

6）充分开发和有效利用航天型号软件测量信息资源。

表4-16描述了测量分析活动的输入、主要任务和输出。

表4-16　测量分析活动的输入、主要任务和输出

分类	文件名称/任务名称
输入	项目的质量需求、用户要求、项目管理要求等
主要任务	1)策划测量分析(收集测量信息需要,确定测量目标,确定测量项,确定数据分析规程) 2)执行测量分析(采集并存储测量项数据、分析数据、反馈和交流测量分析结果)
输出	1)经分析后的测量信息; 2)测量分析报告

4.7.1.1　测量分析的几个重要概念

4.7.1.1.1　测量与测量分析

测量是通过某种刻度对物体进行刻画的过程。测量的刻度可以是标称刻度（如开发模型分类、任务类型分类等）、顺序刻度（如软件研制能力成熟度等级、产品成熟度等级、缺陷等级等）、区间刻度（如项目进度的绝对偏差、产品规模偏差等）、比率刻度（如项目进度的相对偏差、不符合项的关闭率等）。

测量分析是在测量的基础上进行的一系列活动，需要进行多次相同的测量活动，收集、存储大量的数据，对数据进行统计和分析，并将结果提供给利益相关方。

4.7.1.1.2　基本测量项

一个实体的独特属性或特征，以及对其量化的方法。

4.7.1.1.3　导出测量项

从两个或多个基本测量项的数学函数得出的数据。

4.7.1.1.4　原始数据

基本测量项采集所得的数据，一般由项目组成员、工作产品的基本属性或过程执行产生。

4.7.1.1.5　派生数据

导出测量项计算所得的数据。

4.7.2　主要任务及要求

4.7.2.1　任务流程图

测量分析主要包括策划测量分析和执行测量分析两大类任务。

策划测量分析完成收集测量信息需要、明确测量目标、建立/选择合适的测量项、确定数据分析规程并将其集成到项目开发过程中。

执行测量分析完成测量项数据采集和存储、按策划的分析规程进行数据分析、形成测量分析报告用于反馈和交流测量分析的结果。

软件测量分析的任务流程示意图如图 4－7 所示。

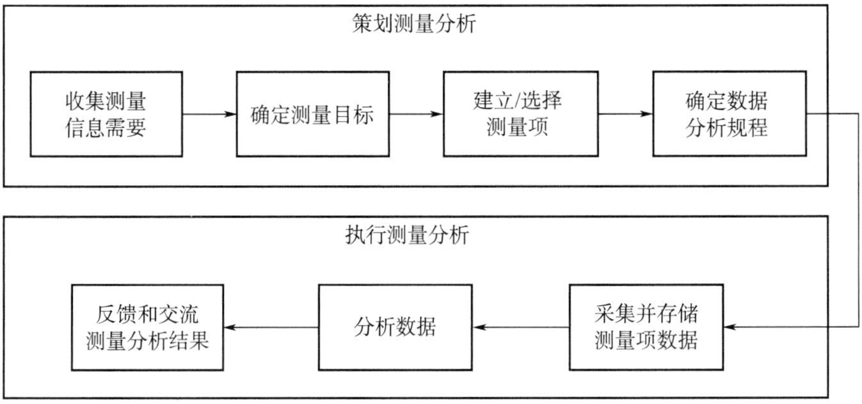

图 4－7　测量分析的任务流程示意图

4.7.2.2　策划测量分析

4.7.2.2.1　收集测量信息需要

在项目策划阶段，根据项目的特征信息，分析项目测量的信息需要。信息需要的来源包括：项目绩效考核、风险管理、实现质量目标、提高生产率、保证项目进度、过程持续改进、项目约束和假设、产品验收准则、外部的需求等。这些来源来自于项目或组织相关的不同的角色，从不同的角度关注项目的相关情况。

例如，直接参与项目研制的项目组成员，会关注个人投入的工作量、承担的任务完成的质量、软件的需求稳定性情况、承担任务的进展偏差等；软件项目负责人会关注项目的进度偏差（任务进度、阶段进度、里程碑进度、交付期限等）、项目或任务所需的工作量和实际花费的工作量、项目所需实现的需求及其稳定情况、项目组成员的工作质量（缺陷率）、项目组成员的工作效率（生产率）、项目存在或面临造成偏差的风险、项目组成员遵守的标准规范的符合性；软件承制单位的领导层（中层管理者、高层管理者）会关注用户或顾客的满意度、项目所需的成本以及实际投入的成本（项目的收益情况）、交付后软件产品的质量问题情况（缺陷率）、项目组的工作效率情况（人均生产率）、软件产品按期交付的情况等。

4.7.2.2.2 确定测量目标

根据项目相关人员或组织的需要，结合项目的进度、质量目标要求等项目特点，确定项目的测量目标。

航天型号软件测量分析的主要目标一般如下：

1）提供软件产品质量信息，了解软件产品质量；

2）收集软件产品研制信息，丰富软件产品数据包内容，支持软件产品验收；

3）收集项目进展信息，识别并监控项目和组织风险，掌握进度情况，提高绩效考核有效性；

4）获得组织的生产率数据信息，了解组织的软件产品研制能力；

5）收集软件项目研制的过程符合信息，提供持续改进的数据支撑；

6）收集软件产品研制数据信息，了解航天型号软件产品量化成本。

4.7.2.2.3 确定测量项

根据测量分析的信息需要，参照表 4－17 选取满足测量分析目标的相应测量项，明确数据采集的时机、采集点以及数据的存储方法。

表 4－17 测量目标与测量项对应表示例

测量分析目标	测量项	测量级别
提供软件产品质量信息,了解软件产品质量	缺陷密度	项目级/组织级
	软件质量问题数	项目级/组织级
收集软件产品研制信息,丰富软件产品数据包内容,支持软件产品验收	功能点数	项目级
	需求数	项目级
	工作产品数量	项目级
	工作产品规模	项目级
	软件运行时间	项目级
	软件质量问题数	项目级/组织级
	代码缺陷密度	项目级/组织级
	文档缺陷密度	项目级
	技术评审问题关闭率	项目级
	项目进度偏差	项目级/组织级
收集项目进展信息,识别并监控项目和组织风险,掌握进度情况,提高绩效考核有效性	结束时间	项目级/组织级
	任务完成偏差率	项目级
	阶段/里程碑进度偏差	项目级/组织级
	项目平均生产率	项目级/组织级
	项目进度偏差	项目级/组织级

续表

测量分析目标	测量项	测量级别
获得组织的生产率数据信息，了解组织的软件产品研制能力	技术评审问题数	项目级
	技术评审问题关闭率	项目级
	需求变更率	项目级
	代码注释率	项目级
	文档问题数	项目级
	文档缺陷密度	项目级/组织级
	代码缺陷数	项目级
	代码缺陷密度	项目级/组织级
	项目进度偏差	项目级/组织级
	工作产品规模偏差率	项目级
	项目平均生产率	项目级/组织级
收集软件项目过程符合信息，提供持续改进的数据支撑	过程符合性审核问题数	项目级
	配置审核问题数	项目级
	内部审查问题数	项目级/组织级
	过程不符合问题关闭率	项目级
	配置审核问题关闭率	项目级
收集软件产品研制数据信息，了解航天型号软件产品量化成本	软件产品规模	项目级
	相关工作量	项目级

导出测量项计算所需的基本测量项，见表 4-18，根据测量分析的信息需要以及测量分析目标，确定导出测量项的计算规程。

表 4-18 导出测量项计算所需的基本测量项

序号	导出测量项	含义	基本测量项
1	需求变更率	软件需求的变更数与需求数的比值，用于衡量软件需求的稳定性	需求数
			需求变更数
2	工作产品规模偏差率	实际工作产品规模与计划工作产品规模的差值与计划工作产品规模的比值	工作产品规模(实际、计划)
3	工作产品变更率	工作产品的变更总次数与工作产品的总份数的比值，可用于评价软件工作产品的质量及稳定性	工作产品变更数
			工作产品份数
4	代码注释率	注释行数与实际软件代码规模的比值	注释行数
			代码规模(实际)
5	任务完成偏差率	实际工作量与计划工作量的差值与计划任务工作量的比值	实际工作量
			计划工作量
6	阶段/里程碑进度偏差	实际完成阶段/里程碑的时间与计划规定的进度时间的差值	阶段/里程碑结束时间(实际、计划)

续表

序号	导出测量项	含义	基本测量项
7	项目进度偏差	实际完成项目的时间与计划完成时间的差值	结束时间(实际、计划)
8	项目平均生产率	指最终软件代码规模与实际工作量总和的比值,用于衡量软件研制过程中的生产效率,单位为行/时或行/天	代码规模(实际)
			实际工作量(项目)
9	技术评审问题关闭率	技术评审问题的关闭个数与技术评审问题总数的比值	技术评审问题关闭数
			技术评审问题数
10	文档缺陷密度	每页文档的文档问题数	文档问题数
			文档规模(实际)
11	代码缺陷密度	千行代码的缺陷数	代码缺陷数
			代码规模(实际)
12	过程不符合问题关闭率	问题关闭的比率,是关闭的不符合问题个数与不符合问题总数的比值	过程符合性审核问题关闭数
			过程符合性审核问题数
13	配置审核问题关闭率	问题关闭的比率,是关闭的配置审核问题个数与配置审核问题总数的比值	配置审核问题关闭数
			配置审核问题数

根据质量信息应用目的和传递的时间要求，采集时机在软件研制策划阶段确定或由组织统一规定，也可根据信息产生和应用需要，即时采集。

基本测量项的采集点一般为数据产生记录的原始位置。导出测量项的采集点一般为记录计算结果的数据表或指定的报告。如无特殊要求，一般质量信息的采集点需唯一，避免同一数据在多处采集点采集而导致数据不一致的情况，影响质量信息的客观性。

基本测量项一般由原始数据产生人员进行记录，存储的方式有日志或任务表、审查或审核单、指定的记录表等。导出测量项一般由测量分析人员或其他特定人员根据已获得的原始数据计算得出，存储的方式有数据表或指定的报告等。如无特殊要求，一般数据只在一处存储。

4.7.2.2.4　确定数据分析规程

确定用于测量分析的数据阈值或控制范围，用于对采集或计算得到的测量信息，与策划的或规定的基准值进行比较或控制。在策划测量分析阶段，对每个采集的测量数据确定相应的分析阈值，分析阈值/控制范围由数据信息需要提出方规定或由项目、组织根据实际测量数据分析控制要求确定。

例如，软件项目负责人为了解和监控项目阶段的进展情况，需要将进度偏差控制在30%以内，才能确保项目进展顺利，则软件项目负责人是信息需要的提出方，对项目进度偏差测量项的分析和控制阈值确定为±30%，可表示为［−30%，+30%］。

4.7.2.3　执行测量分析

4.7.2.3.1　采集并存储测量项数据

软件项目相关人员（一般包括软件项目负责人及项目组成员、QA、CM 人员等）在项目运行过程中，填报个人产生的工作量、工作产品、问题记录等原始数据，这是进行测量项数据采集的基础，一般以基本测量项数据为主。

根据策划的数据采集规程采集项目数据，对采集的数据进行检查并保存。对采集的数据质量进行检查，以确保数据的准确、有效，如不能满足数据质量准则，需在数据保存时进行说明。对采集和计算的测量数据质量的判定准则一般如下：

1）原始工作量数据的填写一般在任务完成后一周内，数据精度一般保留 1 位小数，工时不满半小时的按 0.5 工时计；

2）原始文档规模数据的误差一般不超过 2 页，代码规模数据的误差一般不超过 5%；

3）派生数据精度一般不超过 2 位小数；

4）导出测量项的计算一般由原始数据计算，派生数据一般不参与对其他导出测量项的测量计算；

5）同一项目组中，测量的数据量纲应统一，如工作量数据，一般采用工时为单位，而不能同时用工时和天数。

对采集或通过计算得到的测量数据，按照策划的数据存储规程进行存储，用于后续数据分析或查阅。

4.7.2.3.2 分析数据

对采集的测量数据按照分析规程开展数据分析，确定超阈值/控制范围的直接或间接原因，并针对原因能制定相应的纠正措施或预防措施。一般情况下，已造成软件产品质量偏差超过阈值或软件项目研制进度（里程碑节点）超过阈值的情况，需采取纠正措施，其他情况可采取预防措施。

在完成数据采集和计算后，需采用不同的分析工具和方法，对采集的数据进行分析。数据分析的方法一般有对比分析、方差分析、回归分析等。

可通过采集的数据与基准值的比对，根据预先设定的阈值进行对比分析，并将分析结果反映在用于数据存储的数据表或报告中。

方差分析可分为单因素方差分析和多因素方差分析，在分析一个自变量对一个因变量影响的情况下，可采用单因素方差分析；在分析两个或两个以上自变量对一个因变量影响的情况下，可采用多因素方差分析。分析涉及的自变量及因变量为本文定义的测量项，也可根据软件项目数据分析的需要，自定义需要采集的测量项数据作为自变量或因变量。

在质量信息数据积累到一定程度，形成大量原始数据的基础上，可采用回归分析的方法对数据进行分析，用于预测组织级的质量趋势。

测量分析的过程可采用对比统计表、趋势图、帕累托图等工具。

（1）对比统计表

对比统计表可以用于同一类数据在不同状态下的情况，能直观地对采集和计算的数据进行对比，计算相关偏差。如表 4-19 分别统计了软件需求分析、概要设计和详细设计三个阶段技术活动、项目管理活动、QA 任务和 CM 任务四类不同任务类型的计划工作量和实际工作量，对比计算了绝对偏差。对比统计表可根据项目的进展，追加后续数据，也可用统计的数据做后续进一步测量和分析。从示例对比统计表可看出，测量数据的单位为工时，精度为 1，在实际应用过程中，应注意统计的数据单位和精度在采集或计算过程中保持一致。

表 4－19　各类任务计划和实际工作量偏差对比统计表

阶段	需求分析（工时）			概要设计（工时）			详细设计（工时）		
任务类型	计划工作量	实际工作量	绝对偏差	计划工作量	实际工作量	绝对偏差	计划工作量	实际工作量	绝对偏差
技术活动	99	107	8	48	35	－13	68	66	－2
项目管理	36	41	5	12	25	13	18	16	－2
QA 任务	26	27	1	7	16	9	11	8	－3
CM 任务	15	14	－1	4	9	5	4	4	0

（2）趋势图

趋势图横坐标是时间或具有时间特性的属性，如针对瀑布模型的软件研制各个阶段、项目监控的过程监控点等，表示随着时间的变化或进展的不断演进，项目的某个测量项的发生情况，用于观察其发展的趋势。趋势图具有对项目未来的预测功能。趋势图多用于对软件质量相关的测量项的测量分析，图 4－8 是对软件研制过程中过程符合性审核问题进行的测量分析，其中横坐标是自然周，纵坐标是不符合项数目。

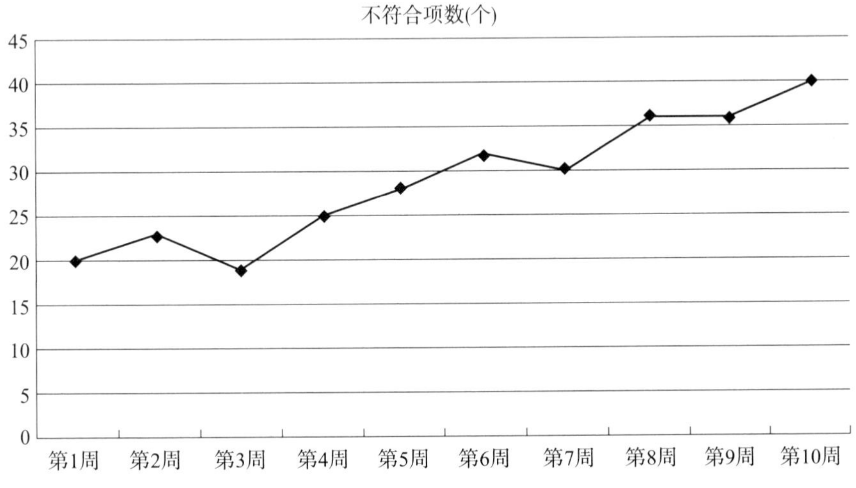

图 4－8　不符合项趋势图示例

（3）帕累托图

帕累托图（又称排序图、主次图）是将出现的质量问题和质量改进项目按照重要程度依次排列而采用的一种图表，按照发生频率大小顺序绘制直方图，表示有多少结果是由已确认类型或范畴的原因所造成的。在软件研制过程中用来查找关键性问题，是快速提高软件产品质量的重要测量分析工具。图 4－9 是在单元测试阶段，将所有单元测试过程中发现的问题，按照问题的分类情况进行测量分析。

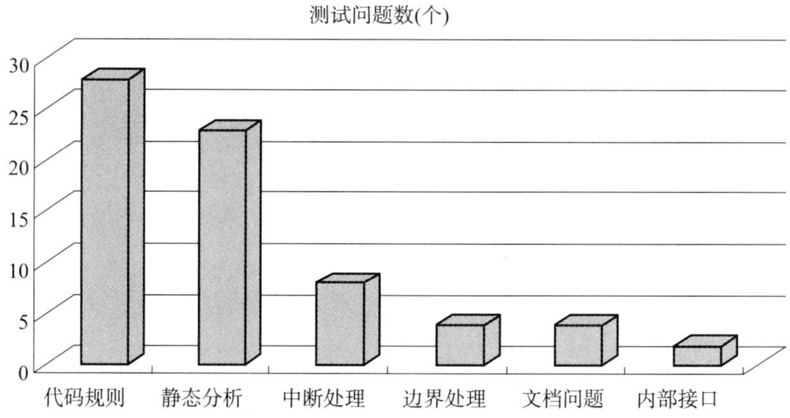

图 4-9　某项目单元测试问题帕累托图示例

4.7.2.3.3　反馈和交流测量分析结果

将测量和分析的结果形成测量分析报告，测量分析报告可为一份文档，也可为信息化平台的报表。在软件研制过程中，必要时与利益相关方一起，对照测量目标，反馈测量分析结果，并将识别的问题以及产生问题的原因、拟采取的改进措施进行交流，评估对实现软件项目目标的影响。

测量分析是航天软件工程的基础环节，是科学、量化地管理软件研制的依据，贯穿了软件生命周期的各个环节，覆盖所有相关人员和工作产品，为软件承制单位和型号项目各级管理人员提供了客观视图和信息。

4.8　同行评审

4.8.1　概述

在软件开发的各个阶段，都不可避免会引入缺陷，同行评审作为一种在早期高效地从软件工作产品中识别缺陷的方法，可以减少后期的修改和维护工作，同行评审也为更好地理解软件工作产品提供帮助。

通过同行评审，开发人员能够及时得到同行专家的帮助和指导，识别并解决工作产品的缺陷，确保其满足指定需求，从而提高工作产品的质量。

一般在项目策划阶段项目组会根据项目的特点，确定哪个阶段哪些工作产品需要进行同行评审，并在项目开发计划中进行明确。

表 4-20 描述了同行评审活动的输入、主要任务和输出。

表 4-20 同行评审活动的输入、主要任务和输出

分类	文件名称/任务名称
输入	1)应遵循的评审规程和准则； 2)评审工作计划； 3)待评软件项目工作产品； 4)相关参考文件
主要任务	1)准备同行评审； 2)实施同行评审； 3)处理同行评审问题； 4)分析同行评审数据
输出	1)同行评审结论； 2)同行评审数据

4.8.2 主要任务及要求

4.8.2.1 任务流程图

同行评审由软件同行专家遵循已定义的规程对软件项目工作产品开展评审，包括准备同行评审、实施同行评审、处理同行评审问题、分析同行评审数据四个主要流程。

同行评审的任务流程示意图如图 4-10 所示。

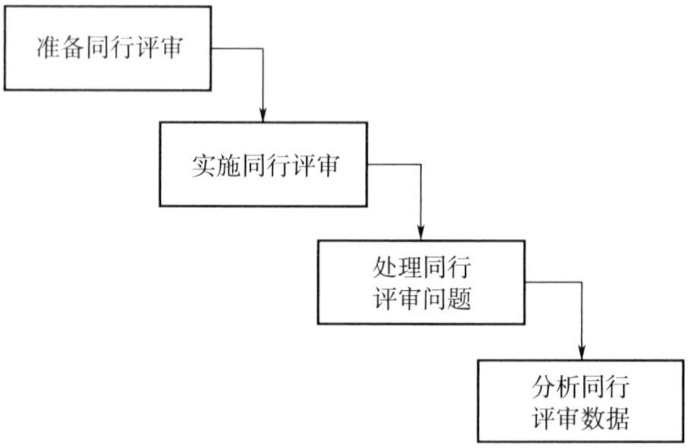

图 4-10 同行评审的任务流程示意图

4.8.2.2 准备同行评审

同行评审在开始之前，评审组织者需要做必要的准备工作，包括选择评审的类型，确定评审对象，确定评审组组成，准备评审检查单，形成评审计划等。

4.8.2.2.1 确定同行评审类型

首先要确定评审的类型。自从 IBM 的 Fagan 发明了同行评审之后，软件行业提出了很多同行评审的模型，如 IEEE 1028 评审、微软的技术评审、Gill Graham 审查、Yourdon 结构化走查等。航天软件同行评审的分类有很多种，一般包括：会议评审、审查、函审等，软件源代码可选择代码审查的形式。应根据项目的规模、研制类型、难易程度，选择合适的同行评审形式。函审形式可以提高设计评审的效率，一般而言，对于一些

技术成熟、规模较小、技术难度不高、风险较小的项目，符合以上一项或几项的可选择函审的形式。

4.8.2.2.2 评审计划的制定

并非所有的工作产品都需要做同行评审，要评审的工作产品并非都采用同一种评审方式，同种工作产品也可以评审多轮，每轮采用不同的评审方式，评审参与人员的角色不同，对工作产品评判角度也是不同的，另外评审应控制评审时机，按照项目设计的不同阶段进行。在制定评审计划时可以参考表 4-21 的格式，识别出要评审的工作产品、评审的时机、评审形式、评审参与的角色。

表 4-21 评审计划一览表示例

对象	评审时机	参与人员	评审形式
软件系统方案设计报告	在系统方案确定后，软件系统方案设计报告完成后 1 周内	高层技术管理者、系统设计人员、软件技术负责人、同行专家和其他利益相关方代表	首次会议一般为会议评审，后续视更改情况决定同行评审的形式
软件任务书	软件系统方案明确后，软件任务书完成后 1 周内	高层技术管理者、系统设计人员、项目经理、软件技术负责人、软件设计人员、软件测试人员、同行专家和其他利益相关方代表	首次会议一般为会议评审，后续视更改情况决定同行评审的形式。若软件功能很简单，也可以选择函审
软件需求说明	软件任务书评审并修改完善后，软件需求说明完成后 1 周内	系统设计人员、项目经理、软件技术负责人、软件设计人员、软件测试人员、同行专家和其他利益相关方代表	首次会议一般为会议评审，后续视更改情况决定同行评审的形式。若软件功能很简单，也可以选择函审
软件设计说明	软件设计说明完成后 1 周内，可与软件代码同时评审	项目经理、软件技术负责人、软件测试人员、同行专家和其他利益相关方代表	与代码审查同时进行，一般采取会议评审的形式，若文档属于自动生成或软件规模较小比较简单的，也可以采取函审
软件代码	软件代码调试无误后，在提交测试或者试验前	系统设计人员、软件技术负责人、软件测试人员、同行专家和其他利益相关方代表	代码审查
软件测试报告	测试完成后，所有发现的问题均与设计方达成一致，软件测试报告完成后 1 周内	系统设计人员、软件技术负责人、软件设计人员、同行专家和其他利益相关方	一般采取会议评审的形式，若软件比较简单且未发现问题的，也可以采取函审
软件验收报告	软件所有工作均已完成，在交付用户正式使用前	高层技术管理者、系统设计人员、项目经理、软件技术负责人、软件设计人员、软件测试人员、同行专家和其他利益相关方代表	会议评审

4.8.2.2.3 评审组人员的职责

同行评审是结构化的过程，涉及许多参与人员的角色，在评审专家的选择上，一定要注意其中的互补性，需要为参加人员分配职责（具体职责分配情况可以参见表 4-22），会议参加人员要从不同的技术角度发现缺陷。

表4-22　评审组组成及职责示例

角色	职责
评审组长	1)执行与评审有关的管理任务、确保评审执行过程有序并满足评审目的; 2)为评审组成员分配具体的任务以确保有效地覆盖; 3)总结评审结论并签署确认
会议组织者	按评审程序组织各项活动,包括安排会议日程、选择会议场所及通知审查组成员
作者	1)汇总审查材料,包括待审查软件产品、用于软件产品开发的依据或参考资料; 2)解释工作的各个部分并强调重要的方面,使审查能够在充分理解软件产品的基础上进行; 3)负责执行所需要的返工
记录员	将评审组提出的问题、措施项、决策和建议形成记录
同行专家	评价工作产品,提出审查意见,与评审组人员共同讨论并确认问题
顾客或用户	在评审之前,顾客或用户代表的职责由评审组组长确定,评审组组长根据具体的评审确定是否需要顾客或用户代表的角色,并在评审期间定义其职责

4.8.2.2.4　同行评审中资料要求

对于每种形式的同行评审，应制定通用的工作产品评审检查表，必要时可以进行剪裁以适应特定项目的要求。同行评审过程中形成的资料是评价设计质量的重要凭证，资料应当认真编写，一般包括以下资料：

1）被评文件信息（包括版本、规模、作者、依据文件和参考资料等信息）；

2）评审组人员信息及分工（包括专业特长、职务、角色等）；

3）评审检查单（提供建议关注的检查项清单）；

4）审查的项目及检查结果（包括记录的问题）；

5）评审结论（同行评审结果）；

4.8.2.2.5　同行评审的结果

同行评审的结果通常分为三种：

1）通过，能转入下一阶段工作；

2）原则通过，对软件存在的问题由承制方提出解决方案和计划，在评审组组长认可后可转入下一阶段工作；

3）不通过，对提出的问题由承制方重新做工作后，再提出评审申请进行复审，复审的步骤与正式评审相同。

4.8.2.2.6　同行评审数据管理

在软件评审过程中，宜进行数据管理，以便分析和改进软件工程过程，由于评审过程产生的各项评审数据量较大且监督和跟踪的流程较为复杂，建议借助项目管理工具进行评审数据在线管理（评审数据可以参见表4-23、表4-24、表4-25），为评审数据的采集提供便捷手段。

表 4－23　被评工作产品基本信息示例

基本信息								
项目信息→	项目名称		阶段/批次		状态		评审级别	
配置项信息→	配置项名称		软件关键等级		软件研制类型		分系统类型	
工作产品信息→	工作产品名称		被评审版本		上一版本		负责人（被评人）	
	总规模（页/行）		变更规模（页/行）		实际评审规模（页/行）		代码重用率（仅代码走查时填写）	
评审信息→	质量活动类型		质量活动地点		质量活动日期		质量活动小时数	

表 4－24　同行评审参与人员信息示例

参与人员信息				
序号	评审组角色	姓名	职务或职称	主管业务或专长

表 4－25　评审缺陷数据信息采集表示例

序号	问题概述	问题或建议的详细描述（需描述章节、文件、行号等具体位置）	提出者	问题引入阶段	严重等级	是否采纳	解决人	解决情况/不采纳理由/暂缓解决理由（需描述更改的版本、位置等详情）	解决日期	验证情况	验证日期

4.8.2.3　实施同行评审

实施同行评审应按职责和分工实施，有重点且分工明确的评审活动可提升同行评审的有效性，采集评审问题，及时记录有关过程评审数据，完整的数据便于问题的纠正和开展数据分析，实施同行评审时专家组应给出明确的评审结论。成功的评审要求所有参与人员精力高度集中，可能会使参与人员十分疲惫。因此，每个评审阶段最好不要超过 2 小时。

评审活动实施一般包括下述 7 个基本步骤：

1）宣布会议日程及分工，一般由主持人宣布评审成员名单和活动日程，评审组长主持评审工作，包括指定同行专家分工，说明其职责要求、评审重点、评审原则、时间限制、使用的检查单等，并指定记录员。

2）介绍评审材料，工作产品作者简明扼要向评审组介绍评审材料。

3）专家开展评审，由评审组按照角色的职责和分工审查工作产品，查看依据文件或参考材料。

4）提出和讨论评审问题，在预定的评审时间内，评审组对产品完成检查，并指出问题，和作者确定问题并定义问题的严重程度。

5）记录评审问题，记录员详细记录同行评审专家提出的每一个达成共识的缺陷，包括缺陷的位置、缺陷简述、缺陷类型、缺陷的发现者等，在工作产品中发现的每一个缺陷都应当被记录下来。

6）总结评审缺陷，评审组组长根据评审记录员的记录对评审进行总结，并适当分类和汇总评审缺陷，剔除经确认属于重复或无效的问题，与评审组共同确定要修改的问题及修改的程度。未达成共识的缺陷也将记录下来，加入“待处理”标记，评审组组长指派作者和评审员在会后处理评审会未解决的问题，最终形成评审缺陷记录。

7）确定并宣布评审结论，评审结论将作为开展下一步工作的依据。

会议评审和签署评审只有实施评审的具体过程有所区别，会议评审要召开具体的会议，评审组成员要参加现场评审；签署评审不召开会议，只根据上报的资料进行审核，因此签署以文档交流的方式，如邮件或线上流程完成上述主要步骤。

注意：评审过程是发现错误，而不是现场必须改正错误，即会议的焦点是确定问题，而不是如何解决问题。

4.8.2.4　处理同行评审问题

处理同行评审问题一般包括下述 5 个基本步骤：

1）处理评审问题，在评审中形成的专家意见或建议，工作产品作者逐项分析同行评审问题，必要时与受影响的利益相关方进行沟通，确定解决措施并确保所有评审缺陷均得到处理，采纳的应有实施计划，包括落实采取的措施、责任人和完成时间，对未采纳的应阐明理由，有重大分歧时，应报上一级技术管理者处理，若措施涉及需求或研制进度的调整，按照变更管理及项目管理执行。

2）落实并跟踪解决措施，评审组组长检查所提出的每个问题都得到了解决，对于评审缺陷闭环情况应由管理人员参与，比如评审缺陷由质量保证人员跟踪解决措施到闭环。

3）评审数据记录，评审数据应汇总在评审结论报告中，包括但不限于：评审产品名称、评审组成员、评审会时间、所发现问题数、问题落实情况等；

4）通报评审情况，会议组织人员负责将型号技术评审结论及评审问题落实情况向利益相关方通报；

5）评审结论管理，会议组织人员应将评审过程中形成的技术评审资料及时进行数据管理，并将评审结论报告及时归档。

4.8.2.5　分析同行评审数据

同行评审被业界认为是最有效发现缺陷的手段之一，因此对其测量分析的工作将更加重要，对评审数据开展分析不仅可以帮助项目组了解软件产品质量、发现薄弱环节，而且通过对评审数据大量的积累和总结，这些信息可以运用到缺陷预防阶段以及未来产品的同行评审过程中，并作为进一步提高过程管理的依据，分析评审数据一般包括以下 2 个基本步骤。

1）评审数据输入到组织度量库，度量元（如评审类型、评审工作量、产品规模、产品类型、问题数量、问题引入原因、问题引入阶段、评审时长、专家能力、参与工作专家人数）用于检测评审效果，可以总结出技术和管理经验，比如建立缺陷经验库、开展定量管理技术研究、得到评审工作量所占开发工作量的比例、评审某一类型工作产品宜花费的时间等，这些对于组织提高工作质量和效率都是有很大帮助的。

2）测量和评价同行评审数据，测量人员对同行评审的过程数据开展度量分析，可以通过适当的数据分析和报告工具对提交的数据进行分析，对比组织的历史数据来开展同行评审有效性的评价，比如与软件过程绩效基线进行比对分析，超出基线范围时，采取根因分析，必要时制定改进措施。

同行评审的目的是指出具体问题以便改进，评价是给最终工作结果及人员工作绩效下结论，不能将二者混为一谈，尤其是把评审结果作为评价个人能力的指标时，对评审活动的进一步开展很不利。

4.9 管理活动剪裁指南

4.9.1 概述

本节内容给出了航天软件研制全生命周期内，项目管理的项目策划与监控、配置管理、质量保证等各项管理活动的剪裁原则、剪裁要求以及可剪裁的范围，使用时，不同项目可根据实际需要，对各管理活动和相关工作项进行剪裁，选择本项目适用的内容，在保证产品质量的同时提高效率、降低成本。

表 4－26 描述管理活动剪裁输入、输出及主要任务。

表 4－26 管理活动剪裁的输入、主要任务和输出列表

分类	文件名称/任务名称
输入	1)初步软件开发计划； 2)软件任务书、合同(技术协议)； 3)软件工程化大纲/软件产品保证大纲/软件质量保证大纲； 4)各单位的软件过程文件(如剪裁指南等)
主要任务	依据已有的剪裁原则、剪裁要求，针对管理活动实施剪裁，并将剪裁结果进行记录、评审，执行剪裁活动
输出	软件开发计划

4.9.2 剪裁流程和工作项目要求

4.9.2.1 剪裁原则

为了使产品研制、生产和使用具有良好的效益和技术可行性，达到费用、效能、周期和质量之间的最佳平衡，软件研制过程管理活动的剪裁一般遵循两个原则，即成熟度原则和适用性原则。

成熟度原则针对高成熟度的软件产品，可剪裁大量重复性的管理工作。例如，成熟度很高、在轨运行稳定的沿用软件，软件研制过程中可以对任务书评审、第三方测试等管理活动以及需求说明、设计报告等工作产品进行剪裁，但软件沿用可行性分析和验证工作不可剪裁。

适用性原则指根据软件研制单位特点、软件产品特点详细分析，依据要求和方法对不需要的管理工作进行合理剪裁。这种情况下对管理活动的剪裁应遵循下列基本约束：

1）当项目所在行业领域、上级部门、用户、顾客或其他利益相关方，对项目软件过程有具体要求和限制时，应遵从相关要求和限制；

2）应根据项目的类型、业务、产品结构等方面特点，对管理活动进行选择和剪裁；

3）对本章各管理活动的所有剪裁，应确保各项管理目标的实现，确保不降低产品质量，不降低管理效率，不降低过程的可视性。在剪裁论证充分的情况下，执行剪裁审批流程，审批通过后方可进行剪裁。

剪裁考虑的因素一般包括：软件规模等级、关键性等级、质量要求、软件复杂度、软件开发方式、资源、成本和风险等；各管理活动中主要工作项的选择和剪裁，应综合考虑本项目承担任务的特点，与其保持协调一致。软件规模、复杂度、风险越大，关键性及质量要求越高，剪裁控制应越严格。对各管理活动的剪裁及采取的替代做法，要确保能够达到该管理活动的目的和要求。

4.9.2.2　剪裁要求

剪裁应充分考虑合同要求、风险要求、任务要求、成本要求、进度要求、质量要求等因素。剪裁内容包含全部的管理活动要素。剪裁的主要方法是基于风险且自上而下地剪裁，并贯穿整个管理体系。管理活动的选择和剪裁有下列要求：

1）当某项管理活动被剪裁后，该管理活动中的所有工作项被整体剪裁。

2）对选定实施的管理活动，可根据项目业务特点，对管理活动中的工作项进行选择和剪裁。

3）被选择实施的工作项，工作项中的部分活动和工作产品可以根据本单位需要进行选择和剪裁，选择适用内容实施。

4）对于每一个管理活动的剪裁，应说明剪裁的依据、理由、剪裁的内容，并在规定的文档中进行记录。

5）管理活动的剪裁是一个贯穿整个管理体系并持续实施的过程。

4.9.2.3　实施剪裁

根据剪裁原则和剪裁要求，项目可以根据自身想要达到的管理效果，对本项目的管理活动进行剪裁，部分管理活动在不同研制阶段可进行剪裁，部分不可剪裁的管理活动，可根据项目特点和研制实际，对该项管理活动中的部分工作产品进行剪裁。项目利益相关方要对剪裁内容进行讨论，达成一致后，将剪裁结果补充到软件开发计划中。

表 4－27 是软件管理活动剪裁的示例。

表 4-27 软件管理活动剪裁示例

<table>
<tr><th>管理活动</th><th>活动剪裁</th><th>管理工作</th><th>工作剪裁</th><th>工作产品</th><th>工作产品剪裁</th><th>备注</th></tr>
<tr><td rowspan="7">项目策划与监控</td><td rowspan="7">●</td><td>定义项目过程</td><td>●</td><td>开发计划</td><td>●</td><td></td></tr>
<tr><td>开展项目估计</td><td>●</td><td>开发计划</td><td>●</td><td></td></tr>
<tr><td>安排项目进度</td><td>●</td><td>开发计划</td><td>●</td><td></td></tr>
<tr><td>制定项目计划</td><td>●</td><td>开发计划</td><td>●</td><td></td></tr>
<tr><td>监控计划执行情况</td><td>●</td><td>进展报告</td><td>●</td><td></td></tr>
<tr><td>分析并纠正项目偏差</td><td>●</td><td>纠正记录</td><td>○</td><td>纠正记录可合并至进展报告中</td></tr>
<tr><td>变更项目计划</td><td>○</td><td>开发计划</td><td>○</td><td>为可选工作</td></tr>
<tr><td rowspan="4">质量保证</td><td rowspan="4">●</td><td>制定并维护质量保证计划</td><td>●</td><td>质量保证计划</td><td>○</td><td>可合并至开发计划</td></tr>
<tr><td>客观评价已实施的过程和相关工作产品</td><td>●</td><td>产品评价记录</td><td>●</td><td>一般形式为质量保证检查单，记录形式应遵循本单位管理体系要求执行</td></tr>
<tr><td>沟通并确保解决不符合项</td><td>●</td><td>不符合项记录</td><td>●</td><td></td></tr>
<tr><td>管理质量保证活动记录</td><td>●</td><td>质量保证记录</td><td>●</td><td>一般形式为质量分析报告，记录形式应遵循本单位管理体系要求执行</td></tr>
<tr><td rowspan="7">配置管理</td><td rowspan="7">●</td><td>配置管理策划</td><td>●</td><td>配置管理计划</td><td>○</td><td>可合并至开发计划</td></tr>
<tr><td>建立并维护配置管理系统</td><td>●</td><td>配置管理系统</td><td>●</td><td></td></tr>
<tr><td>生成发布基线</td><td>●</td><td>基线发布</td><td>●</td><td></td></tr>
<tr><td>变更控制和跟踪</td><td>●</td><td>变更记录</td><td>●</td><td></td></tr>
<tr><td>软件配置状态记录</td><td>●</td><td>配置状态记录</td><td>●</td><td></td></tr>
<tr><td>软件配置审核</td><td>●</td><td>配置审核记录</td><td>●</td><td></td></tr>
<tr><td>软件产品发布</td><td>●</td><td>产品发布</td><td>●</td><td></td></tr>
<tr><td rowspan="5">风险管理</td><td rowspan="5">●</td><td>风险管理策划</td><td>●</td><td>风险管理计划</td><td>○</td><td>可合并至开发计划</td></tr>
<tr><td>风险识别</td><td>●</td><td>风险跟踪记录</td><td>●</td><td></td></tr>
<tr><td>风险分析</td><td>●</td><td>风险跟踪记录</td><td>●</td><td>工作不可剪裁，记录形式应遵循本单位管理体系要求执行</td></tr>
<tr><td>风险应对</td><td>●</td><td>风险跟踪记录</td><td>●</td><td>工作不可剪裁，记录形式应遵循本单位管理体系要求执行</td></tr>
<tr><td>风险监控</td><td>●</td><td>风险跟踪记录</td><td>●</td><td></td></tr>
</table>

续表

管理活动	活动剪裁	管理工作	工作剪裁	工作产品	工作产品剪裁	备注
供方管理	○	选择合格的外部供方	●	合格供方名录	●	
		建立并维护外部供方协议	●	供方协议	●	
		制定并维护外部供方协议管理计划	●	供方管理计划	○	可合并至开发计划中,应遵循本单位管理体系要求执行
		执行外部供方协议	●	合同	●	
		监督所选择的外部供方过程	●	供方监督记录	○	工作不可剪裁,可使用相关评审记录,记录形式应遵循本单位管理体系要求执行
		确认并评价外部供方交付物	●	验收记录	●	
		接收并管理外部供方交付物	●	接收记录	○	工作不可剪裁,可使用相关评审记录,记录形式应遵循本单位管理体系要求执行
		外部供方动态评价	○	供方评价记录	○	遵循本单位管理体系要求执行
测量分析	○	策划测量分析	●	测量分析计划	○	可合并至开发计划
		执行测量分析	●	测量报告	○	可合并至进展报告
同行评审	●	准备同行评审	●	评审策划	○	工作不可剪裁,可不强制要求记录
		实施评审	●	评审信息记录	●	记录方式可以灵活,推荐利用信息系统记录评审信息
		评审问题建议及跟踪闭环	●	问题记录	●	
		分析评审数据	●	评审总结	●	记录方式可以灵活,推荐利用信息系统记录和分析评审信息

注:1.●最低要求;○可剪裁。

2.可选项根据组织承担的业务情况选择,当组织承担与该管理活动相关的业务时,应选择实施该管理活动。

4.10 小结

本章详细介绍了软件研制过程中的项目策划与监控、质量保证、配置管理、风险管理、供方管理、测量分析、同行评审等主要管理活动，提出了如何管理软件项目的具体方法和实践案例，为各阶段的软件研制技术活动提供了必要的基础保障。管理活动剪裁指南为各单位或组织实施管理活动提供了剪裁原则、剪裁要求以及可剪裁的范围，可有效指导项目差异化管理。

参 考 文 献

[1] 中央军委装备发展部，GJB 5000B—2021，军用软件研制能力成熟度模型［S］. 2021年12月.

[2] 于波，姜艳. 软件质量管理实践［M］. 北京：电子工业出版社，2008.

[3] 张瑾. 软件质量管理指南［M］. 北京：电子工业出版社，2009.

[4] 鲁宇. 航天工程技术风险管理方法与实践［M］，北京：中国宇航出版社，2014.

第5章 技术和方法

5.1 可编程逻辑器件软件

5.1.1 概述

航天科技的发展对产品提出越来越高的要求，传统电子产品已经不能满足任务需求，高性能、高集成的产品成为航天电子产品发展的必由之路。随着微电子技术的发展，可编程逻辑器件以其功能密度高、体积小、功耗低、易定制的灵活配置能力，受到产品设计者的青睐。

可编程逻辑器件软件（简称FPGA软件）工程化起步晚，质量保证环节多，研制模式具有更多的独特性。与硬件相比，FPGA软件区别于传统电子产品的研制模式，设计不具备传统电子产品原理图的可视性。与处理器软件相比，可编程逻辑器件设计具备更多的硬件属性，例如设计更改后都需要补做高低温试验。

近年来，在航天型号研制中，由于可编程逻辑器件设计复杂度的提高，其设计错误具有隐蔽性，修改错误的成本也越来越高，因此可编程逻辑器件产品质量问题，已经成为影响航天装备质量的危险因素。

5.1.2 可编程逻辑器件软件的研制流程

FPGA软件开发流程与通常的软件基本类似，可分为系统需求分析、软件需求分析、概要设计、详细设计、代码实现、综合约束与布局布线、设计确认、第三方验证、验收交付、运行维护。由于FPGA软件最终实现的是硬件电路，与工艺（P）、工作电压（V）、工作温度（T）等硬件属性息息相关，因此在研制流程中相比处理器软件增加了功能仿真、网表验证的过程。

FPGA软件的研制技术流程可以参考图5-1。

5.1.2.1 系统需求分析

获取相关方对于FPGA软件的需要、期望、约束、接口等，引出需求，达成对需求的理解和共识，提出软件任务书，作为后续软件开发的依据。一般包括如下内容：

1）针对器件可获得性、开发便利性、功耗、时钟频率、芯片资源、抗辐照方法、器件等级、封装方式、工作温度、存储温度、辐照总剂量等系统要求开展必要性及可行性分析；开展风险分析，确认风险项并制定对应措施，形成可行性及风险分析报告；

2）明确安全关键等级，必要时为每个功能确定安全关键等级；

3）明确功能、性能、接口、功耗、降额、工作条件等技术指标；

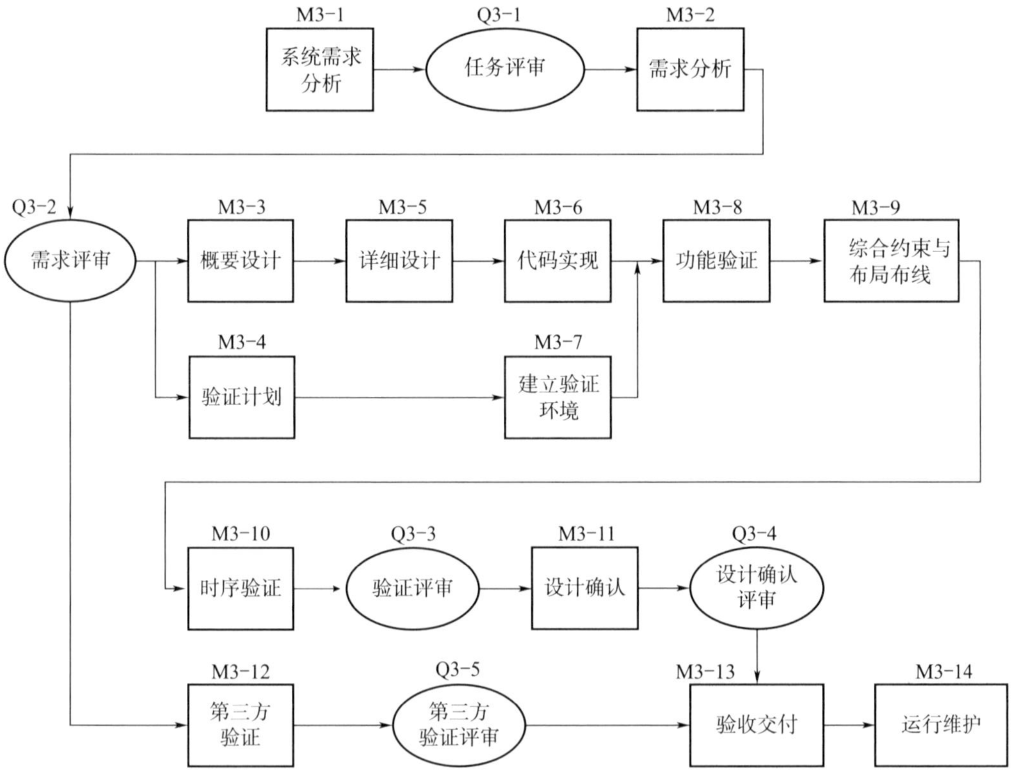

注：M3-*n*(如M3-1)为新研FPGA产品研制工作项目；
Q3-*n*(如Q3-1)为主要质量控制节点。

图5-1　FPGA软件研制技术流程图示例

4）明确外部接口的通信协议、电气特性、时序特性等与可编程逻辑器件相关的软件/硬件接口；

5）明确安全性及可靠性要求，如结构、算法、容错、冗余、抗状态翻转等；A级FPGA软件应开展危险分析；必要时，B级FPGA软件也需开展危险分析；

6）明确关键算法及技术指标；

7）明确语言及方法约束；

8）明确资源、时序等余量要求；

9）明确固化、工作环境要求；

10）明确实时性、可测试性要求；

11）明确IP核使用要求；

12）明确安全保密性、重用、进度、验收与交付、运行与维护、配置管理等要求；

13）明确测试级别、测试内容、测试充分性等要求。

系统需求分析相关要求示例见表5-1。

表 5-1　系统需求分析相关要求示例

分析项目	分析要求
任务及必要性分析	分析所有开发目标 FPGA 软件所必须定义的设计需求、板级系统方面对 FPGA 软件的要求，例如系统划分、系统测试、功耗、环境等；FPGA 软件本身的功能、接口、性能、工作条件、降额要求、安全关键等级等
可行性分析	调研是否有可以选用的 FPGA 器件，需满足质量等级、抗辐射等级、设计门数、工作频率、封装等要求
风险分析	分析可选用的 FPGA 器件是否存在采购问题制约、是否需要购买开发工具或 IP 核以及其可实现性、任务需求变更带来的影响
可靠性安全性分析	从 FPGA 实现的功能中分析存在可靠性、安全性要求的功能项，提出可靠性和安全性的措施： 1）对系统可能发生的故障，提出相应的防范措施； 2）对安全关键的功能、性能和接口，应列出可能发生的不期望事件； 3）确定跨时钟域处理、未用管脚处理、安全状态机处理等通用要求； 4）对于长时间在轨的 FPGA 软件，应进行空间单粒子效应分析： a）在满足任务需求的前提下，优先选用反熔丝 FPGA 器件； b）对于安全关键等级为 A、B 级且需要长时间不间断工作的 FPGA 软件，应尽可能选用反熔丝 FPGA 器件； c）如选用的 SRAM 型 FPGA 器件对单粒子翻转效应敏感，需提出 FPGA 器件抗单粒子翻转效应防护设计要求，如采用三模冗余、定时刷新或回读重配置等设计方法，以降低单粒子翻转风险及影响； d）如风险不能接受，应采取系统或单机层面的方法降低风险到可以接受的程度，或者放弃采用 FPGA 器件实现，考虑采用其他设计（例如采取 ASIC）替代

5.1.2.2　需求分析

FPGA 软件需求分析应根据 FPGA 软件任务书以及其他等效技术文档，明确软件的功能和性能，明确信号流、数据流从器件输入到器件输出全部过程的处理、转换方法或算法，并做出相应文字描述，必要时给出图形、逻辑描述和相应的数学描述。一般包括如下内容：

1）按控制流或数据流对 FPGA 软件进行功能分解，明确具体的功能需求，例如接口控制功能的输入/输出/处理方式、算法实现的边界要求等。

2）接口需求需要覆盖可编程逻辑器件芯片的所有外部接口，一般情况下需要结合信号波形，给出详细的接口数据要求；例如，某存储控制 FPGA 通过外部总线接口，连接计算机板 CPU，配合 CPU 完成对存储控制 FPGA 的数据读写访问和管理。表 5-2 是总线接口信号定义示例，表 5-3 是 CPU 接口时序参数示例，CPU 接口读、写操作时序的示例如图 5-2 和图 5-3 所示。

表 5-2　总线接口信号定义示例

序号	信号标识	方向	信号描述	上电/复位值
1	CS_YFPGA	输入	CPU 片选信号，低电平有效	—
2	W_RD	输入	CPU 读信号，低电平有效	—
3	W_WR	输入	CPU 写信号，低电平有效	—

续表

序号	信号标识	方向	信号描述	上电/复位值
4	W_A[0:7]	输入	CPU 地址信号,8 位地址信号	—
5	W_D[0:7]	双向	CPU 数据信号,8 位数据信号	8'HZ

表 5-3　CPU 接口时序参数示例

序号	标识	最小值	最大值	单位	参数说明
1	t_1	40	—	ns	CPU 地址、片选有效至读信号有效延迟时间
2	t_2	—	130	ns	读信号下降沿至有效数据输出延迟时间
3	t_3	200	—	ns	CPU 读信号脉冲宽度
4	t_4	0	—	ns	读信号上升沿后数据保持时间
5	t_5	200	—	ns	CPU 写信号脉冲宽度
6	t_6	—	15	ns	写信号下降沿至数据有效时间
7	t_7	40	—	ns	CPU 地址、片选有效至写信号有效延迟时间
8	t_8	0	—	ns	写信号上升沿后数据保持时间

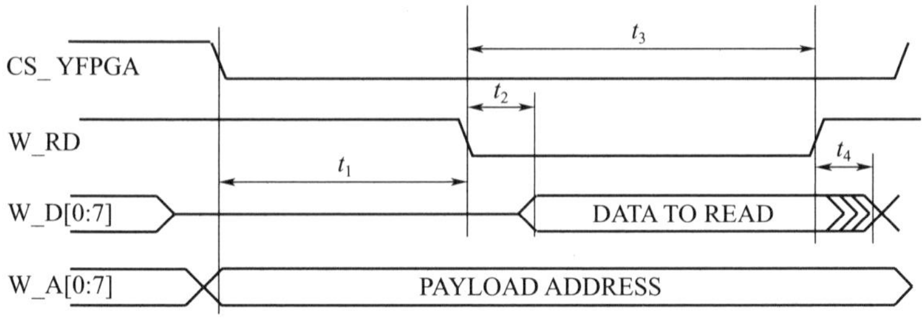

图 5-2　CPU 接口读操作时序示例

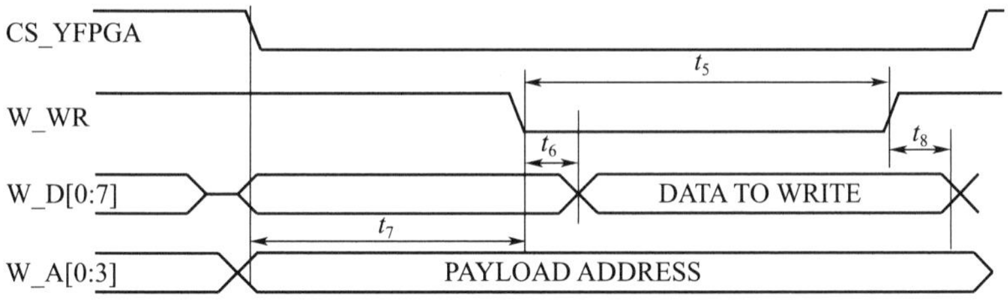

图 5-3　CPU 接口写操作时序示例

3）对于有通信帧格式的外部接口，除了明确外部接口的物理形式和时序指标外，还需要对接口的数据格式进行明确的约定，如串口通信协议格式、波特率、大小端、最小间隔要求、异常处理要求等。

4）描述 FPGA 软件的内部接口需求，如软核与内部逻辑之间功能接口、IP 核接口。

5）开展安全性及可靠性分析，确定安全性及可靠性需求，明确抗单粒子翻转、跨时钟域、安全状态机等技术方法。需要注意，在进行安全性及可靠性分析时，应针对可编程逻辑器件软件的具体功能特点，分析并提出有针对性的可靠性、安全性设计要求。例如，串口通信异常的 FMEA 分析结果，具体示例见表 5-4。

表 5-4　串口通信异常的 FMEA 分析结果

序号	单元	功能	故障模式	故障原因	故障影响	
					局部影响	最终影响
U1	uart	实现串口数据接收	未接收到有效串口数据	串口输入端被拉为常高	无串口数据	通信无响应
				串口输入端被拉为常低	串口数据为常值	通信任务失败
				未对接收串口数据进行抗干扰处理	串口数据无效	通信响应错误
			部分有效数据丢失	起始位判断太严格，未设置一定的容错	丢失有效串口数据	通信响应延迟或无响应
			接收到错误的串口数据	接收波特率不在协议要求范围内	接收到错误的串口数据	通信响应错误或无响应
				未对校验位进行判断或校验错误	接收到错误的串口数据	通信响应错误或无响应
				当起始位是判断电平时，未对停止位进行判断	接收到错误的串口数据	通信响应错误或无响应

6）必要时，开展算法原型仿真分析，并根据仿真分析的结果，进一步明确 FPGA 软件的算法处理要求。例如，某通信处理软件，进行捕获及跟踪的算法仿真，确定 FPGA 在进行 AD 采样、下变频、捕获跟踪等算法处理时，计算结果需要保留不少于 20 位的数据精度。

7）确定开发环境、工具及版本，应注意明确定义开发过程各工具的版本、运行平台。确保开发环境不会因为版本的差异带来设计结果的偏差。

8）描述芯片型号、等级约束及封装形式，例如，FPGA 型号为 M2S050T-1FG484M，速度等级为－1，封装形式为 FBGA 484。

9）明确功能、性能、接口、功耗、降额、工作条件等技术指标，如响应时间、吞吐时间、连续运行时间等。FPGA 的工况条件需要包括电压范围、结温范围等。确定语言及设计方法约束，为提高 FPGA 软件综合及布局布线的效率一般不建议采用原理图的方式进行设计。

10）确定 FPGA 软件的物理约束及时序约束，例如，时钟约束、输入输出接口约束、管脚约束等。

11）确定资源、时序等余量要求。一般情况下建议中低频（100 MHz 以下）的设计预留 20％的余量，例如，FPGA 资源占用率不超过 80％；时序余量不低于 20％。对于某些按固定周期进行处理的 FPGA 软件，也可以提出对应的处理时间余量要求，例如，FPGA

控制处理的周期为 200 μs，FPGA 应在 180 μs 内完成命令接收、处理和应答帧的建立及发送。

12）确定固化、工作环境要求。

13）确定实时性、可测试性要求。

14）确定 IP 核使用需求。对于后续有转 ASIC 的 FPGA 设计，或者 FPGA 器件会有大的改变等情况，在 IP 核的使用上要进行专门的考虑，例如，本 FPGA 软件后续会转为 ASIC 流片，因此不得使用 RAM _ B 等器件相关的 IP，也不能使用与开发环境相关的 XilinxCoreLib 等 IP 核。

15）确定安全保密性、重用、进度、验收与交付、运行与维护、配置管理等要求。

16）针对与处理器软件配合工作的 FPGA 软件，应分析并确定软件可编程要求。描述 FPGA 软件与处理器软件或其他 FPGA 软件的交互流程，明确处理器软件对 FPGA 软件的操作要求、操作时序以及接口协议，包括可编程寄存器名称、地址、复位状态、读/写操作、工作参数设置、工作状态读取等。例如，数据处理 FPGA 软件上电后，开启引导任务，接口处理 FPGA 软件通过本地总线（SPI 协议）写入配置参数，寄存器名称、地址和参数设置见表 5－5。

表 5－5　算法参数编号及参数定义

寄存器地址	寄存器名称	读/写	初值	参数设置
0x00	DF_TPA_1	R/W	32'd2	是否抽帧转发 1:为不抽帧 4:输出帧频 5 帧/秒 2:输出帧频 10 帧/秒 其他:为不抽帧
0x01	DF_TPA_2	R/W	32'h0000_0000	是否自动曝光 第 0:15 比特为增加曝光时间灰度门限; 第 16:31 比特为减少曝光时间灰度门限; 如果该参数设为 0 则表示不进行自动曝光
…	…	…	…	…

17）定义派生需求，对其单独标识并反馈给系统需求分析过程，评估派生需求对于系统需求分析影响。

18）在分析并提出性能需求时，需要注意 FPGA 软件的性能要求应明确、可量化、可测试，并注意与单机设备的性能指标的区别。

例如，某数据处理 FPGA 的性能需求包括如下几个方面：

1）数据的存储速度：数据的产生速度最大达到 66 kHz，若 FPGA 软件当前为原始数据模式，则数据的存储速度大于 66 kHz；若 FPGA 软件当前为坐标模式，则数据接收、计算坐标并存储的整个处理流程的速度大于 66 kHz。

2）RS422 通信波特率：RS422 通信波特率为 62 500（1±3%）bps。

3）刷新周期：配置程序的刷新周期需小于 400 ms。

当定义相对时间、间隔等性能指标时，需要注意明确其参考基准，例如：

1）曝光时间中点与同步信号下降沿的误差在±1 ms 以内。

2）从上电，到建立通信状态的时间小于 5 s。

5.1.2.3 概要设计

根据需求规格说明进行功能分解、模块划分，制定包括数据流和控制流的方框图，定义模块的功能、接口和相互关系，一般包括如下内容：

1）确定结构及单元划分，定义单元与单元之间的关系，描述单元的功能、性能、接口，确保全部需求分配至相应单元。

2）描述单元间的数据流及控制流；

3）描述结构及单元的设计决策；

4）必要时，应通过仿真及分析验证结构设计是否满足要求；

5）确定时钟、复位方案；

6）根据安全性及可靠性需求，开展安全性、可靠性设计；

7）完成算法由抽象层次到实现层次的转换，确定对算法的输入、输出接口，描述算法实现过程，必要时对中间参数进行描述；

8）开展验证方案设计；

9）结构设计过程中产生的派生需求应反馈至需求分析过程并评估影响；

10）重新评估可行性及风险；

11）形成 FPGA 软件概要设计说明，并通过评审。

例如，某 FPGA 实现在协议传输层对 1 路双冗余 1553B 总线和 2 路 CAN2.0B 总线无过滤监听和采集功能，1553B 总线和 CAN 总线工作峰值带宽均为 1Mbps；实现时间精度为 1 ms 的时间戳功能，以确定 1553B 总线“字”、CAN 总线消息帧接收时间；IO 板与主机接口通过 PCI 2.2 标准总线通信，实现 PCI 从设备功能，支持 PCI 存储器空间读写和配置空间读写操作，接口时钟频率为 33MHz。时间戳信息、1553B 监听信息和 CAN 监听信息缓存于各自独立的局部 FIFO，通过仲裁逻辑，将局部 FIFO 信息写入系统 FIFO，主机通过 CPCI 存储器空间访问系统 FIFO，根据预先定义的数据结构可恢复出时间戳信息、1553B 字信息和 CAN 消息帧。

FPGA 系统逻辑架构如图 5-4 所示。

5.1.2.4 详细设计

根据概要设计详细描述各单元，将该软件概要设计中的模块逐项细化，确定单元模块内部的详细实现过程。一般应包括以下内容：

1）对各单元进行详细设计，包括各单元地址分配、控制方式、接口、存储器空间、时序说明、性能指标、测试要求等。

2）简单时序逻辑，应完成寄存器现态及其次态逻辑生成设计；若采用状态机设计，应完成状态定义及相关状态迁移逻辑的设计；若采用流水设计，应完成流水定义及流水执行逻辑的设计。

3）描述各单元的设计原理及所采用的技术方法与过程。

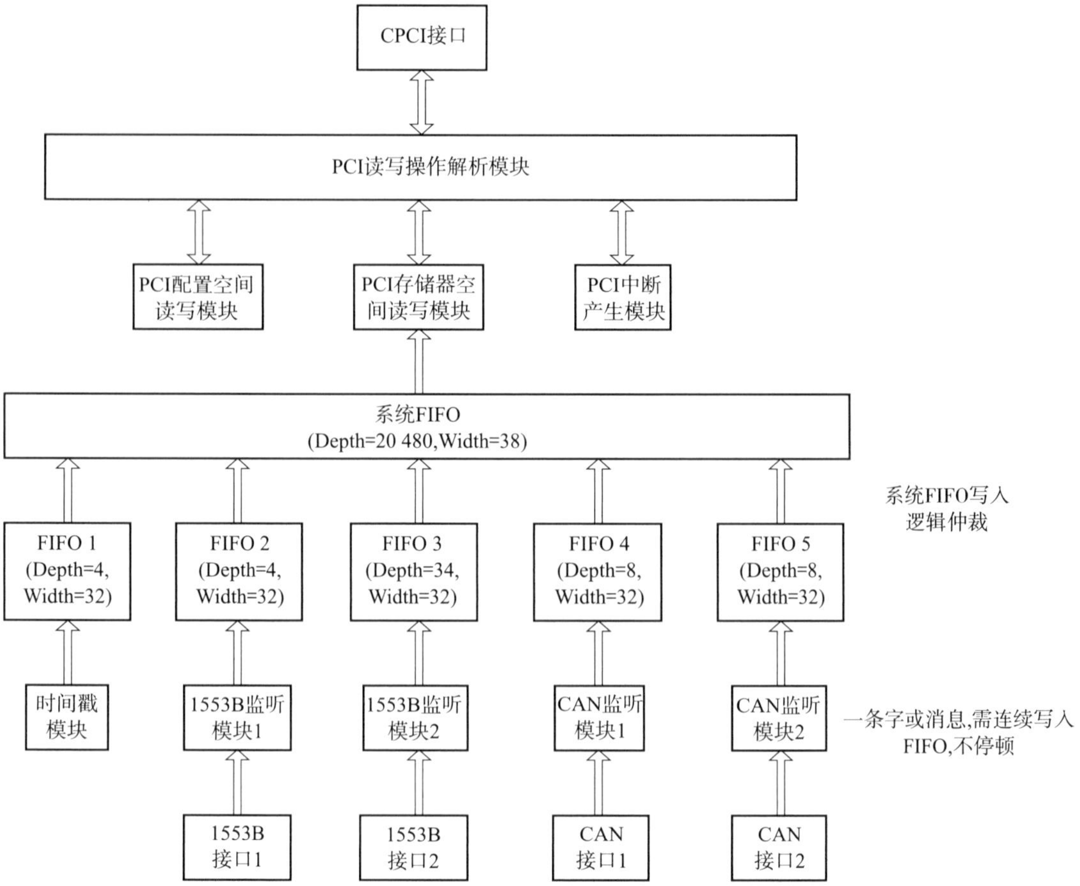

图 5-4　FPGA 系统逻辑架构

4）详细说明各单元在实现时采取的设计输入方法。

5）必要时，给出厂商、版本等 IP 属性。

6）完善安全性可靠性设计，并分析详细设计是否符合安全性可靠性设计要求。考虑适当防错、容错措施和可靠性设计。包括采用同步设计、对异步接口信号和跨时钟域信号处理、关键控制输出信号使用寄存器输出、保证时钟信号的稳定等。

7）完善验证方案设计。

8）应标识出未被使用的功能并评估其安全性影响。

9）约束软件设计、固化与操作，若存在无约束情况，应评估其对安全性的影响并标识。

10）详细设计过程中产生的派生需求应反馈至概要设计分析过程并评估影响。

11）形成 FPGA 软件详细设计说明，并通过内部评审。

下面给出了串口接收功能的详细设计说明。为满足输入数据信号的波特率条件，对系统时钟进行分频处理产生计数器半满（SampleCntHalf）和计数器满（SampleCntFull）两个单脉冲信号，脉冲宽度为 1 个系统时钟周期。在 1 字节数据接收过程中，当

SampleCntHalf 为“1”时，按照 Uart 协议，此时输入信号正处于数据脉冲的正中间，因此在此刻对输入信号进行采样即可得到正确的传输数据位，同时进行校验计算。当 SampleCntFull 为“1”时，按照 Uart 协议，此时输入信号已完成一个数据位的传送并开始下一个数据的传送，因此在此刻确定完成前一个数据位的接收并开始下一个数据位的接收，接收数据位数加 1，直到接收到停止位后，停止 1 字节数据接收过程，计数器复位，恢复到初始状态，准备下一个字节数据的接收。1 字节数据接收过程示意图如图 5－5 所示。

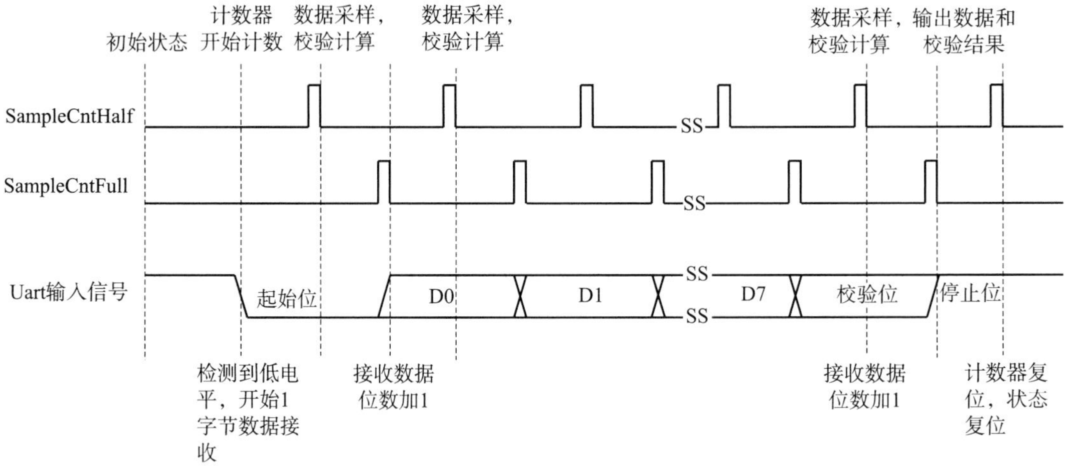

图 5－5　1 字节数据接收过程示意图

5.1.2.5　编码实现

依据详细设计说明进行编码实现，一般包括以下工作内容：

1）完成 FPGA 源代码，编码规则符合硬件描述语言编程规定；

2）FPGA 源代码应增加适量的注释便于后续维护；

3）进行必要的可靠性设计，包括采用同步设计、对异步接口信号和跨时钟域信号处理、关键控制输出信号使用寄存器输出、保证时钟信号的稳定等；

4）对资源和运行速度进行平衡；

5）对于复杂的时序处理过程，时序紧张时应考虑流水线设计方法；

6）使用代码规则检查工具对 RTL 代码进行规则检查；

7）编码完成后及时开展代码审查工作，应重点关注可靠性设计、抗单粒子翻转效应设计等内容，必要时制定代码审查单，附录 A.3 给出了 FPGA 代码审查单参考示例。

5.1.2.6　功能仿真

功能仿真是在不包含信号传输延时信息的条件下，用仿真验证设计的逻辑功能是否正确的过程。功能仿真一般包括以下工作内容：

1）依据测试要求，建立仿真验证环境，编制测试激励向量，开展功能仿真，应满足被测软件外部输入的功能、性能、时序，接口等要求。

2）使用仿真工具进行功能仿真，依据判定准则确定测试用例是否通过。

3）开展覆盖率分析：仿真验证应覆盖需求中所有的功能、性能、接口，功能覆盖率应达到 100%；根据关键等级确定 FPGA 软件语句、分支、条件、表达式、状态机覆盖率要求，若未达到覆盖率要求，则应对未覆盖部分逐一进行分析确认。

4）依据验证覆盖结果完善验证代码和验证用例。

图 5－6 给出了一个仿真验证环境图，测试平台需要搭建的外围芯片验证模型（Verification IP）包括串口通信接口、EMIF（External Memory Interface）接口、温度芯片接口、ADC 芯片接口等。

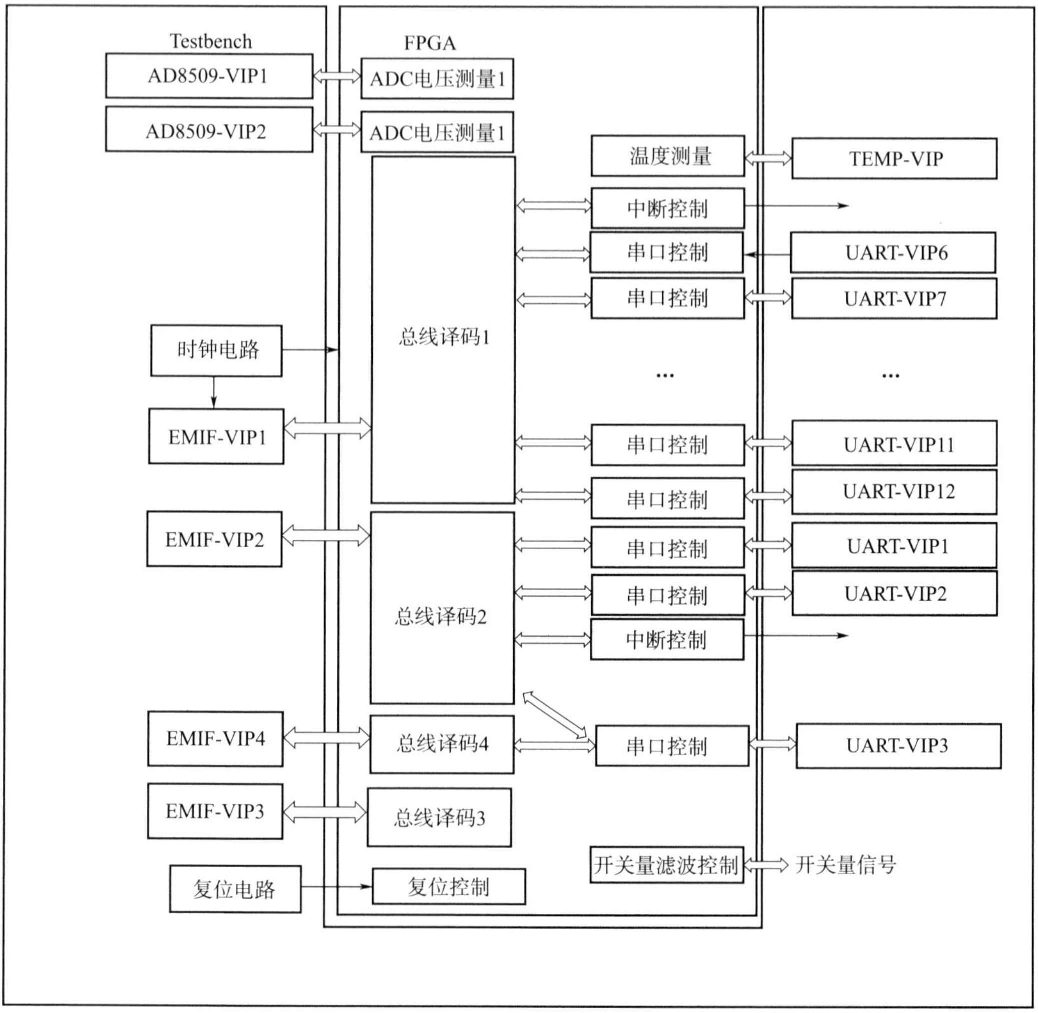

图 5－6　仿真验证环境组成示意图

5.1.2.7　综合约束与布局布线

对编写的 RTL 源代码开展时序约束设计，通过综合工具进行综合，形成综合后网表；对综合后网表开展物理层约束，通过布局布线工具开展布局布线，主要工作内容如下：

1）FPGA 工程属性指向的芯片型号与研制任务书一致，包括器件类型、速度等级、抗辐射级别、封装类型等。

2）添加 FPGA 工程的约束文件，如 I/O 属性、I/O 时序、路径及时钟约束等。需要注意，时序约束需要覆盖全部的时钟域，包括内部分频时钟对应的时钟域，以及所有的输入/输出接口。

3）设置相关工程约束或选项。常用的选项包括：状态机安全实现、禁止寄存器复制、不使用移位寄存器和分布式 RAM 等不可刷新资源。

4）对工具输出的所有警告和错误信息应进行确认和处理，未处理的信息应经过分析确认无影响并在设计报告中说明。

表 5-6 给出了某 FPGA 软件的时序约束设计。

表 5-6　时序约束设计示例

序号	约束类型	约束示例
1	时钟约束	i_clk 约束为 16.9492ns，占空比 50%
2	输入端口约束	“i_digital_video_data”约束为时钟； “i_digital_video_rx_clk”上升沿到来之前 50ns 有效； “i_upp_data”在时钟“i_upp_clk”下降沿到来之前 5ns 有效
3	输出端口约束	“o_upp_data”输出端口在时钟“clk_29p5”上升沿到来之后 5ns 有效； “lvds_video_data”在时钟“clk_7p375”上升沿到来之后 1ns 有效； “o_ana_video_data”在时钟“clk_29p5”上升沿到来之后 1ns 有效

5.1.2.8　网表验证

根据验证计划从功能验证、时序验证两个方面开展网表级验证。一般包括以下工作内容：

1）在功能验证方面，可通过时序仿真与功能仿真的结果进行一致性比较，确保布局布线后的门级网表和 RTL 代码逻辑的等价性，也可采用逻辑等价性检查工具进行 RTL 代码与网表间的逻辑等价性检查。

2）在时序验证方面，可通过静态时序分析或时序仿真验证内部同步时钟、接口时序的正确性。

5.1.2.8.1　门级仿真

门级仿真是针对逻辑综合后网表开展的仿真，主要是为了验证约束设计错误或遗漏给综合工具是否带来功能偏差。一般包括以下工作内容：

1）依据测试用例，建立门级仿真验证环境，编制测试向量；

2）在仿真工具中开展门级仿真工作，人工或自动检测仿真结果；

3）门级仿真验证 RTL 程序经过综合后是否偏离设计原始意图，如状态机保护逻辑是否有效等。

5.1.2.8.2 逻辑等效性检查

依据测试用例的要求，对设计代码、逻辑综合后的网表文件及布局布线后的网表文件开展逻辑等效性检查。一般包含以下工作内容：

1）在逻辑等效性检查工具中加载被测文件；

2）在逻辑等效性检查工具中人工对尚未匹配的比对点进行分析和匹配；

3）执行逻辑等效性检查；

4）人工对分析结果进行二次分析，对不等价点进行问题追踪和定位。

5.1.2.8.3 时序仿真

针对布局布线之后的网表文件和标准延时格式文件开展时序仿真，一般包含以下工作内容：

1）依据测试用例的要求，建立时序仿真环境，编制仿真激励测试向量集；

2）时序仿真应覆盖最大、典型、最小三种工况功能实现的正确性；

3）时序仿真应重点开展接口测试、时序测试，确保不同工况下 FPGA 接口留有足够的时序余量。

5.1.2.8.4 静态时序分析

依据测试用例的要求，针对逻辑综合或布局布线后的网表文件和标准延时格式文件开展静态时序分析，一般包含以下工作内容：

1）定义时序约束；

2）在静态时序分析工具中加载被测文件，被测文件包括逻辑综合或布局布线后的网表文件、标准延时格式文件、时序约束文件、相关库文件；

3）分别在三种工况下开展静态时序分析，应包括最大、典型、最小三种工况，所有时钟的建立时间、保持时间、恢复时间、移除时间余量均大于 0；

4）受工具影响无法进行三种工况验证的，可在设计确认中进行补充验证。

5）对未覆盖情况进行分析和说明；

6）人工对时序分析得到的信息进行二次分析，对时序违反情况进行问题追踪和定位；

7）若时序未达到需求要求，应酌情修改综合布局布线、代码实现或详细设计，并重新开展功能验证和时序验证。

8）查看静态时序分析报告，对不满足时序要求的设计进行优化，确保时序设计符合要求。

三种工况时间余量示例见表 5-7。

表 5-7 三种工况时间余量示例

时钟名称	工况说明	建立时间余量/ns	保持时间余量/ns	恢复时间余量/ns	移除时间余量/ns
CLK	最大工况[125 ℃,1.425V]	2.116	0.795	6.257	12.243
	典型工况[25 ℃,1.5 V]	4.537	0.690	6.797	11.999
	最小工况[−55 ℃,1.575V]	8.372	0.254	7.649	11.049

5.1.2.9 设计确认

为了保证FPGA软件在实际工作环境下工作的正确性，需要在仿真验证、时序验证的基础上，从功能、性能、接口等方面对FPGA软件进行编程下载后测试。FPGA设计确认包括以下内容：

1）进行待确认FPGA编程下载。

2）搭建确认测试环境，对环境进行差异性分析，确认测试的内容。

3）以FPGA软件所属目标单机或系统为测试主体，参照FPGA软件使用说明，在板级或单机产品级进行功能确认或采用其他设计确认手段确认设计功能。

4）根据实际需要确认FPGA器件的电性能、接口波形等参数是否和任务书一致。

5）FPGA软件的功能、性能、接口测试覆盖率应达到100%。

6）编写FPGA软件设计确认报告。

5.1.2.10 产品验收交付

FPGA软件验收交付前，应按计划完成规定的测试验证，满足任务书的功能、性能、可靠性和安全性等要求，规定的各类文档齐全，FPGA软件已纳入产品库。

在FPGA软件具备验收条件后，承制方应向交办方提出验收申请，并附FPGA软件交付清单和研制总结报告；交办方负责制定验收计划，组织验收委员会，依据FPGA软件研制任务书的相关要求进行验收。

FPGA软件验收评审为正式评审。验收委员会应对通过验收评审的FPGA软件编制FPGA软件验收报告，监督FPGA软件承制方按照FPGA软件交付清单向交办方交付产品。交付产品必须取自产品库。

FPGA软件承制方应对验收未通过的FPGA软件按验收委员会的意见，按时完成更改。更改后的FPGA软件应进行相应的回归测试，并由原验收委员会重新验收。

产品验收交付应完成FPGA软件研制总结报告，并通过正式评审；完成验收报告，一般包括技术文件检查情况、性能数据审查情况、产品保证检查情况、存在问题及情况说明、验收结论等。

5.1.2.11 运行与维护

FPGA软件运行与维护与处理器软件要求基本一致，详见3.9节。

5.2 软件需求工程

5.2.1 概述

需求工程是随着计算机的发展而发展的。在计算机发展的初期，软件规模不大，软件开发所关注的是代码编写，需求分析很少受到重视。后来软件开发引入了生命周期的概念，需求分析成为其第一阶段。随着软件系统规模的扩大，需求分析与定义在整个软件开发与维护过程中越来越重要，直接关系到软件的成功与否。人们逐渐认识到需求分析活动不再仅限于软件开发的最初阶段，它贯穿于系统开发的整个生命周期。20世纪80年代中期，形成了软件工程的子领域——需求工程（Requirement Engineering，RE）。

需求工程是指应用已证实有效的技术、方法进行需求分析，确定客户需求，帮助分析人员理解问题并定义目标系统的所有外部特征的一门学科；它通过合适的工具和记号系统地描述待开发系统及其行为特征和相关约束，形成需求文档，并对用户不断变化的需求演进给予支持。

需求工程可分为系统需求工程（针对由软硬件共同组成的整个系统）和软件需求工程（专门针对纯软件部分）。软件需求工程是一门分析并记录软件需求的学科，它把系统需求分解成一些主要的子系统和任务，把这些子系统或任务分配给软件，并通过一系列重复的分析、设计、比较研究、原型开发过程把这些系统需求转换成软件的需求描述和一些性能参数。本文以下如无特别说明，需求工程主要是指软件需求工程。

5.2.1.1 需求的定义

需求工程具有跨学科的特点，体现了软件研制方和交办方之间协调，以便创建和维护系统、软件或者服务所能满足的需求。需求工程关注的是发现、捕获、开发、分析、验证需求，并确认、描述、文档化和管理需求。需求工程的结果是得到结构化的需求。

IEEE软件工程标准词汇中对“需求”的定义如下：

1）用户为解决问题或达到目标所需的条件或能力；

2）系统或系统部件为满足合同、标准、规范或其他正式文档所需具有的条件或能力；

3）对上述条件或能力的文档化描述。

GB/T 11457—2006《信息技术 软件工程术语》中“需求（requirement）”的定义也与之相近。

5.2.1.2 需求的层次

软件需求包括三个不同的层次：业务需求、用户需求、功能需求。需求并未包括设计细节、实现细节、项目计划信息或测试信息，它关注的是充分说明开发人员究竟要开发什么。

图5-7给出了这些需求之间的关系示意图，图中椭圆表示各类信息需求，矩形表示存储这些信息的载体。

业务需求（Business Requirement）：反映了组织机构或客户对系统、产品高层次的目标要求，它们在项目视图与范围文挡中予以说明。

用户需求（User Requirement）：其文挡描述了用户使用产品必须要完成的任务，这在用例（use case）文档或脚本（scenario）说明中予以说明。

功能需求（Functional Requirement）：定义了开发人员必须实现的软件功能，使得用户能完成他们的任务，从而满足了业务需求。

系统需求（System Requirement）：用于描述包含多个子系统的产品（即系统）的顶级需求，系统可以只包含软件子系统，也可以既包含软件又包含硬件子系统。

质量属性（Quality Attribute）：从多种方面对产品的各种特性（Feature）进行描述，

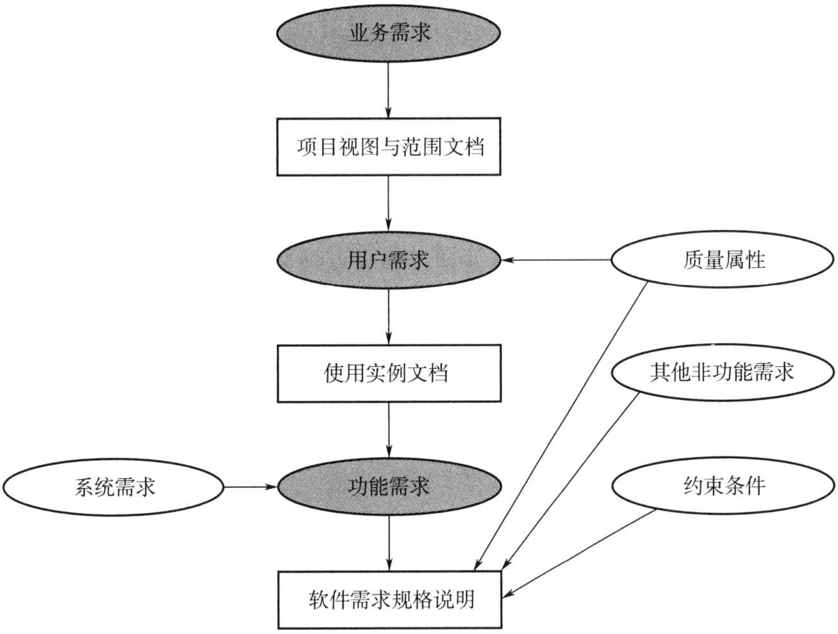

图 5-7 软件需求之间的关系示意图

包括可靠性、易用性、效率、可维护性和可移植性等。

非功能需求（Non-Functional Requirement）：作为功能需求的补充，描述了依据一些条件判断系统运行的情形或特性，而不针对系统特定行为的需求。对性能指标、质量属性和约束等的描述，也应包括在软件需求规格说明中。软件的非功能需求随着软件系统的规模增长和复杂度增加，越来越成为软件开发的关注点。航天型号软件大多数属于实时嵌入式安全关键软件，所以非功能需求是型号软件需求的重要组成部分。

约束条件（Constraint）：指开发人员在软件设计和构建时的限制。

5.2.1.3 需求的特点

需求具有必要性、有优先级、无二义性、完整性、单一性、可行性、可验证性和正确性等特点。

（1）必要性

每一项需求都应按照客户真正所需要的和最终系统所需遵从的标准记录下来。“必要性”也可以理解为每项需求都是用来编写文档的“根源”。要使每项需求都能回溯至某项客户的输入，如使用实例或别的来源。

（2）有优先级

给每项需求、特性或使用实例分配一个给定的优先级，以指明它在特定产品中所占的分量。如果把所有的需求都看作同样重要，那么项目管理者在经费、进度受限时则难以开展项目管理。

（3）无二义性

对所有的需求说明都只有一个明确的统一的解释。由于自然语言极易导致二义性，所以尽量把每项需求用简洁明了的用户性语言表达出来。避免二义性的有效方法包括对需求文档的正规审查、编写测试用例、开发原型以及设计特定的方案脚本。

（4）完整性

每一项需求都必须将所要实现的功能描述清楚，以使开发人员获得设计和实现这些功能所需的全部必要信息。

（5）单一性

每一项需求应该描述单一的能力、特征、约束或质量因素。需要注意的是，尽管单个需求由单个功能、质量特性或约束组成，但在满足需求时，它可以有多个条件。

（6）可行性

每一项需求都必须是在已知系统和环境的限制范围内可以实施的。为避免不可行的需求，最好在获取需求过程中，始终有一位软件设计师与系统设计师在一起工作，由他负责检查技术的可行性。

（7）可验证性

检查一下每项需求是否能通过设计测试用例或其他的验证方法，如用演示、检测等来确定产品是否确实按需求实现了。如果需求不可验证，则确定其实施是否正确就成为主观臆断，而非客观分析了。一份前后矛盾、不可行或有二义性的需求也是不可验证的。

（8）正确性

每一项都必须准确地描述其开发的功能。需求的来源是做出正确判断的依据，如用户或高层的系统需求规格说明。若软件需求与对应的系统需求相抵触，就是不正确的；只有用户代表才能确定用户需求的正确性。这也是一定要有用户积极参与的原因。

5.2.1.4　需求工程的主要内容

需求工程是一个不断反复的需求定义、文档记录、需求演进的过程，并最终在验证的基础上冻结需求。20世纪80年代，Herb Krasner定义了需求工程的五阶段生命周期：需求定义和分析；需求决策；形成需求规格；需求实现与验证；需求演进管理。近来，Matthias Jarke和Klaus Pohl提出了三阶段周期的说法：获取、表示和验证。综合了几种观点，我们把需求工程的活动划分为以下5个独立的阶段：

1）需求获取：通过与用户的交流，对现有系统的观察及对任务进行分析，从而开发、捕获和修订用户的需求；

2）需求分析：为最终用户所看到的系统建立一个概念模型，作为对需求的抽象描述，并尽可能多地捕获现实世界的语义；

3）需求定义：生成需求模型构件的精确描述，作为用户和开发者之间的一个协约；

4）需求验证：以需求规格说明为输入，通过符号执行、模拟或快速原型等途径，分析需求规格的正确性和可行性；

5）需求管理：支持系统的需求演进，如需求变化和可跟踪性问题。

5.2.2 需求获取

需求获取的主要目的是搜集、理解和记录与需求有关的信息。开始进入这个步骤的首要条件是软件需求分析人员得到了软件任务书以及其他有关文档（如系统设计文档、硬件设计文档、接口要求与通信协议等）。软件任务书就是软件的用户需求。当这一文档不完善、不清晰或者不容易被需求分析人员所理解时，软件需求分析人员在阅读的过程中，就要通过各种方式不断地与系统设计人员进行交流。对于分析人员自己认为已经理解的需求，还需要得到系统设计人员的确认。如果分析人员缺乏关于这个应用领域的背景知识，那么需要对分析人员提前进行培训。

在航天型号软件研制过程中，型号系统在“分配软硬件的功能和性能指标，定义软件配置项，形成软件任务书”时，“承制方应组织软件设计人员参与和软件有关的系统分析与设计工作”这个要求对软件人员了解和理解软件任务书是很重要的。

需求信息的获取主要依靠需求分析人员的经验来完成，很少有成套的方法和工具支持。对于缺乏工作经验的需求分析人员，我们给出以下具体建议供参考：

1）了解该软件任务的背景，软件所在大系统的组成，与该软件有关的其他分系统的主要功能，这些分系统与该软件的关系，相互交流的信息；

2）根据软件任务书以及与任务委托方交谈，理解该软件应完成的主要功能；

3）对各个主要功能进行详细了解和记录；

4）考虑是否要对主要功能的数目及其具体功能进行调整；

5）将各个主要功能的具体内容分解成若干个子功能；

6）搜集和记录性能、质量属性等非功能需求；

7）搜集和记录设计约束。

为了完成好上述第一项工作，建议画出一个软件系统环境图（即 Context Diagram），这种图往往比文字描述要清楚、直观。这个图描述与该软件交流信息的外部环境（包括硬件与软件）以及相互间交流的信息。

5.2.3 需求分析

多年来，人们提出了许多需求分析建模的方法，其中占主导地位的两种方法是“结构化分析方法”和“面向对象分析方法”。

5.2.3.1 结构化分析

结构化分析方法是在结构化设计方法之后提出的，最早开始于 20 世纪 60 年代末和 70 年代初，DeMaro 在 1979 年出版的 *Structured Analysis and System Specification* 一书中，给出了数据流图等结构化分析工具，并使用数据字典和加工说明等作为图形工具的补充。

80 年代早期，人们对结构化分析方法进行了完善，但是在这一阶段的结构化方法中，并没有提到对系统行为的建模。80 年代中期，结构化方法的缺点开始暴露出来，特别是对于实时系统。实时系统与外部实体进行交互时具有鲜明的时间特性，对响应速度和可靠性有严格的要求，实时系统的数据流应区分为时间上连续的数据流和离散的数据流（控制信号或事件）。Ward & Mellor 为结构化建模工具引入了用以表示连续数据流、事件、事件源以及控制的图形记号。Hatley & Pirhai 为结构化建模工具扩充了实时系统的过程模型和控制模型，分别从静态和动态描述实时系统。

需求分析产生的模型使人们可以更好地理解将要建造的系统，它有助于系统分析员理解系统的信息、功能和行为，成为确定需求规格说明完整性、一致性和精确性的重要依据，奠定了软件设计的基础。

结构化分析导出的分析模型包括数据模型、功能模型和行为模型，具体形式如图 5－8 所示。该模型以"数据字典"为核心，它描述了软件使用的所有数据对象，围绕这个核心的是实体关系图、数据流图和状态转换图。

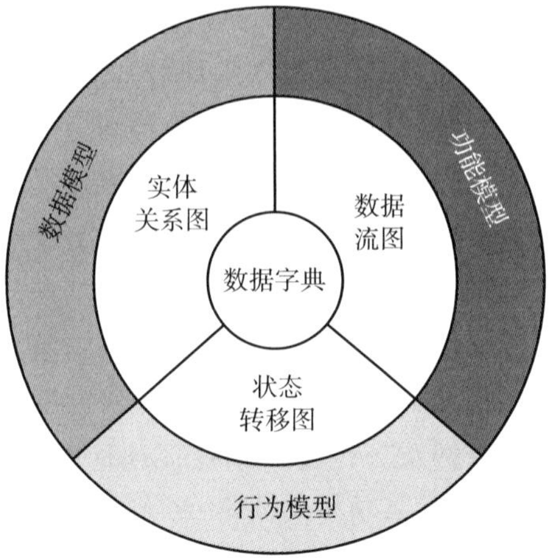

图 5－8　结构化分析图

1）实体关系图（Entity－Relationship Diagram，ERD）：作为数据建模的基础，描述数据对象及其关系。

2）数据流图（Data Flow Diagram，DFD）：作为功能建模的基础，描述数据怎样转换以及转换的功能。

3）状态转换图（State－Transition Diagram，STD）：作为行为建模的基础，表示系统的各种行为状态以及状态间的转换方式。

结构化分析过程实质上就是创建数据模型、功能模型和行为模型，其中数据建模的工具是实体关系图，功能建模的工具是数据流图，行为建模的工具是状态转换图，另外使用数据字典定义系统的所有数据项。

5.2.3.2　面向对象分析

结构化分析注重处理功能，对所处理的数据放于次要的位置。对于众多的领域而言，其处理（功能）是易变的，系统中的实体（对象）往往不太变化，因此随着系统或软件规模的增大，采用结构化的分析容易导致模块低内聚和模块间高耦合，从而使得系统缺乏灵活性和可维护性，往往不能很好地适应需求的变化。

面向对象方法解决问题的思路是从现实世界中的客观对象（如人和事物）入手，把一切都看成是对象，尽量运用人类的自然思维方式来构造软件系统，这与传统的结构化方法从功能入手和信息工程化方法从信息入手是不一样的。软件需求的变动往往是功能的变动，而功能的执行者——对象一般不会有大的变化，这便是面向对象技术产生与发展的根源。

对象是系统中用来描述客观事物的一个实体，它是构成系统的一个基本单位。一个对象由一组属性和对这组属性进行操作的一组操作构成。面向对象是一种运用对象、类、继承、封装、聚合、关联、消息、多态性等概念来构造系统的软件开发方法。

面向对象的方法从现实世界中客观存在的事物出发来建立软件系统，强调直接以问题域（现实世界）中的事物为中心来思考问题、认识问题，并根据这些事物的本质特征，把它们抽象地表示为系统中的对象，作为系统的基本构成单位。这可以使系统直接映射问题域，保持问题域中事物及其相互关系的本来面貌（对象）。用对象的属性表示事物的性质；用对象的操作表示事物的行为。对象的属性与操作结合为一体，成为一个独立的、不可分的实体，对外屏蔽其内部细节。通过在不同程度上运用抽象的原则，可以得到较一般的类和较特殊的类。特殊类继承一般类的属性与操作，从而简化系统的构造过程及其文档。

面向对象的分析（Object Oriented Analysis，简称 OOA），就是运用面向对象方法进行系统分析。基本任务是运用面向对象方法对问题域和系统责任进行分析和理解，找出描述问题域及系统责任所需的对象，定义对象的属性、操作以及它们之间的关系。目标是建立一个符合问题域、满足用户需求的 OOA 模型。问题域指被开发系统的应用领域，即在现实世界中由这个系统进行处理的业务范围。系统责任指所开发的系统应该具备的职能。OOA 是软件生命周期的一个阶段，具有一般分析方法共同具有的内容、目标及策略；强调运用面向对象方法进行分析，用面向对象的概念和表示法表达分析结果。

面向对象的方法已应用到软件生命周期的各个阶段，而且面向对象技术自然地支持快速原型法和快速应用开发。对需求工程而言，由于人类自然地趋向于用“对象”的观点或方法来认识问题和描述问题，所以用基于对象的概念模型来建立问题域模型成为需求分析员和用户交流的有效手段。

面向对象思想最初曾遭到一些批评，理由是用户关心和理解的只是系统的功能，不可能去学习面向对象技术模型。幸运的是，统一建模语言（Unified Modeling Language，简称 UML）的出现，使这一情况得到了大大的改观。在 UML 中，面向对象建模的第一步是用例图（Use Case）的分析，由参与者、用例、边界以及它们之间的关系描述了系统的功能。系统的外部人员或其他系统通过和用例图交换消息来了解和使用系统的功能，弥补了面向对象建模和用户之间的距离。系统建模语言（System Modeling Languague，简称 SysML）基于 UML 语言扩展而来，是一种专门为系统工程应用开发的标准建模语言。

UML 以对象图描述任何类型的系统，具有很宽的应用领域，可以对任何具有静态结构和动态行为的领域建模。UML 还适用于从需求规格说明到系统测试的不同阶段。在需求分析阶段，用用例图捕捉用户需求并建模，描述与系统有关的外部角色及其对系统的功能要求。分析阶段主要关心问题域中的主要概念和机制，并用 UML 类图来描述对象和类，用UML动态模型描述类之间的协作关系。

UML使用户不仅可以有效地参与需求定义，还能在建模过程中参与部分的设计、实现和测试，从而有效地进行需求验证。使用户在需求的定义、决策、验证和管理，乃至整个软件开发过程中，充分发挥其主导作用。

5.2.4 需求定义

需求工程的主要结果是软件需求规格（Software Requirement Specification，简称SRS)。功能需求定义系统需要“做什么”，描述系统输入输出的映射及其关联信息，完整地刻画系统功能，是整个软件需求的核心。非功能需求定义系统的属性，描述和行为无关的目标系统特性，包括系统的性能、有效性、可靠性、安全性、易维护性、可见性和顺应性。

5.2.4.1 功能需求的编写

5.2.4.1.1 功能需求分解的方法

软件需求规格说明的内容中，功能描述往往是软件需求文档中篇幅最大、内容最复杂的部分。由于软件功能的复杂性，我们在对它进行描述时需要对它按照某种方法进行分解、并对分解后的内容按照某种方法进行编排。由于功能需求的内容比较多，我们应该采用一种结构化的、层次化的方式描述这些功能需求。其编写要点是：

1）将整个软件的功能需求分解成若干个子功能需求。根据需要，各个子功能需求或者某些子功能需求还可以进一步分解。

2）整个功能可以按照多种方式进行分解，例如按照功能、工作模式（mode)、外部激励（stimulus）等。用得较多的是按照功能分解，即把整个系统的功能完全按照子功能进行分解。按照工作模式和外部激励分解的方式，首先按照工作模式和外部激励进行顶层需求的分解，到了需求分解的下层，还是采用功能分解的方式。

这里举出两种工作模式的例子供参考：

1）加电初始化与自检状态模式，正常工作状态模式，故障保护阶段模式。

2）发射前状态模式，入轨前状态模式，正常工作状态模式，休眠状态模式，应急状态模式。

在采用工作模式的描述方法时，需要注意的一个问题是：要对每个工作模式的进入与转出的条件，以及它们进入前所处的模式和转出到哪个模式等进行描述。

5.2.4.1.2 功能需求分解的完善程度

在型号实践中发现许多需求分析人员对功能需求分解的完善程度的重要性以及如何进行完善的分解不清楚。完善的功能需求分解指的是功能分解要逐级分解，直到最下层的子功能是不能再分解的基本功能。这些基本功能应该有自己的独立编号、名称和描述，这有利于对用户需求和软件设计的跟踪，也方便对需求的修改和维护。

完善的功能需求分解对于软件需求的深入理解、软件设计、软件测试及软件维护都是重要的。功能需求分析有以下建议：

1）每个功能应该具有一个单一的、确定的用途。

2）不同抽象程度的功能应该出现在与其相符合的功能层次上。例如“计算校验和”的功能就不应该出现在与“验证遥控指令”同样的层次上。

3）应该尽量减少每一个功能的接口。这可以使得在设计时比较容易得到相互之间耦合比较弱的软件组件。

4）每一个功能不应该分解成多于 7 个子功能。

5）在功能需求的描述中，不应该使用属于软件实现中的术语（例如，文件、记录、模块等）。

6）只要有可能，应该给出每一个功能的性能属性（例如，容量、速度等）。

7）应该对关键性的功能给出标识。

8）功能的名字应该反映该功能的用途，应该说要“做什么”，而不是“如何做”。

9）功能的名字应该具有动宾结构，例如“验证遥控指令”。

这九条建议中，第 4、7 条可以根据编写者自己的需要采用，第 6 条所要求的性能属性也可以放在非功能需求的性能需求中描述，其他 6 条都是我们应该遵循的。这里最重要的一点就是功能分解后的最底层功能，应该具有一个单一的用途，而且与其他功能具有很少的接口，它们一般只需要用两三句话就可以描述。每个基本功能在测试时，只要用很少的测试用例就可以完成对它的测试。

对软件需求的描述应做到以下详细的程度：需求描述是从粗到细、从抽象到具体地逐级分解进行的，直到没有模糊的层次为止；如果详细程度不够，则设计者无法弄清用户的要求；如果太过于详细，则可能产生了对于设计者不必要的约束；如果所做的描述既可以满足用户的需求，设计者又可以采取多种方式来实现，那么描述可能是足够详细的。

需求编写者经常努力寻找一种合适的详细程度（或粒度-granularity）。这里提供一种检查方法：编写的需求项应该是可以进行个别测试的。如果能够想出很少几个测试用例，便可以验证一个需求项是否被正确地实现了，那么这个需求项可能达到了一种合适的详细程度。如果需要设计出数量众多的测试用例才能验证这个需求项，那么这个需求项可能需要进一步的分解。

5.2.4.1.3　功能需求的表达方式

在对功能进行充分的分解以后，要对最底层功能进行描述。可以采用 IPO（Input-Process-Output，输入-处理-输出）表格来描述功能，示例见表 5-8。

表 5-8　某项功能需求的 IPO 功能描述表格

功能名称	验证数据帧的有效性
输入	数据帧
处理	解析获得数据帧标识 ID 和校验码 A
	根据数据帧计算得到校验码 B
	对数据帧标识 ID、解析所得校验码 A、计算所得校验码 B 进行判断
输出	数据帧有效或无效

5.2.4.1.4　需求内容与设计内容的区别

在工程实践中常常遇到需求写得太详细、太具体的情况。这种详细具体的描述实际上已经属于设计阶段、有的甚至是属于实现阶段的内容。这种情况会带来以下问题：

1）不符合软件工程“抽象化”“层次化”和“分而治之”等原则。应该把需求分析任务局限在自身阶段，尽量不涉及软件设计阶段和实现阶段的内容，否则容易将任务复杂化。

2）会过多地干预或约束设计人员的工作。

3）给软件的确认测试带来困难。因为软件需求规格说明中的主要内容是软件外部的功能和行为，每一项需求都应该得到测试。如果在需求中描写了一些设计的内容，那么这些内容从软件外部是难以看到和测试到的。

那么如何将需求内容与设计内容区分开呢？最重要的原则是：需求内容规定的是一个从外部可观察到的系统功能和属性。可以采用这样的问题来区分它们：这项内容是否可以从软件外部观察到功能和行为？这项内容是否可以从软件外部对它进行测试？

5.2.4.2　非功能需求的编写

5.2.4.2.1　安全性需求

软件安全性指的是软件不会由于软件的问题引起系统重大安全事故的能力。因为软件本身并不存在是否安全的问题，所以软件安全性需求是一种针对系统而言的属性。这类需求是指为了保证系统的安全性而对软件提出的需求。

为了更有效地明确软件安全性要求，软件安全性需求可以采用两种方式给出。

一种方式是提出一些原则性的要求。例如：

• 软件应不发生“单点失效”的故障。

• 软件跑飞后系统具有对软件重新复位的功能。

• 对关键性数据进行完整性检查。

• 该软件属于 A 级软件，其开发的质量管理、产品确认与验证等均应严格按照 A 类软件的规定执行。

另一种方式是给出一些具体的技术要求，这些要求通常是根据以往型号的经验给出的，它们可能已经属于软件设计或实现阶段的内容，所以也可以把它们当作设计约束。例如：

• 在程序中，不得使用一位的逻辑“0”或“1”表示“安全”或“危险”状态。

• 程序中的“安全”或“危险”状态所判断条件不得依赖于全“0”或全“1”的输入。

为了使这两种方式的安全性需求更加规范，可以将安全性需求分为两类。一类是通用的安全性需求，在某一个应用领域或一类型号中，为了避免工作的重复和内容的遗漏，可以将在多个类似型号中收集起来的安全性需求整理成一套适用于某一类型号的通用安全性需求。另一类是具体的软件任务所提出来的特殊安全性需求，作为通用安全性需求的补充。

为了提高软件的安全性，除了在安全性需求中提出要求外，还应该对功能需求中直接关系到系统安全性的功能进行标识。对于比较简单的软件，可以采取简单分析的方法，找出那些安全关键性功能。对于比较复杂的软件，可能需要采用安全性分析技术（例如软件故障树分析、软件故障模式影响分析等），才能科学地找出那些安全关键性功能。对于这些经过安全性标识的功能，必须在后续的概要设计、详细设计、实现及测试中进行跟踪，采取种种措施保证实现这些安全关键性功能的质量。

5.2.4.2.2 可靠性需求

GB/T 11457《软件工程术语》中给出了软件可靠性的定义：

1）在规定条件下，在规定的时间内软件不引起系统失效的概率。

2）在规定的时间周期内在所述条件下程序执行所要求的功能的能力。

第一种可靠性的定义是定量化的。这里说的可靠与否是针对它被要求完成的所有功能而言的，不管该功能失效的后果是否严重。与此不同的是安全性，安全性针对的是那些导致系统发生严重事故（如箭毁人亡）的功能。

欧空局（European Space Agency，简称 ESA）提出采用平均故障间时间（Mean Time Between Failure，简称 MTBF）和系统的平均修复时间（Mean Time to Repair，简称 MTTR）描述软件的可靠性。

尽管软件的可靠性对于航天型号软件十分重要，但是要定量地给出软件可靠性的指标，在软件完成后再通过试验或其他方法去验证它都是十分困难的。所以国外航天技术发达的国家比较少地在软件需求规格说明中明确地提出这个指标。第二种可靠性的定义并没有给出如何描述这种能力的方法，实施起来也有困难。

软件可靠性的提高和保证可以采用一系列技术措施来实现。例如软件开发单位可以按照软件工程的原则，全面改善自己的软件开发过程，来减少软件错误的发生；也可以在软件开发过程中制定和执行严格的软件质量保证制度或标准，来提高软件质量。这些技术措施的实施情况是可以通过检查和评审来考核的，但是这些措施对提高和保证软件可靠性的定量效果是难以确认的。

如果具备通过系统分析可以给出定量的或定性的软件可靠性需求，并且不仅在设计与实现阶段能够付诸实现，而且能够对软件产品的可靠性进行验证，那么我们应该在需求中给出软件可靠性需求。否则，对一般的软件可以不在该章节中给出可靠性需求。

5.2.4.2.3 可维护性需求

可维护性指的是为了改正错误、改善性能和其他属性，软件被修改的容易程度。在实际任务中，可以采用平均修复时间（MTTR）提出可维护性需求。

对于卫星和飞船，应对飞行软件提出在轨可维护的要求。

5.2.4.2.4 硬件资源的约束

航天型号中的计算机系统工作在各种恶劣环境中，其中有一些还要在空间辐照的环境中工作。这些环境中的硬件受到各个方面的限制，其速度、容量等性能都是十分有限的。所以在软件需求中明确地给出软件设计和实现中所受到硬件的种种约束，是十分必要的。

5.2.4.2.5　一个星载软件非功能需求的例子

这里列举一个指令与数管软件可靠性和可维护性定量化需求的论证过程和指标。

系统可靠性要求：

1）整星寿命：5 年。

2）整星的可用性为 99%，处于安全模式的时间为 1%（即 2.6 周）。

设计分配：

1）安全模式分配给硬件和软件的比例：硬件 70%，软件 30%。

2）在由软件引起的整星安全模式中分配给指令与数管软件的比例：25%。

3）指令与数管软件的平均修复时间：24 个小时。

设计指标的定量计算过程为：

1）允许由指令与数管软件引起的故障时间＝5 年 * 1% * 30% * 25%＝32.76 小时；

2）指令与数管软件的可用性＝（5 年－32.76 小时）/5 年＝0.999 253；

3）允许指令与数管软件引起系统进入安全模式的次数＝32.76 小时/24 小时＝1.365；

4）指令与数管软件的平均故障间时间（MTBF）＝（0.999 253 * 24 小时）/（1－0.999 253）＝32 085.85 小时＝1 336.912 天＝44.074 02 月。

指令与数管软件的可靠性指标结果为：

1）可用性＝0.999 253；

2）平均修复时间＝24 个小时；

3）平均故障间时间＝32 085 小时。

这里我们对这组非功能需求的制订和实现中可能遇到的问题作一个讨论。第一，在设计分配中，软硬件之间的指标分配、指令与数管软件与其他软件之间的指标分配需要大量统计数据作为分配的依据，我们目前恐怕还难以做到这一点。第二，指令与数管软件的可靠性指标中，平均修复时间是有它的现实意义的，但是我们目前在技术上还难以对可用性和平均故障间时间等指标在设计中予以落实。进一步说，即使我们在设计中采取了一些措施，这些措施是否足以落实了这两个指标，我们也难以检查和验证。这是我们确定定量化的非功能需求时遇到的困难。

5.2.4.2.6　数据字典

数据字典对需求中的数据（主要是输入数据、输出数据、内部数据等）集中地进行标识，对它们的结构和属性进行描述。

虽然这一部分的内容在一定程度上与需求文档的其他内容有重复，但是它将散布在文档中的各种数据都集中起来，采用比较规范的方式对它们的属性进行描述。其目的是对数据进行全面描述，即在文档中描述不够的属性在这里都可以得到补充，同时通过集中和有序的描述，使得使用方便。

软件需求中是否应该包括数据字典并不是一个强制性的要求。它是提高需求文档质量，降低需求文档中数据的不一致性、不完整性的一个有效手段，也是一个使用方便的工具。

对于数据字典的形式没有严格的规定。一般包括对这些数据属性的描述：数据名称、数据的来源地和目的地、标识符、结构、类型、单位、精度等。数据字典中包括的数据范围主要是输入数据、输出数据、内部数据，也可以包括飞行（或运行）前装定的参数。

5.2.5 需求验证

需求规格说明的检查是一项十分重要的工作，又是一项难以完成的任务。需求的检查验证是软件需求分析人员自己必须做的一项工作。随着软件工程化的进展，重要软件的需求还应该交给第三方进行检查验证。检查验证的技术和工具越来越先进，其严格的程度越来越高。我们把验证方法分成人工检查和通过建模分析进行检查两大类。

5.2.5.1 人工检查

长期以来，人工检查始终是一种最基本的方法，它主要依靠人的经验对需求文档进行检查。为了帮助人们进行人工检查，一些机构分别收集并归纳了一些需要重点检查的内容或问题，形成了各种各样的需求文档检查单。尽管现在可以找到一些检查单，但是没有经验的人操作起来还是不容易。各个软件开发单位应该在别人的检查单的基础上，通过实际使用逐渐形成一套符合自己的检查单。

5.2.5.1.1 建议在文档中包含的内容和描述方式

数据流图、状态转移图和数据字典是提高需求质量的有效方法。采用这些方法时，应确保这些图表本身正确，并与文字描述的功能需求一致。

对功能进行文字标识和编号有利于理解和使用这些功能。建议每项功能都有一个文字标识，该标识由表示动作的词组构成，例如计算温度的平均值、遥测数据处理等。不要采用单纯的名词作为功能的标识，例如遥测数据、滤波器等。除了文字标识之外，建议每项功能还有一个功能需求编号，例如，采用 FR1.2 标识第一个功能需求中的第二个子功能。

建立软件需求与软件任务书内容的对照表，将任务书的内容向需求文档进行映射。建立一个需求文档更改记录单，记录文档的版本号、修改时间、修改位置、修改内容、修改原因等。

5.2.5.1.2 需求文档中通常不应该包括的内容

在需求文档中不应该包括不可测试和验证的内容。例如：人员安排、工作计划、采用的工具和方法，配置管理、软件验证和确认的具体内容等，应该放在《项目开发计划》中；从软件外部观察不到的功能和行为（做什么、做到什么程度、速度、精度等），应该放在设计文档中。

5.2.5.2 建模分析检查

对软件需求建立模型，通过模型的表达、运行和对模型应具备的特性的搜索或证明来发现需求中的各种问题。第一种是原型法，通过对软件需求建立原型，并运行原型来检查需求的正确性。第二种是形式化方法，采用基于严格语法和语义的工具（语言、图形或表格）建立需求的模型，通过自动分析、仿真运行、状态搜索或自动证明等方式，检查需求的一致性或者检查该需求是否具备它应该具备的特性（例如安全特性）。

5.2.5.2.1　原型法

虽然完成了需求获取、分析和编写规格说明，客户或开发人员依然对需求中的一部分感到不明确或不清晰，那么在用户和开发人员之间对于产品的理解必然会存在期望差距。通过阅读文本需求或研究分析模型，很难想象软件产品在特定的环境中如何运行。解决这个问题的一个有效方法就是建立软件原型，它可以使新产品形象化，并消除不同的人在需求理解上的差异。比起阅读一份冗长无味的软件需求规格说明，用户通常更愿意尝试建立实实在在的原型。一个软件原型是所提出的新产品的部分实现，它比开发人员常用的技术术语更易于理解，有助于解决在产品开发的早期阶段需求不确定的问题。

原型在软件开发过程中可以起到以下作用：

（1）明确并完善需求

原型作为一种需求工具，它初步实现所理解的系统的一部分。用户对原型的评价可以指出需求中的许多问题，在开发真正产品之前，可以用最低的成本来解决这些问题。

（2）探索设计选择方案

原型作为一种设计工具，用它可以探索不同的用户界面技术，使系统达到最佳的可用性，并且可以评价可能的技术方案。

（3）发展为最终的产品

原型作为一种构造工具，是产品最初子集的完整功能实现，通过一系列小规模的开发循环，可以完成整个产品的开发。在软件开发过程中，原型是软件的一个早期可运行版本，它反映最终系统的部分重要特性。与飞机模型或汽车模型不同，软件原型只是真实系统的一部分或者一个模型，因此，切记不能把它和最终系统等同起来。

5.2.5.2.2　形式化方法

形式化方法是基于数理逻辑和离散数学的方法，建立在严格的数学基础上，可以对需求、设计和代码本身以及它们之间是否相符合进行严格的检查。

从广义上讲，形式化方法是借助数学的方法来解决软件工程领域的问题，主要包括建立精确的数学模型以及对模型的分析活动。从狭义上讲，形式化方法是运用形式化语言，进行形式化的规格描述、模型推理和验证的方法，主要包括命题演算、模型检测、时态逻辑方面、谓词逻辑、高阶逻辑等。就建模而言，形式化表示必须包含一组定义其语法语义的形式化规则。这些规则可用于分析给定的表达式是否符合语法规定，或证明该表达式具有某种性质。

目前在形式化方法的应用中还存在着一些问题。其一是大多数方法都需要良好的数理逻辑基础，所以对于软件开发人员来说不容易学习和使用。其二是对复杂系统的分析能力仍然有限，例如有时会产生所谓的“空间爆炸”的问题，即形式化方法要分析的系统中状态空间的组合达到了非常大的数目，超过了计算机 CPU 和存储器的能力。

尽管形式化方法尚待成熟，但是国内外的学者一直在致力于这方面的研究，国外航空航天领域已经有许多应用成功的例子。

5.2.6 需求管理

需求管理指对需求进行记录、分析、跟踪、优先级排序以及对需求达成共识、控制更改、与相关人员进行沟通的过程，是贯穿项目的持续过程。需求管理的目的是保证组织记录、验证并满足了相关人员的要求和期望，保障各阶段目标的质量和各阶段工作的衔接。

需求管理需要完成的任务可以概括为四部分：

1）需求识别：标识、分类、组织需求，并建立需求文档；

2）基线管理：对需求优先级进行排序，定义需求基线；

3）变更管理：阐明需求变更的原因、评估每项需求的影响从而决定是否实施变更并记录在案；

4）需求追踪：保持需求和其他过程产品以及需求本身之间的依赖关系。

以上 4 个任务之间的关系如图 5-9 所示，其中方框表示任务，菱形表示产出。变更管理对变更申请进行分析，决定是否实施变更。需求追踪过程中如果发现产品指标不满足预期要求，也会通过变更管理进行分析评审，决定是否提出新的需求。接受的需求变更会产生待处理需求，与需求获取过程得到的需求一样，通过基线管理（包括优先级排序、工作量估算等）形成需求基线，按照基线开展软件研制与过程追踪。变更管理和版本控制通过软件配置管理实现。

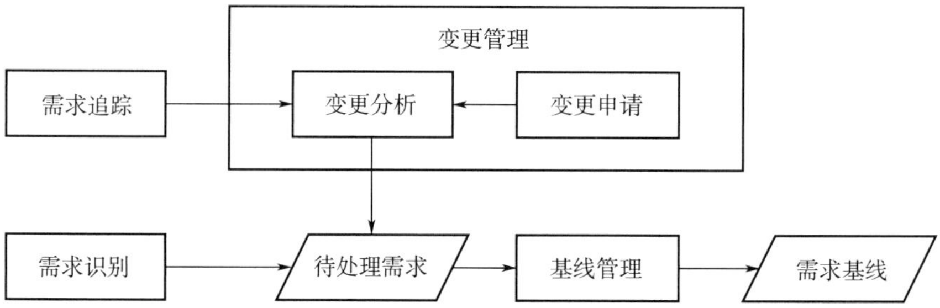

图 5-9 需求管理活动之间的关系

需求管理过程的输出包括：

1）需求文档，确定需求文档的版本，并提交到配置管理过程建立基线；

2）批准的对需求基线的更改，需要对需求更改影响进行分析评估；

3）各种需求管理工作产品，包括评审报告、跟踪报告、变更控制报告和记录等。

5.2.6.1 需求标识

目前，软件需求大多以自然语言进行描述，应该以某种约定的方式对需求进行标识。常见的需求标识方法有：

• 唯一的标识符：一个顺序号，手工方式或 CASE 工具自动生成。

• 文档章节内的顺序编号：根据需求在文档内的位置而设置的编号，但需要注意需求的增加或减少，位置可能会变化。

• 需求分类中的顺序编号：加上一些能帮助记忆的标识需求种类的名字的赋值，需求的种类可以是功能性需求、性能需求、数据需求、接口需求、安全需求或其他需求。

每一项需求可以想象成一个对象，具有一些能将自身与其他需求区分开的属性。每一项需求除了用文本自然语言描述外，应该有若干项与之相关联的支持信息或属性。这些支持信息或属性可以保存在电子数据表格、数据库或者需求管理工具中，用这些工具可以根据需求的属性对需求进行查询、筛选和排序。

对于大型复杂软件项目来说，需求的属性就更为重要，常见的需求属性有创建日期、版本号、提供者、状态、来源、优先级、种类、稳定性。

5.2.6.2　基线管理

需求基线（Requirement Baseline）是开发方承诺在某一版本产品中实现的功能需求和非功能需求的一组集合。定义一个需求基线后，软件项目的各利益相关方可以对未来的产品中具有的功能和属性有一致的理解和承诺。在通过正式的评审和批准之后，建立需求基线，并且进行配置管理。后续的需求变更必须遵守预先定义的变更控制过程。

5.2.6.3　变更管理

在软件开发期间，需求可能因多种理由变更。当因需要变更或项目进展而产生附加需求时，可能不得不对现有需求进行更改。如何有效且高效地管理这些附加需求及其更改是很重要的。为了有效地分析这些更改的影响，必须知道每个需求的来源，并记录每个更改的理由。

在实际的软件开发过程中，特别是大型软件项目，提前定义所有的软件需求几乎是不可能的，随着开发工作不断推进，需求也在不断发生变化。但变更总是要付出代价的，往往表面上一个简单的变更，结果却比预想的复杂的多。因此，软件开发人员私下同意添加用户请求的新功能时，这种对变更的失控是造成项目混乱、进度拖延和质量问题的常见原因。软件开发方必须认真对待需求的变更，并且事先规定软件开发团队应该如何处理需求变更的申请。

当软件必须做出变更时，应该先从变更所涉及的最高抽象层次开始，然后再逐级处理它对相关的低抽象层次产生的影响。软件开发人员要同利益相关方一起，评价需求更改的影响。需求分析人员应该将获批准的变更需求加入到需求文档中，需求文档应尽可能准确地描述交付的软件，如果软件进行了更新或升级，应该相应地及时更新软件需求规格说明。如果开发人员直接在代码中实现某个需求变更，而不经过需求描述和设计描述，就会引发一些问题，例如，需求规格说明对软件产品描述不准确。

5.2.6.4　需求追踪

航天型号软件工程要建立任务书、需求与设计、编码、测试等过程的双向追踪。通过需求追踪链可以在整个软件生存周期中跟踪一个需求的使用和更新情况。需求追踪链记录每个需求的前后互连和依赖关系，共分4类。第一个链是从任务书中的系统需求到软件需求，从而确保软件需求规格说明包含了任务书的所有需求。第二个链是从软件需求到任务书的需求，确认每一个软件需求的源头。第三个链定义每个需求和特定工作制品之间的联系，实现正向追溯，确保每个下游产品满足需求。第四个链从下游制品回溯到需求，表明每个下游制品存在的原因。保持需求追踪信息，可以确保所有需求都被实现，并且变更影响分析十分方便，确保变更时不遗漏每个受影响的系统元素。表示需求追踪链可以采用文本引用、超链接、需求追踪矩阵、需求追踪图等方法，其中最常用的是需求追踪矩阵。

5.3 基于模型的系统工程

5.3.1 概述

基于模型的系统工程（Model Based Systems Engineering，简称 MBSE）自诞生以来一直被认为是解决系统复杂性的有效途径，并被视为系统工程的未来，一经提出就得到了美国国防部、美国国家航空航天局（NASA）、欧洲空间局（ESA）等政府组织的积极响应，并在波音公司、洛克希德·马丁、雷神公司、轨道公司等国际宇航公司中得到了广泛使用，保障了众多航天相关项目的快速研制开发。

在我国，探索空间的复杂任务场景使得航天系统规模与复杂度显著地增长，利用空间迫切需求使得航天器研制周期大大缩短，航天器“智能化”“集成化”发展趋势使得其软件功能占比不断攀升，传统的工程化方法已经显现出不同程度的不适应，在这种新形势下如何对航天软件研制的进度、质量与成本进行有效控制，成为亟待解决的问题。为此，在我国航天型号研制中也开展了对基于模型的系统工程的探索与实践，软件因其抽象、解耦的设计思路，与模型化的研制天然契合，各软件承研单位也在相应的领域的实践过程中取得了一定的成果。

5.3.1.1 相关概念

（1）模型

模型是对现实问题的抽象与简化，进而实现对问题的复杂性进行消解与降维。模型通常由与被分析对象有关的因素构成，并表明有关因素间的相互关系。模型化是为了描述系统的构成和行为，对实体系统的各种因素进行适当筛选后，用一定方式（图形化、数学化或物理化等）表达系统实体的方法，因而模型更容易与数字化、信息化的研发手段相结合。

（2）系统工程

系统工程（Systems Engineering，简称 SE）的现代起源可追溯到 20 世纪 30 年代。系统工程是以构建成功系统为目标的跨学科方法与途径，旨在综合考虑所有客户的商务和技术要求，提供满足用户要求的合格产品。在系统开发早期聚焦客户需要和功能需求定义，并文档化；在设计集成和系统确认阶段，综合运营、成本与进度、性能、培训与支持、测试、制造、处置等所有问题统筹实施；将所有的专家群体集成为一个团队，形成一个结构化的开发过程，该过程落实从方案到生产到投入运行的全周期。

（3）基于模型的系统工程

基于模型的系统工程是应用模型来支持系统需求、设计、分析、验证和确认活动，从概念设计阶段开始并持续整个开发和后续生命周期的各个阶段。其基本思想是采用数字化模型来承载研制信息、驱动产品开发，实现从传统的“需求—设计—制造—试验”模式到“需求—设计—虚拟综合—虚拟验证—数字制造—物理制造”的转变。

（4）基于模型的软件研发

基于模型的系统工程在软件研发中要体现为技术模型驱动架构（Model Driven Architect，简称 MDA）、模型驱动开发（Model Driven Development，简称 MDD）等技术与软件工程（Software Engineering，简称 SE）的有机结合，是一种以模型为载体的进行高级别抽象的全生命周期开发的软件研发方法。

5.3.1.2　现状与发展

2007 年美国国家航空航天局（NASA）委托多个部门针对 NASA 空间任务中飞行控制软件系统化复杂度问题，通过研究提出技术和管理策略，来解决软件规模和复杂度增长带来的风险。自此基于模型的系统工程已成为 NASA 软件研发的重要支撑技术，并且 NASA 在 2012 年至 2014 年工作中将基于模型的软件开发模式作为一项重点工作进行推进。

基于模型的软件开发技术也同样得到欧空局（ESA）的重视与支持。ESA 第一颗绕月卫星的姿态控制、动力控制、故障发现恢复等功能已采用模型化的方式进行设计和代码自动生成，结果显示软件开发时间减少 50%，提高了开发过程的有效性，自动生成代码执行速度与人工大致相同。

不仅在 NASA、ESA，很多政府组织和相关承包商在项目中积极推进模型化方法。INCOSE（International Council On Systems Engineering，系统工程国际委员会）在 2020 年正式建立了 MBSE 完整成熟的理论体系，其中包括相关术语、概念和形式化的方法（如图 5-10 所示）。多家软件和方案提供商也在积极跟进，开发相应的技术、形成了方法论并提供了相应的软件工具，可支持某些过程标准或内部定义的过程模型。随着标准持续地完善，MBSE 方法与工具逐步成熟，并进一步与系统的仿真、分析和可视化方法进行了融合，朝着跨学科的分布式模型体系发展。

在国内，基于模型的系统工程逐步成为高安全、高可靠领域（如航天、航空、核电、轨道交通、自动驾驶车辆等）关注的重点，并在部分领域已经逐步进入实际应用阶段，例如火箭的飞行控制系统、测发控系统，飞机的航电、飞控系统，高铁的列车控制、自动驾驶、保护和联锁系统，核电的炉心控制和保护系统等，都开始使用基于模型的设计、验证和代码自动生成。在需求建模环境、模型调度分析、模型仿真与形式化验证、基于模型的代码生成以及通用建模语言的领域扩展等方面，部分高校开展了有益的探索，也涌现出一批工具平台研发企业。但总体来看，国外同行业软件在模型化开发、形式化验证以及流程管理等处于领先的地位，在体系化的工具集成建设等方面优势比较明显。

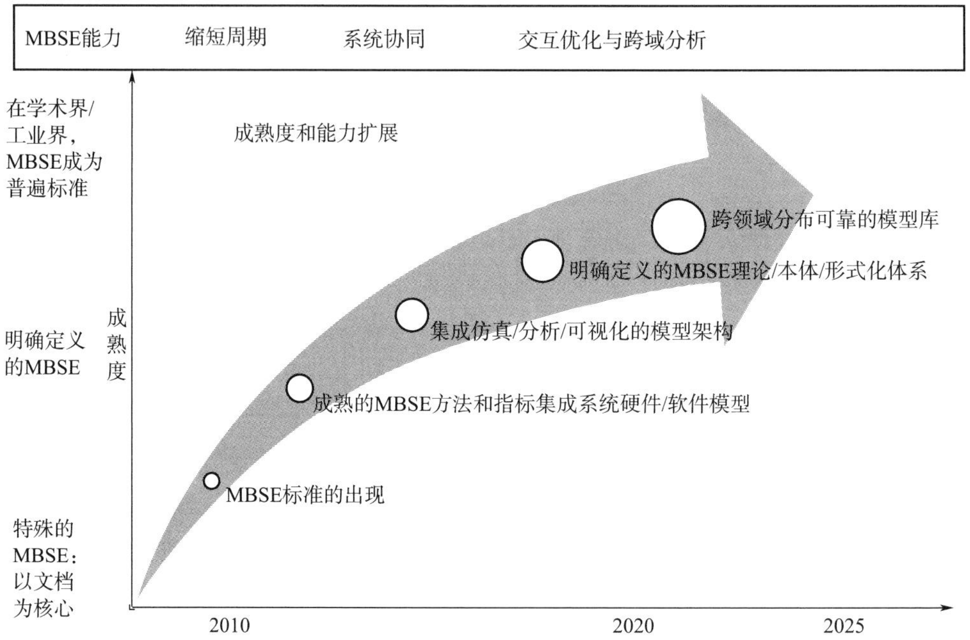

图 5-10　INCOSE 2025 展望

5.3.1.3　航天软件引入模型的必要性

航天器通常是由机械、电气、电子设备组成的跨学科集成、跨专业协作、规模庞大的复杂系统，具备探索性、先进性、复杂性、高风险性的突出特点，以及高可靠、高质量、小子样研制与一次成功的特殊要求。上述特点不可避免地带来一系列复杂性问题，具体到软件研发过程中可能会出现系统需求分析充分性、设计过程协同性、工作产品一致性等一系列问题，而模型以及基于模型的研制手段的引入可以有效缓解上述问题：

（1）提升需求确定能力方面

复杂性使得需求是动态变化的，变化的周期越来越短且需求难收敛。模型是一组可仿真与可运行的逻辑实体，其验证能力对于需求分析充分性提升意义重大；模型的可视化能力能够使需求之间的关系更加明确，变更更改造成的影响也更加透明；同时模型可以串联整个生命周期，条目化的功能模型使得在产品设计的各阶段都能分析系统对需求的符合性，验证系统需求是否符合利益相关方需要。

（2）提升方案优化能力方面

航天型号的复杂任务场景、软硬件平台选择、技术路线等诸多因素使得软件方案难以优化。利用模型可以有效进行抽象与解耦，对复杂任务分而治之并有效区分平台相关、平台无关部分，进而形成灵活的、柔性的、能够快速响应变化的功能架构、逻辑架构，以便开展持续优化。

（3）提升研发协同性方面

大规模的复杂航天软件系统对于协同与集成要求极高。基于模型的系统工程使不同专业部门都在统一的平台架构下进行子系统开发，因此来自不同部门的子系统模型将更加易于进行集成，实现系统的虚拟产品集成和实施验证。以模型为载体进行设计成果的传递可以有效避免二义性，同时在流程末端的专业能最大程度地使用前序专业的工作成果。

（4）提升测试覆盖性方面

软件系统复杂程度提升使得测试工作组织与测试环境的搭建难度加大，而研制周期的压缩使得测试覆盖保证存在风险。通过模型的结构可以清晰地表达产品设计各阶段、各方面的交联关系，从而使得深层次的复杂逻辑问题能够尽早暴露；以模型为载体可以在生命周期早期通过模型仿真、模型验证、测试集成的方法提前发现问题，从而将软件的测试验证工作提前至需求分析、软件设计阶段，实现软件开发与测试的并行，有效提升复杂软件研发质量和效率。

综上所述，基于模型的系统工程是当前解决复杂工程研制的公认的先进方法论，可以为复杂航天软件研发提供整体解决方案；从系统需求阶段开始通过模型（而非文档）的不断演化、迭代递增而实现产品的系统设计，通过模型的仿真验证保证设计产品的正确性和一致性，通过对条目化的需求进行追踪管理保证基于文档的工作产品的一致性；依托模型建立起组织级的跨专业的协同工作模式，将软件产品测试验证和质量保证的环节前移，可以以更小的代价提供更好的产品。

5.3.2　基于模型的航天软件系统工程实践

5.3.2.1　总体规划

在航天软件研发中引入模型并非易事，如何将模型与航天严谨的研制过程、质量文化以及基于文档构建起来的研制流程有机结合，让先进的方法与工具与优秀的航天文化产生共振，是模型发挥效益的关键，因而需要开展清晰的总体规划。

某单位在借鉴国内外相关经验的基础上，制定了循序渐进的技术研究路线开展基于模型的系统工程相关实践工作：

1）首先，通过演示验证原型，探索如何用可视化的建模过程代替编写文档来表达设计思想，尝试基于模型来进行需求分析、架构设计、实现与验证；

2）进一步构建平行项目，通过建模工具完成各个阶段模型的设计、验证和同步，通过模型将整个研制流程的开发阶段连接起来；

3）通过提高系统研发的抽象层次和自动化程度（软件自动生成、文档自动生成、自动化测试）来代替手工编码和测试，构建整合工具平台提高系统研制和软件开发的效率和质量；

4）用模型的思路重构重用资产，通过可视化的系统搭建与软件代码自动生成将重用的对象从代码转向模型；

5）最终，使设计人员从以往的以文档为中心的设计活动转到以模型为中心的设计活动，依托模型建立起组织级跨专业的协同工作模式，将产品研制和质量保证的环节前移。

在上述实践的基础上，构建起“一套方法论、一个工具平台、一组模型化组织资产”

有机结合的总体规划（如图 5－11 所示），以此为指导开展基于模型的软件研发实践。

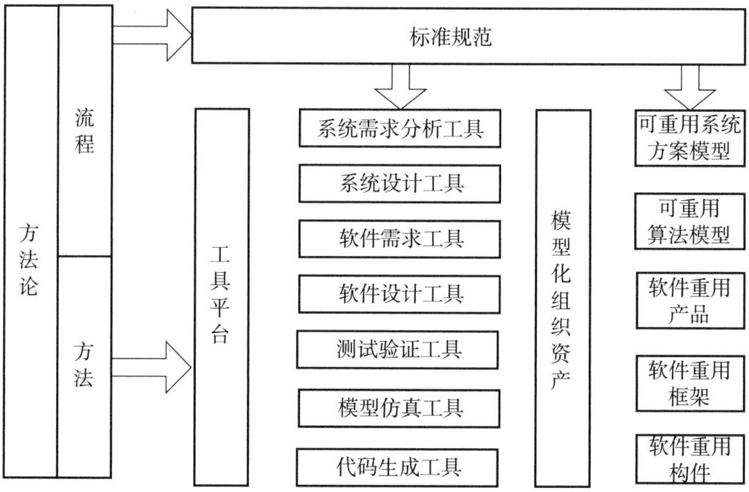

图 5－11　基于模型的软件研制体系示例

（1）建立一套方法论

通过对基于模型系统工程方法实践与体系研究，明晰航天系统方案设计、软件需求、设计、实现及测试验证等各个阶段最适宜的模型体制、建模方法、仿真及验证方法；将从系统方案设计到软件实现及测试验证各个环节的最佳实践固化，形成基于模型的研制流程要求。

以此为指导，进一步规范工程过程、质量活动、组织资产累积与运用，形成完整的基于模型的软件研制与支持过程，并形成一整套完整的基于模型的软件研制指导文件。

（2）搭建统一的工具平台

以方法论为指导，通过充分市场调研，规划工具平台建设路线，开展建模工具、模型仿真及验证等工具采购；拓展研发工具并整合工具链，补充商用工具存在的短板，与过程管理、组织资产、安全性可靠性等工具整合形成统一的工具平台，便于从总体到分系统、分系统到单机及软件等跨单位、跨领域的模型传递与仿真验证，更好地适应航天领域需求。

（3）建设一组模型化组织资产

开展模型化组织资产以及领域模型库建设，将已有软件重用资产（构件、框架、产品）转化为领域模型，通过模型更好地实现软件重用资产（构件、框架、产品）的抽象与解耦，提升基于模型的软件复用水平；构建以重用模型组件为核心的组织资源体系、平台资产，提升整体方案、系统接口、软硬件产品、构建组件的复用水平。

5.3.2.2　方法论引入

5.3.2.2.1　方法论遴选

基于模型的系统工程方法论是指支持系统工程学科在“基于模型”或“模型驱动”背景下的相关流程、方法和工具的集合。其核心在于系统性的建模语言，基于建模语言可以构建问题（项目、工程等）的描述方法以及以此为基础的分析、设计、仿真体系。当前主流的基于模型的系统工程方法论包括 HarmonySE 方法论、MagicGrid 方法论、ACRADIA 方法论等。

（1） HarmonySE 方法论

HarmonySE 是 IBM 公司提出的基于 SysML 的 MBSE 方法论。从大的流程来看，整个流程分为三个部分：需求分析、功能分析、设计综合（架构分析与设计）。HarmonySE 方法论遵循美国国防部系统工程流程，按照需求、功能、架构三个层次展开。从小的细节来说，IBM HarmonySE 方法强调对 SysML 活动图、顺序图、状态图三种行为图的依次建模，减弱了参数图的重要性。2017 年的时候，IBM 公司将 HarmonySE 方法论升级为 HarmonyMBSE 方法论，更强调了敏捷迭代开发、灵活的建模顺序以及数据模式建模。

（2） MagicGrid 方法论

MagicGrid 方法论是 No Magic 公司（2018 年被达索公司收购）提出的基于 SysML 的 MBSE 方法论。之所以叫 MagicGrid，是因为整个方法论是以矩阵的形式展示的。从大的流程来看，MagicGrid 方法论纵向按照需求、行为、结构、参数（即 SysML 的四方面关键信息）分为四列，横向则分为问题域（包括白盒和黑盒）和解决域。流程从需求分析开始，依次定义系统的黑盒功能和结构、白盒功能和结构、系统的参数约束，最后提出系统的解决方案。从小的细节来说，MagicGrid 只强调活动图一种行为图的建模，但是重视参数图的建模。

（3） ACRADIA 方法论

ACRADIA 是 Thales（泰雷斯）公司为 Capella 语言和工具创建的 MBSE 方法论。虽然 ACRADIA 没有使用国际标准的建模语言，而是使用了 Thales 自己定制开发的 Capella 语言，但是由于 Thales 公司本身丰富的航电系统研制背景，该方法也具有很高的实用性，所以也获得了很多拥趸。从大的流程来看，ACRADIA 方法论分为四部分：运行分析、功能和非功能分析、逻辑架构设计、物理架构设计。其中运行分析定义用户的要求，功能和非功能分析定义系统的功能和性能要求，逻辑架构设计和物理架构设计定义系统的实现方式。

除了以上 3 种典型的 MBSE 方法外，还有很多具有影响力的方法论，如在结构化分析方法基础上扩展的 Hatley - Pirbhai 实时系统结构化分析方法，Vitech MBSE 方法论，State Analysis 方法论、Dori 定义的对象过程方法（Object - Process Methodology，简称 OPM）等。

在方法论遴选过程中，从航天软件特征、研发团队基础、质量过程及研发过程要求出发，充分考虑契合度、学习成本、可继承性以及与现有体系的融合性等因素，要求包括：

1）方法论采用系统建模语言对整个系统进行建模，清晰地表达系统的整体结构，并准确地说明系统中元素（对象）之间的关系；

2）系统建模语言不存在二义性风险，对于不同领域背景研发人员均可接受，保证了系统开发过程中不同团队交互的便捷性以及对需求理解的一致性；

3）模型具备概念仿真能力，可以尽早地发现系统需求设计过程中的错误，支持持续

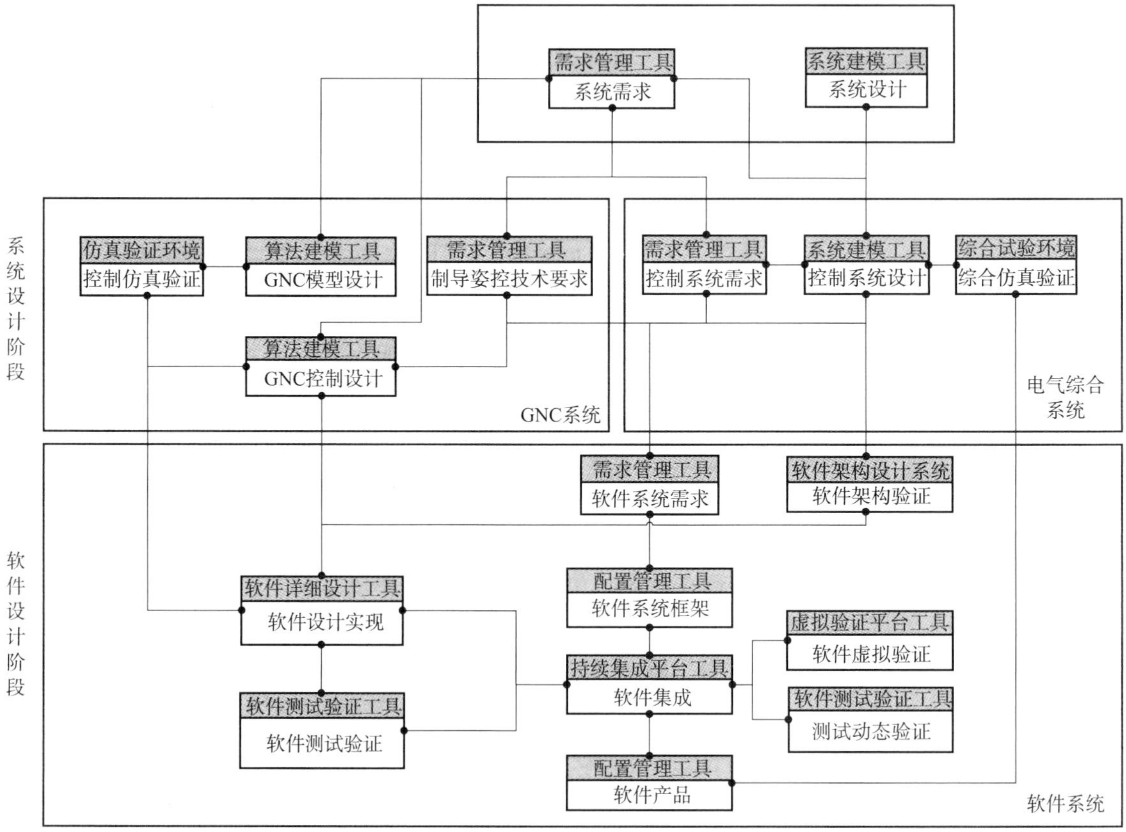

图 5-13　工具平台建设与研发流程结合示例

系统功能逻辑设计需要选择支持可视化系统建模与仿真的工具，在方案设计、初步设计阶段构建系统原型，通过对需求及场景的层层分解，逐步细化并定义系统功能逻辑模型。在方法论遴选的过程中，逐渐将重点转向 MagicGrid 方法论，同样在系统建模工具选择方面选择了较为成熟的法国达索的 MagicDraw 来实现基于标准的系统建模语言（SysML）的系统建模快速应用，通过用例图、时序图、活动图、状态图、包图、块图等方式来表达系统功能、逻辑、架构、接口等。

（2）软件设计阶段

在安全性关键软件研发领域 SCADE 工具集出镜率一直很高，为基于模型的软件研制模式开展快速应用，在软件设计、测试验证过程采用了 SCADE 工具集。采用 SCADE Architect 用于软件架构建模与设计，SCADE Architect 采用标准的 SysML 语言对软件架构进行设计，提供了 BDD、iBD 以及各种行为视图，为系统/软件架构设计提供了全方位的描述能力。由于均采用 SysML 语言，使用 MagicDraw 开展的部分系统设计可以作为进一步设计的基础。

通过 SCADE Architect 与 SCADE Suite 工具之间的同步功能，将系统/软件架构模型（SCADE Architect 模型）导入到软件详细设计模型（SCADE Suite 模型）中，以便软件开发人员进行进一步的详细设计，然后用 SCADE Test 进行模型验证，并用 KCG 代码生成器自动生成代码，这样把一些机械性的工作交给工具来完成，人专注于逻辑业务功能的设计。SCADE 模型后台基于严谨的形式化语言，能对需求进行精确的描述，模型构件都是安全构件，从而在软件详细设计阶段就保证设计的高安全性。代码自动生成的时候充分考虑了生成符合高安全性的代码（比如自动增加数组、循环边界的保护），生成的代码可以通过测试套件进行单元及组件测试，而后集成到最终产品中并结合已有的软件虚拟化测试平台开展确认测试。

（3）各阶段模型跟踪与管理

在系统设计阶段的设计成果一方面可以通过 SysML 进行工具间的传递，一方面需要转化成需求条目，正式作为依据向下传递并进行双向跟踪与变更控制，并在配置管理工具集中存储，维护产品生命周期中需求与分析、设计、测试等阶段的关联关系，确保需求与实现的一致性。

考虑到在实际工程中，模型需要与软件平台框架集成，并与既有手写代码的重用资产并存，把模型纳入持续集成体系，可采用 CI/CD 协同研发平台进行持续集成，同时可将度量信息推送至软件生命周期管理与集成平台，形成软件全生命周期从模型设计实现到软件过程量化管理的工具链。

（4）自主工具平台的相关探索

由于国外基于模型的系统工程起步较早，工具平台建设与工程实践积累较多。所以现阶段基于模型的相关探索与实践的主要思路是在对国外经验的学习和消化基础上，逐步建立起适应我国航天软件研发特点的模型体系。虽然当前在建模工具链中主要以购置国外工具为主，但是在实践中正在开展国产商业替代产品验证、探索自研航天领域产品，并尝试构建两者相结合的自主模型化研发平台，为推进基于模型的系统工程应用奠定基础。

5.3.2.4　组织资产优化

随着基于模型的软件研制模式在航天的不断深化推广，模型给软件组织资产的积累与利用带来了新的模式与挑战：一方面，模型给组织资产提供了分析方法与可视化应用的手段，便于资产的积累与利用；另一方面，传统组织资产的管理模式难以直接作用于模型，需要进行探索。传统的航天软件重用资产建设是按照“标准体系与方法体系研究先行、严格要求、循序渐进”的总体思路开展，同样可以按照“标准体系与方法体系研究先行、模型资产与平台建设相结合、严格要求、循序渐进”的总体思路将模型纳入体系。

（1）模型化软件组织资产体系研究

通过重用资产库到模型资产库的转换实现组织级资源的整合，通过流程保证实现标准的落实，最终实现研制模式的转变，如图 5－14 所示。

①标准体系建设

标准体系建设主要包括开发类、管理类及应用类三类。通过制定标准、实施标准和标准实施的监督三个步骤开展活动，为基于模型的组织资产建设提供指标、准则和依据，使

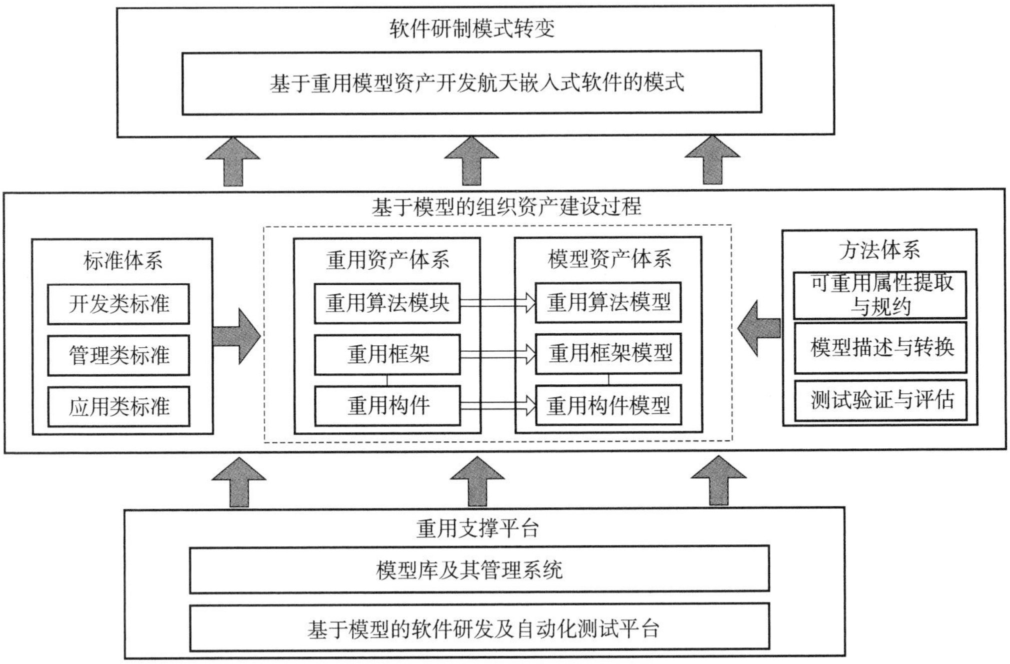

图 5-14 基于模型驱动的软件重用体系示例

建设过程规范化、程序化和科学化。

②方法体系建设

方法体系建设主要包括可重用属性提取与规约、模型描述与转换及测试验证与评估三部分。方法体系具体指导由重用资产体系到模型资产体系的转换过程，以及基于模型的测试验证与评估，使组织资产建设有法可依。

③模型库

传统软件资产库主要为重用构件、重用框架、重用产品等，存储形式为“源代码＋设计文档＋使用文档＋测试文档”，变更时通过影响域分析等手段进行控制。而基于模型工具链所设计的产出物是模型，相对于源代码完全不同，传统的重用资产管理方法已不再适应。为此将模型库作为模型管理与维护的基础，通过建立模型分类、分级机制，形成不同层级的组织资产，纳入传统软件资产库进行管理。

（2）基于模型的组织资产优化

针对需求、设计、实现不同的研制过程，以及架构、构件等不同的研究对象建立立体多维的模型化组织资产体系，全面覆盖当前主要研制过程与研究对象。依据标准体系和方法体系建设输出的标准和方法要求，实现了现有重用资产体系到模型资产体系的转换，针对领域软件以基于模型的思想重新进行顶层规划与抽象，进一步形成领域重用框架；针对框架层面仍可优化的设计细节，可进行多轮迭代，最终形成复用程度较高的重用框架模型；应用以模型化的框架为支持，将具体的业务逻辑充分解耦并“嫁接”于框架之上运行；进一步探索对模型化软件组织资产版本控制、变更管理、条目化分解和分配等不同的管理方法，以及不同层次资产的关联关系追踪方法。

5.3.2.5　工程实践案例

5.3.2.5.1　平行项目实践

在引入基于模型的系统工程之初，为了开展方法论研究、模型流转模式与模型数据传递方法探索、工具链整合与工具平台建设思路，并验证工具链的可用性与完备性，模型生成软件的可用性，以及基于模型在仿真与验证方面的优势，以某已完成项目为蓝本开展基于模型的飞行控制软件平行项目实践，在半实物仿真场景下进行了验证。

针对某飞行控制软件构建了某飞行段的导航、制导、姿控的控制模型，实现了控制模型的开环仿真测试验证，实现了 SCADE 自动生成代码向嵌入式平台的移植，完成了 SCADE 模型在嵌入式环境下的性能评估。同时，开展了基于 SCADE 的仿真模型开发与测试工作，包括惯组模型、伺服模型、动力学模型等模块的设计、测试与验证工作，完成了各模块之间的串联、调试与模型比对工作；并开展了弹体模型与控制模型的联合仿真。针对软件测试，以开发阶段的需求、设计模型为基础，探索了基于需求模型的测试用例生成技术、基于设计模型的模型验证技术，为实现基于模型的自动化测试打下了良好的基础，某飞行控制软件部分模型示例如图 5 - 15 所示。

实践覆盖基于模型的系统方案设计、仿真验证、软件实现及测试全过程，完成从系统设计到软件设计的工具链可行性分析，为多人分工协作模式奠定坚实基础。各专业人员首先进行顶层架构设计，约束好各子模块的输入输出参数、接口关系以及共用参数，进行统一设计和管理，然后由子模块开发人员根据统一的规范，进行子模块开发设计，提升了模型的重复使用能力，精简了后期模型整合流程，节约了设计时间。子模块设计完成后，进行封装和测试，并按照各模块间的接口关系进行整合及调试，形成最终使用的软件模型，提高了软件的研制效率，证明了基于模型的跨专业的协同工作模式在航天软件研发中完全可行。

对模型生成代码效率进行了评估，利用 SCADE Suite 的 KCG 代码生成器能够跨平台的 C 语言代码，将生成后的代码移植到嵌入式操作系统演示验证平台的工程中，进行了性能测试。测试结果显示，SCADE 生成代码的性能折损约为 10%，软件代码在空间、性能方面的折损在可控范围内，同时在结构和代码两方面的性能优化下，代码运行效率与手写代码相当，可以满足航天应用场景的性能要求。

5.3.2.5.2　跨专业协同性验证

结合前期的工程实践经验，开展基于模型的系统方案设计、仿真验证、软件实现及测试全过程，为跨专业协同设计奠定坚实基础。深入开展了基于模型的从系统设计到软件设计的可行性分析，实现组织级跨专业的协同设计模式。

(1) 制导姿控专业到软件专业模型传递的可行性验证

针对制导姿控专业给出的仿真控制闭环模型样例，进行了制导姿控专业到软件专业模型转换的可行性验证。在算法建模工具中对 GNC 整体模型完成设计验证后，导出模型转换中间文件 .json；在 SCADE Suite 中导入中间文件 .json，获取 GNC 控制模型。两种模

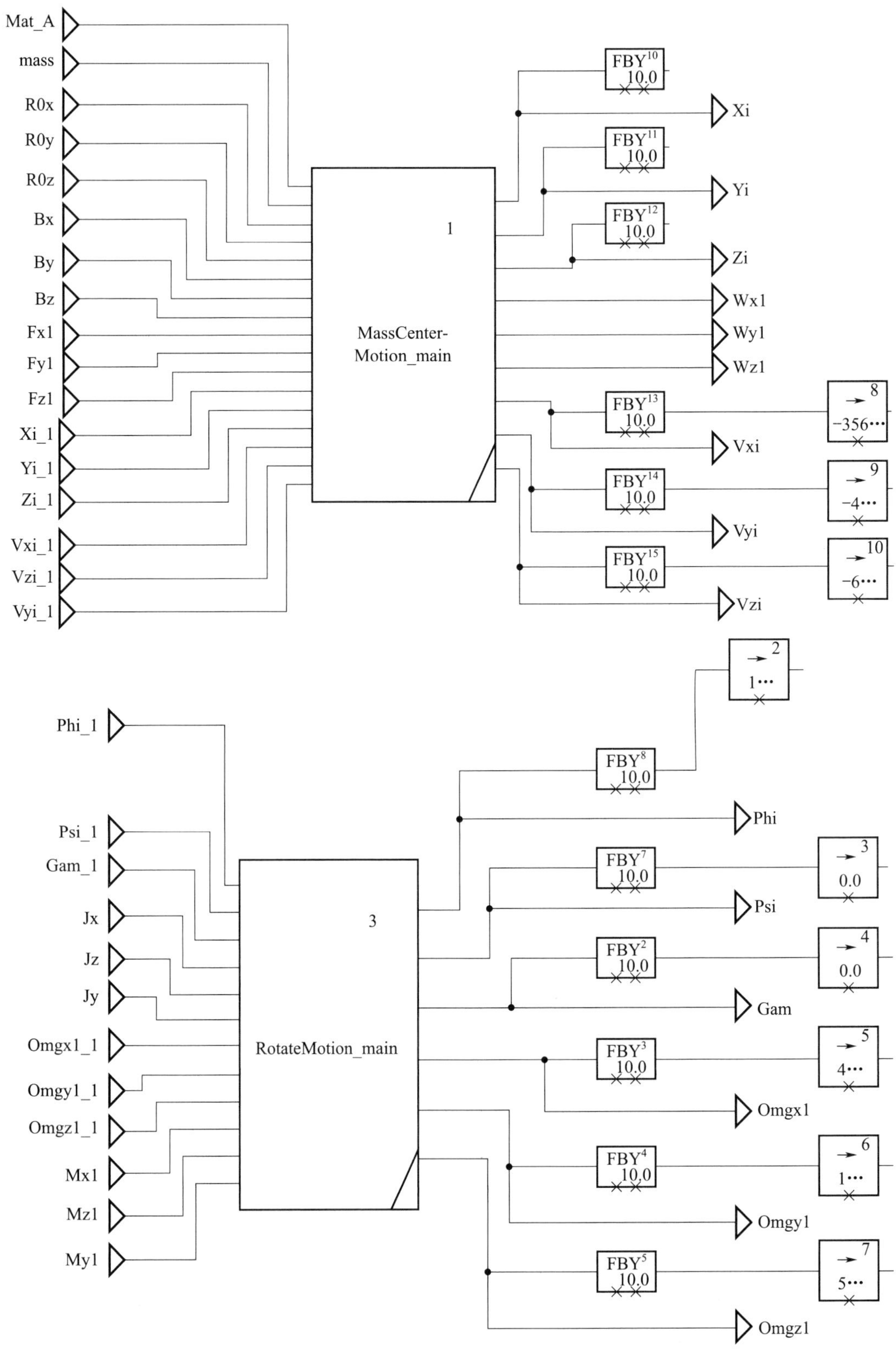

图 5-15　某飞行控制软件部分模型示例

型设计工具通过转换，实现GNC控制算法模型到软件设计模型的正确传递；软件专业设计人员需要依据转换的模型进行再分析、再设计、再验证，确认无误后，可以自动生成符合标准的C语言代码。

（2）综合电气专业到软件专业模型传递的可行性验证

综合电气专业根据总体模型设计传递，基于MagicDraw开展系统模型设计，并对控制系统软件综合部分接口、状态流程等进行模型定义。考虑到专业间的可传递性，开展了MagicDraw模型到SCADE模型转换的可行性验证。根据MagicDraw生成的系统工程模型，可通过SCADE Architect直接导入，形成软件顶层架构模型。但由于目前两个模型工具使用的标准SysML语言版本不同，造成对于模型解析存在不一致，使得传递后的模型部分信息丢失，后续需要开发中间接口工具，进一步提高模型转换的一致性。

5.3.2.5.3　飞行试验实践

某型号采用了基于模型的方法开展某飞行控制软件的研制，实现在型号中的落地应用，飞行试验取得圆满成功，某飞行控制软件从架构设计到详细设计的完整工程实践示例如图5-16和图5-17所示。该型号需求变更频繁，硬件具备条件较晚，前期采用基于模型驱动开发技术进行软件研制，运用数据流图和状态机的方法对功能需求进行建模，实现软件功能不依赖硬件的自闭环仿真验证，模型自动生成代码约占代码总量的40%，与手写代码集成后在综合试验中一次通过功能验证，大大减少了系统试验中软件的测试验证时间，提高了软件研制效率。

5.3.2.6　*发展展望*

工程实践表明，航天软件研发引入模型可显著提升航天软件需求分析、功能分析和架构设计能力。通过对需求以结构化、条目化的方式进行管理，实现层次化的需求分解和分配，并对不同层次需求进行追踪链接。基于模型开展系统行为和架构分析，有效提升了研发人员之间的沟通效率；并且基于模型开展功能和架构的验证，使得问题在前期充分暴露，研制效率进一步提升；可以避免软件设计人员手工编写代码引入错误的不确定性，使得软件实现环节不再是软件研制过程中的重点，工作的重心可以由代码层面转移到需求层面，将质量控制点前移；系统将成为具有多视图的共享系统模型，结合各学科领域模型形成更大范围的基于模型的数字化研制模式，极大地提高航天软件的开发效率、研制的可靠性、测试的充分性；逐步构建型号级需求库和模型库，为航天器研制提供了模型和知识沉淀，为后续型号的模型和知识重用奠定了基础；进而大大提高软件研制的开发效率，使软件研制过程向着更加共享、高效的方向发展。

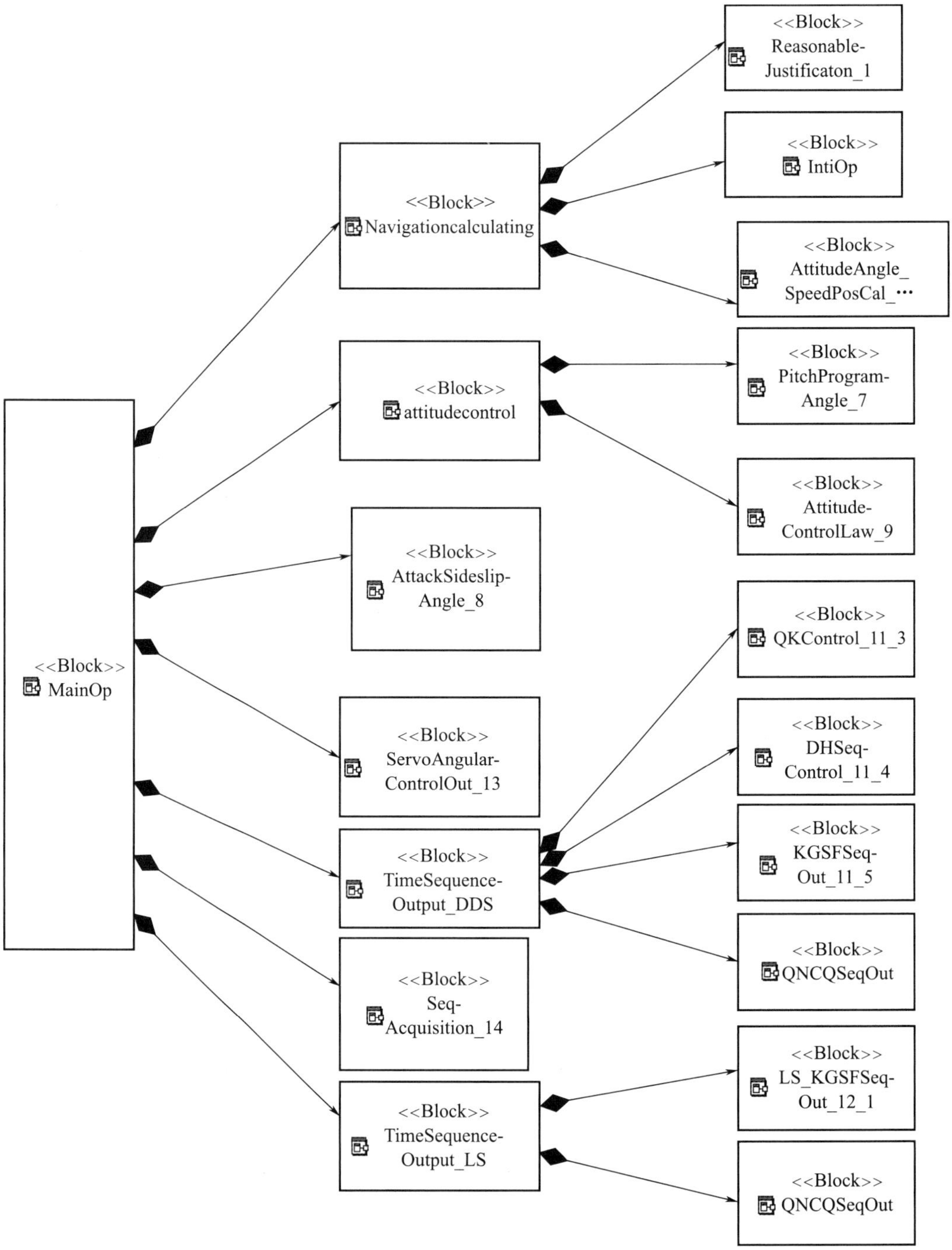

图 5-16　某飞行控制软件架构设计示例 1

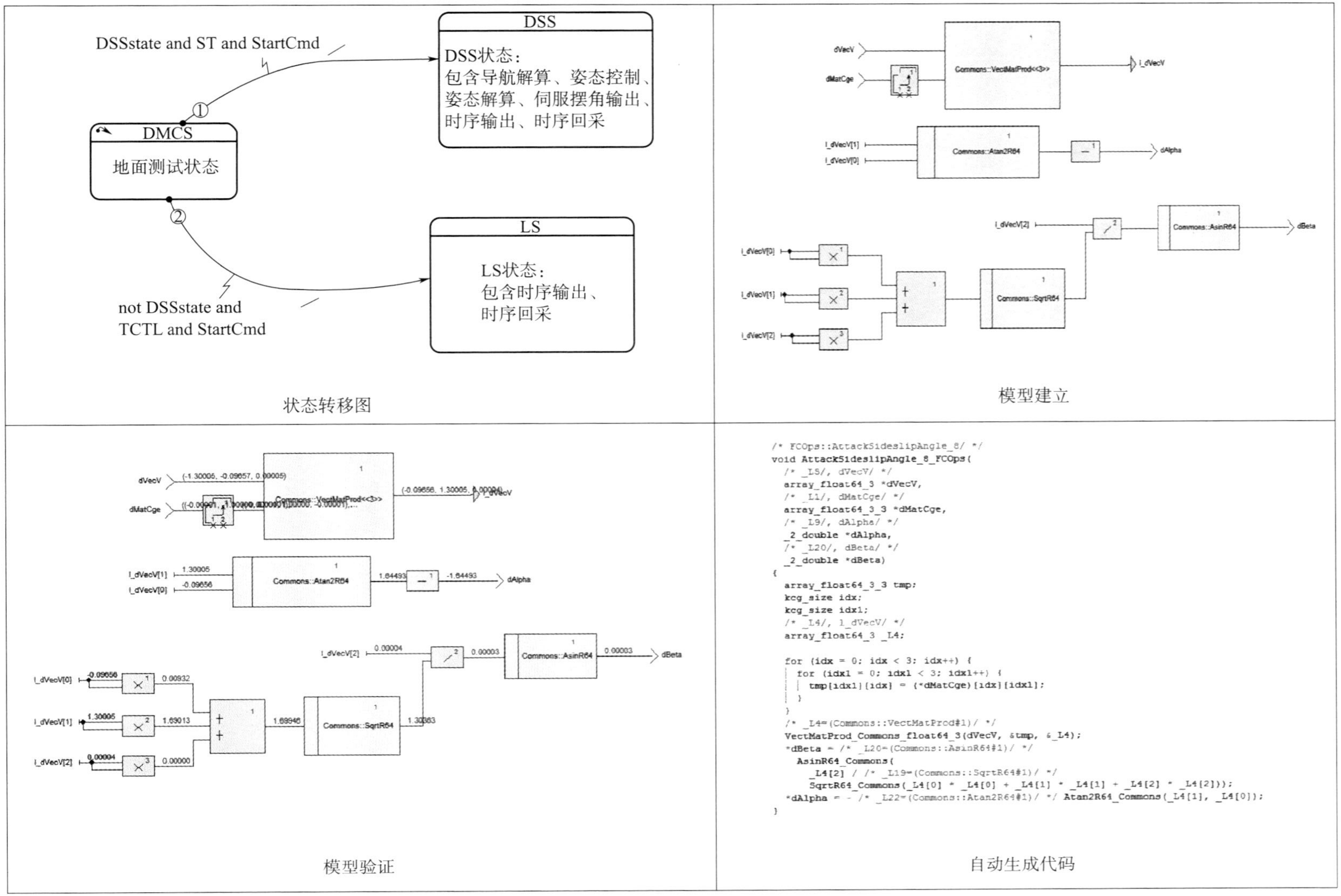

图 5－17　某飞行控制软件架构设计示例 2

5.4 软件产品工程

5.4.1 概述

5.4.1.1 软件产品工程的必要性

航天软件研制在经历了专业化、工程化进程之后，逐渐形成了项目级的研制能力。随着建设航天强国的战略要求提出，航天领域多型号并举、短周期研制、高密度发射的趋势日益显著并形成常态化，航天型号软件的规模及复杂度不断增加，软件研制面临质量和进度的双重压力。在软件工程化实施中，研制部门尝试通过软件重用来达到降低开发成本、提高开发效率、保证软件质量的目的，并取得了初步成效，但仍面临着组织效率低、管理不规范等诸多问题，因此需要用系统工程的思维去研制可重用的软件产品，规范软件产品的研发流程。软件产品工程针对以上问题，通过创新实践提炼出一种软件大规模复用的方法体系和研制模式，涉及软件产品研制中技术、管理等方面内容。

5.4.1.2 软件产品工程演变历程

进入21世纪以来，航天软件研制经历了重用、产品化到产品工程的发展道路（如图5－18所示）。在发展初期，主要以软件重用为主，包括代码级、设计模式和框架模式的重用。随着重用技术不断成熟，软件重用进入产品化阶段，软件产品化是面向项目级的一系列工作。随着软件产品化工作的推进和深化，将进入到软件产品工程建设阶段，需要面向组织级，转变软件产品研制模式，加强产品研制能力建设。

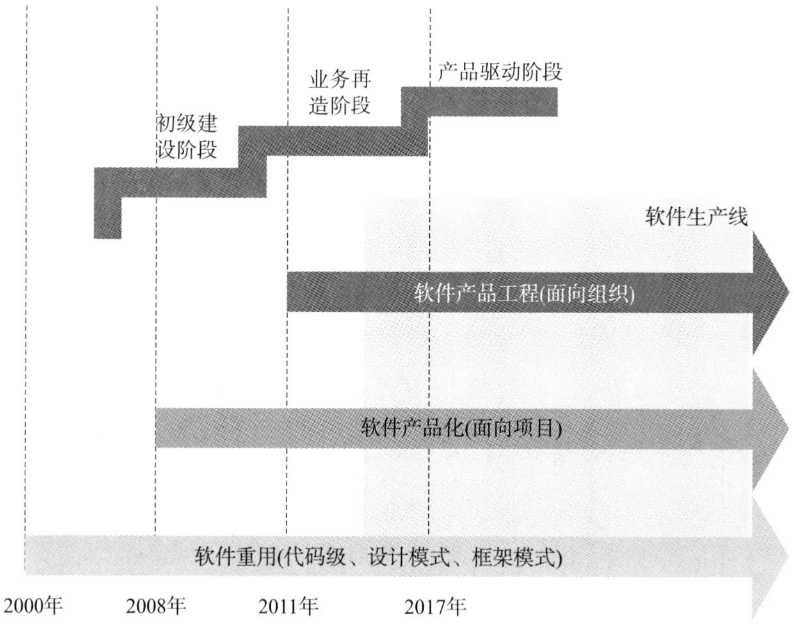

图5－18 软件产品工程发展历程

本节所述软件产品工程是一种软件大规模复用的方法，是领域工程与航天型号软件工程的有机结合，是一种服务于重用的型号软件研制模式。

5.4.1.3　几个基本概念

软件重用：指在两次或多次不同的软件开发过程中重复使用相同或相似软件元素的过程。软件元素包括需求文档、设计文档、测试用例、程序代码等。航天软件重用指软件重用活动，包括可重用软件研制各阶段的技术和管理活动、在航天型号软件研制过程中使用可重用软件的技术和管理活动。

软件重用资产：可被重复使用的软件工作产品，类型包括程序、文档、测试脚本、数据等。重用资产按重用粒度从大到小分为重用配置项、重用框架和重用构件。

软件产品化：以软件产品为对象，研究软件产品的分类、型谱、定型等内容的一项系统性工作。其主要目的是制定型号软件产品型谱及开发支持型号复用的产品化软件。

领域工程：在构造一个特定领域内的系统或者系统的某些部分时，以可重用的方式收集、组织并保存过去经验的活动，并为新系统的构造提供重用方法。

应用工程：利用领域工程中所开发的领域产品制作具体型号软件的过程。

软件产品工程：指采用系统工程的思想策划、开展、管理软件产品化工作，研制软件产品，使用软件产品或产品集开发具有特定需求的型号软件的一系列活动的集合，包括领域工程和应用工程两方面工作。

5.4.2　软件产品工程建设思路

5.4.2.1　总体思路

软件产品工程按照“基础建设、资产管理、重用技术三位一体，领域工程与应用工程互促演化，推动软件研制模式优化升级”的总体思路开展。建设内容包括六大要素：组织架构建设、标准体系建设、产品型谱建设、过程模型建设、重用资产管理和重用技术方法。这六大要素内容共同推进航天软件产品工程建设，如图 5－19 所示。

5.4.2.2　建设途径

软件产品工程分为起步期、建设期、发展期三个阶段推进。

（1）软件产品工程起步期

在软件产品工程建设初期，主要是围绕软件重用开展基础要素初步建设：

1）结合各单位组织结构特点，形成软件重用产品研制模式及组织机构雏形；

2）编制软件重用产品研制、应用、管理等相关标准，使软件重用工作有章可依；

3）根据软件重用产品特点，分析适用的软件过程模型，研发软件重用资产，构建重用资产库；

4）分析本单位研制软件的共性需求，初步建立软件产品树。

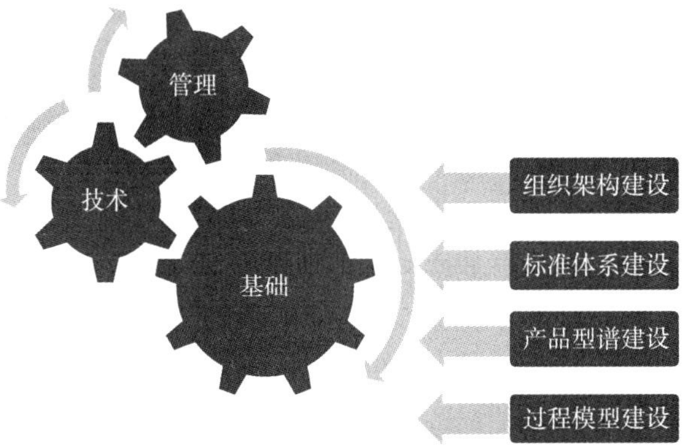

图 5-19　软件产品工程建设总体思路

（2）软件产品工程建设期

当软件产品建设工作推进取得一定进展，形成一定数量级的重用产品并应用于型号时，需要升级软件产品研制模式，加强管理和技术方法对软件产品的作用，形成有组织、有规范、有理论方法指导的动态高效的软件工程建设。本阶段重点是：

1）完善组织架构建设，形成适合软件产品研制模式的部门和岗位；

2）开展标准体系建设，作为软件重用实施的目标和指导性文件；

3）不断修正和扩展软件产品树，提出软件产品型谱规划；

4）提升软件重用资产管理的规范性，将重用技术在型号研制中全面推广应用。

（3）软件产品工程发展期

进入软件产品工程发展期，六大要素逐渐完善并形成有机整体，推动软件产品工程的不断完善和发展，形成高质量的软件产品。在此阶段，软件研制将以型号任务驱动转变为以软件产品规划为牵引，由航天软件工程化阶段迈向航天软件产品工程阶段。软件研制单位逐步将各式各样的软件任务需求、接口等进行统一化，以软件产品研制为主体、个性化需求定制的方式服务于航天产品研制，转变软件产品研制模式，形成软件产品规划及研制能力。

5.4.3　组织结构建设

组织结构建设是指建立适合本单位软件产品工程研制模式的组织结构，并定义其岗位职责，将开发过程中的活动和角色分配给各岗位。

5.4.3.1　组织结构

航天软件产品研制的组织结构有三种方式，即集中式、分布式和立体多维式。

（1）集中式

集中式是指在单位中成立一个专门部门负责软件产品开发、发布和维护，并提供相关培训。这个部门应具备较强的领域核心专业知识，保证与该领域相关的软件产品能在应用项目中得到共享。此方式一般是从应用软件产品开发项目中抽调专家，需要单位管理层的授权。

（2）分布式

分布式则依靠不同项目间人员的协作来完成，软件产品的开发和相关技术支持工作由多个应用项目人员承担，软件产品开发的花销分摊到多个项目上。

（3）立体多维式

立体多维式是以产品研发为中心的立体多维制组织结构，其优势是人员角色转变灵活。

5.4.3.2　角色与职责

在航天软件产品化工作中，建立如图 5－20 所示的组织结构，不同队伍中的各岗位可按照本单位的软件产品化需求决定。图中所示的领域产品对应了软件产品的各个级别，软件重用顶层规划队伍负责软件产品树的建设和研制过程的定义，领域工程产品研制队伍负责软件产品的具体开发工作。

配置的岗位和职责分配情况如下：

1）软件产品工程顶层规划队伍。主要由领域产品规划师组成，对本单位的软件重用工作实行全面管理，负责制定本单位领域产品规划和过程规划，提出本单位开展软件重用工作的一般要求。

2）领域工程产品研制队伍。主要由领域产品技术负责人、领域产品开发工程师和领域产品测试工程师组成，负责本领域软件产品的研制工作。包括开展领域分析，建立领域软件产品型谱；识别领域产品需求，进行领域建模；实施软件产品设计和实现；负责制定测试策略，实施软件产品的测试工作；编制软件文档；维护软件产品等。

3）应用工程产品研制队伍。主要由应用软件技术负责人、应用软件开发工程师和应用软件测试工程师组成，负责具体型号应用软件的研制工作。包括从领域工程的产品中分析、评估、选取软件产品；同时向领域工程产品研制队伍反馈软件产品使用过程中的问题；根据领域测试策略，利用可重用测试资源，结合具体型号的要求，对整个应用软件进行测试；实施应用软件单元测试、集成测试、配置项测试和系统测试。

4）产品保证队伍。主要由领域产品质量保证人员、软件重用库管理人员和标准化师组成，负责软件产品的质量管理和产品保证工作。包括实施软件产品的配置管理；收集、统计、发布软件产品的使用和需求情况；对软件产品研制过程实施质量监督；组织领域工程中各阶段的评审活动；组织应用工程中对软件产品使用的专项评审；组织软件产品的使用培训。

在集中式组织结构中，每个团队的人员可以拥有双重身份，既是职能部门原岗位人员，又是软件产品工程建设定义的岗位人员，这是一种立体多维制的组织结构，一般可以定义七大团队组成软件产品工程组织结构：

1）IPMT（Integrated Portfolio Management Team）——集成组合管理团队（决策层）；

2）PMT（Portfolio Management Team）——组合管理团队（规划层）；

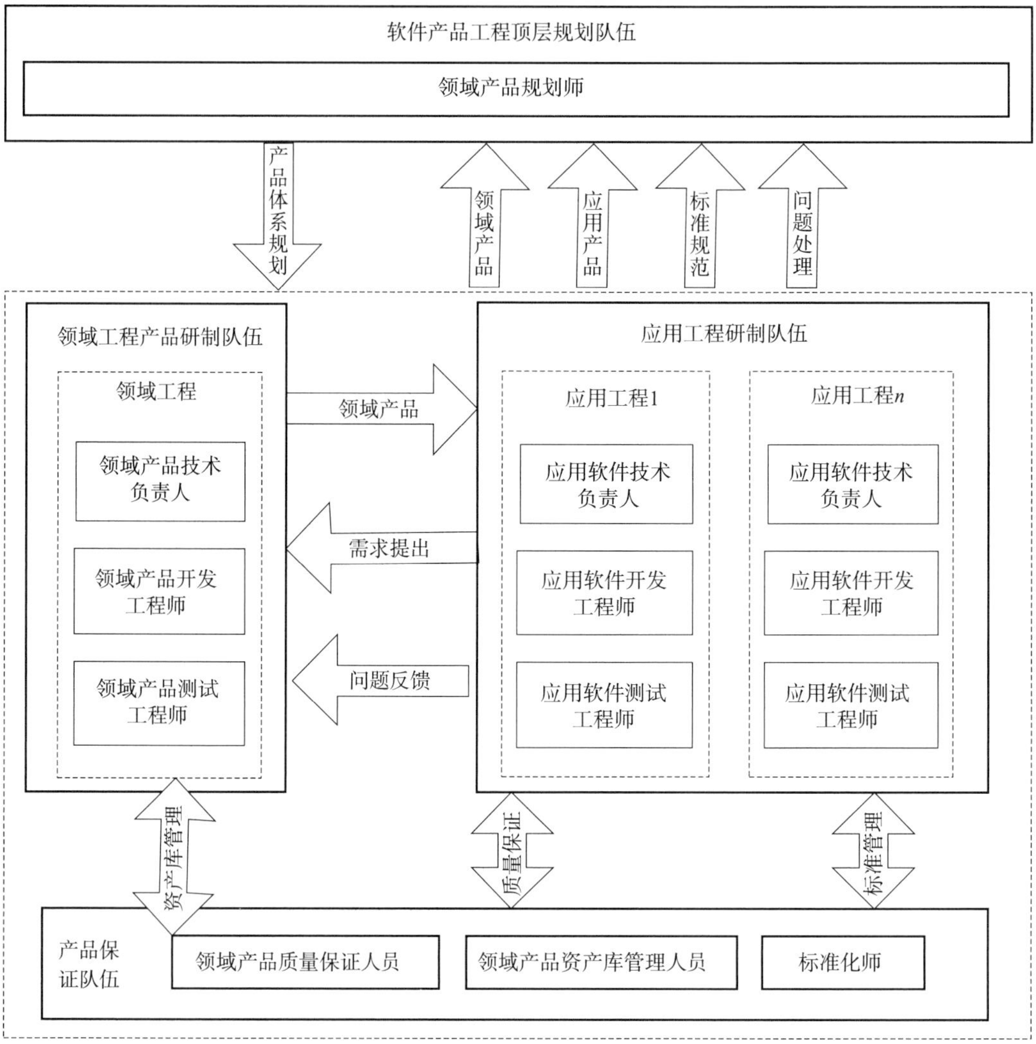

图 5-20　部门和人员结构关系图

3）PDT（Product Development Team）——产品开发团队（执行层）；

4）TRT/TDT（Technology Research/Development Team）——技术预研/产品开发团队（执行层）；

5）RMT（Requirements Management Team）——需求管理团队（执行层）；

6）LMT（Life-Cycle Management Team）——生命周期管理团队（执行层）；

7）PAT（Product Apply Team）——产品应用团队（执行层）。

5.4.3.3　分布式能力建设

为了应对发展需要，探索分布式软件研制模式，借助外部资源，比如采用开源、商业货架产品提升任务完成能力；提前规划布局产业链条，积极接洽上下游潜在合作伙伴，打造具备快速响应能力的低成本高效分布式能力建设。

5.4.4　标准体系建设

标准规划的目的是支撑产品的研制过程，产品研发前期应考虑该产品领域已有的标准，必要时形成该产品自身的标准。按照实际情况，制定产品体系的划分和各类标准，软件产品标准体系一般由开发类标准、管理类标准和应用类标准三部分构成，为软件产品项目提供全方位的指导。开发类标准包括该类型软件产品应遵循的关键功能设计方法的技术要求；管理类标准规定了该产品的开发、质量保证及管理过程的相关要求；应用类标准提出了产品应用的要求和方法。

以某系统为例，如图5-21所示。开发类标准包括各类产品编码命名规范、设计及文档编制规范以及针对关键功能（如通信协议）设计方法的技术要求；管理类标准规定了产品开发、质量保证及产品库管理过程的相关要求，包括产品开发流程、工作相关人员职责、产品出入库及更改流程、产品评价方法等内容；应用类标准提出了在型号软件研制各个阶段对产品进行应用的要求和方法，同时涉及针对产品要求对原有软件过程文档规范的修订。

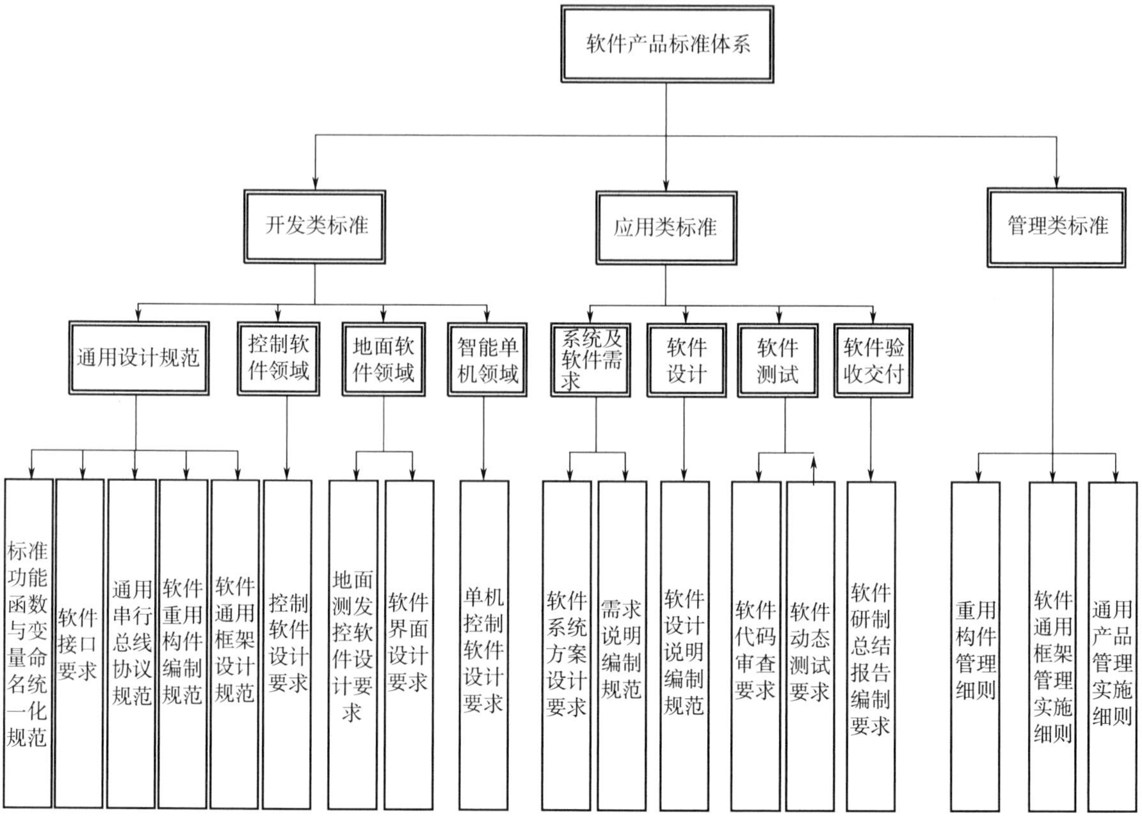

图5-21　软件产品化标准体系示例

产品化软件研制过程应符合相关标准的要求，同时各单位要根据各自软件产品化的需求，增加与软件产品化相关的要求。

研制单位适宜建立自身的软件产品化大纲来指导本单位的产品化部门建设、产品规划和过程定义、相关技术标准编制，特别是制定适合本单位领域特点的软件产品复用要求以规范软件产品化活动的技术细节，发布开发编程规范或统一化规定来增强可复用资产的复用能力。

5.4.5 产品型谱建设

软件产品型谱是软件产品预研、研制、培育、状态固化、更新换代等工作策划的基本依据。软件产品型谱建设应遵循“总结过去、支撑现在、引领未来”的基本原则，按照全面、协调和可持续发展的指导思想进行编制。

航天软件产品型谱建设可以按照由底向上的原则逐步完善，对于嵌入式软件，把重用软件框架和重用软件单元作为前期建设的重点，逐步向重用软件配置项研制过渡。非嵌入式软件考虑的层次相对高一些，直接开发重用软件框架或配置项，从而起到更好的重用效果。

软件产品型谱建设的过程分为分析领域需求、选取领域产品、建立领域软件产品树三个步骤。

5.4.5.1 分析领域需求

根据型号未来需求，以及未来领域软件的发展需求，结合当前型号应用软件的需求，提出领域软件产品需求集合。

5.4.5.2 选取领域产品

评估领域产品的可行性条件、性能条件，统筹考虑领域产品的选取。

分析领域产品的可行性条件应考虑：

1）成熟度：领域必须足够成熟，才能对领域有深入的了解，并建立一些必要的概念，且围绕这些概念开展工作。

2）稳定性：领域必须足够稳定，才能使产品的基础架构稳定。例如，地面测发控软件框架能成为领域产品，是因为它需要什么样的功能和应用场景，已经形成了基本一致的认识，不会有大的变化，纳入产品时，对公共性能达到共识。

3）资源约束：启动产品研制需要初始投入，必须保证必要的资源可用。

4）组织约束：组织机构必须适应产品化研制。它对组织结构的要求有别于传统单系统工程，组织必须做好调整其组织结构的准备。

分析领域产品的性能条件应考虑：

1）应用潜力：必须具备必要的应用潜力和应用广度。

2）耦合/内聚：耦合和内聚能够影响复用的构件的难易程度。如果与其他领域耦合度很强，开发可复用资产就会非常困难。

3）现有资产：现有资产能够给导入产品提供良好的开端，因为它们可能为在产品基础设施中开发构件提供良好的基础。

5.4.5.3　建立领域软件产品树

通过软件产品的定义和选取，最终要建立一个适应领域产品化整体需求的软件产品体系，从软件产品的设计、分类、管理等方面建立一个面向软件产品化的基础产品体系框架，为后续产品化工作奠定基础。

航天软件产品型谱应至少考虑产品层次、产品粒度、产品特征三个方面属性。我们把航天软件分成系统（含分系统）、单机两个层次，每个层次上再细分领域，对每个领域产品从重用粒度和特征两个方面进行定义。产品的重用粒度可以是配置项、框架、构件三个级别。特征描述中要说明其通用性和可变性，对于每类领域软件产品尽量能有针对性地建立或选取一个独立的软件平台，为持续进行产品开发和升级提供基础。

以某系统软件产品为例，说明其系列划分的方法。该系统软件产品主要划分为箭上飞控软件和地面测发控软件两大系列，通过对不同软件的功能特点和型号间需求差异的分析，确定了软件的重用方式，并规划了软件产品型谱，如图5-22所示。

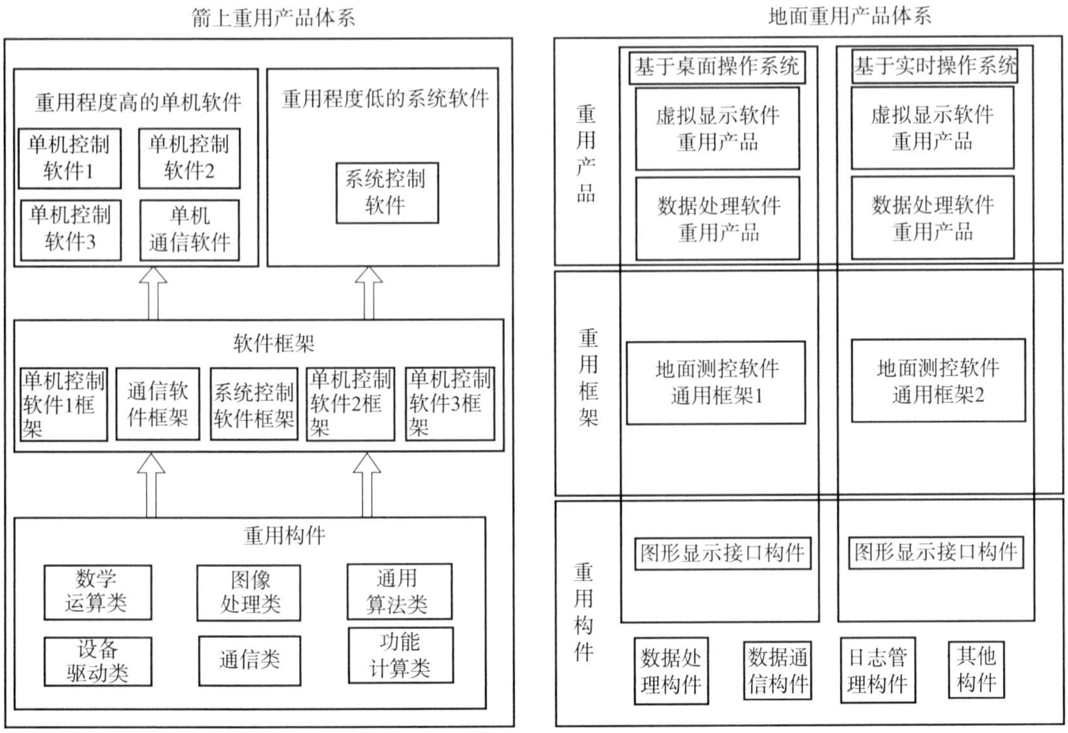

图5-22　某系统软件产品型谱示例

5.4.6　过程模型建设

5.4.6.1　软件产品研制过程模型

软件产品研制过程一般采用三种模型，即抽取式模型、反应式模型、主动式模型。

（1）抽取式

抽取式模型，它重用一个或多个已有型号应用软件，作为领域软件产品的初始基线。当在某领域拥有很多开发经验和各种成果，并希望迅速从传统开发模式转变成产品模式时采用，这种方法在当前的研制单位中比较普遍。抽取式重用软件的来源，除主动开发重用软件外，也可以利用过去的型号应用软件，拓展甚至超越当前型号软件需求以达到重用的目的。由于采用了重用，需要调整原有软件文档，以再次构建重用性更强的软件。

航天单位在推进产品化初期以抽取式为主，多是在大量型号研制过程中，提取共性需求形成重用构件。其弊端是生命周期短，在形成重用产品后，可能会出现不再满足新需求而不被应用的现象。

（2）反应式

如果初始投资（包括人员投入）不足时，则可采用反应式模型。它适合只有在有确切的重用机会时才开始开发重用软件。这个方法在产品特性不能事先预测的领域比较合适。虽然不需要太大的先期投入，但是要使用软件产品进行软件重构的花销很大，因为它往往没有事先规划一个公共架构作为开发基础。

反应式在航天型号研制过程中，主要由型号共性需求驱动，形成重用产品。此类产品需求来源于型号，必将会应用于型号，不会出现产品过时的问题。

（3）主动式

主动式模型中，需要为领域产品的研发预先投入，并使用这些领域产品进行型号开发。虽然这种方式对于某些成熟和稳定领域（产品特性可预测）中的产品比较高效，但人员和经费预先投入较高。

5.4.6.2 软件产品工程研制模型

航天软件集成产品研发（Software Integrate Product Development，简称 SIPD）模式的建立是一个系统工程，是一种软件产品工程研制模型，它不仅是改革研发管理过程，而是整个组织的战略转型，目的是以顾客需求和核心技术驱动作为产品研发的原动力，以平台架构和货架产品为共享基础，由对研发负责的技术体系向对顾客和成本负责的产品管理体系转型，以达到产品研发“准确、快速、低成本、高质量”的目标。SIPD 模式按照两大工程和四大流程开展。

（1）两大工程

在主动式模型的基础上，将传统的 V 型软件研制流程转为基于平台产品的双 V 字异步软件研制流程，建立领域工程和应用工程异步研发流程。

型号软件多以定制开发为主，开发成本较高、研制周期长且技术风险大。基于平台产品型号软件研制流程强调领域工程与应用工程的独立研发，包括平台产品研制流程和型号软件研制流程两大部分。重视产品规划、共性需求分析、平台独立验证、产品质量控制等环节。型号软件研制则可充分利用已有的货架产品进行二次开发，有效减小软件系统设计和开发的复杂性，提高开发效率，双 V 异步软件研制流程详见图 5 - 23。

这种研发模式，采用基于领域产品的型号软件研制流程，强调领域工程与应用工程的

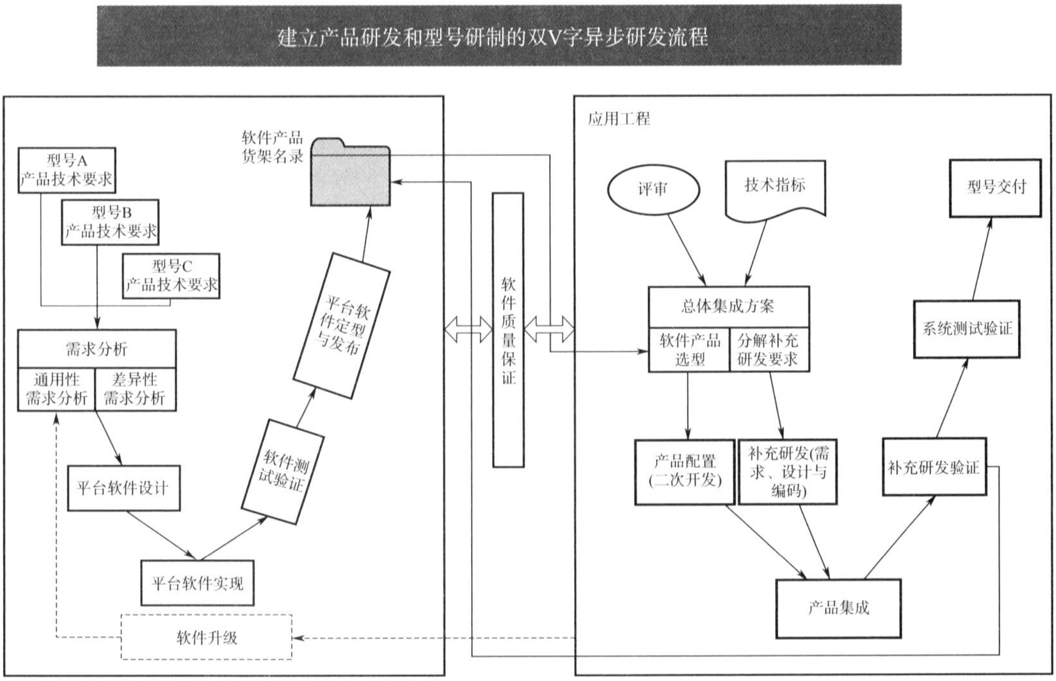

图 5－23　双 V 异步软件研制流程

独立研发，包含领域产品和型号软件两大研制流程。重视产品规划、共性需求分析、领域独立验证、产品质量控制等环节，以适应未来快速响应个性化需求的发展要求。

（2）四大流程

在软件产品化工作中期，主动式模型应用越来越多。在主动式模型中，为加强精细化流程管理，可将其细分为产品管理、产品研发、技术研发、反馈四大流程。

产品管理流程：由 PMT 团队负责，根据本单位战略规划，形成一套以型号需求为主的发展规划，在此基础上，对各项资源整合，制定软件中长期产品发展规划，并形成标准作为执行依据，将产品纳入产品型谱，为市场提供有竞争力的产品及服务，实现业务的成功。

产品研发流程：由 PDT 团队负责，流程包括概念立项、需求分解、制定研发计划、进行软件研发、软件测试验证，最终完成软件发布。

技术研发流程：由 TRT/TDT 团队负责，研发流程包括技术发展路线的制定，对各技术路线可行性分析，制定项目预算；对研制技术进行调研、攻关，完成技术研发、验证，并将新技术应用推广。

反馈流程：由 LMT 团队负责，该流程是软件产品与型号应用之间的交流过程。在软件产品推出后，LMT 团队及时且持续对产品在型号应用的表现进行监控，收集产品在型号应用中的用户体验，将结果反馈 PDT 及 IPMT 团队。

5.4.7 重用技术方法

可重用软件的开发用于界定和提供可重用资产，主要关键点在于领域分析：根据应用领域的特征和相似性，分析软件架构的可重用性，从而界定并构建可重用资产。

可重用软件在需求分析、设计、实现和测试的各个阶段都有相应的重用技术方法，用于产生相应的可重用构件。

5.4.7.1 软件产品需求分析阶段

可重用软件需求分析过程的核心是分析通用需求和可变需求，并对它们进行精确的描述。按照领域分析方法，一个应用软件需求可以分为三个部分，即通用性需求、可变性需求及特异性需求，其中特异性需求分析遵循 3.4 节要求。

5.4.7.1.1 通用性需求分析技术

通用性需求分析技术是通过对领域软件特征的分析，识别出各应用软件之间的相同需求，并用一种合适的表现形式进行描述。进行通用性需求分析可以采用应用需求矩阵法和优先级分析法。

（1）应用需求矩阵法

应用需求矩阵描述的是一组近似的通用性需求，并说明这些需求与每一个应用产品之间的关系。矩阵的行表示近似的通用性需求，矩阵的列表示每一个应用产品的应用需求。应用需求矩阵见表 5－9。

表 5－9 应用需求矩阵

应用需求	应用产品 1	应用产品 2	应用产品 3	应用产品 4
R1	强制需求	强制需求	强制需求	强制需求
R2	强制需求	—	强制需求	—
R3	—	强制需求	—	—

从表中可以看出，需求 R1 在四个应用产品中都是强制需求，因此 R1 可以作为产品的通用性需求的候选。

（2）优先级分析法

对于通用性更复杂的分析可以基于优先级分析法。给予优先级的通用需求分析方法是根据利益相关者对所有需求的优先级评定来确定哪些是通用性需求，在实践中通常把以下三类需求定为通用性需求：

第一类是对所有应用系统的最基本需求，若去掉这些基本需求就不能表现领域的特点。

第二类是被大多数利益相关者定为高优先级的需求，而其他利益相关者不反对这些需求的存在。

第三类是很多利益相关者感兴趣的需求，在将来很有可能变成通用性需求。

5.4.7.1.2 可变性需求分析技术

可变性需求分析的目的是识别出各应用软件的可变性需求，并用一种合适的表现形式进行描述。可变性需求代表了可重用软件变化的能力，也就是说各应用软件能够以什么样的方式、在什么样的范围内进行变化。

对识别出的初步可变性需求进行分析形成真正的可变性需求，并用可变点（Variable Point，简称 VP）和可变点实例（Variable Point Object，简称 VPO）进行描述。可变点是对某些产品需求的抽象，描述产品需求的可变项及属性。可变点实例则是对某个可变点的实例化或具体化。

可变性建模是指为识别出的可变性需求建立模型，用以描述可变点、可变点实例及它们之间的关系。对于可变性建模的方法可以采用正交变化模型的图形化描述。下面以外部通信这一可变点作为例子，说明图形化模型建模方法。

可变点“外部通信”与可变点实例“主从总线通信”、“串口通信”构成“包含关系”，如图 5－24 所示。

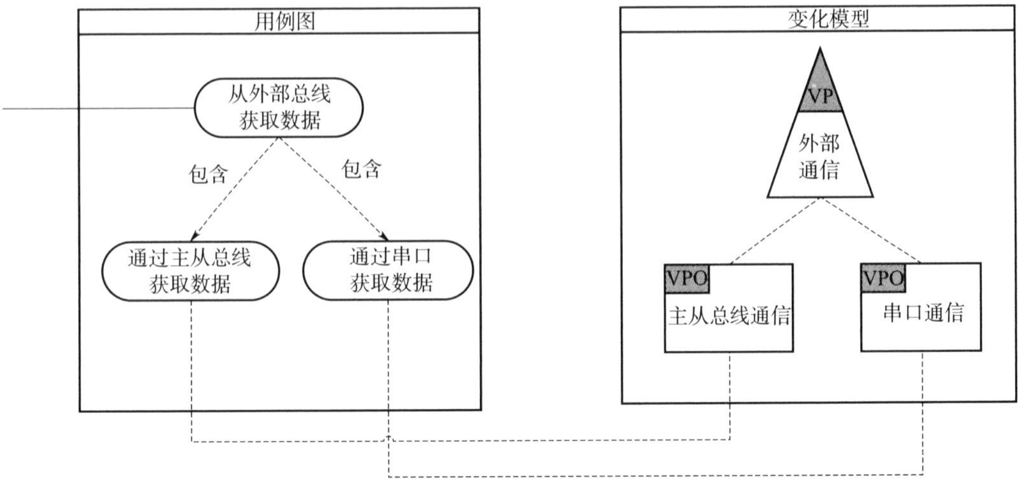

图 5－24　可变性模型及映射关系

当使用主从总线通信功能时，需要由框架提供的主从总线消息管理功能提供支持。而当使用串口通信时，势必会使用到串口数据的组帧与解帧等相关功能。因此形成了可变点实例之间的需要约束，如图 5－25 所示。

5.4.7.2　软件产品概要设计阶段

面向可重用软件的概要设计过程最终定义出系统架构。根据软件需求规格说明，设计软件的总体结构，划分并定义软件部分，以及各部分的数据接口、控制接口，设计全局数据库和数据结构，对各部件进行细化设计，划分并定义软件单元。

可重用的系统架构是由架构框架、应用插件、使用特征及设计规则组成的，且包含与可变性模型之间的映射关系。

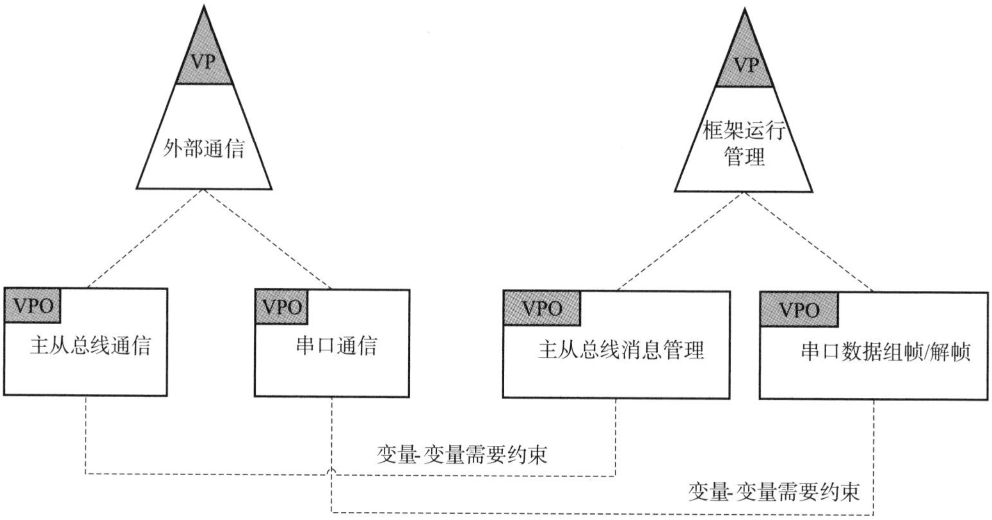

图 5-25　可变性模型中的约束关系

5.4.7.3　软件产品详细设计和实现阶段

5.4.7.3.1　接口的设计和实现

接口是连接构件的方式，定义了构件与外界的关系，构件通过接口向其他构件提供功能，接口解决的是构件的通用部分，描述了构件与使用者之间的一种协议。接口一般来说是不变的，因为构件和使用者之间必须有一致的理解。无论是通用性构件还是可变性构件都需要设计灵活的接口。

（1）接口

应用软件需要使用该数据结构接口建立自己的每一路时序对象，并定义时序的 IO 地址、时序开时写入的值、时序关时写入的值、时序宽度等。在需要启动时序时，通过构件接口来更新时序状态与时序开启时刻，由框架完成各种时序的管理。

（2）操作

应用软件对时序的主要操作是启动时序以及更新时序对象的各个属性等，实现时序输出的操作接口。向应用软件开放的构件功能主要是更新数据结构的相应成员，并非直接操作硬件接口。而真正输出时序的功能需要由框架内核部分实现。也就是说，在得知应用软件需要启动某一路时序之后，框架内核需要按照预先定义的端口地址、时序宽度，以及需要启动的时刻，在时序开启时向相应的地址写入开的值，宽度到达后再写入关的值。这部分功能对应用软件来说是透明的。

5.4.7.3.2　可变构件的设计和实现

通常使用条件编译的方式决定各功能模块的组合情况，框架也同样采用这种方式，通过更改宏定义对源码进行重新编译链接，实现可变特性。

（1）配置参数的时机选择

框架的配置参数均在编译前确定。

（2）实现可配置性

框架的控制周期、功能组合情况、处理器类型等均可通过宏定义组合方式配置。

5.4.7.4 软件产品测试阶段

软件产品测试的任务是验证软件产品各阶段的输出。测试必须从开发过程的早期就要考虑，即确保需求和设计能够支持测试。软件产品测试与应用软件系统测试的不同之处在于：

1）在软件产品测试阶段，没有一个可供测试的单个的、可执行的软件。因此，需要采取合适的策略确保测试构件在应用产品中使用，并进行单元测试和集成测试。

2）软件产品测试需要考虑通用性和可变性两方面测试，可变性测试需对全部组合进行测试。

软件产品测试过程中需要明确对软件产品的测试要求，软件产品白盒测试的覆盖率要求不低于使用它的应用软件安全性等级的要求。

5.4.8 重用资产管理

5.4.8.1 重用资产包定义

重用资产中应包含可供复用的各种资源。以某构件的数据包为例（如图 5－26 所示），分为五大部分：源代码、设计文档、测试文档、测试脚本和使用示例。其中，设计文档包含任务书、需求说明、设计说明、使用说明（含资产特征描述、使用约束等）等；测试文档包含测试用例、测试报告等；使用示例包含示例代码和示例说明。

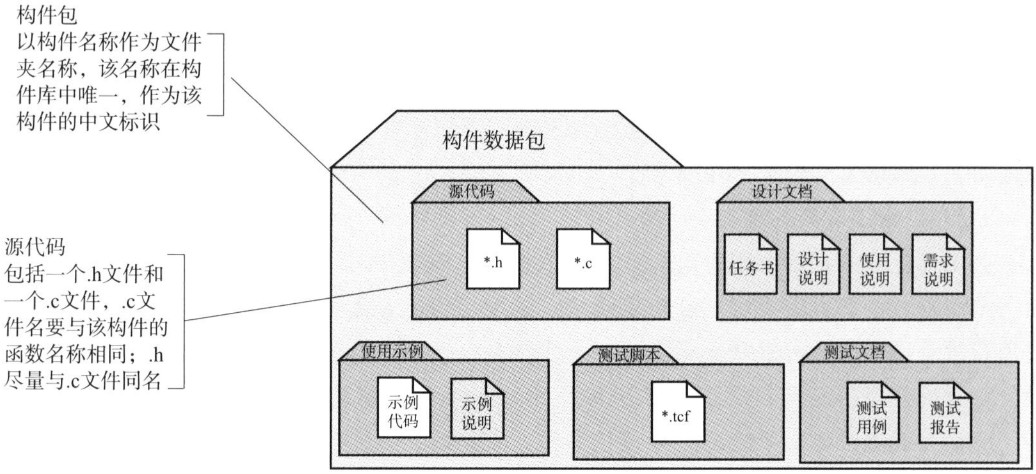

图 5－26 软件构件数据包示例

数据包一般包括：

1）资产特征描述，包含软件摘要信息、软件属性、软件分类信息等，可在软件使用说明中进行描述，用于检索的属性值可作为资产库的数据项，便于重用者检索。

2）使用手册，包含软件特性、安装、验证及操作的方法，使用约束，如受限领域、可能导致性能降低（功能受限）的应用场景等。

3）设计文档，包括任务书、需求说明、设计说明、操作手册等。

4）测试文档，包括测试计划、测试用例、测试说明、测试报告等。

5）测试脚本，为可重用的测试脚本。

6）源代码，为可重用的软件源代码。

5.4.8.2 重用资产管理

重用资产的开发过程应遵循航天软件工程规范，在相关文档中全面、准确地说明软件的功能和行为、相关的领域知识等方面内容，其开发和测试过程应经过严格质量控制，同时进行规范的配置管理。

5.4.8.2.1 重用资产配置管理

重用资产与应用软件相同，也可分为开发库、受控库、产品库，库中需包含“需求分析、软件设计、代码实现、测试”等过程产品，重用资产研制过程中的问题闭环后才能进入受控库，重用资产受控前在开发库中进行版本管理，出入库应进行审核。

重用资产库应支持构件或框架的概念，能够对构件或框架进行管理；应能维护软件修改和开发的历史。新的重用资产可以通过现有软件集成得到，因此需维护软件集成历史。可以对框架、构件变化进行控制，并维护多个变化方向。

5.4.8.2.2 重用资产的使用方式

为了减少对重用资产修改的工作量，重用资产开发人员应尽量使其功能、行为、接口抽象化、通用化、参数化。重用资产使用前应对其进行审查，明确其使用方式，可以分为以下三种：

1）重用资产不做修改直接用于新的软件项目；

2）通过选择参数来调整可重用软件的功能或行为；

3）对重用资产进行适当源代码修改以满足新的软件项目需求，用户须借助设计信息和说明文档来理解、修改重用资产。

5.4.8.2.3 重用资产的维护

重用资产库应记录重用者对软件的提取情况，以此作为重用资产配置管理和维护的依据。重用资产负责人需要定期收集重用资产的使用情况及重用者的应用经验。重用资产的质量和可重用性信息可以从检索次数、重用次数、复杂性和问题报告次数四个方面进行度量。对于没有使用需求的早期版本应停止维护，不再更新。对于需要进行更改的重用资产，应在完成更改研制及验证并经审核后纳入资产库。

数字化手段可以更好地管理重用软件资产，使用重用信息管理平台，完成对软件产品进行配置管理、分类和选取。重用资产信息管理平台应支持各种维护操作，并能详细定义软件资产功能特征和使用约束等；能够支持精确匹配，还支持相似资产的查找；能够进行简单的语法匹配，查找在功能和行为上等价或相似的资产；对应用领域有较强的描述能力和描述精确度；便于重用软件资产的领域资产管理员和用户使用；具备自动化的潜力。

基于重用资产信息管理平台的重用管理流程，可以参考图 5－27。软件重用库管理员负责软件产品分类以及软件产品维护，软件产品重用就是查询软件产品并通过组装，生成新的应用软件的过程。

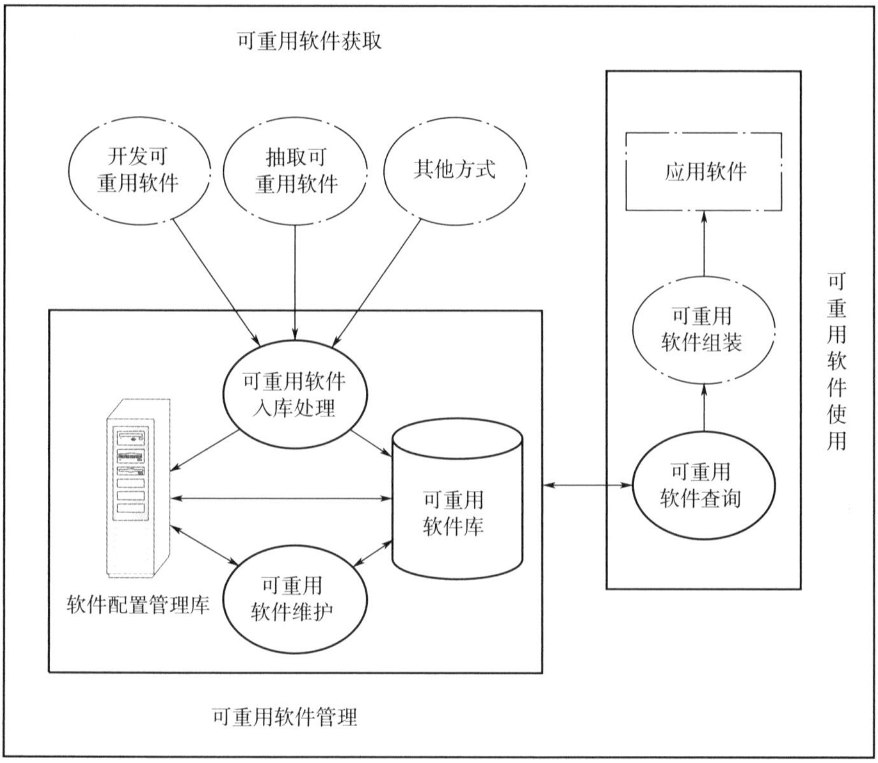

图 5－27　重用管理流程示例

5.4.8.3　软件产品成熟度评价

软件产品成熟度评价方法适用于重用资产，是指依据产品的设计、生产、试验和应用情况，对其质量与可靠性以及应用程度的度量。软件产品成熟度评价有助于推进某个单位软件产品工程能力的提升。

软件产品成熟度的定级规定应按照各单位对软件成熟度的定级标准，根据航天系统的特点，一般在成熟度评价中需考虑的要素有管理成熟度、设计成熟度、验证成熟度、应用成熟度等。

1）管理成熟度是软件产品在需求分析、体系结构设计、详细设计、实现、测试验证过程中，各开发活动中质量保证活动、配置管理活动的完备性、精细化和规范化程度。

2）设计成熟度是型号软件产品功能、性能满足任务要求的程度，软件的可靠性安全性水平，以及软件逻辑结构、复杂性、规范性等的优劣程度。

3）验证成熟度是对软件产品执行代码审查、静态分析、测试验证、试验验证的充分程度，软件产品在验证中问题的发现和排除程度。

4）应用成熟度是软件完成开发交付使用时，在实际应用任务中的表现及重用率。

表 5－10 是关于软件产品成熟度等级的一个示例。

表 5－10 软件产品成熟度定义示例

1 级原型产品	该级产品根据系统需求，确定了软件功能、性能与接口环境要求等。完成了算法验证，完成了软件原型设计与实现并初步验证，满足 1 级定级条件的产品
2 级工程产品	该级产品软件任务明确，完善了软件需求和设计，进行了文档评审、代码审查、开发方测试及地置试验等工作，功能性能接口满足要求，开发文档齐全，软件管理规范，满足 2 级定级条件的产品
3 级任务产品	在满足工程产品条件要求的基础上，进一步完善了软件任务和需求，优化了设计与编码，通过了各级系统的测试和试验，且 A、B 级软件经过独立第三方确认测试和专项质量复查工作，产品数据包规范齐全，满足 3 级定级条件，可用于执行型号任务的产品
4 级一次任务考核品	在满足任务产品条件的基础上，产品经过至少 1 次成功飞行/发射试验考核，验证了产品的使用性能，出现的轻微或一般问题都进行了优化更改（不属于Ⅲ类更改），优化的内容全部经过回归测试或系统试验验证，故障预案进一步完善，产品数据包进一步完善，满足 4 级定级条件的产品
5 级多次任务考核产品	在满足一次任务考核产品条件的基础上，经过至少 3 次成功飞行/发射试验考核，已发现的所有问题被更改解决（不属于Ⅲ类更改），更改完善的内容均经过回归测试及任务考核验证，满足 5 级定级条件的产品
6 级成熟产品	在满足多次任务考核产品条件的基础上，软件技术状态完全固化，通过了第三方对产品的测评，满足 6 级定级条件的产品

注：产品成熟度越高，对项目（质量、进度、经费）造成的风险越小。

当软件重用产品在实际工程中应用后，技术状态发生变更，软件产品的成熟度也将发生一定变化，因此需要重新评估软件重用产品的成熟度值。

5.4.8.4 软件重用指标体系

软件产品工程发展到一定阶段，需要量化的数据来评价某个单位的产品工程进展程度、产品工程能力。因此每个单位都需要建立适应本单位的软件重用指标体系。一方面，对应用工程中的软件产品进行重用分析；另一方面，掌握领域工程中各货架产品被重用的情况，从而衡量货架产品的质量和应用效果，形成应用工程到领域工程的正向反馈。

航天软件重用指标体系应包括单个软件配置项重用率和软件系统重用率。

5.4.8.4.1 单个软件配置项重用率

单个软件配置项重用率指标有“M·N”相似度门限软件重用率、基于功能点规模的软件重用率、基于货架产品贡献度的软件重用率三种。

（1）方法一：“M·N”相似度门限软件重用率

重用率计算方法为

$$重用率=（函数级重用规模+文件级重用规模）/ 总规模 \tag{5-1}$$

函数级重用规模指所有同时满足函数名和函数体相似度门限的函数代码行总和。计入函数重用代码行的方法为：设定函数名称相似度门限 M，函数体相似度门限 N，当待分析函数与重用资产中函数或型号软件中函数比对后，均满足相似度门限 M 和 N 时，认为两函数功能基本一致，判定待分析函数属于完全重用，将待分析函数代码行数计入重用代码行数中。

文件级重用规模的计算包含两部分：

第一部分，考虑 .h/.c/.cpp/.xml/.json/.s 等文件类型，相同文件名称的文件逐行对比，行内容完全一致则计入文件级重用。

第二部分，考虑 .a/.lib 等库文件的重用行数，库文件名及二进制完全一致则将库文件源文件的代码行数计入文件级重用。

（2）方法二：基于功能点规模的软件重用率

本方法基于重用软件功能点规模比例的思想，重用率计算方法为

$$\text{重用率} = \text{重用功能点规模} / \text{总功能点规模} \tag{5-2}$$

对于小规模软件来说，功能点规模可以简单使用功能数目来等价体现。对于复杂的大规模软件来说，可以使用原始功能点数的计算方法进行量化。

例如，A 软件为经过飞行试验验证的软件，其功能点规模为 500。在 A 软件的基础上对其少部分功能进行修改，形成了 B 软件，改动部分的功能点规模为 100，其他功能未更改。则 B 软件的重用率＝（500－100）/ 500＝80％。

（3）方法三：基于货架产品贡献度的软件重用率

本方法侧重于充分反映重用框架或重用产品的贡献度，而弱化重用代码规模，重用率计算方法为

$$\text{重用率} = \text{基础分} + (1 - \text{基础分}) * (\text{重用代码规模} / \text{总代码规模}) \tag{5-3}$$

其中，基础分根据货架产品选用情况进行叠加计算，并设置封顶值（封顶值可以根据某一时期软件专业货架产品成熟度水平来设定）。

例如：

软件产品 1：＋0.3

软件产品 2：＋0.2

软件产品 3：＋0.4

软件产品 4：＋0.3

……

假设封顶值为 0.6。

某型号软件使用了“软件产品 3＋软件产品 4”，则基础分＝0.4＋0.3＝0.7，限幅至 0.6。

该型号软件使用“M・N 相似度门限”计算方法得出的重用率为（6 000/20 000）＝30％。

该型号软件的重用率＝0.6＋（1－0.6）＊ 0.3＝0.72＝72％。

上述三种配置项重用率计算方法可以根据软件研发过程实际情况进行选取，选取原则如下：

1）在已有产品基础上直接更改形成新产品的，可选取“M・N”相似度门限软件重用

率或基于功能点规模的软件重用率，包括不同型号（或相同型号不同技术状态）的衍生重用的软件、Ⅲ类研制的软件。若更改涉及的源代码功能较集中，建议选取基于功能点规模的软件重用率；若更改涉及的源代码较分散或是更改主要通过配置文件实现，建议选取"M • N"相似度门限软件重用率。

2）基于重用框架和重用产品进行二次开发或增量式开发的软件，建议选取基于货架产品贡献度的软件重用率。

5.4.8.4.2　软件系统重用率

软件系统重用率从系统角度整体反映某型号（或项目）软件的重用情况而提出的重用指标，该指标综合了软件系统中各配置项的软件重用率：对型号软件配置项类型进行分类，各配置项类别分配不同的权重，计算每个配置项的权重系数，将每个配置项的重用率与权重系数相乘，能够得到该配置项在整个系统软件中的软件重用率，最后将所有配置项的重用率相加，得到整个系统软件的软件重用率，计算公式如下

$$\text{软件系统重用率} = \sum_{i=1}^{n}(\text{软件 } i \text{ 权重比例} * \text{软件 } i \text{ 重用率}) \tag{5-4}$$

其中，软件 i 的权重比例默认为 $1/n$，可以根据本软件在系统中地位（可考虑难度、工作量、技术含量、成熟度等要素）进行适当微调。

表 5－11 是某型号软件系统重用率的统计表，表格中各配置项重用率可根据各自的特点选取不同的单个软件配置项重用率计算方法。

表 5－11　软件系统重用率统计表

序号	软件名称	功能描述	开发环境（IDE+OS）	硬件平台（CPU）	研制类别	配置项重用率	权重比例(仅计算重用率使用)	重用率计算方法
1	软件 1	略	略	略	Ⅳ	60%	0.5	3
2	软件 2	略	略	略	Ⅲ	80%	0.2	2
3	软件 3	略	略	略	Ⅳ	40%	0.3	1
	软件系统	略	略	略	—	58%	1.0	—

5.4.9　软件生产线

软件重用技术为软件开发提供了更高抽象层次、大粒度的软件复用，为软件工业化生产奠定了技术基础。随着航天领域任务的增多，面对不同的任务，需要软件能够快速适应处理共性和个性问题。如何保证低成本、高质量、快速交付等要求就成为软件承研部门竞争力的主要表现之一。

5.4.9.1　软件生产线的定义

软件生产线是为开发多个相关或相似软件产品服务的，它通过软件共性部分的大粒度重用来加快软件开发速度和提升质量，软件生产线能够较为完整地提供成套的软件开发支撑，以占领特定领域市场。

软件生产线相当于将传统工业生产线的思想应用到现代软件工业中来，基于软件重用

技术和强大的软件开发平台，实现软件产品的自动化组装/生产，就像现代化的汽车生产工厂，输入一定的原材料，在少量生产工人参与的情况下，可以自动化、大批量地生产出完整的汽车。不同之处在于，工业生产线最终出来的是一个一个的产品复制体，但是软件生产线最终出来的是一代一代更新迭代的版本；共同点在于整体产出的效率将极大地增加。

软件生产线为生产一系列相似软件提供了新的开发方式，特别是在具有领域背景的软件组织中，更能体现它在提高软件质量、缩短开发周期以及节约开发成本等方面的优越性。根据不同软件生产模式和集成策略，可以形成不同的软件生产线。

5.4.9.2　基于DevOps的软件生产线

航天领域任务变化的多样性，对于软件开发模式提出了新要求，要想在不断探索、不断变化的研制中取得成功，就要拥有快速试错的能力，而软件的快速上线、验证、改进的持续循环流程实际上就是一个快速试错和拥抱变化的过程。在这种环境下，需要从软件工程方法论、技术架构、支撑平台等多个层面提出新方法和新技术，对软件流程进行有效的组织和资源管理，通过网络化协同的方式完成高质量软件系统的快速开发、持续集成、可靠运行。软件开发需重视软件开发人员和运维人员的沟通合作，通过自动化流程使得软件构建、测试、发布更加快捷、频繁和可靠。快速交付部署可以更快地发现问题，产品被更快地交付到用户手中，团队可以更快地得到用户的反馈，从而进行更快地响应。这就是DevOps的基本理念。

一个DevOps生态系统，包含一个或多个软件生产线，DevOps软件开发生命周期不是一个线性过程，而是将瀑布模型中“大爆炸”式交付替换为较小且更频繁的交付，可以根据需要来更改路线，具有更强的适应性。每个较小的交付都可以通过全自动或半自动过程完成，从而减少人工成本，提高集成和交付速度。

DevOps开发流程大致分为5个部分，分别是持续的管理与计划、持续的集成与测试、持续的交付与部署、持续的监控与运维、持续的分析与计划，具体如图5-28所示。DevOps开发流程涉及的角色包括功能负责人、开发人员、测试人员、运维人员和流程负责人。

DevOps可以帮助组织了解在整体生命周期甚至更长时间内软件所必需的配置、打包和编排（具体见图5-29），从而创建更有价值的持续交付实践。DevOps可以理解为以持续集成为基础、衔接敏捷开发流程中的各个上下游环节形成的一套最佳实践。

5.4.9.3　DevOps软件持续集成实践

在DevOps的开发流程中，工程团队通常从软件持续集成（Continuous Integration，简称CI）开始实践。CI是一种软件工作流程，是将所有软件工程师对于软件的工作副本持续整合到共用主线的一种软件开发实践，即团队开发成员经常集成它们的工作，每个成员以天为单位集成一次，项目团队通过多次集成，以此接近“连续”程度的集成。

从软件项目开发历史上看，集成一直是一项高成本的工程活动。因此，软件持续集成强调了驱动构建和测试的自动化工具。持续集成实现之后，每次集成都通过自动化的构建

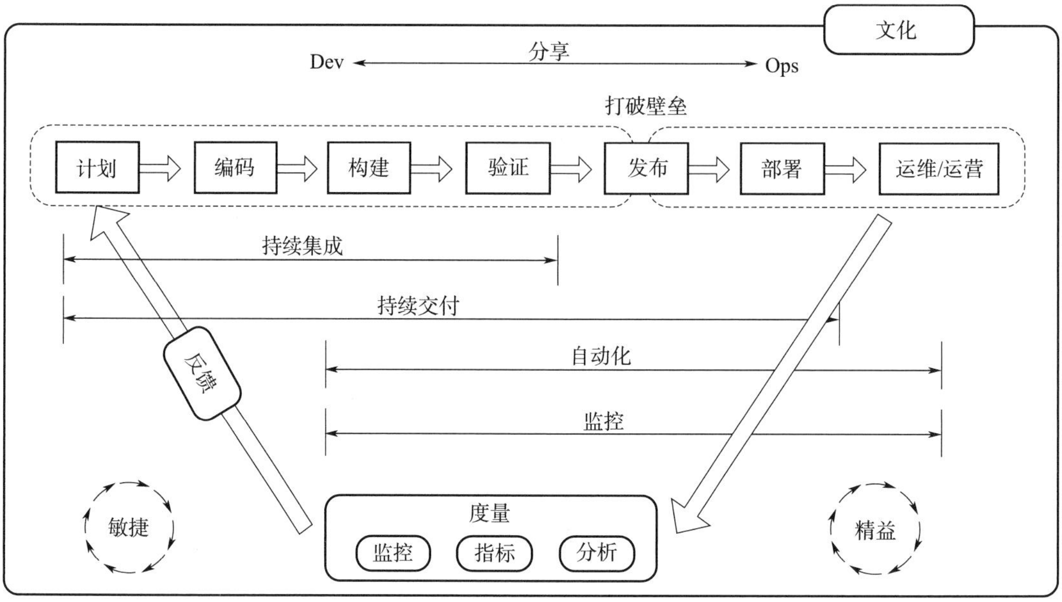

图 5-28　DevOps 开发流程

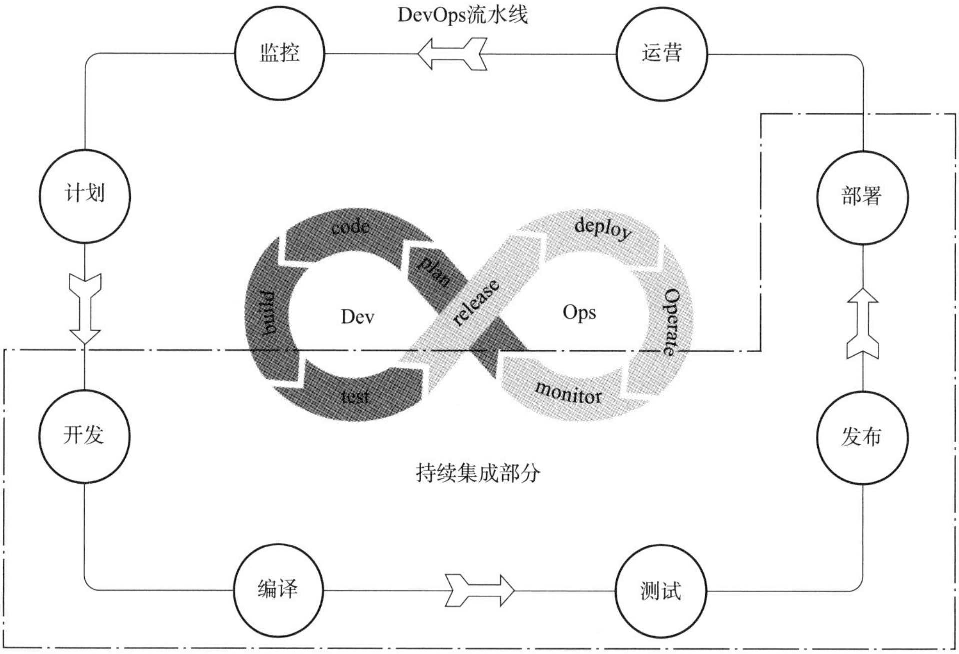

图 5-29　DevOps 开发流水线

（包括编译、发布、自动化测试）来验证，从而尽快地发现集成错误。持续集成强调开发人员提交了新代码之后，立刻进行构建、测试。根据测试结果，可以确定新代码和原有代码能否正确地集成在一起。

5.4.9.3.1　软件持续集成实践原则

软件持续集成实践遵循平滑实施、逐步落地的原则，具体包括：

1）渐进式扩充持续集成平台的工具链；

2）方案落地的切入点不影响现有项目研制；

3）从研制流程的后端入手，从测试逐步向研制流程前段延伸；

4）需求设计从功能点拆分与工作协同出发，最大限度利用已有重用资产；

5）逐步减少开发人员、测试人员的重复工作量，切实提高生产率和产品质量。

5.4.9.3.2　软件持续集成实施流程

航天软件研制过程中的软件持续集成的整体开发思想与开发模式，与商业互联网软件行业类似，关键是需要有匹配的流程模式，使得工具平台的应用确实能够使软件研制在效率与质量方面得到提升。

一个完整的持续集成项目开发流程如图 5－30 所示，将项目开发过程中的各个步骤与管理过程，映射到持续集成平台的流程中去，实现高效协同、风险可控的流程过程管理。可以借鉴现有的开源系统（如 Jenkins）快速构建一个适用于本单位的持续集成平台，实现软件集成开发环境、静态分析工具、动态测试工具、全数字调试测试验证环境的自动化部署与使用。

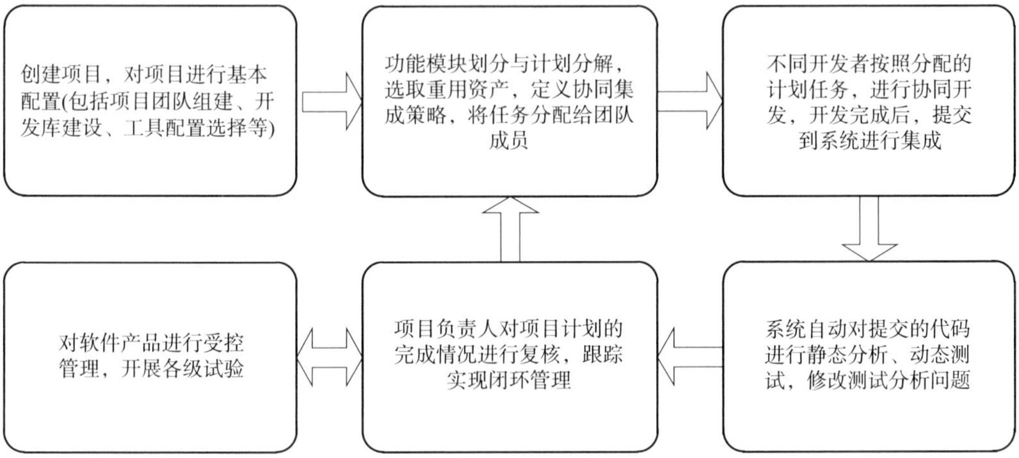

图 5－30　一个完整的持续集成项目开发流程示例

5.5　软件安全性可靠性方法

5.5.1　概述

航天型号软件是高风险、高投入、高技术的复杂产品，具有极高的可靠性和安全性要求。软件作为航天型号控制核心，小缺陷都可能造成重大安全性事故。航天型号软件可靠性安全性分析、设计、验证等工作在型号软件研制过程中是非常重要的环节。在多年的工程实践中，我们形成了许多行之有效的工程技术、方法，在航天型号软件可靠性安全性工作中产生了非常好的效果。

软件可靠性是指软件在规定的条件下和规定的时间内，完成规定功能的能力。软件可靠性研究的是软件失效，软件不失效即为可靠，可靠性分析方法、可靠性设计思路主要是从软件相关内外部各种失效的预防、检测、容许、纠正四方面开展。

软件安全性是指软件运行不引起系统事故的能力。软件安全性研究的是软件相关危险，主要是以系统危险事件为索引，梳理可能分解到软件处理的危险事件，识别安全关键软件，识别每一个安全关键环节，并采取相应的控制措施。

常用的软件可靠性安全性方法有基于时序事件链的软件系统安全性分析、软件故障树分析、软件故障模式及影响分析、软件初步危险分析、软硬件交互分析等，应用这些方法针对软件失效、系统危险开展工程化的分析、设计工作，是确保航天型号软件任务“一次成功”的有效实践。

5.5.2 基于时序事件链的软件系统安全性分析

航天运载火箭的测试、发射和飞行控制工作由不同的时序组成，每一时序包括不同的事件，每一事件由不同的软硬件协同工作，完成预定的功能。在载人航天运载火箭软件系统安全性分析工作中，从分析关键时序和关键事件着手，分析完成每一关键事件的参与方、协同工作过程、各种失效模式以及各环节失效后的影响，对失效模式进行防范措施设计，对分系统和软件配置项提出安全性设计、验证以及所需试验环境的要求。

在型号软件系统分析与设计阶段，软件系统设计人员根据工程总体任务要求、系统初步危险分析以及软件系统初步分析与设计结果，进行全型号软件系统安全性分析，包括以下主要工作：关键时序分析、关键事件分析、失效模式分析、防范措施设计、提出验证与试验环境建设要求，最后将分析结果反映在总体下发给各分系统的任务书中，分析流程如图 5－31 所示。工程总体任务书明确了对软件系统功能、性能、可靠性、安全性等方面的要求；软件系统初步分析与设计明确了全型号软件系统的拓扑结构、分系统组成、各分系统间的主要信息流；系统初步危险分析明确了与软件系统相关的关键时序。

在分系统软件系统分析与设计阶段，软件分系统设计人员根据分系统任务要求、分系统初步危险分析以及分系统软件系统初步分析与设计结果，进行分系统软件系统安全性分析，最终将分析结果反映在分系统下发给各配置项的软件任务书中，各配置项研制人员根据任务书中的安全性要求，开展相应配置项的安全性分析，分析流程如图 5－32 所示。其中分系统任务书明确了对分系统软件系统功能、性能、可靠性、安全性、接口等方面的要求；分系统软件系统初步分析与设计明确了分系统软件系统的拓扑结构、软件配置项的组成、各配置项间的主要信息流；分系统初步危险分析明确了与分系统软件系统相关的关键时序。

对初步危险分析确定的各关键时序进行分析，明确关键时序与软件系统相关的各事件。全型号软件系统安全性分析时，主要确定各分系统需要协作完成的事件；分系统软件系统安全性分析时，主要确定与本系统各软件配置项相关的事件，包括全型号软件系统安

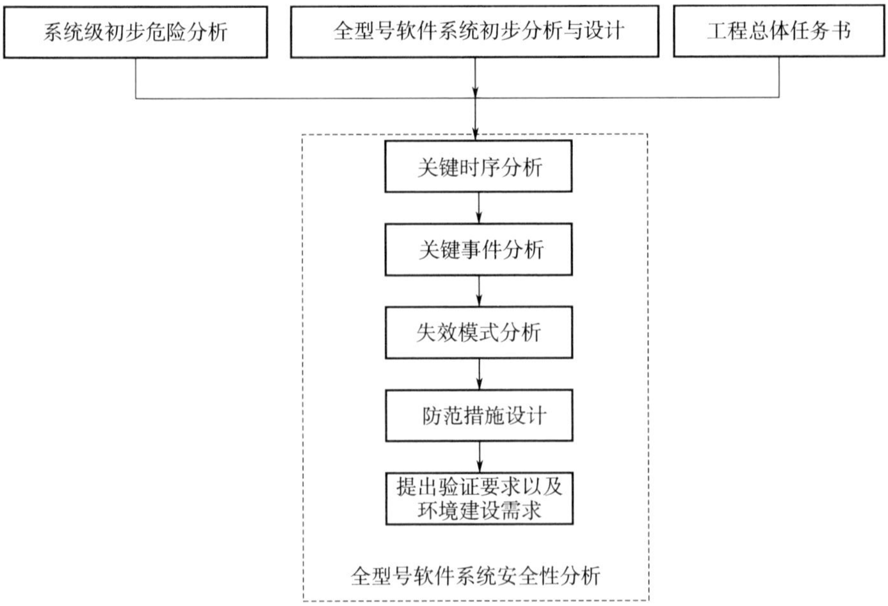

图 5-31　基于时序事件链的全型号软件系统安全性分析流程

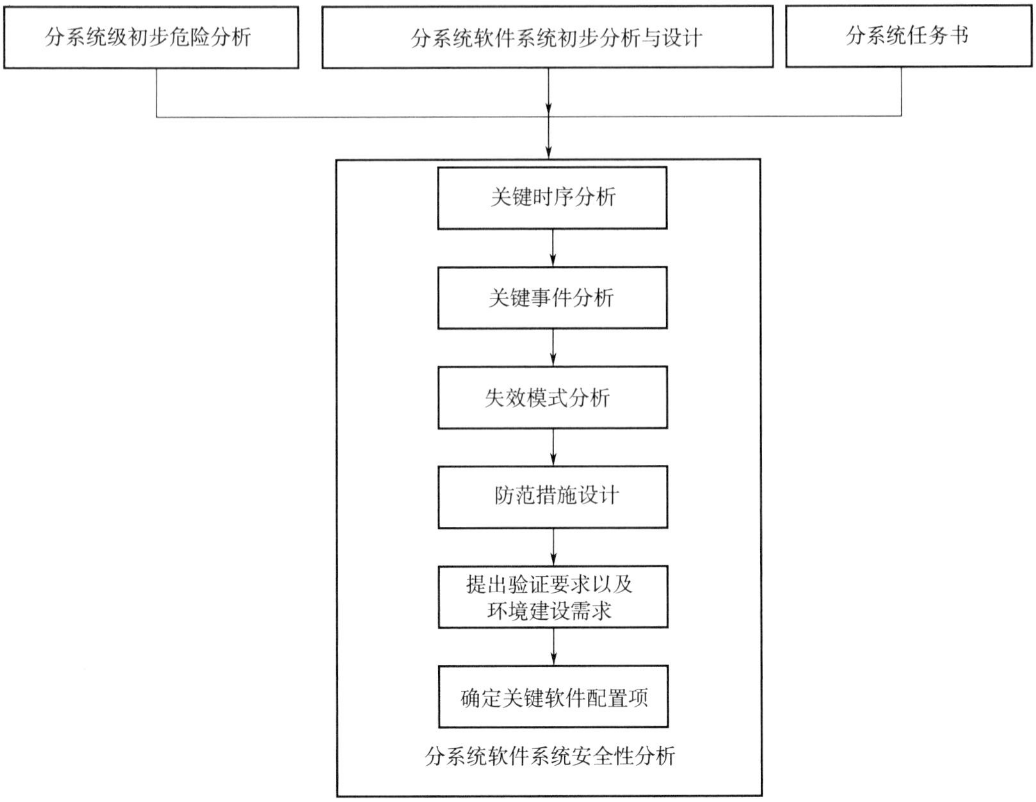

图 5-32　基于时序事件链的分系统软件系统安全性分析流程

全性分析时确定的与分系统相关的事件，以及分系统内独立完成的事件。图 5－33 为某载人航天运载火箭开展的全箭软件系统安全性分析时确定的射前时序分析结果，明确了各分系统需要协作完成的事件。

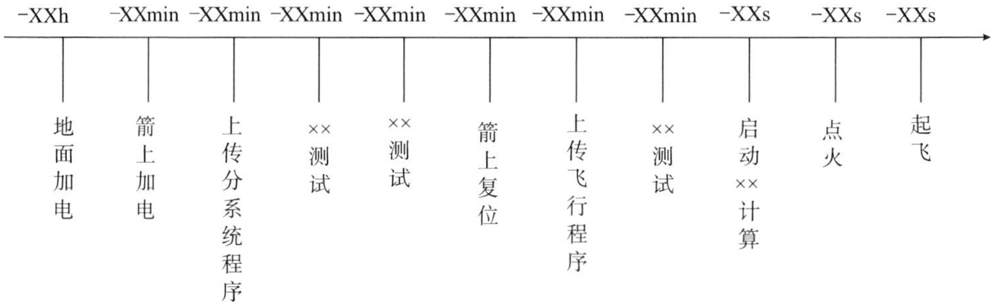

图 5－33　射前时序分析示例

在分析与关键时序相关的事件时，借助泳道图，确定完成事件的过程、涉及的分系统或者软件配置项、接口关系以及协作关系。全型号软件系统安全性分析时，参与完成事件的基本单元一般是分系统；分系统软件系统安全性分析时，参与完成事件的基本单元一般是各软件配置项。图 5－34 为空间站工程运载火箭开展的全型号软件系统安全性分析时，确定的射前时序中完成某控制事件的过程、参与的分系统、主要的信息流以及接口。

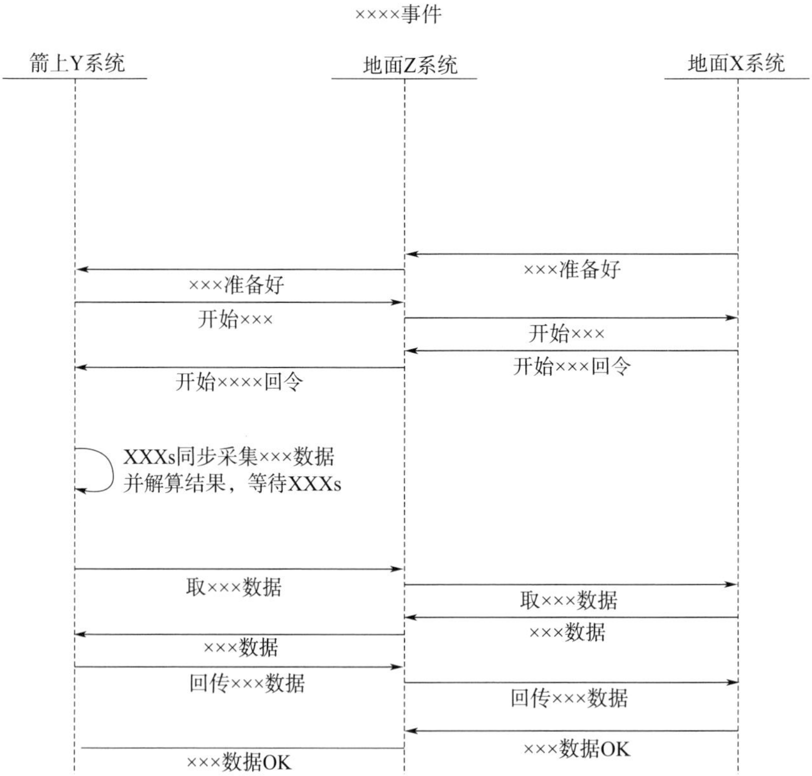

图 5－34　时序事件交互过程

对事件各环节的失效模式以及失效后果进行分析时，在全型号软件系统安全性分析阶段，一般重点分析软硬件协同工作、各分系统之间接口的失效模式；在进行分系统软件系统安全性分析阶段，一般重点分析硬件环境、接口、软件配置项交互、传输链路、执行机构的失效模式。此外，失效模式分析时还应确定各失效模式的失效等级以及相关分系统或者软件配置项，失效等级的定义如表5-12所示。一般将失效等级为Ⅰ、Ⅱ类的事件列为关键事件，后续应重点进行防范措施设计以及测试和试验验证工作。

表5-12　运载火箭失效等级的定义

失效等级	失效影响	失效可能的后果
Ⅰ	灾难性的	火箭误炸； 飞行任务失败； 试验环境严重破坏
Ⅱ	严重的	入轨精度达不到预期要求； 未正常获取主要遥测数据； 严重影响发射任务
Ⅲ	轻度的	系统轻度损害； 发射任务受轻度影响
Ⅳ	轻微的	低于Ⅲ级的影响

注：失效后果列出的条款中，满足其中一条即可定为相应的等级。

针对各类失效模式制定对应的防范措施，除确保防范措施有效、可靠以外，一般还应考虑工程实施的可行性、软件测试和试验验证的可测试性，以及适应后续变化的可移植性、可扩展性。载人航天工程运载火箭进行软件系统安全性分析时，针对6类故障模式设计了防范措施，示例见表5-13。

表5-13　失效模式及防范措施示例

失效模式	防范措施
信号源故障	硬件采用冗余设计，软件对采集信号进行冗余决策和备保设计
硬件输入通道故障	硬件采用冗余设计，软件采用错误重试机制
软件宿主机故障	硬件采用冗余设计，软件进行故障诊断、切换与恢复重启设计
输入瞬态干扰故障	硬件采用滤波设计，软件对输入信号和数据进行滤波和有效性判断
硬件输出通道故障	硬件采用冗余设计，软件多次重复输出
接口故障	采用确认、重传以及CRC校验机制

针对设计的各防范措施提出验证要求时，验证的形式可以是测试、试验和评审；针对软件配置项提出的验证要求，应在配置项研制过程中通过单元测试、组装测试、配置项测试、第三方测试以及分系统综合试验完成；针对分系统软件系统提出的验证要求应在匹配试验、出厂测试时完成。在系统设计阶段，应考虑验证软件系统安全性设计对验证环境建设的需求，使系统具备在综合试验、匹配试验、出厂测试时验证软件系统安全性设计的条件，如设计能够进行故障注入的等效器。在软件配置项设计阶段，应考虑软件测试环境建设的需求，如注入空间粒子翻转故障的测试环境需求。

根据任务要求确定关键软件配置项和非关键软件配置项的划分原则，一般至少应将可能导致发射失败、飞行失败或精度损失的Ⅰ、Ⅱ级失效的软件配置项列为关键软件配置项。在进行分系统软件系统安全性分析时，根据分析结果确定关键软件配置项；在验收环节应重点关注关键软件配置项的研制质量以及安全性设计和验证工作。

载人航天工程某型运载火箭按照上述方法开展全箭软件系统安全性分析，梳理了 N 个关键时序、M 个关键事件，发现了 K 个故障模式，制定了 L 项防范措施，确定了 Q 个可能导致火箭发射失败、飞行失败或损失载荷入轨精度的关键软件配置项。在软件配置项研制过程中，将各防范措施落实在软件配置项的设计和实现中。附录 B.5 给出了某型号时序链路分析报告示例，附录 B.6 给出了某型号软件系统安全性分析报告示例。

通过型号研制前期的顶层软件系统安全性分析，起到了以下作用：

1）分析了系统关键时序中关键事件的失效模式以及失效影响，确定了每种失效模式的防范措施，明确了系统对分系统以及软件配置项的安全性需求；

2）软件配置项研制人员在完成软件通用的安全性分析与设计工作之外，针对型号软件系统的安全性需求，有针对性地开展安全性分析与设计工作；

3）在型号研制前期确定了软件系统安全性验证需求以及对软件测试、综合试验、匹配试验、出厂测试环境的需求，明确了系统设计要求，使后续软件测试和各类试验有条件开展安全性测试和验证工作。

5.5.3 软件初步危险分析（PHA）

软件初步危险分析方法来源于系统初步危险分析，软件初步危险分析的目的是通过分析确定软件系统的安全性关键部位或项目，以供进行初始的风险评价及确定必要的消除或控制危险的措施及后续工作。

软件初步危险分析分为以下几个步骤开展：

1）依据全系统危险项目清单，并结合软件直接或间接控制对象的特点，梳理确定软件系统所有潜在危险项目，对危险项目进行标号并详细说明原因、条件、后果等，形成初步危险表；

2）针对初步危险表，开展初步危险分析，通过分析每项危险的危险严重性和危险可能性，应用风险指数评价法等方法，初步评价风险，并提出安全性管理和控制措施；

3）在装备全寿命周期，结合研制或使用进展更新初步危险分析，确保全面识别设计中存在的危险。

软件初步危险分析结果可以参照表 5-14 形式进行填写。

表 5-14 软件初步危险分析表

<table>
<tr><th rowspan="2">序号</th><th rowspan="2">危险事件</th><th rowspan="2">发生原因或条件</th><th rowspan="2">后果或影响</th><th rowspan="2">严重性</th><th rowspan="2">可能性</th><th rowspan="2">风险指数</th><th colspan="2">安全性改进措施</th><th rowspan="2">措施有效性验证方法</th><th colspan="3">安全性改进措施效果</th><th rowspan="2">备注</th></tr>
<tr><th>消除</th><th>控制</th><th>严重性</th><th>可能性</th><th>风险指数</th></tr>
<tr><td></td><td></td><td></td><td></td><td></td><td></td><td></td><td></td><td></td><td></td><td></td><td></td><td></td><td></td></tr>
</table>

危险严重性、可能性、风险指数分级参见表 5－15、表 5－16、表 5－17 确定。

表 5－15　危险严重性等级

危险严重性等级	定义
灾难性的	人员死亡、系统完全损失或报废、环境严重破坏；基本任务失败
严重的	人员严重伤害、系统或环境严重破坏；基本任务的主要部分未完成
一般的	人员轻度伤害、系统或环境轻度破坏；对完成任务有轻度影响
可忽略的	轻于轻度的人员伤害、系统或环境破坏；执行任务中有障碍，但不影响完成任务

表 5－16　危险可能性等级

危险可能性等级	定义
非常可能	危险将频繁发生：$P>10^{-1}$
很可能	在某一项的生命期中危险将发生数次：$1\times10^{-2}<P\leqslant1\times10^{-1}$
可能	在某一项的生命期中某时候危险很可能发生：$1\times10^{-3}<P\leqslant1\times10^{-2}$
不太可能	在某一项的生命期中危险发生的可能性很小：$1\times10^{-4}<P\leqslant1\times10^{-3}$
不可能	危险几乎不可能发生：$P\leqslant10^{-4}$

表 5－17　危险风险指数评价矩阵

严重性＼可能性	非常可能	很可能	可能	不太可能	不可能
灾难性的	1	1	2	3	4
严重的	1	2	3	4	5
一般的	2	3	4	5	6
可忽略的	3	4	5	6	7

注：1＝最高风险，7＝最低风险。

在确定资源分配和考虑能否接受某种风险时，系统风险指标是一个重要依据。最高风险的危险（系统风险指标为 1）在系统分析与设计中是不允许存在的。存在系统风险指标为“1”的系统分析与设计应进行重新设计以消除或降低危险发生的概率、严重等级到可接受的范围。系统风险指标“6”和“7”可以不考虑进行安全性工作。系统风险指标“5”要求最少的安全分析或控制。对于系统风险指标“2”、“3”和“4”，所要求的安全分析工作随着系统风险指标的增高而增加。

在航天工程实践中，在理论的软件初步危险分析方法基础上，对软件初步危险分析工作进行了扩展，实现了初步危险分析与软件安全关键等级分析的结合，减少了重复性的工作，并使得初步危险分析工作结果更加具有工程实践指导作用。

软件初步危险分析的要求和方法如下：1）确定火箭系统的所有潜在危险；2）分析并确定每一种潜在危险的严重等级和发生的可能性；3）确定系统的风险指标；4）确定软件系统中每个软件的控制类别；5）确定软件的等级。通过软件初步危险分析，按照关键程度，将型号配套软件分为 A、B、C、D 级，在后续型号软件的研制过程中，对关键等级为 A、B 级的软件以及进入发射流程的 C 级软件重点关注，加强、加严管理。其中第 1）、

2)、3) 步骤与本节前述内容一致。

确定软件系统中每个软件的控制类别，参照表 5－18 定义开展。

表 5－18 软件的控制类别定义

软件控制类别	描述	
Ⅰ	1	软件对危险进行部分或全部的自主控制
	2	包含多个子系统、交互作用的并行处理器或多个接口的复杂系统
	3	有一些或全部安全关键功能是时间关键的
Ⅱ	1	控制危险，但是其他安全系统可以进行部分缓解； 检测危险，需要采取安全措施时通知操作员
	2	包含少量子系统和/或一些接口的中等复杂系统，无并行处理
	3	有一些危险控制动作可能是时间关键的，具有临界时间要求，但是不会超过合适的操作员所需要的时间或自动系统响应的时间
Ⅲ	1	若软件发生故障，则有一个或若干个缓解系统防止危险发生； 提供冗余的安全关键信息资源
	2	稍微复杂的系统，仅包含有限数目的接口
	3	缓解系统能在任何临界时间内进行响应
Ⅳ	1	对危险无控制； 不为操作员提供安全关键数据
	2	仅带 2～3 个子系统的简单系统，仅包含少量接口
	3	没有临界时间要求

注：每个软件的控制类别有三种描述，它们之间是“或”的关系。

确定软件的等级，参照表 5－19 所示软件等级定义。

表 5－19 软件等级矩阵

风险指数 / 软件控制类别	2	3	4	5
Ⅰ	A	B	C	D
Ⅱ	B	C	D	D
Ⅲ	C	D	D	D
Ⅳ	D	D	D	D

根据航天工程的特点，在确定系统所有潜在危险时，应与系统安全性分析同时开展，软件安全性分析人员参加系统安全性分析工作，将系统潜在危险作为软件系统级安全性需求的重要输入来源之一。软件危险严重性等级选择可能造成的最严重后果作为依据，软件安全关键等级也需要选择软件需要处理的风险指数最高的危险事项作为评价依据。

5.5.4 软件故障树分析（SFTA）

故障树分析方法是一种系统化、形式化的分析方法，旨在以演绎方法找出导致系统故障的各种可能的基本原因，进而找到系统的薄弱环节，以改进系统设计。故障树分析方法的优点表现在它可以定性或定量地分析故障原因对故障的影响。

软件故障树分析是一种自顶向下的软件可靠性和安全性分析方法，它从软件系统不希望发生的事件（顶事件）开始，向下逐步追查导致顶事件发生的原因，直至基本事件（底事件）。软件故障树分析的结果可以用来指导软件可靠性和安全性设计，确定软件测试的重点和内容，使软件可靠性和安全性得到更充分的保证。若要取得最好的分析效果，软件故障树分析应当与整个系统的故障树分析综合起来进行分析。

软件故障树分析工作主要包括建立软件故障树和进行定性分析。

建立软件故障树通常包括以下几个步骤：

1）广泛收集并分析有关技术资料；

2）选择要分析的顶事件；

3）构建故障树；

4）简化故障树。

软件故障树中使用的符号包括事件符号和逻辑门符号两类。事件符号用以表示故障事件，逻辑门符号用以表示故障事件之间的逻辑关系。常用的软件故障树符号如图5－35所示。

建立软件故障树通常采用演绎法。所谓演绎法是指首先选择要分析的顶事件（即不希望发生的故障事件）作为故障树的“根”。然后分析导致顶事件发生的直接原因（包括所有事件或条件），并用适当的逻辑门与顶事件相连，作为故障树的“节”（中间事件）。按照这个方法逐步深入，一直追溯到导致顶事件发生的全部原因（底层的基本事件）为止。这些底层的基本事件称为底事件，构成故障树的“叶”。

在故障树最底层的底事件是导致顶事件发生的根本原因。软件故障树分析的目的就是要通过设计，采取措施避免底事件的发生，从而降低顶事件的发生概率。有些底事件可以独立地引发顶事件，有些底事件按照一定的逻辑关系共同引发顶事件。在分析故障发生原因过程中，要充分发挥分析者、软件开发组或软件测试机构的经验。

在建立软件故障树时，需要注意以下几点：

1）底事件定义：一个软件在其需求分析阶段确定了各项软件功能，在概要设计阶段设计出了各软件部件，在详细设计阶段设计出了各软件单元。因此在软件开发各阶段实施软件故障树分析时，软件故障树分析的深入层次是不同的。在软件需求分析阶段，软件故障树分析只能深入到功能层，因此软件的功能失效即为底事件；在软件概要设计阶段，软件故障树分析可以深入到软件部件层，因此软件的部件失效即为底事件；在软件详细设计阶段，软件故障树分析可以深入到软件单元层，因此软件的单元失效即为底事件。

2）控制流程分析：软件功能都是通过某一个或若干个软件部件或软件单元的执行来实现的。程序控制流程反映这一实现过程。控制流程中的某个环节失效，便有可能导致软件失效。因此可以在对软件控制流程分析的基础上建立软件故障树。

建立完成故障树就完成了寻找导致顶事件发生的所有可能的故障模式，如果仅需要开

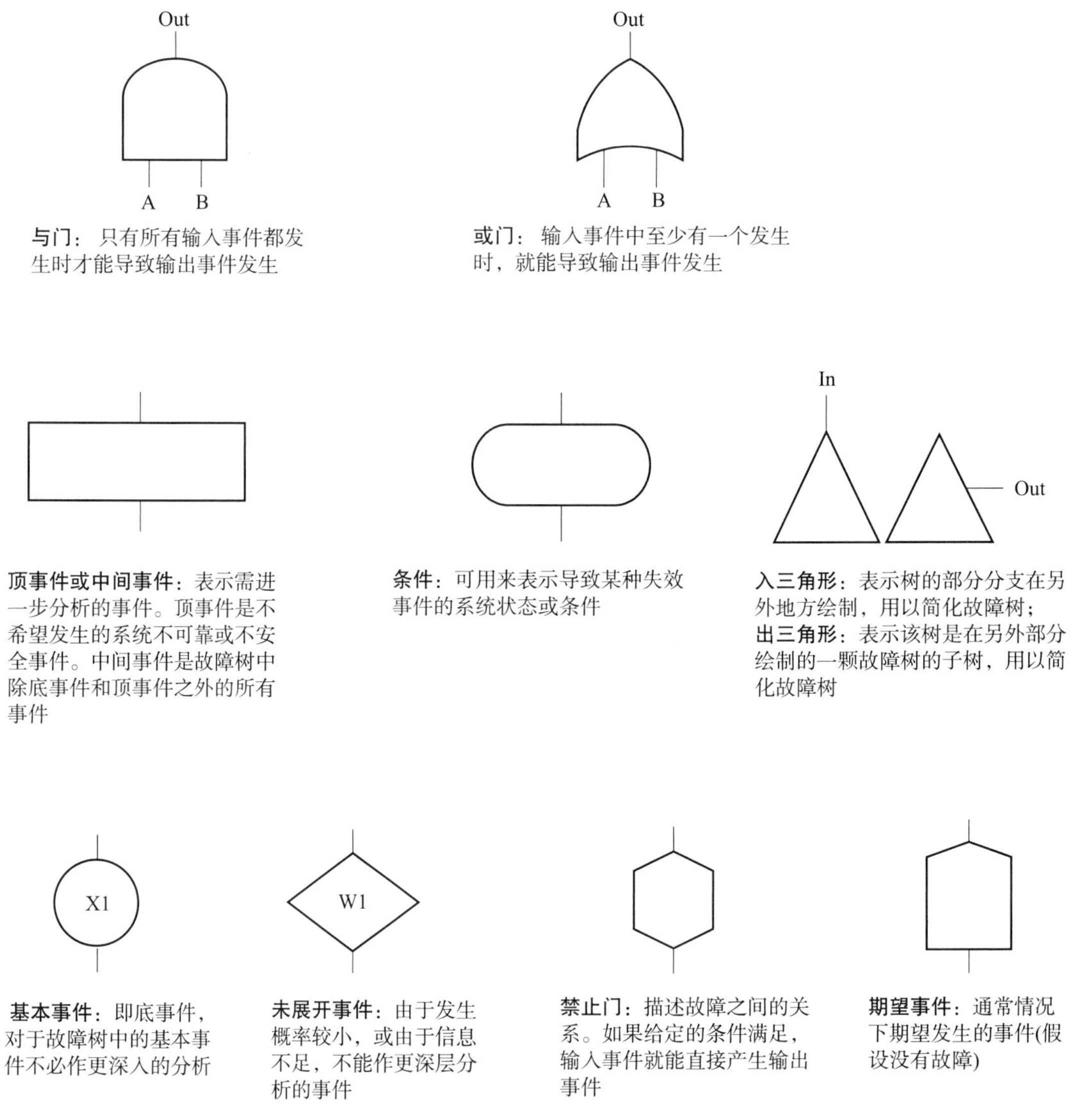

图 5－35　通用的软件故障树符号

展定性的分析，那么故障树分析就完成了。SFTA 方法还支持定量分析。为了说明软件故障树的定量分析方法，首先介绍割集、最小割集和最小割集的阶数等概念。一个割集是导致顶事件发生的基本事件集；最小割集是不包括任何多余元素的割集；最小割集的阶数为最小割集中包含的元素个数。软件故障树的最小割集可以通过上行法或下行法求出。在求出软件故障树的所有最小割集后，应首先按照最小割集的阶数进行排序，然后在各底事件发生概率比较小，其差别不大的条件下，按以下原则进行比较：

1）阶数越小的最小割集越重要；

2）低阶最小割集所包含的底事件比高阶最小割集中的底事件重要；

3）在不同最小割集中重复出现次数越多的底事件越重要。

以某软件“未正确发出时序控制指令”作为顶事件（根），向下分析可能导致顶事件发生的底事件（叶），追溯到软件功能及子功能失效，建立的故障树例子如图 5－36 所示。

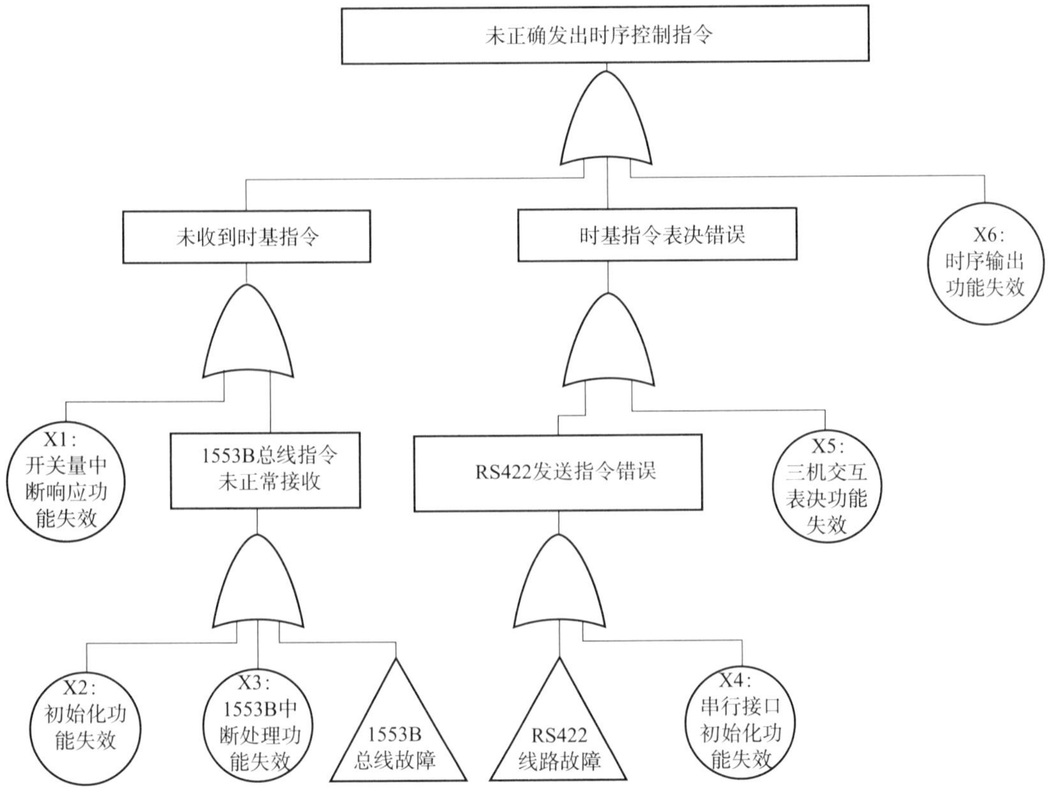

图 5－36　未正确发出时序控制指令故障树

5.5.5　软件故障模式及影响分析（SFMEA）

故障模式及影响分析（FMEA）是分析产品所有可能的故障模式及其可能产生的影响，并按每一个故障模式产生影响的严重程度予以分类的一种归纳分析方法。FMEA 自下向上按照一定的格式有步骤地分析每一部件（或每一种功能）可能有的故障模式对系统的影响及失效后果的严重程度。FMEA 可按功能分析，也可按硬件分析。按功能分析是指考虑系统各功能的丧失对系统的影响。按硬件分析是指考虑系统各硬件失效对系统的影响。当然 FMEA 也可将功能 FMEA 和硬件 FMEA 合并进行。有两种情况需要按功能分析：一是在设计初期，硬件方案尚不具体；二是复杂系统，一般只能从最高一级结构开始按功能分析。

软件故障模式及影响分析（SFMEA）是将 FMEA 的思想和方法用于软件的故障模式及影响分析，目的是找出软件所有可能存在的危害软/硬件综合系统可靠安全运行的故障模式，分析其产生的软件或硬件的故障原因及影响，并在设计上采取相应的改进措施，以保证软/硬件综合系统可靠安全地运行。SFMEA 主要用于软件研制阶段的早期，即软件需求分析、概要设计阶段，也可用于软件开发的其他阶段，以及产品定型后软件的可靠性和安全性等分析。

软件故障模式及影响分析（SFMEA）的步骤如下：

（1）系统分析

分析软件或软件系统各个组成部分的逻辑关系、结构关系和时序关系，并对它们之间的相互关系给出明确的描述，通常会总结出软件或软件系统架构。

（2）软件失效模式分析

软件失效模式是软件失效的表现形式。软件失效模式分析的目的是针对每个被分析的软件单元，找出其所有可能的失效模式。软件失效模式分类及其典型示例如表 5－20 所示。

表 5－20　软件失效模式分类及其典型示例

序号	类别	软件失效模式示例			
1	软件的通用失效模式	1)运行时不符合要求			
		2)输入不符合要求			
		3)输出不符合要求			
2	软件的详细失效模式	输入故障	1)未收到输入	输出故障	1)输出结果错误(如输出项缺损或多余等)
			2)收到错误输入		2)输出数据精度轻微超差
			3)收到数据轻微超差		3)输出数据精度中度超差
			4)收到数据中度超差		4)输出数据精度严重超差
			5)收到数据严重超差		5)输出参数不完全或遗漏
			6)收到参数不完全或遗漏		6)输出格式错误
			7)其他		7)输出打印字符不符合要求
		程序故障	1)程序无法启动		8)输出拼写错误/语法错误
			2)程序运行中非正常中断		9)其他
			3)程序运行不能终止		
			4)程序不能退出	未满足功能及性能要求故障	1)未达到功能/性能的要求
			5)程序运行陷入死循环		2)不能满足用户对运行时间的要求
			6)程序运行对其他单元或环境产生有害影响		3)不能满足用户对数据处理量的要求
			7)程序运行轻微超时		4)多用户系统不能满足用户数的要求
			8)程序运行明显超时		5)其他
			9)程序运行严重超时		
			10)其他		
		其他	1)程序运行改变了系统配置要求		6)人为操作错误
			2)程序运行改变了其他程序的数据		7)接口故障
			3)操作系统错误		8)I/O 定时不准确导致数据丢失
			4)硬件错误		9)维护不合理/错误
			5)整个系统错误		10)其他

(3) 软件失效原因分析

针对每个软件的失效模式应分析其所有可能的原因。软件的失效原因往往是软件研制过程中形成的各类缺陷所引起的。软件失效原因按其缺陷分类及典型示例见表5-21。

表5-21　软件失效原因按其缺陷分类及典型示例

序号	软件缺陷类型	详细的软件缺陷	备注
1	需求缺陷	1) 软件需求制定不合理或不正确； 2) 需求不完全； 3) 有逻辑错误； 4) 需求分析文档有误	
2	功能和性能缺陷	1) 功能和性能规定有误，或遗漏功能，或有冗余功能； 2) 为用户提供信息有错或不确切； 3) 对异常情况处理有误	属最普遍、最值得重视的缺陷
3	软件结构缺陷	1) 程序控制或控制顺序有误； 2) 处理过程有误	同第2项
4	数据缺陷	1) 数据定义或数据结构有误； 2) 数据存取或操作有误； 3) 变量缩放比率或单位不正确； 4) 数据范围不正确； 5) 数据错误或丢失	同第2项
5	软件实现和编码缺陷	1) 编码或按键有误； 2) 违背编码风格要求或标准； 3) 语法错； 4) 数据名错； 5) 局部变量与全局变量混淆	
6	软/硬件接口缺陷	1) 软件内部接口、外部接口有误； 2) 软件各相关部分在时间配合或数据吞吐等方面不协调； 3) I/O时序错误导致数据丢失	

(4) 软件失效模式影响及严酷度分析

必须分析每个软件失效模式对软/硬件综合系统的功能影响，考虑软件系统自身的复杂性，其失效也可以按照功能及硬件FMEA方法分为局部影响、上一层次影响和最终影响；但是基于软件的特殊性，在分析软件的失效影响时，可直接分析其最终影响，也可直接分析软/硬件综合系统的影响。根据每个软件失效模式影响的严重程度划分其严酷度等级，推荐采用表5-22规定的要求，划分软件严酷度等级。

表5-22　软件失效模式影响的严酷度等级的评分标准

软件失效影响发生的可能性	软件故障模式影响的程度	评分等级
极高且无警告提示	影响系统运行的安全性，或不符合国家安全规定，且不能发出警告	10
极高但有警告提示	影响系统运行的安全性，或不符合国家安全规定，但能发出警告	9
非常高	影响系统丧失主要功能而不能运行	8
高	系统仍能运行，但运行水平降级，用户不满意	7

续表

软件失效影响发生的可能性	软件故障模式影响的程度	评分等级
中等	系统仍能运行,但丧失使用的方便与舒适性	6
低	系统仍能运行,但影响使用的方便与舒适性	5
较低	影响轻度	4
非常次要的	影响轻微	3
极次要的	影响极小	2
无	无影响	1

（5）改进措施分析

根据每个软件失效模式的原因、影响及严酷度等级，综合提出有针对性的改进措施。

（6）填写 SFMEA 表

SFMEA 表格式如表 5－23 所示。

表 5－23　软件故障模式及影响分析表示例

序号	单元	功能	失效模式	失效原因	失效影响			严酷度	改进措施	备注
					局部影响	高一层次影响	最终影响			

SFMEA 分析对象可以是软件配置项、软件部件或软件单元，但一般选择软件单元作为最小分析单元；软件失效模式也是 SFMEA 的基础。软件是由若干功能模块所组成，其失效模式既包括功能失效模式，又有性能失效模式，但主要是功能失效模式，从这点看，SFMEA 与硬件 FMEA 无本质区别；软件失效原因是由于软件缺陷在运行时被触发而产生的。对硬件 FMEA 是找出潜在功能失效，对软件 FMEA 是找出其关键调用路径下的关键软件缺陷。软件失效与硬件失效不同，软件失效除了与硬件失效一样与功能有关的缺陷外，还有一种仅与软件本身有关的缺陷。对这两种缺陷在 SFMEA 中均要加以纠正；失效影响分析既可对每个软件失效模式所造成的“局部影响”“高一层次影响”和“最终影响”进行分析，也可对“局部影响”“高一层次影响”进行分析，或直接对“局部影响”“最终影响”进行分析；SFMEA 应与其他失效分析方法（如 SFTA 等）综合进行分析以取得最佳效果。

表 5－24 给出了某软件通信模块 SFMEA 表示例。

表5-24 某软件通信模块SFMEA表示例

初始约定层次:DY系统　　分析人员:×××　　批　准:×××

约定层次:DYS　　审　核:×××　　填表日期:××××年××月××日

序号	单元	功能	失效模式	失效原因	失效影响			严酷度等级SESR	改进措施
					局部影响	高一层次影响	最终影响		
1	INT0-ISR	数据接收	通信接口非接收状态	此模块之外的程序写0C300H地址单元不当	模块单元无法进入	无法产生INT0中断	通信功能丧失	8	初始化时写0C300H地址单元后,读0C300H地址单元的D7位,直到确认通信接口为接收状态。判别中加以计数限制,以保证规定时间到时,记录故障标志并报错
2			中断允许处于禁止状态	此模块之外的程序使用DINT和EINT不当	模块单元无法进入	无法响应INT0中断	通信功能丧失	8	严格检查DINT和EINT的语句位置
3			INT0中断标志位屏蔽	此模块之外的程序对中断屏蔽寄存器IMR设置不当	模块单元无法进入	无法响应INT0中断	通信功能丧失	8	严格检查IMR设置的语句位置和标志位
4			CRC错误	线路误码	接收数据异常	接收数据错误	通信错误	7	首先读0C200地址单元的D0位,判别CRC是否正确,若CRC错误,则放弃此帧
5			接收站地址错误	总线通信控制器错误	非本站需要的接收数据	接收数据错误	通信错误	7	由总线通信控制器的设计可靠性保证
6			发送站地址错误	总线通信控制器错误	非本站需要的接收数据	接收数据错误	通信错误	7	由总线通信控制器的设计可靠性保证
7			命令非30H或31H	发送方的错误命令	影响命令的正确执行	接收处理错误	通信错误	7	检查命令字是否合法,如果非法,则放弃此帧
8			30H时N不为1,或31H时N不为45	发送方的错误信息	影响信息的正确使用	接收处理错误	通信错误	7	检查信息长度是否合法,如果非法,则放弃此帧,并回送相应故障码

5.5.6 软硬件交互分析（HSIA）

软硬件交互分析（Hardware and Software Interface Analysis，简称 HSIA）的目的是确保硬件故障时，软件仍能做出用户可接受的反应。

航天嵌入式系统中所有包含软件的硬件产品，特别是采取了补偿设计（包括冗余、保护等）、由软件控制的硬件产品，应进行软硬件交互分析。应在设计早期阶段进行软硬件交互分析，其输出结果可能影响硬件设计和软件需求，有助于全面识别软件可靠性需求，进一步保证软硬件系统的可靠性。

软硬件交互分析的过程包括：

（1）确定分析对象

HSIA 的对象是所有包含软件的单机产品。HSIA 应基于单机的功能 FMEA 结果进行，如分析结果无法满足系统要求，应修改软件需求或更改硬件设计。应特别关注由软件控制并采用了冗余、保护等设计的硬件产品的故障模式。

HSIA 应验证软件需求能否涵盖系统中所有故障检测、隔离和恢复（Fault Detection，Isolation and Repair，简称 FDIR）需求，能否应对相关硬件故障。对于每种硬件故障模式应重点考虑触发软件 FDIR 的状态、软件实施的 FDIR 行为以及 FDIR 行为对产品功能的影响。

（2）系统级别的 HSIA

HSIA 与硬件 FMEA 一样，是一个反复迭代的过程。系统级别的 HSIA 可在系统设计方案初步确定后开始实施，工作内容如下：

1）系统设计初期对各单机硬件 FMEA 报告中列举的故障模式进行分析，划分应由软件应对的故障模式，并确定软件处置故障所需采用的 FDIR 要求，尤其应考虑软件对系统关键单机的关键功能涉及的故障模式的处理。

2）对所有单机的 HSIA 结果进行再次分析确认，确认所有单机的全部故障模式处理方式与单机软件需求一致，且系统的相关故障模式处理与系统技术要求一致，否则应选择修改硬件设计、软件需求、FDIR 机制等。

3）根据软件配置项的反馈结果对每一个单机形成 HSIA 分析表（见表 5-25 示例），针对系统功能 FMEA 的故障模式清单，确认软件是否能按照系统技术要求应对每一个故障模式。

4）对 HSIA 发现的问题或建议的更改落实情况进行追踪，确认软件配置项针对 HSIA 结果进行的测试等相关验证情况。

（3）软件配置项的 HSIA

软件配置项的 HSIA 应在系统级别的 HSIA 基础上进行，工作内容如下：

1）确认需软件处理的硬件故障以及处理措施，向系统级别反馈，协助系统级别建立 HSIA 分析表。

表 5 - 25　HSIA 分析表示例

序号	FMEA 编号	故障模式	需求规格说明名称	触发软件行为的参数	需求及编号	软件行为描述	软件行为对产品功能的影响	软件对硬件的负面作用	软件行为评估（是否为期望的软件行为）	建议	备注
1	1.3	CPU 外围电路 RAM 存储器翻转	××软件需求规格说明	TRAP 类型：判断是否为 EDAC 电路处理单比特错中断；Error 种类：判断错误种类，为单比特错还是双比特错	FR5.1 内存数据状态检测	软件每××分钟对内存区进行一次检测，如果内存数据产生单比特错误，则将数据读出后重写；如果内存数据产生双比特错误或多于双比特错误时，软件则进行复位处理；双比特或多于双比特错误发生次数累计××次时，软件在自主切换使能的情况下启动备份机工作	复位或切机可能造成××秒左右单机功能失效	无	是	硬件上加强抗辐照设计，软件上通过关键变量的三取二、多次刷新等其他策略进一步降低该故障的风险	

2）针对每一种故障模式填写一份 HSIA 检查表（见表 5－26 示例），问题可根据型号需求剪裁和增补。

3）通过 HSIA 分析表和 HSIA 检查表，确认软件需求规格说明是否覆盖单机硬件相关的 FDIR 需求，能够应对相关硬件故障，且不会影响硬件和系统的功能。

表 5－26　CPU 外围电路中 RAM 存储器翻转 HSIA 检查表示例

<table>
<tr><td colspan="3">软硬件交互分析(HSIA)</td></tr>
<tr><td colspan="2">分系统:××分系统</td><td>FMEA 编号:1.3</td></tr>
<tr><td colspan="2">项目:××</td><td>故障模式:CPU 外围电路中 RAM 存储器翻转</td></tr>
<tr><td>序号</td><td>问题</td><td>是/否</td></tr>
<tr><td>1a</td><td>软件能否获取和处理故障相关信息或触发正确的故障恢复行为?</td><td>是</td></tr>
<tr><td>1b</td><td>如果问题 1a 的答案是否定的,那么硬件是否为软件提供了可检测故障的信息?</td><td>/</td></tr>
<tr><td>1c</td><td>问题 1a 和问题 1b 的答案是否与 FMEA 分析结果一致?</td><td>是</td></tr>
<tr><td>2a</td><td>软件能否执行可消除故障影响的行为?</td><td>是</td></tr>
<tr><td>2b</td><td>如果问题 1a 的答案是否定的,那么软件是否具备应对故障模式的能力?</td><td>/</td></tr>
<tr><td>3</td><td>软件对故障模式的处理是否会使得硬件的负载过大或引发其他故障?</td><td>否</td></tr>
<tr><td>4</td><td>该故障模式以及软件对故障模式的处理是否对产品其他功能产生负面影响?</td><td>否</td></tr>
<tr><td>5</td><td>对该故障模式的设计容忍度如何?是否需要考虑其他地面干预手段?</td><td>单比特错次数无限制,
双比特错 3 次以上</td></tr>
<tr><td>6</td><td>如果地面需要对故障模式进行处理,是否已经提供了应急处置所必需的遥测或者信号?</td><td>是</td></tr>
<tr><td>7</td><td>软件处理时间是否受任务成功因素的限制?</td><td>否</td></tr>
<tr><td colspan="3">变更/保留 原因总结</td></tr>
<tr><td colspan="2">1 非硬件或软件因素:轨道及空间环境</td><td>2 系统可接受风险:是</td></tr>
<tr><td colspan="2">3 是否可进行软件检测:是</td><td>4 地面检测:否</td></tr>
<tr><td colspan="2">5 接受的原因:该故障风险必然存在,但可通过软件进行估值检测和估值恢复</td><td>6 建议:硬件上加强抗辐照设计,软件上通过关键变量的三取二、多次刷新等其他策略进一步降低该故障的风险</td></tr>
<tr><td colspan="3">7 FMEA 更改建议:无</td></tr>
<tr><td colspan="3">意见:××分系统确认该故障可通过软件检测和恢复,故障风险可接受。</td></tr>
</table>

5.6　软件验证与确认方法

5.6.1　概述

验证和确认是在整个软件生命周期中评估软件产品正确性及质量的活动。验证是评价系统或部件，以确定软件开发周期中的一个给定阶段的产品，是否满足在此阶段开始时确立的需求的过程，即证明“正确地做了事情”；确认是在开发过程期间或结束时，对系统或部件进行评价，通过检查和提供客观证据，以确定它是否满足预期用途的过程，即证明

"做了正确的事情"。

承制方应按照研制阶段划分，系统地开展各阶段产品的验证和确认工作。验证与确认方法一般包括：分析、测试、复核和复查、评审和审查等。复核和复查、评审和审查的方法按 QJ 2098A《航天型号软件评审与审查》的规定开展。本节重点对分析、测试的关键技术和方法进行说明。

5.6.2 软件分析技术

5.6.2.1 中断分析

对软件运行使用的处理器类型，软件中使用中断的优先级、发生频率、触发方式，中断服务子程序中使用的竞争资源进行梳理，形成中断使用情况表，格式参见表 5-27。

表 5-27 中断使用情况表示例

处理器类型：				机器字长：××字节	
序号	中断服务子程序名称	中断优先级	发生频率	触发方式	中断服务子程序使用共享资源
1	外部中断 1(2 ms 周期中断)				
2	外部中断 0(8 ms 遥测中断)				

1）处理器类型：确定软件运行的处理器类型，如 80C32、TSC695F、BM3803、TMS320C6000 等。

2）中断优先级：梳理软件中中断服务程序的优先级。

3）中断发生频率通常分为随机和固定周期两种方式，随机产生的中断应结合具体的应用背景分为偶然发生和频繁发生，周期性产生的中断应给出具体周期值。

4）中断触发方式分为处理器内部中断触发和处理器外部中断触发方式。处理器内部中断触发由处理器自身产生，不需要分析触发方式。处理器外部中断触发方式分为电平触发（低电平或高电平）或边沿触发（下降沿或上升沿）。

5）竞争资源是指被不同优先级的子程序引用的任意一个全局变量或端口地址，如标准芯片端口、FPGA 端口、绝对存储地址等。竞争资源是数据访问冲突的重要因素，总结时应正确、全面。竞争资源分为原子变量、非原子变量（数组变量、多于处理器字长变量）和关联变量三类。

中断分析的过程贯穿于软件设计开发的各个阶段，中断分析的一般内容如下：

1）分析中断之间的关系：中断的优先级分配以及中断之间是否存在约束机制。

2）分析中断的处理流程：中断的入口保护、中断的出口恢复、中断执行时间是否合适、开关中断的时机是否恰当。

3）中断嵌套分析：中断控制初始化是否与硬件电路相容并与系统功能要求一致、可能发生的最大嵌套次数、最大嵌套时的执行时间测试和估计、最大嵌套时的堆栈使用情况、是否存在自嵌套、是否会丢失低级中断、是否会发生死锁。

4）资源竞争检查：有无共享的缓冲区、变量和 I/O 端口是否存在、读写处理是否冲突、是否存在多个中断申请同时出现。

5）确认误触发或丢失中断对系统功能的影响。

6）对未使用的中断进行检查等。

5.6.2.2 资源访问冲突分析

当代码中既有不同优先级的多个中断服务程序，又有基于优先级抢占式调度的不同优先级的多个任务服务程序时需进行资源访问冲突分析，分析时应结合优先级和共享资源，构造各种不同的现行程序被打断的场景。通常意义上讲，软件的共享资源可分为如下三类：CPU 内核级（内核寄存器）、CPU 外设（内部存储器、接口设备等）、外部硬件（外部存储器、打印设备等）。软件运行过程中，若相关资源涉及多方访问控制时，存在资源访问冲突的问题。资源访问冲突分析方法如下：

1）确定共享资源：为确保软件对共享资源保护的完整性，分析工作可从引发共享资源冲突的场景和设备两个角度开展。首先从可能存在资源冲突的软件运行场景方面（典型的场景包括软件使用了中断、多任务和多核架构），需要梳理中断内外、中断间、任务间、多核核间资源的使用情况；其次从可能存在资源冲突的外设方面（典型的外设包括 DMA、1553B、双口 RAM、磁盘、打印设备等），确认相关外设是否存在并发使用场景，以及单一场景下设备多次使用时分时策略的有效性。

2）确定每个共享资源的使用主体：针对每个共享资源应梳理出所有访问控制主体，并明确各使用主体对资源的访问方式。

3）资源冲突防护机制的有效性：对共享资源的非同步访问引发的竞争会导致不确定的结果，因此对于共享资源应分时合理使用，确定每个共享资源防冲突机制的保护策略及有效性。在实际软件应用中典型的防资源冲突机制包括锁、开关中断、临界段、乒乓存储、互斥量、信号量、分时等技术手段。

资源冲突分析可采用表 5－28 的方式进行，其中：

1）资源名称：列举所有竞争资源。

2）使用主体访问方式：说明程序中对竞争资源的所有访问操作，如只读、只写、读写。

3）是否存在冲突：结合程序（任务、中断）的访问操作、时序关系进行分析，如果存在冲突，说明冲突发生场景，如果不存在冲突，应说明使用了何种规避措施，如访问前进行了关中断。

表 5－28 共享资源引用关系示例

序号	资源名称	使用主体 1 访问方式	使用主体 2 访问方式	……	使用主体 N 访问方式	是否存在冲突
1						
2						

5.6.2.3 堆栈分析

堆栈分析一般包含静态分析方法和动态分析方法。静态分析方法是在不运行被测软件时，分析堆栈最大深度的方法。动态分析方法在动态运行软件时进行分析，测得的最大堆栈深度通常小于软件的实际最大堆栈深度。堆栈分析内容如下：

1）对目标代码执行静态分析，对各个任务处理中的最大执行路径进行分析，计算任务使用的最大堆栈深度，分析结果可通过表格（见表5-29示例）列出。

表5-29　任务级堆栈分析表示例

序号	任务名称	最大调用深度	最大堆栈深度	是否满足设计要求

2）对软件运行过程包含的中断进行分析，确定任务执行过程中断打断情况，计算中断时最大堆栈使用情况，并且考虑中断嵌套情况，如内存分区为各个任务分配的堆栈大于计算的最大堆栈深度，则使用堆栈时不会出现问题，分析结果可通过表格（见表5-30示例）列出。

表5-30　任务与中断复合情况堆栈分析表示例

序号	任务名称	可能导致冲突的中断	最大调用深度	最大堆栈深度	是否满足设计要求

5.6.2.4　最坏情况执行时间分析

分析和计算系统中任务的最大执行时间，并考虑故障情况下时序不按要求时的执行时间，确保任务的执行时间满足软件需求规格说明书中规定的时间要求。同时，统计中断服务子程序执行的最大时间，考虑模块中最长路径加最大嵌套的情况，确保执行时间小于软件需求说明书规定的当前中断的时间要求，同时小于低优先级中断相邻两次发生的最小时间间隔，以保证响应时间的及时性。分析系统的上电（复位）操作、切机操作、各敏感器复位操作等，从操作开始至系统恢复正常运行所需最大时间和最小时间，检查系统的复位操作是否满足时间要求。

5.6.2.5　单粒子效应分析

单粒子效应分析主要针对软件中的单粒子防护设计进行分析验证，分析对象包括软件中的关键参数和关键操作。关键参数指会跟随数据流和控制流，在系统中持续、扩散、影响关键分支上程序运行路径或影响关键模块运算结果的数据。关键操作指保证系统安全、功能正确、运行受控的操作。分析人员应根据单粒子效应软件防护设计结果，整理出软件单粒子效应防护关键参数表、关键操作表和器件防护表，确认采取的设计措施是否有效。单粒子效应分析内容如下：

1）关键参数分析：整理软件单粒子效应防护关键参数表（见表5-31），列出系统设计方、单机设计方和软件设计方提出的防护措施，确认这些措施是否有效。

表 5-31　关键参数表示例

序号	关键参数	采取的软件单粒子效应防护措施	是否满足要求
1	星箭分离标志	数据过滤	
2	模式控制字	三模冗余存储 三取二表决 三取二监测与恢复	

2）关键操作分析：整理软件单粒子效应防护关键操作表（见表 5-32），列出系统设计方、单机设计方和软件设计方提出的防护措施，确认这些措施是否有效。

表 5-32　关键操作表示例

序号	关键操作	采取的软件单粒子效应防护措施	是否满足要求
1	异步串口初始化	定期操作	
2	1553B 总线通信	二次通信 定期状态巡检	

3）关键器件防护分析：整理关键器件防护表（见表 5-33），列出单机设计方提出的需要软件加固的关键器件和单粒子防护措施，确认这些措施是否有效。

表 5-33　关键器件防护表示例

序号	关键操作	采取的软件单粒子效应防护措施	是否满足要求
1	RAM	定期或不定期刷新 EDAC 监测与恢复 在轨注入	
2	EEPROM	不定期刷新 EDAC 监测与恢复 在轨注入	

5.6.2.6　可追踪性分析

可追踪性分析用于分析一个生命周期阶段的工作产品和另一个生命周期阶段工作产品之间的联系。通常分析相邻阶段工作产品的跟踪性，跟踪性可从输入到输出（前向跟踪，例如跟踪软件需求到软件概要设计），也可从输出到输入（反向跟踪，例如跟踪软件概要设计到软件需求）。可追踪性分析的目的是检查工作产品之间的一致性、完整性和正确性。

可追踪性分析可通过建立一个跟踪矩阵表来完成。例如反向跟踪时，跟踪矩阵的第一列应列出该阶段的输出（例如概要设计阶段所有划分的软件部件），然后针对每一个输出检查对应的输入（例如软件部件对应的软件需求）。

5.6.3 静态测试方法

5.6.3.1 文档审查

文档审查以检查单的形式对文档完整性、规范性、正确性、一致性、易理解性和易浏览性等方面进行检查。具体内容包括：

1）系统测试应对用户需求或软件任务书及其后续的软件需求规格说明进行审查，确认测试应对软件需求规格说明及后续的设计报告文档进行审查。

2）对文档的完整性、一致性和准确性进行检查。

3）确定审查所用的检查单，为适应不同的文档审查，需要用不同的检查单。

文档审查单示例详见附录 A.1。

5.6.3.2 静态分析

静态分析一般借助于专业静态分析工具进行，包括编码规则检查、控制流分析、数据流分析、接口分析、表达式分析、程序质量度量、运行时错误检测。

（1）编码规则检查

从安全编程角度出发，使用工具在不运行软件的前提下，对软件进行规范性扫描，用以发现软件中存在的违反编程规范的不安全因素。

航天软件研制中主要使用的编程语言包括 C、C＋＋、Java、Ada、汇编语言等，针对这些编程语言在使用上的一些约束或注意事项，在开发实践中积累的一些常见问题，加以提炼总结形成了软件编程规范。目前航天软件普遍采用的编程规范是 GJB 8114—2013《C/C＋＋语言编程安全子集》，载人航天工程、探月工程等重大航天工程也定制了各自的软件编程规范。编程规范分为强制类和推荐类，前者是指在编程时必须遵守的规范，后者是指编程时应该引起注意的规范。

软件编程规范检查一般借助于静态分析工具进行。静态分析工具应支持软件编码规范，设计师应做到边编码边静态分析，检查结果在软件入受控库前闭环。

（2）控制流分析

使用控制流图，按照结构化程序规则和程序结构的基本要求进行程序结构检查。

（3）数据流分析

使用数据流图，分析数据处理的异常现象，包括初始化、赋值或引用数据的异常。

（4）接口分析

检查函数之间接口的一致性，包括检查形参与实参类型、个数、顺序的一致性。

（5）表达式分析

检测运算符优先级是否正确、检测数组下标是否越界等。

（6）静态度量指标分析

静态度量指标的要求一般包括：

1）模块的平均圈复杂度不大于 10；

2）模块圈复杂度大于 20 的比例不大于 20％；

3）模块最大圈复杂度不大于 80；

4）模块的扇出数不大于 7；

5）源程序的总注释率不小于 20%；

6）模块的平均规模不大于 200 行。

5.6.3.3 代码审查

代码审查是依据代码审查单（示例见附录 A.2），通过人工阅读代码的方式，对代码与设计的一致性、代码对标准的符合性、代码逻辑表达的正确性、代码实现和结构的合理性及安全可靠性措施的合理性等方面进行审查。代码审查一般在静态分析的基础上进行，针对静态分析工具无法检查的软件特性进行补充审查，也可针对静态分析工具发现的缺陷进行代码审查。代码审查的策略如下：

1）进行程序结构分析，得到软件的函数调用关系，依据调用关系，决定代码审查策略。

2）针对函数调用关系复杂或有复杂任务调度的软件，如姿轨控应用软件、数管应用软件，适合采用自顶向下的策略，以便快捷地把握程序结构。

3）对以算法为主，或者调用关系比较简单的，宜采用自底向上的策略，以便更快地切入到软件的核心功能。

5.6.3.4 代码走查

代码走查是由测试人员组成小组，准备典型的测试用例，集体扮演计算机的角色，沿着程序的逻辑，逐步运行测试用例，查找被测软件缺陷。测试用例可按照软件的任务剖面进行设计，也可针对软件的关键功能模块进行设计。代码走查应具有代码走查执行单，应明确想定的输入条件和走查出的执行结果。动态测试中因条件环境所限而无法执行的测试用例，应采用代码走查进行辅助验证。

5.6.3.5 几种比较常见的软件编码错误

依据软件测试问题的统计结果，以下几种软件编程错误占比较高，需要软件开发人员在编码时关注。

（1）运算符优先级错误

示例：“按位与”操作符与“移位”操作符优先级错误

错误代码：g _ DataLen= （g _ UploadData [0] & 0xff00）≫8+4；

问题说明：本意是右移 8 位之后再加 4，但是“+”优先级高于“≫”，实际结果是右移 12 位。

（2）逻辑操作符使用错误

示例：逻辑操作符（逻辑与、或，用于表达式连接）与位操作符（按位与、或，用于连接变量或者数值）用混

错误代码：if（（g _ DF. EnOrbitWT==1） | （g _ D. S [sM] . Orient _ Times>0））；

问题说明：条件表达式之间只能使用逻辑操作符"||"、"&&"，而不能使用位操作符，位操作符只能用于 2 个或以上整型操作数之间。

（3）数组越界错误

示例：数组下标直接的引用越界

问题说明：定义数组 mes_buffer [12]，软件中使用了 mes_buffer [13] ～ mes_buffer [17]，产生数组越界。

（4）变量未初始化就引用错误

示例：分支中未完成变量初始化

错误代码：

```
unsigned int health;
case 2:
health=Get_Bits (P_Line->Line_Word [0], 19, 1);
if ( health ==0 ) {…}
    break;
case 4:
    if (health==0)
     {…}
```

问题说明：case 2 分支中由于变量赋值和使用在同一分支里，可以保证使用之前被赋值；case 4 分支中由于变量 health 是在 case 2 分支里赋值的，可能会产生未初始化就引用问题。

（5）变量溢出错误

示例：整型变量上溢出（计算溢出）

错误代码：task1startmsec=task1starttime. second * 1000+task1starttime. millisecond;

问题说明：task1startmsec 为 double 型，task1starttime. second 为 32 位无符号整型，task1starttime. millisecond 为 16 位无符号整型。由于 task1starttime. second * 1000 的计算结果为 32 位无符号整型，task1starttime. second 大于 4294967 时，4294968 * 1000 = 0x1000002C0，会出现 32 位溢出，导致任务时间计算错误。

（6）循环设计错误

示例：使用错误类型（浮点）变量作为循环变量

问题描述：软件中存在以下操作，for (int i=0; i<aimTime; i++)，其中 aimTime 为 double 类型，i 也会被转换为 double 类型，导致循环变量 i 的取值不为整数。

（7）混合运算错误

示例：整型除法运算错误（浮点数和整数混合运算）

错误代码：temp= (float) (4800/ Param->Speed_Data);

问题说明：Param->Speed_Data 为 unsigned char 型，因此除法是整型除法，其结果为整型数，不包含小数部分，再对除法结果进行强制类型转换，仅相当于将整型数增加

0。例如：如果 Param－＞Speed _ Data＝3200，上述计算结果 temp＝1.0，实际上正确的结果应该为 1.5。正确的做法是先对 Param－＞Speed _ Data 进行强制类型转换，即 temp＝ 4800/（float）Param－＞Speed _ Data。

（8）指针使用错误

示例：指针使用错误导致功能实现错误

问题说明：软件中要实现对三个指定地址开始的三个区域中的数据进行三取二比对功能，函数使用的是参数值传递的方式，应将参数对应的区域起始指针（&Cmd［0］、&Cmd［1］、&Cmd［2］）作为参数进行传递，实际上使用三个参数的数值（Cmd［0］、Cmd［1］、Cmd［2］）作为参数，导致仅对第一个数据进行比对，而不能实现整个区域的数据进行数据比对功能。

5.6.4 动态测试方法

黑盒测试和白盒测试是嵌入式软件测试的两种基本方法。黑盒测试又称为功能测试或基于规格说明的测试，实际上是站在用户的视角，检验输入输出信息及系统性能指标是否符合需求规格说明中有关功能和性能需求的测试方法。白盒测试又称为结构测试或基于程序的测试，强调对系统内部结构和逻辑的理解，要求测试人员应了解程序的内部结构，并且根据内部构造设计测试用例。

航天软件动态测试过程中，单元测试和组装测试一般采用白盒测试技术；配置项测试一般采取先黑盒测试验证软件功能、性能是否满足需求，再白盒测试验证程序覆盖率的策略；系统测试一般采取黑盒测试技术。

5.6.4.1 黑盒测试方法

黑盒测试是一种按照需求规格说明设计测试数据的方法。它把程序看作内部不可见的黑盒子，完全不需考虑程序内部结构和编码结构，测试者只需了解程序功能以及输入和输出之间的关系。下面对航天软件工程实际中经常用到的黑盒测试方法进行简要介绍。

5.6.4.1.1 功能分解法

功能分解是功能测试中用例设计的基本方法，在充分识别软件功能的基础上，对各种功能加以分解。使用程序设计中的功能抽象方法把程序分解成功能单元，然后使用数据抽象方法产生测试每个功能单元的数据。按照功能层次进行分解，可以得到较多的、最低层次的子功能，以这些子功能作为对象，就可以选择测试用例。程序的每个输入输出量的取值集合用数据抽象来描述，边界值和特殊值是这个集合中的最重要的值，如 0、1、非常大的值、非常小的值等。

在分解出独立的功能并分析得到单一功能的测试数据后，一般还需要进行功能的组合。应尽可能选择代表性的组合情况，以避免组合爆炸。

5.6.4.1.2 等价类划分

等价类是指某个输入域的子集合，在该子集合中，各个输入数据对于揭露程序中的错误都是等价的。等价类划分法的目的就是在测试资源有限的情况下，用少量有代表性的数据得到较好的测试结果，包括有效等价类和无效等价类。

等价类的划分方法：

1）如果输入条件规定了取值范围，或值的个数，则可以确立一个有效等价类和两个无效等价类。如输入从 1 到 99，则有效等价类为 $1\leqslant n\leqslant 99$；两个无效等价类为：$n<1$ 和 $n>99$。

2）如果输入条件规定了输入的集合，或者规定了“必须如何”的条件，这时可确立一个有效等价类和一个无效等价类。如输入为 a、b、c，则有效等价类为 a、b、c；无效等价类为非 a、b、c。

3）如果规定了输入数据的一组值，而且程序要对每个输入值分别处理，这时可为每个输入值确立一个有效等价类，此外针对这组值确立一个无效等价类，它是所有不允许输入的集合。

4）如果规定了输入数据必须遵守的规定，则可以确立一个有效等价类（符合规则）和若干无效等价类（从不同角度违反规则）。

5）如果确知已划分的等价类中各个元素在程序中的处理方式不同，则应将此等价类进一步划分为更小的等价类。

5.6.4.1.3　边界值分析

边界值分析法是对输入或输出的边界值进行测试的方法。通常边界值分析法是作为等价类划分法的补充，这种情况下，其测试用例来自等价类的边界。测试经验表明，大量的软件缺陷发生在输入或输出范围的边界上，因此，针对各种边界情况设计测试用例，可以查出更多错误。

边界值分析的测试用例设计指南：

1）如果输入条件是以 a 和 b（a<b）为边界的范围，测试用例应包含 a、b、略大于 a 和略小于 b 的值。

2）如果输入条件是一组数值，测试用例应当执行其中的最大值和最小值，还应当测试略大于最小值的值和略小于最大值的值。

3）上述两条也适用于输出条件，如工程分析程序要求输出温度和压强的对照表，测试用例应当能够创建包含最大值和最小值的项。

4）如果程序数据结构有预定义的边界（如数组有 100 个元素），要测试其边界的数据项。

5.6.4.1.4　错误推测法

错误推测法是基于经验和直觉推测程序中所有可能存在的各种错误，从而有针对性地设计测试用例的方法。

5.6.4.2　白盒测试方法

白盒测试基于源代码，验证程序内部实现是否正确，按照程序内部的逻辑结构设计测试数据，使程序中的每个语句、每个条件分支、每个独立路径都在程序测试中受到检验。测试开展前，应首先确定关注的覆盖率指标，然后根据覆盖率指标设计测试用例。以

图 5－37 所示的程序代码及对应的控制流为例，介绍几种航天工程软件研制过程中经常使用的覆盖率指标。

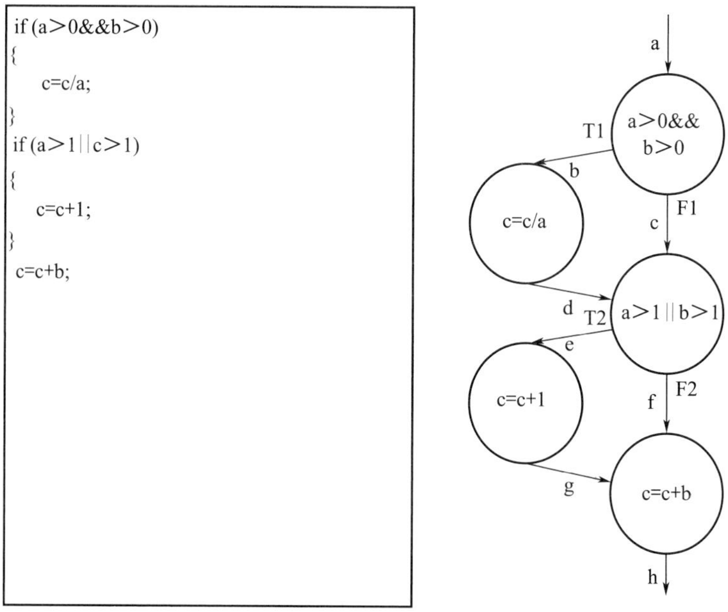

图 5－37 程序代码示例及其对应的控制流图

5.6.4.2.1 语句覆盖

语句覆盖是指设计测试用例来执行程序代码中的语句，使程序中的每个可执行语句至少执行一次。

分析源代码的控制流图可以看出，只需设计一个测试用例就可以满足 100％的语句覆盖准则。表 5－34 所示为满足 100％语句覆盖准则所设计的测试用例。

表 5－34 满足 100％语句覆盖准则所设计的测试用例

测试用例 ID	输入参数	输出参数	满足的判定	覆盖的路径
1	a＝ 1，b＝2，c＝3	a＝1，b＝2，c＝6	T1，T2	abdegh

除表 5－34 中的测试用例可以满足 100％的语句覆盖外，还可以选择两条路径，即 abdfh（T1，F2）和 acegh（F1，T2）来满足语句 100％的覆盖要求，测试用例见表 5－35。

表 5－35 其他满足条件的测试用例集

测试用例 ID	输入参数	输出参数	满足的判定	覆盖的路径
2	a＝1，b＝2，c＝－3	a＝1，b＝2，c＝－1	T1，F2	abdfh
3	a＝－1，b＝2，c＝3	a＝－1，b＝2，c＝6	F1，T2	acegh

语句覆盖可以识别没有测试到的代码块，但是可能无法正确判断程序代码中的逻辑关系。例如，选择表 5－34 中的“测试用例 1”作为语句覆盖的测试用例时，如果开发人员在代码编写过程将判定（a>0 && b>0）写为（a>0 || b>0），那么“测试用例 1”尽管

能够满足 100%的语句覆盖，但不能发现其中的错误。另外，语句覆盖还可能会遗漏多个条件路径。例如，选择“测试用例 1”虽然覆盖了 100%的语句，但是它只覆盖了其中的一条路径，而遗漏了其他 3 条路径。

尽管语句覆盖是最低级别的结构测试覆盖，但是在实际测试过程中达到 100%的语句覆盖有时也是非常困难的。因为软件代码中有很多程序块是用来处理异常情况的，如内存耗尽，测试过程中通常很难模拟这样的异常情况，并导致无法覆盖相关的语句。

5.6.4.2.2　分支覆盖

分支覆盖是针对程序判定的取值结果而设计测试用例的一种技术，使程序中的每个判断的取真分支和取假分支至少经历一次。

程序中有两个判定，假定第 1 个判定（a>0 && b>0）取真用 T1 表示，取假用 F1 表示；第 2 个判定（a>1 ‖ c>1）取真用 T2 表示，取假用 F2 表示；即 T 和 F 分别表示判定取“真值”和“假值”。对于分支覆盖，用例设计时令判定 1 和判定 2 分别满足 T1、F1、T2、F2 即可满足分支覆盖的要求。通过对程序结构的分析，可以得到满足 100%判定覆盖的两条路径 abdegh（T1，T2）和 acfh（F1，F2），即设计两个测试用例即可满足 100%的判定覆盖准则。表 5-36 所示为满足 100%判定覆盖准则所设计的测试用例。

表 5-36　满足 100%判定覆盖准则所设计的测试用例

测试用例 ID	输入参数	输出参数	满足的判定	覆盖的路径
1	a=1，b=2，c=3	a=1，b=2，c=6	T1，T2	abdegh
2	a=−1，b=2，c=−3	a=−1，b=2，c=−1	F1，F2	acfh

除表 5-36 中的测试用例可以满足 100%的判定覆盖外，还可以选择其他路径组合，即 abdfh（T1，F2）和 acegh（F1，T2）来满足判定 100%的覆盖要求，测试用例如表 5-37 所示。

表 5-37　其他满足条件的测试用例

测试用例 ID	输入参数	输出参数	满足的判定	覆盖的路径
3	a=1，b=2，c=−3	a=1，b=2，c=−1	T1，F2	abdfh
4	a=−1，b=2，c=3	a=−1，b=2，c=6	F1，T2	acegh

分支覆盖与语句覆盖相比，明显提高了测试的强度，100%的判定覆盖可以保证 100%的语句覆盖，并同时可以发现语句覆盖中可能无法识别的逻辑错误。但是分支覆盖也有一定的局限性，它不能保证发现判定中原子条件的错误。例如，开发人员在代码编写过程将判定（a>1 ‖ c>1）误写为（a<1 ‖ c>1），则通过测试用例 3 和 4 并不能发现这个错误。因此，需要有更强的逻辑覆盖准则去检验判定内部的条件。

5.6.4.2.3　修正条件分支覆盖（MC/DC）

修正条件分支覆盖是针对高级程序语言编写的，对程序中能够独立影响判定结果的单独条件的测试（测试对象中的每个条件的所有可能的输出结果至少产生一次，且每个判定中的每一个条件必须能够独立影响一个判定的输出。即在其他条件不变的前提下仅改变这个条件的值，可以使判定结果发生改变）。

修正的条件判定覆盖能够有效地检查出程序逻辑错误，减少程序结构缺陷。修正条件分支覆盖用例集的设计方法主要包括“唯一原因法”和“屏蔽法”。进行修正条件分支覆盖设计时，首先需要确定独立影响判定结果的条件，也就是说如果一个条件能单独确定判定的输出值（判定中的其他条件保持不变），则称该条件独立地影响判定结果；表明条件独立影响判定结果的两组测试用例称为独立影响对。其次，通过真值表进行分析，获取独立影响结构的最小子集，即可得到修正条件分支覆盖的最小用例集。

在唯一原因法中，只有关心的条件值和判定结果可以改变，而其他所有可能的条件必须保持固定。固定其他所有可能的条件是为了确保只有该条件能独立影响判定结果。下面以程序中的判定“Z=（A∨B）∧（C∨D）”为例说明真值表的用法，其中，“∨”表示“或”逻辑操作，“∧”表示“与”逻辑操作，A、B、C、D 分别为判定中的 4 个原子条件。按照各条件的取值和组合要求列出真值表，真值表如表 5－38 所示。

表 5－38　唯一原因法真值表

测试用例 ID	条件组合				判定结果	独立影响对的对应组号			
	A	B	C	D	Z	A	B	C	D
1	F	F	F	F	F				
2	F	F	F	T	F	10	6		
3	F	F	T	F	F	11	7		
4	F	F	T	T	F	12	8		
5	F	T	F	F	F			7	6
6	F	T	F	T	T		2		5
7	F	T	T	F	T		3	5	
8	F	T	T	T	T		4		
9	T	F	F	F	F			11	10
10	T	F	F	T	T	2			9
11	T	F	T	F	T	3		9	
12	T	F	T	T	T	4			
13	T	T	F	F	F			15	14
14	T	T	F	T	T				13
15	T	T	T	F	T			13	
16	T	T	T	T	T				

从真值表中可以得出：

——独立影响对（2，10），（3，11），（4，12）分别表明了条件 A 的独立影响；

——独立影响对（2，6），（3，7），（4，8）分别表明了条件 B 的独立影响；

——独立影响对（5，7），（9，11），（13，15）分别表明了条件 C 的独立影响；

——独立影响对（5，6），（9，10），（13，14）分别表明了条件 D 的独立影响。

通过判定中所有条件的独立影响对的最小组合可生成该判定逻辑的修正条件判定覆盖的最小测试用例集，因此取交集后可以得到测试用例组合（2，5，6，7，10）满足 100％的修正条件判定覆盖要求，同时，满足 100％的修正条件判定覆盖的测试用例集不是唯一的，上述例子中还有用例组合（3，7，9，10，11）或（4，8，12，13，15）也能满足测试覆盖的要求。

屏蔽法是指对一个逻辑操作符的特定输入能隐藏对该操作符的其他输入的影响。如“OR”操作符的“T”输入可以屏蔽其他所有输入；对“AND”操作符的“F”输入可以屏蔽其他所有输入；只要对判定的内部逻辑分析表明关心的条件是唯一影响判定输出值的条件，那么屏蔽法允许独立影响对中多于一个输入值的改变。

仍以判定“Z＝（A∨B）∧（C∨D）”为例，为了表明条件 A 的独立影响性，组合条件（Y＝（C∨D））必须为“T”；因为如果 Y 为“F”，则判定“Z”的值总为“F”。对于唯一原因法，在条件 A 的独立影响对中，条件 C 和 D 的值必须是固定的。而在屏蔽法中允许 C 和 D 的值变化，只要组合条件 Y 的结果为“T”。这样屏蔽法比唯一原因法会产生更多的独立影响对。在表 5－39 中，测试用例 2 和测试用例 10、11、12 都能配对表明条件 A 的独立性影响。通过建立中间变量来替代所有不关心的变量，是检查条件屏蔽的有效方法；如在查找上述判定中的 A 或 B 的独立影响对时，可用 Y 替代组合条件（C∨D）。之后，再利用唯一原因法设计出条件独立影响结果的最小测试用例集，如（2，5，6，7，10）或（2，5，7，10，11）等。表 5－39 是采用屏蔽法的真值表获取修正条件判定覆盖测试用例集的示例。

表 5－39　屏蔽法真值表

测试用例ID	条件组合						判定结果	独立影响对的对应组号			
	A	B	X	C	D	Y	Z	A	B	C	D
1	F	F	F	F	F	F	F				
2	F	F	F	F	T	T	F	10,11,12	6,7,8		
3	F	F	F	T	F	T	F	10,11,12	6,7,8		
4	F	F	F	T	T	T	F	10,11,12	6,7,8		
5	F	T	T	F	F	F	F			7,11,15	6,10,14
6	F	T	T	F	T	T	T		2,3,4		5,9,13
7	F	T	T	T	F	T	T		2,3,4	5,9,13	
8	F	T	T	T	T	T	T		2,3,4		
9	T	F	T	F	F	F	F			7,11,15	6,10,14
10	T	F	T	F	T	T	T	2,3,4			5,9,13
11	T	F	T	T	F	T	T	2,3,4		5,9,13	
12	T	F	T	T	T	T	T	2,3,4			
13	T	T	T	F	F	F	F			7,11,15	6,10,14
14	T	T	T	F	T	T	T				5,9,13

续表

测试用例ID	条件组合						判定结果	独立影响对的对应组号			
	A	B	X	C	D	Y	Z	A	B	C	D
15	T	T	T	T	F	T	T			5,9,13	
16	T	T	T	T	T	T	T				

修正条件判定覆盖测试能够更充分地测试程序中每个独立的原子条件，消除判定中可能存在的错误；同时，通过采用真值表等合理的设计方法，可以在满足测试覆盖指标的前提下，获得具有较少用例的测试套件，有效防止测试用例随逻辑复杂度呈指数上升，从而能在达到用户的需求和争取较高的性价比之间取得很好的平衡，目前已成为航天型号软件测试的重要设计方法之一。

5.7 软件功能点度量方法

5.7.1 概述

5.7.1.1 功能点的定义

从 20 世纪 40 年代计算机诞生至今，软件项目估计一直是一项重要而又艰巨的任务。随着软件应用程序规模和重要性的不断增加，人们对软件项目估计准确度的要求也在不断提高。软件项目的规模估算历来是比较复杂的事，因为软件本身的复杂性、历史经验和估算工具的缺乏以及一些人为错误，导致软件项目的规模估算往往和实际情况相差甚远。为了能在项目开发的早期阶段对整个项目的规模有一个总体的把握和大致的了解，软件规模度量就成为软件工程中研究的关键技术之一。

在软件规模估计方面，常用的方法有代码行估计法（Lines Of Count，简称 LOC）和功能点分析法（Function Point Analysis，简称 FPA）。代码行估计法是一种经验估计法，估计结果与估计人员的技术水平、采用的开发方式紧密相关，采用不同的开发方法会导致软件代码规模差别很大。同时代码规模估计时也不易和用户沟通需求。

功能点分析法是把应用系统按组件进行分解，并对每类组件以预先定义的功能点为测量单位进行计算，从而得到反映整个应用系统规模的功能点数。功能点是软件功能规模测量的计量单位，类似于米、千克等计量单位。功能点分析法是在需求分析阶段基于系统功能的一种规模估计方法，是对一个应用程序中用户可见功能的数量的测量，而与如何构造功能无关。软件的功能需求和非功能需求都可以用功能点来测量。

5.7.1.2 功能点分析方法的发展

功能点分析法是由 IBM 的 Allen Albrecht 博士在 1979 年首次正式提出的，是对软件用户功能需求进行度量的一种方法。功能点度量的意图在于使度量值和软件应用的代码无关，但是渐渐地倾向应用于软件项目的整个生命周期，从早期需求分析到交付以后的升级、维护。20 世纪 80 年代早期，IBM 公司将功能点度量技术进行了整理并出版了计算功能点的指南。80 年代末期，非营利性联盟国际功能点用户协会（International Function Point Users' Group，IFPUG）成立，1994 年发布了《IFPUG 功能点计算实践手册》（*IFPUG Function Point Counting Practice Manual*）4.0 版，2004 年发布了《IFPUG 功能点计算实践手册》4.2 版。

目前，FPA 基于完整规则约束，针对用户功能性需求进行度量，具有在项目早期进行度量、不依赖开发语言和技术等特点，在国际上已经成为主流的软件规模度量方法。

2013 年，工业和信息化部发布了行业标准《软件研发成本度量规范》（SJ/T 11463），提出了以功能点估算为基础的软件研发成本估算方法和标准，对软件研发成本的估算和度量工作做了明确的指引和说明。

2018 年，在 SJ/T 11463 标准基础上，由全国信息技术标准化技术委员会组织制定并发布了 GB/T 36964—2018《软件工程 软件研发成本度量规范》。

5.7.1.3　功能点相关标准

目前有五个标准被国际标准化组织（International Standard Organization，简称 ISO）确定为软件功能点度量标准，分别是：

（1）ISO/IEC 19761《软件工程——COSMIC：一种功能规模度量方法》（*Software engineering—COSMIC：a functional size measurement method*）

COSMIC（Common Software Measurement International Consortium，通用软件度量国际联盟）功能点的前身来源于 1997 年所提出的 FFP（Full Function Point，全面功能点）功能点标准，后来 FFP 组织又与 COSMIC 组织共同合作于 1999 年提出了 COSMIC 功能点标准，该标准历经修订，于 2003 年被 ISO 组织接纳成为国际标准。

（2）ISO/IEC 20926《软件和系统工程——软件度量——IFPUG 功能规模度量方法 2009》（*Software and systems engineering—Software measurement—IFPUG functional size measurement method* 2009）

1979 年 IBM 的 Allan Albrecht 提出功能点分析方法，1984 年正式发布了第一个功能点使用指南，1986 年成立非营利性组织 IFPUG，2003 年被 ISO 组织接纳成为国际标准。

（3）ISO/IEC 20968《软件工程——MkⅡ功能点分析——计数实践手册》（*Software engineering—Mk Ⅱ Function Point Analysis—Counting Practices Manual*）

1991 年，英国人 Charles Symons 在自己的 *Software Sizing and Estimating：Mk Ⅱ Function Point Analysis* 一书中介绍了 MkⅡ功能点的操作方法，2001 年被 ISO 组织接纳成为国际标准。

（4）ISO/IEC 24570《软件工程——NESMA 功能规模度量方法 2.1 版——功能点分析应用定义和计数指南》（*Software engineering—NESMA functional size measurement method version* 2.1—*Definitions and counting guidelines for the application of Function Point Analysis*）

NESMA 为荷兰软件度量协会的简称（Netherland Software Measurement Association），

NESMA 功能点标准与 IFPUG 功能点标准之间存在一定的差异，但与其他的功能点标准相比较（MkⅡ功能点标准、COSMIC 功能点标准和 FISMA 功能点标准），NESMA 功能点标准与 IFPUG 功能点标准保持了最好的一致性。

（5）ISO/IEC 29881《信息技术——系统和软件工程——FISMA 1.1 功能规模度量方法》（*Information technology - Systems and software engineering—FISMA 1.1 functional size measurement method*）

FISMA（Finland Software Measurement Association，芬兰软件度量行业协会）组织于 1997 年提出了 FISMA 1.1 功能点标准的前身——Experience 2.0 Function Point Analysis（FPA），目前该标准的应用主要集中于芬兰本国的软件开发组织。与其他的功能点标准相比较，FISMA 功能点标准突出了"服务"概念，不再强调"功能"概念。另外，FISMA 将软件的典型功能区分为 28 种服务，从而使得服务类型的划分更为细致，但同时也增加了操作方面的不便。

目前在全球使用功能点方法的企业中，超过 90% 使用 IFPUG/NESMA 方法，而 NESMA 方法中详细功能点方法与 IFPUG 方法基本等效。

5.7.2 功能点估算的基本原理

功能点分析是把应用系统按组件进行分解，并对每类组件以功能点为度量单位进行计算，从而得到反映整个应用系统规模的功能点数。功能点分析从用户对应用系统功能性需求出发，对应用系统两类功能性需求进行分析：一类是数据功能性需求，另一类为事务功能性需求。数据功能性需求又分为内部逻辑文件（Internal Logical Files，ILF）和外部接口文件（External Interface Files，EIF）两类；事务功能性需求则分为外部输入（External Inputs，简称 EI）、外部输出（External Outputs，简称 EO）、外部查询（External Inquiry，简称 EQ）三类。所以，应用系统一共可以按五类组件进行分解。内部逻辑文件 ILF 是指用户可确认的、在应用程序内部进行维护的、逻辑上相关的数据块或控制信息。外部接口文件 EIF 是指用户可确认的、由被度量的应用程序引用，但由其他应用程序进行维护的、逻辑上相关的数据块或控制信息。外部输入 EI 是指应用程序对来自应用程序边界以外的数据或控制信息的基本处理。外部输出 EO 是指应用程序向其边界之外提供数据或控制信息的基本处理，这种处理逻辑中可能包含数学计算或导出数据等，并且要对内部逻辑文件进行维护。外部查询 EQ 是指应用程序向其边界之外提供数据或控制信息查询的基本处理，与 EO 不同的是，处理逻辑中既不包含数学计算公式也不产生导出数据，处理过程中也不维护 ILF。

5.7.3 功能点估算的计算方法

在《IFPUG 功能点计算实践手册》中，按照组件的复杂程度分别对某个组件按若干个功能点进行计算。复杂度分成三等，即低、中、高。对数据功能性的组件来说，复杂度决定于两个因素：一是看 ILF 或 EIF 所包含的数据元素类型（Data Element Types，简称

DET）的个数，另一个则是看 ILF 和 EIF 中用户可以识别的记录元素类型（Record Element Types，简称 RET）的个数。而对事务功能性组件，复杂度则取决于事务时所引用的所有内部文件或外部文件（File Type Referenced，简称 FTR）的个数，以及交易处理过程中输入或输出文件中涉及的动态数据元素个数（DET）。

按照《IFPUG 功能点计算实践手册》中的规定：ILF 和 EIF 的低、中、高三个级别的确定方法见表 5-40。

表 5-40　ILF 和 EIF 数据组件的复杂度级别

记录元素类型的个数	数据元素类型		
	1～19	20～50	≥51
1	低	低	中
2～5	低	中	高
≥6	中	高	高

EI 交易组件的低、中、高三个级别的确定方法见表 5-41。EO 和 EQ 交易组件的低、中、高三个级别的确定方法见表 5-42。

表 5-41　EI 交易组件的复杂度级别

引用文件类型的个数	数据元素类型		
	1～4	5～15	≥16
0～1	低	低	中
2	低	中	高
≥3	中	高	高

表 5-42　EO 和 EQ 交易组件的复杂度级别

引用文件类型的个数	数据元素类型		
	1～5	6～19	≥20
0～1	低	低	中
2～3	低	中	高
≥4	中	高	高

每个组件按不同的复杂度等级与功能点数的对应关系见表 5-43。

表 5-43　五类组件按复杂度等级与功能点数的对应关系

组件	组件复杂度级别		
	低	中	高
ILF	×7	×10	×15
EIF	×5	×7	×10
EI	×3	×4	×6
EO	×4	×5	×7

续表

组件	组件复杂度级别		
	低	中	高
EQ	×3	×4	×6

这样，如果将一个应用系统按组件分解后，确定每个组件的复杂度等级，然后，就可以用功能点作为度量单位计算出该系统的规模。但是，对同一个组件（例如对一个查询组件），若考虑到该组件要有较好的可操作性，或具有更高的执行效率等要求，则它应当具有更大的规模。因此，单纯地考虑组件个数以及组件本身的复杂度来计算功能点，仍然不能较客观地反映出系统的规模。为此，IFPUG 还考虑了 14 个称为系统基本特征的属性（General System Characteristics，简称 GSC）：

1）数据通信（Data Communications）；

2）分布式数据处理（Distributed Data Processing）；

3）性能（Performance）；

4）对资源需求的程度（Heavily Used Configuration）；

5）处理速率（Transaction Rate）；

6）在线数据输入（Online Data Entry）；

7）最终用户的效率（End - User Efficiency）；

8）在线升级（Online Update）；

9）复杂的处理（Complex Processing）；

10）可重用性（Reusability）；

11）易安装性（Installation Ease）；

12）易操作性（Operational Ease）；

13）多环境（Multiple Sites）；

14）易变更（Facilitate Change）。

将有关属性对系统的影响程度分别赋予 0～5 中的某个权值，然后按式（5 - 5）对应用系统的功能点进行调整，最终得到被度量系统的功能点数

$$AFP = UFP \times VAF \tag{5-5}$$

其中，UFP 为未调整之前的功能点数，VAF 为功能点值调整因子，VAF＝（DI1＋DI2＋……＋DI14）×0.01＋0.65，而 DIi（i＝1，2，…，14）为上述的 14 个系统基本特征属性所取的权值（0～5）。

5.7.4 功能点估算的流程

应用 IFPUG 功能点估算软件规模主要包括以下七个步骤：一是决定功能点计算的类型；二是确定计算范围和应用程序边界；三是确定所有数据功能（内部逻辑文件和外部接口文件）及其复杂性；四是确定所有事务功能（外部输入、外部输出和外部查询）及其复杂性；五是计算未调整功能点；六是得出基于 14 项系统基本特征的值调整因子；七是计

算调整后功能点。

5.7.4.1　工程类型判定

功能点对软件规模的计算可包含到软件生命周期的全过程，从软件需求到软件设计、测试再到最后的软件运行维护，功能点计算规模的准确度逐步提高，通常功能点计算包括三种类型：

（1）开发型项目功能点计算

开发型项目功能点是指软件首次安装时即为最终用户提供的功能。这些功能既包括应用程序本身包含的功能，也包含因数据转换而带来的功能点，开发型项目功能点的计算必须随着开发的深入而更新。后续计算不必从 0 开始，但必须核实已确定功能并努力捕获新增功能，即通常所谓的“范围延伸”。

（2）升级型项目功能点计算

升级型项目功能点是指对现有的应用程序所进行的修改，它包括由于新增功能、删除功能和改变功能而带给用户的功能组合。注意，在升级型项目中实施删除功能时，尽管软件规模缩小，但工作量却可能成倍增加。转换功能也可以存在于升级型项目中，升级以后，应用程序的功能点计算必须能反映出应用程序功能的变化。

（3）应用程序功能点计算

对已有的应用程序进行功能点计算。它评估应用程序目前为最终用户提供的功能。应用程序总功能点计算结果为目前正被使用和维护的所有应用程序功能点的和。

5.7.4.2　确定系统边界和范围

功能点估算中，边界的划分和确定是正确估算系统的重点和难点，计算范围确定主要取决于计算的目的。通常我们认为应用程序的边界是指被测程序与其他外部程序或用户之间的边界。边界的划分应在软件配置项或更高层面，不应在软件部件、软件单元层面。确定边界的具体规则包括：

1）用户能够用自己的语言来定义应用程序的范围和业务功能。

在软件开发初期，特别是需求分析阶段，开发者要掌握软件的“大小”和规模，最根本的方法是确定用户的需求，即从用户的角度来考虑系统要实现哪些功能。而边界的划分正是基于用户的角度出发的，从用户角度考虑系统所要实现的功能，从功能划分上来确定程序的边界，这对客户和开发方来说都是易于沟通和交流的。一则为顾客解决了技术上的不足，二则也为开发者评判软件的规模提供了依据。

2）与相关应用程序的边界应基于分割开的业务功能而非基于技术方面的考虑。

软件开发过程中必然涉及系统过大、跨越时间过长的问题，所以从分组开发项目的团队来说，将大系统分解成若干小系统更有利于项目的顺利开发，而系统分解的过程就是业务功能分割的过程。

3）应用程序初始边界不受计算范围的影响。

对被升级的应用程序来说，其应用程序边界保持不变，除非新增的功能扩展了边界或者被删除的功能缩小了边界。即边界的划分是相对稳定的，系统在一定程度上的升级并不意味着形成新的边界。

4）对项目包含一个以上的应用程序，各个应用程序间的边界应在计算范围内，但应分别计算。

例如，配置项 B、C 隶属于一个项目，配置项 B、C 都被纳入项目规模的计算范围，配置项 B 的内部逻辑文件也是配置项 C 的外部接口文件时，在计算配置项 B 的规模时要将该内部逻辑文件计算在内，在计算配置项 C 的规模时也要将该文件作为外部接口文件计算。

5.7.4.3 计算数据功能点

数据功能是指供更新、引用和检索而储存的可用的逻辑数据。数据块或控制信息是逻辑上的并且是用户可确认的。通常数据功能分为内部逻辑文件（ILF）和外部接口文件(EIF)。

内部逻辑文件（ILF）是用户可确认的，在应用程序的内部维护的、逻辑上相关的数据块或控制信息。ILF 的主要意图是通过应用程序的一个或多个基本处理来保存数据。我们认为：一旦应用程序内部的一个数据块被标志为 ILF，即使它被另一个事务所引用它也不能再被同一个应用程序当作 EIF 了，在该应用程序的升级项目中，它也不能被算作 EIF。

外部接口文件（EIF）是用户可确认的，由应用程序引用，但在其他应用程序内部维护的、逻辑上相关的数据块或控制信息。EIF 的主要意图是存放应用程序中的一个或多个基本处理所引用的数据。我们认为，数据块或控制信息应该通过诸如增加、删除、变更、评估、更新等事务来维护，一个 EIF 可以被多个应用程序作为 EIF 来引用和计算，但是对于一个应用程序来说，一个 EIF 只应该被计算一次。

区分内部每个 ILF 或 EIF 都必须根据相关的数据元素类型（DET）和记录元素类型(RET)。每个 ILF 或 EIF 根据 DET 和 RET 的个数来确定数据功能的复杂度，这个复杂度分为低、中、高三种不同的等级。

5.7.4.4 计算事务功能点

事务功能主要是指外部输入、外部输出、外部查询以及完成增加、删除、更改、查询等操作（就是业务流模型中经常见到的事务）。每种功能都有其自己的基于特定复杂性矩阵的未调整功能点权值。

外部输入（EI）是应用程序处理来自应用程序边界以外的数据或控制信息的基本处理。经过处理的数据维护一个或多个 ILF，经过处理的控制信息则可能维护一个 ILF 或者不维护它。EI 的主要意图是维护一个或多个 ILF 以及（或者）通过其处理逻辑来改变应用程序行为。

外部输出（EO）是应用程序向其边界之外提供数据或控制信息的基本处理。EO 的主要目的是向用户提供经过处理逻辑加工的，除了检索数据或控制信息之外的信息或附加信息。处理逻辑必须至少包含一个数学公式或者计算、创建导出数据、维护一个或多个 ILF，并且改变系统的行为。

外部查询（EQ）是应用程序向其边界之外提供数据或控制信息查询的基本处理。EQ 的主要目的是通过查询 ILF 或 EIF 中的数据或控制信息来为用户提供信息，处理逻辑中既不包含数学公式或者计算也不产生导出数据。处理过程中不维护 ILF，系统行为不受影响。

所有事务功能都是必须根据相关的数据元素类型（DET）和参考文件类型（FTR）被赋予一个功能复杂度。表 5－44 描述的就是各事务功能在处理上的区别。

表 5－44　事务功能区别表

序号	处理逻辑	EI	EO	EQ
1	数据合法性确认处理	可能	可能	可能
2	数据的数学计算处理	可能	必须	不可
3	数据的等值变换处理	可能	可能	可能
4	按指定的标准进行数据的选择处理	可能	可能	可能
5	为了进行数据选择处理而进行的条件分析处理	可能	可能	可能
6	对 ILF 进行的插入、修改、删除处理	必须	必须	不可
7	检索 ILF/EIF 处理	可能	可能	必须
8	数据的检索处理	可能	可能	必须
9	在对既存数据加工的基础上，生成新的数据的处理	可能	必须	不可
10	系统动作的变更处理	必须	必须	不可
11	向系统边界外提供信息的处理	可能	必须	必须
12	向系统边界内输入数据的处理	必须	可能	可能
13	数据的排序或次序重组处理	可能	可能	可能

5.7.4.5　计算未调整功能点

分析 IFPUG 功能点估算流程，得出未调整功能点数是流程中最简单的一步，依据估算流程的第三步和第四步，即在确定数据功能及其复杂性和事务功能及其复杂性后，我们依据每项功能的复杂度级别乘以相应的权值，最后将各类功能相加，就得到了整个系统的未调整功能点。简单举例如下：2 个低复杂度 ILF，权值每个 4 点，共 8 点；3 个低复杂度 EI，权值每个 3 点，共 9 点；6 个平均复杂度 EO，权值每个 4 点，共 24 点；上述各项之和（共 41 点）即为未调整的功能点数（UFP）的和。

5.7.4.6　计算调整系数

应用程序中还包含了前述事务功能和数据功能所未能包含的基本因子，下面就要根据这些值调整因子（VAF）来计算出调整后的功能点数。IFPUG 对于这些值调整因子（VAF）也指定了相关的定义、规则和指南，功能点数的值调整因子的计算公式为：VAF＝（TDI×0.01）＋0.65（TDI 是 14 项系统调整因子的和）。

5.7.4.7　计算调整后的功能点

这是 IFPUG 功能点计算的最后一步，即在估算流程的第六步后，将其未调整功能点和第六步的系统调整因子相乘，得出最终的功能点数。

5.7.5　功能点的计算公式

功能点计算的类型包括开发型项目、升级型项目和应用程序三类，无论哪种类型其计算过程和流程基本一致，但我们要注意，在升级型项目中会存在着软件规模变小而功能点增多的情况。原因如下：因为升级项目是对于一个现有系统而言的，而且，在修改和删除功能过程中耗费了工作量，尽管升级后系统规模实际上变小了，但中间的工作量却增加了。

5.7.5.1　开发型项目的功能点计算

开发型项目的功能点计数由 3 种功能性部件组成：

1）应用程序未调整功能点计数，即 EI、EO、EQ、ILF 和 EIF 五类。

2）通过软件将以前的数据转换到新 ILF 的转换功能（这里所指的软件我们通常认为是借用其他系统的组成部分，如包含旧数据文件的输入和由于可能存在转换报表而带来的 EO 等）。

3）应用程序的值调整因子。

计算开发型项目的功能点计数公式如下

$$DFP = (UFP + CFP) \times VAF \tag{5-6}$$

式中　DFP——开发项目的功能点；

UFP——应用在安装以后向用户提供的未经调整的功能点；

CFP——额外的转换功能的未经调整的功能点。

5.7.5.2　升级型项目的功能点计数

升级型项目的功能点计数也由 3 种功能部件组成：

1）应用程序未调整功能点计数。

2）通过软件（定义同上）将以前的数据转换到新 ILF 中的转换功能。

3）两个应用程序的值调整因子（VAF 可能发生变化）。

用下式计算升级型项目的功能点计数

$$EFP = (ADD + CHGA + CFP) \times VAFA + DEL \times VAFB \tag{5-7}$$

式中　EFP——升级型项目的功能点；

ADD——升级型项目中增加的未经调整的功能点；

CHGA——升级型项目中改变的功能在改变后所具有的未经调整的功能点；

CFP——额外的转换功能的未经调整的功能点；

VAFA——升级后的应用的调整系数；

DEL——被删除的功能的未经调整的功能点；

VAFB——升级前的应用的调整系数。

5.7.5.3　应用程序的功能点计数

应用程序功能点计数由两个部分（转换工作的功能并没有被包含到应用程序计数中，

原因是它属于开发工作的一部分而不是已建立起来的应用程序）组成。

有两种情况应该进行应用程序功能点计算：一是当首次发布应用程序时，二是当升级型项目已经改变应用程序的功能值时（当安装升级项目时，必须更新应用程序原有的功能点计数以反映出这些修改）。

计算应用程序初始功能点，建立功能点基线的计算公式

$$AFP = ADD \times VAF \tag{5-8}$$

式中　AFP——应用的功能点；

ADD——安装的功能的 UFP；

VAF——调整系数（值调整因子）。

注意该公式中不包含转换功能。

计算升级后的应用程序功能点，用下式计算应用升级型项目功能点计数

$$AFP = [(UFPB + ADD + CHGA) - (CHGB + DEL)] \times VAFA \tag{5-9}$$

式中　AFP——应用程序已调整的功能点计数；

UFPB——应用升级前的未经调整功能点计数；

ADD——升级型项目新增功能的未调整功能点计数；

CHGA——升级型项目所改变功能的未调整功能点计数（这个部件反映出修改发生后的功能值）；

CHGB——升级型项目所改变功能在升级前的未调整功能点计数（这个部件反映出升级项目开始前的功能值）；

DEL——被删除的功能的未经调整的功能点；

VAFA——升级型项目完成后的应用程序的值调整因子。

5.7.6　优点和不足

相比代码行估计法，功能点度量法已由 IFPUG 做过了多次的改进。其优势如下：从用户观点度量软件系统的功能性，度量的结果是独立于技术实现的，不同的项目和组织之间均可使用，度量的结果可以进行比较。

虽然流行广泛，但功能点度量法也并不是完美的，在实践应用中还存在着各种各样的缺点。该方法是从用户角度进行分析和观察的，这样的角度存在着一定的局限性，看不到软件许多复杂的内部处理功能以及质量和技术因素的要求，而这些功能和要求往往却是软件开发中工作量最大的地方，这也是目前各种功能点分析方法受到批评最多的地方，同时也是计算结果不能完全真实反映实际情况的主要因素。IFPUG 采用在功能点度量中加入值调整因子 VAF（Value Adjustment Facfor）的策略来解决这个问题，但效果似乎不是非常理想，被认为不能客观地反映真实情况，主要原因是与调整系数的设置、权重的划分、计算过程的方法以及计算公式的合理性都存在一定的主观性。有人认为，值调整因子作为一种补偿机制，能够在一定的程度上反映 FPA 方法中 5 个功能分量和复杂度所没能考虑到的因素，因此其引入还是有一定的科学性和合理性的。

5.8 小结

本章针对特定主题介绍已有的成功实践，包括可编程逻辑器件软件、软件需求工程、基于模型的系统工程、软件产品工程、软件安全性可靠性方法、验证和确认方法、软件功能点度量方法等技术、方法。

参 考 文 献

[1] IEEE - STD - 830 - 1998：Recommended Practice for Software Requirements [S] . 1998.

[2] INCOSE SE Vision 2020 ，INCOSE - TP - 2004 - 004 - 02，2007.

[3] GB/T 11457—2006《信息技术 软件工程术语》[S] . 2006 年 .

[4] 原中国人民解放军总装备部，GJB /Z 183，军用软件规模度量指南 [S] . 2017 年 .

[5] 中国航天科技集团有限公司，QJ 2098A，航天型号软件评审与审查 [S] . 2006 年 .

[6] 王晓玲，宋征宇，安占新. 载人航天运载火箭软件研制实践 [M] . 北京：中国宇航出版社，2021.

[7] Thayer R H，Dorfman M. Tutorial：System and Software Requirements Engineering. Los Alamitos，CA：IEEE Computer Society Press，1990：1 - 3.

[8] Siddiqi J，Shekaran M C. Requirements engineering：The emerging wisdom. IEEE Software，1996，23 (3)：15 - 19.

[9] Jaeke M，Pohl K. Requirements engineering，2001：(virtually) Managing a changing reality. Software Engineering，1994，20 (11)：257 - 266.

[10] Karl E Wiegers. Software Requirements (second edition) (ISBN 0 - 7356 - 1879 - 8) .

[11] Charles Symons. Software Sizing and Estimating：MkⅡ Function Point Analysis [M] . John Wiley & Sons inc，1991.

附　录

附录 A　检查单

附录 A. 1　文档审查单（示例）

附表 A. 1－1　文档齐套性有效性审查单（示例）

<table>
<tr><td colspan="3" rowspan="2">文档审查单(齐套性、有效性)</td><td>标　识</td><td colspan="2"></td></tr>
<tr><td>项目名称</td><td colspan="2"></td></tr>
<tr><td colspan="2">审查依据</td><td></td><td>版本标识</td><td colspan="2"></td></tr>
<tr><td colspan="2">审查对象</td><td></td><td>版本标识</td><td colspan="2"></td></tr>
<tr><td>编号</td><td>审查项目</td><td>审查内容</td><td>是否符合要求</td><td>不适用</td><td>软件问题报告单号</td></tr>
<tr><td>1</td><td rowspan="5">齐套性</td><td>软件任务书</td><td></td><td></td><td></td></tr>
<tr><td>2</td><td>软件需求规格说明</td><td></td><td></td><td></td></tr>
<tr><td>3</td><td>软件设计说明</td><td></td><td></td><td></td></tr>
<tr><td>4</td><td>用户手册</td><td></td><td></td><td></td></tr>
<tr><td>5</td><td>接口设计说明</td><td></td><td></td><td></td></tr>
<tr><td>6</td><td rowspan="5">有效性</td><td>是否正式提交</td><td></td><td></td><td></td></tr>
<tr><td>7</td><td>所有软件文档是否签署完整</td><td></td><td></td><td></td></tr>
<tr><td>8</td><td>软件文档标识是否与文档审查要求中的文档标识一致</td><td></td><td></td><td></td></tr>
<tr><td>9</td><td>审查文档是否出自产品库</td><td></td><td></td><td></td></tr>
<tr><td>10</td><td>是否符合相关文档的编制规范</td><td></td><td></td><td></td></tr>
</table>

附表 A.1-2 文档一致性、准确性审查单——软件需求规格说明(示例)

文档审查单 (一致性、准确性—软件需求规格说明)			标 识			
			项目名称			
审查依据			版本标识			
审查对象			版本标识			
编号	审查项目		审查内容	是否符合要求	不适用	软件问题报告单号
1	一致性		是否建立与软件任务书的追踪关系,追踪表内容是否覆盖软件任务书所有要求			
2	一致性		软件名称是否与软件任务书一致			
3	一致性		引用文档名称是否正确一致			
4	一致性		引用文档标识版本是否正确一致			
5	一致性		术语和定义使用是否一致			
6	一致性		文档内容描述是否前后一致			
7	准确性	语言描述	文档内容中不使用"一般""基本""通常"等不确定的描述用语,不存在二义性			
8	准确性	环境要求	是否明确了软件运行硬件环境			
9	准确性	环境要求	是否明确了软件运行软件环境			
10	准确性	环境要求	是否明确了软件开发硬件环境			
11	准确性	环境要求	是否明确了软件开发软件环境			
12	准确性	环境要求	是否明确了内存使用要求			
13	准确性	环境要求	是否明确了中断设置要求			
14	准确性	功能要求	是否明确了软件功能处理要求			
15	准确性	功能要求	是否明确了每项功能的所有输入(范围、量纲、格式等)要求			
16	准确性	功能要求	是否明确了每项功能的所有输出(范围、量纲、格式等)要求			
17	准确性	功能要求	是否明确了软件功能在异常条件或特殊条件下的处理			
18	准确性	性能要求	是否明确了数据处理精度要求			
19	准确性	性能要求	是否明确了时间特性要求			
20	准确性	性能要求	是否明确了软件处理数据量要求			
21	准确性	性能要求	是否明确了软件运行占用空间要求			
22	准确性	性能要求	是否明确了软件系统对并发事务的处理能力要求			
23	准确性	接口要求	是否明确了软件所有外部和内部接口关系			
24	准确性	接口要求	是否明确了软件所有接口协议(内容、格式)			
25	准确性	接口要求	是否明确了软件所有接口的特性、要求和范围			
26	准确性	接口要求	是否明确了软件对所有接口的处理要求(功能、性能)			
27	准确性	接口要求	是否明确了软件在接口故障或特殊条件下的处理要求			
28	准确性	接口要求	是否明确了软件各个接口的使用要求和约束(初始化、操作、性能等)			

续表

文档审查单 （一致性、准确性—软件需求规格说明）			标　识			
			项目名称			
审查依据			版本标识			
审查对象			版本标识			
编号	审查项目	审查内容	是否符合要求	不适用	软件问题报告单号	
29	数据要求	是否明确了对软件内部数据要求				
30		是否明确了对软件外部接口数据要求				
31	人机交互	是否明确了软件的人机界面、操作和使用要求				
32		是否明确了软件对正确操作的应对动作				
33		是否明确了软件对错误操作的应对动作				
34		是否明确了软件在正确操作情况下提供的提示信息				
35		是否明确了软件在错误操作情况下提供的提示信息				
36		是否明确了操作流程要求				
37		是否明确了软件对错误操作流程的处理要求				
38	安装要求	是否明确了软件安装规程				
39		是否明确了软件安装过程中的各项配置要求				
40		是否明确了软件安装过程中各种提示信息（正确、错误）				
41		是否明确了软件卸载规程				
42	可靠性、安全性要求	是否明确了用于提高软件安全性的容错处理要求				
43		是否明确了用于提高软件安全性的冗余处理要求				
44		是否明确了用于提高软件安全性的算法要求				
45		是否明确了软件的可恢复性处理要求				

附表 A.1-3　文档一致性、准确性审查单——软件设计说明（示例）

文档审查单 （一致性、准确性—软件设计说明）			标　识		
			项目名称		
审查依据			版本标识		
审查对象			版本标识		
编号	审查项目	审查内容	是否符合要求	不适用	软件问题报告单号
1	一致性	是否建立与软件需求规格说明的追踪关系，追踪表内容是否覆盖软件需求规格说明所有要求			
2		软件名称是否与软件需求规格说明一致			
3		引用文档名称是否正确一致			
4		引用文档标识版本是否正确一致			
5		术语和定义使用是否一致			

续表

文档审查单 （一致性、准确性—软件设计说明）				标　识		
				项目名称		
审查依据				版本标识		
审查对象				版本标识		
编号	审查项目		审查内容	是否符合要求	不适用	软件问题报告单号
6	一致性		文档内容描述是否前后一致			
7			（其他要求）			
8	准确性	语言描述	文档内容中不使用“一般”“基本”“通常”等不确定的描述用语，不存在二义性			
9		概要设计	是否明确了软件结构、接口关系			
10			是否明确了软件部件功能			
11			是否明确了合并的非开发软件			
12			是否明确了内存分配要求			
13			是否明确了处理时间分配要求			
14			是否明确了对软件部件的功能需求			
15			是否明确了对软件部件的设计约束要求			
16			是否明确了软件部件数据流			
17			是否明确了软件部件控制流			
18			是否明确了软件部件安全性需求			
19			（其他要求、派生需求）			
20		详细设计	是否明确了对软件单元的输入数据			
21			是否明确了对软件单元的输出数据			
22			是否明确了对软件单元的算法			
23			是否明确了对软件单元的错误处理			
24			是否明确了软件单元的流程图			
25			是否明确了软件单元的安全性设计			
26			是否明确了软件单元的设计约束			
27			（其他要求、派生需求）			
28		数据要求	是否明确了软件内部使用的数据			
29			是否明确了软件外部接口的数据			
30			是否明确了共享数据文件			
31			（其他要求、派生要求）			

续表

代码审查单 （编码规范审查）		标 识			
		项目名称			
软件名称		版本标识			
编号	审查项目	内容		审查结果	软件问题报告单号
28		禁止对 bool 量使用 switch 语句			
29		禁止 switch 语句中只包含 default 语句			
30		switch 语句的所有分支必须具有相同的层次范围			
31		禁止使用 setjmp/longjmp			
32		禁止将浮点常数赋给整型变量			
33		禁止将越界整数赋给整型变量			
34		禁止在逻辑表达式中使用赋值语句			
35		禁止对逻辑表达式进行位运算			
36		对变量进行移位运算禁止超出变量长度			
37		禁止移位操作中的移位数为负数			
38		数组禁止越界使用			
39		数组下标必须是大于等于零的整型数			
40		禁止对常数值做逻辑非的运算			
41		禁止非枚举类型变量使用枚举类型的值			
42		禁止覆盖标准函数库的函数			
43		禁止函数的实参和形参类型不一致			
44		实参与形参的个数必须一致			
45		禁止使用旧形式的函数参数表定义形式			
46		函数声明和函数定义中的参数类型必须一致			
47		函数声明和函数定义中的返回类型必须一致			
48		有返回值的函数必须通过返回语句返回			
49		禁止无返回值函数的返回语句带有返回值			
50		有返回值函数的返回语句必须带有返回值			
51		函数返回值的类型必须与定义一致			
52		具有返回值的函数，其返回值如果不被使用，调用时应有（void）说明			
53		静态函数必须被使用			
54		禁止同一个表达式中调用多个顺序相关函数			
55		禁止在函数参数表中使用省略号			
56		禁止使用直接或间接自调用函数			

续表

<table>
<tr><td colspan="3">代码审查单
（编码规范审查）</td><td>标 识</td><td colspan="2"></td></tr>
<tr><td colspan="3"></td><td>项目名称</td><td colspan="2"></td></tr>
<tr><td colspan="2">软件名称</td><td></td><td>版本标识</td><td colspan="2"></td></tr>
<tr><td>编号</td><td>审查项目</td><td>内容</td><td>审查结果</td><td colspan="2">软件问题报告单号</td></tr>
<tr><td>57</td><td></td><td>禁止不可达语句</td><td></td><td colspan="2"></td></tr>
<tr><td>58</td><td></td><td>禁止使用无效语句</td><td></td><td colspan="2"></td></tr>
<tr><td>59</td><td></td><td>数字类型后缀必须使用大写字母</td><td></td><td colspan="2"></td></tr>
<tr><td>60</td><td></td><td>for 循环控制变量必须使用局部变量</td><td></td><td colspan="2"></td></tr>
<tr><td>61</td><td></td><td>for 循环控制变量必须使用整数型变量</td><td></td><td colspan="2"></td></tr>
<tr><td>62</td><td></td><td>禁止在 for 循环体内部修改循环控制变量</td><td></td><td colspan="2"></td></tr>
<tr><td>63</td><td></td><td>无限循环必须使用 while(1)语句，禁止使用 for(;;)等其他形式的语句</td><td></td><td colspan="2"></td></tr>
<tr><td>64</td><td></td><td>浮点数变量赋给整型变量必须强制转换</td><td></td><td colspan="2"></td></tr>
<tr><td>65</td><td></td><td>长整数变量赋给短整数变量必须强制转换</td><td></td><td colspan="2"></td></tr>
<tr><td>66</td><td></td><td>double 型变量赋给 float 型变量必须强制转换</td><td></td><td colspan="2"></td></tr>
<tr><td>67</td><td></td><td>指针变量的赋值类型必须与指针变量类型一致</td><td></td><td colspan="2"></td></tr>
<tr><td>68</td><td></td><td>变量禁止未赋值就使用</td><td></td><td colspan="2"></td></tr>
<tr><td>69</td><td></td><td>变量初始化禁止隐含依赖于系统的缺省值</td><td></td><td colspan="2"></td></tr>
<tr><td>70</td><td></td><td>结构体初始化的嵌套结构必须与定义一致</td><td></td><td colspan="2"></td></tr>
<tr><td>71</td><td></td><td>枚举元素定义中的初始化必须完整</td><td></td><td colspan="2"></td></tr>
<tr><td>72</td><td></td><td>禁止对逻辑量进行大于或小于的逻辑比较</td><td></td><td colspan="2"></td></tr>
<tr><td>73</td><td></td><td>禁止对指针进行大于或小于的逻辑比较</td><td></td><td colspan="2"></td></tr>
<tr><td>74</td><td></td><td>禁止无符号数与有符号数之间的直接比较</td><td></td><td colspan="2"></td></tr>
<tr><td>75</td><td></td><td>禁止局部变量与全局变量同名</td><td></td><td colspan="2"></td></tr>
<tr><td>76</td><td></td><td>禁止函数形参与全局变量同名</td><td></td><td colspan="2"></td></tr>
<tr><td>77</td><td></td><td>禁止变量名与函数名同名</td><td></td><td colspan="2"></td></tr>
<tr><td>78</td><td></td><td>禁止变量名与 typedef 自定义的类型名同名</td><td></td><td colspan="2"></td></tr>
<tr><td>79</td><td></td><td>禁止在内部块中重定义已有的变量名</td><td></td><td colspan="2"></td></tr>
<tr><td>80</td><td></td><td>禁止仅依赖大小写区分的变量</td><td></td><td colspan="2"></td></tr>
<tr><td>81</td><td></td><td>禁止仅依赖小写字母“l”与数字“1”区分的变量</td><td></td><td colspan="2"></td></tr>
<tr><td>82</td><td></td><td>禁止仅依赖大写字母“O”与数字“0”区分的变量</td><td></td><td colspan="2"></td></tr>
<tr><td>83</td><td></td><td>禁止在表达式中出现多个同一 volatile 类型变量的运算</td><td></td><td colspan="2"></td></tr>
<tr><td>84</td><td></td><td>禁止将 NULL 作为整型数 0 使用</td><td></td><td colspan="2"></td></tr>
<tr><td>85</td><td></td><td>禁止将其他标识宏定义为关键字和基本类型</td><td></td><td colspan="2"></td></tr>
</table>

续表

代码审查单 （编码规范审查）			标 识		
			项目名称		
软件名称			版本标识		
编号	审查项目	内容		审查结果	软件问题报告单号
86		禁止重新定义 C 或 C++的关键字			
87		函数中的#define 和#undef 必须配对使用			
88		位定义的整数型变量必须明确定义是有符号还是无符号的			
89		函数声明必须与函数原型一致			
90		禁止在#include 语句中使用绝对路径			
91		函数指针的使用必须加以 & 明确说明			
92		禁止使用未分配空间或已被释放的指针			
93		禁止文件指针在退出时没有关闭文件			
94		条件判定分支如果为空，必须以单独一行的分号加注释进行明确说明			
95		除枚举类型列举完全外，switch 必须要有 default			
96		switch 中的 case 和 default 必须以 break 或 return 终止，共用 case 必须加以明确注释			
97		禁止从复合语句外 goto 到复合语句内，或由下向上 goto			
98		禁止在运算表达式中或函数调用参数中使用++或−−操作符			
99		除法运算中禁止被零除			
100		禁止在 sizeof 中使用赋值			
101		缓存区读取操作禁止越界			
102		缓存区写入操作禁止越界			
103		禁止使用已被释放了的内存空间			
104		使用八进制数必须明确注释			
105		禁止使用无实质作用的类型转换			
106		禁止对浮点数进行是否相等的比较			
107		禁止变量名与枚举元素同名			
108		禁止单独使用小写字母“l”或大写字母“O”作为变量名			
109		禁止给无符号类型变量赋负值			
110		结构体定义中禁止含有无名结构体			
111		位定义的变量必须是同长度的类型且定义位禁止跨越类型的长度			
112		禁止使用 extern 声明对变量初始化			
113		指针变量被释放后必须置为 NULL			
114		动态分配的指针变量定义时如未被分配空间必须初始化为 NULL			

续表

代码审查单 (编码规范审查)		标识		
		项目名称		
软件名称		版本标识		
编号	审查项目	内容	审查结果	软件问题报告单号
115		被 free 的指针必须指向最初 malloc、calloc 分配的地址		
116		禁止使用 gets 函数,应使用 fgets 函数替代		
117		使用字符串赋值、拷贝、追加等函数时,禁止目标字符串存储空间越界		
118		无返回值的函数,调用时禁止再用(void)重复说明		
119		禁止不可达分支		
120		将指针量赋予非指针变量或非指针量赋予指针变量,必须使用强制转换		
121		禁止对无符号数进行大于等于零或小于零的比较		
122		禁止变量名与标识名同名		
123		程序外部可改写的变量,必须使用 volatile 类型说明		
124		用于表示字符串的数组必须以"/0"结束		

附表 A.2-2　设计一致性审查单(示例)

代码审查单 (设计一致性审查)		标识		
		项目名称		
软件名称		版本标识		
编号	审查项目	内容	审查结果	软件问题报告单号
1	与设计的一致性	软件实现与设计文档是否一致		
2		软件中是否存在设计文档中未要求的内容		
3	考核矩形左上角点坐标和右下角点坐标算法的正确性	软件实现与设计文档是否一致		
4	图像数据转换为平面坐标图像	软件实现与设计文档是否一致		
5	地形数据参数向量(F1,F2,…,F12)计算方法	软件实现与设计文档是否一致		
6	降采样的适配性专题图生成	软件实现与设计文档是否一致		

附录 A. 3 FPGA 代码审查单（示例）

代码审查单 （编码规范审查）		标识	
		项目名称	
软件名称		版本标识	

编号	审查项目	内容	审查结果	软件问题报告单号
1	设计一致性	编码完成了设计所规定的全部内容，包括： ——软件结构设计及代码实现与设计文档一致 ——模块的名称与设计文档一致 ——模块的接口关系与设计文档一致		
2		软件中不存在设计文档中没有要求的内容		
3	管脚分配	管脚分配约束与设计文档要求一致		
4		功能类似管脚不存在交叉错用（如三机备份的类似管脚）		
5	逻辑	运算符优先级的理解和处理正确		
6		逻辑表达式正确		
7		每一个循环执行了正确的次数		
8	时钟信号及时钟域	同一进程中，不能引入两个或两个以上的边沿检测语句，即时钟信号		
9		对于同一时钟信号，除 DDR 等特殊应用环境外，不能同时使用时钟的上升沿和下降沿		
10		全局时钟应由全局时钟的专用引脚输入		
11		禁止使用门控时钟		
12		禁止直接将分频后的时钟作为其他模块的时钟驱动		
13		进入 FPGA 的信号必须先同步		
14		避免使用内部寄存器输出的信号作为时钟信号，如果一定需要使用，必须使用全局布线资源		
15		信号或数据跨时钟域交互时必须在异步时钟域之间设计同步器		
16		对于多种频率的时钟，建议使用内部专用的 PLL 或 DLL 将全局时钟进行分频、倍频、移项		
17		多个时钟的产生应放在一个模块中		
18	复位初始化	用复位信号对所有寄存器初始化		
19		复位信号一般不出现在组合逻辑电路中		
20		全局复位信号使用器件提供的全局信号管脚		
21		异步复位的条件要可靠，有可能出现竞争冒险的信号不要用于异步复位中		

续表

<table>
<tr><td colspan="3">代码审查单
（编码规范审查）</td><td>标 识</td><td colspan="2"></td></tr>
<tr><td colspan="3"></td><td>项目名称</td><td colspan="2"></td></tr>
<tr><td colspan="2">软件名称</td><td></td><td>版本标识</td><td colspan="2"></td></tr>
<tr><td>编号</td><td>审查项目</td><td>内容</td><td>审查结果</td><td colspan="2">软件问题报告单号</td></tr>
<tr><td>22</td><td rowspan="3"></td><td>使用单一的全局复位信号</td><td></td><td colspan="2"></td></tr>
<tr><td>23</td><td>不能将复位信号用作数据信号或使能信号，也不能将数据信号用作复位信号</td><td></td><td colspan="2"></td></tr>
<tr><td>24</td><td>不能将一个同步复位的触发器与不复位的跟随触发器混合在一个进程中</td><td></td><td colspan="2"></td></tr>
<tr><td>25</td><td rowspan="3">同步串口</td><td>收发双方对时钟沿与数据的关系理解一致</td><td></td><td colspan="2"></td></tr>
<tr><td>26</td><td>收发双方对数据协议的理解正确</td><td></td><td colspan="2"></td></tr>
<tr><td>27</td><td>对数据帧异常情况必须有保护处理</td><td></td><td colspan="2"></td></tr>
<tr><td>28</td><td rowspan="5">异步串口</td><td>收发双方对波特率、校验位、停止位等的理解一致</td><td></td><td colspan="2"></td></tr>
<tr><td>29</td><td>对校验位进行了正确判别</td><td></td><td colspan="2"></td></tr>
<tr><td>30</td><td>字节间的间隔，以及数据帧之间的间隔，收发双方处理协调</td><td></td><td colspan="2"></td></tr>
<tr><td>31</td><td>收发双方对数据协议的理解正确</td><td></td><td colspan="2"></td></tr>
<tr><td>32</td><td>对数据帧异常情况必须有保护处理</td><td></td><td colspan="2"></td></tr>
<tr><td>33</td><td rowspan="5">处理器接口</td><td>处理器的读写访问时序满足要求</td><td></td><td colspan="2"></td></tr>
<tr><td>34</td><td>输出给处理器的中断信号满足时序要求，不存在中断重入情况</td><td></td><td colspan="2"></td></tr>
<tr><td>35</td><td>输出给处理器的复位信号满足时序要求</td><td></td><td colspan="2"></td></tr>
<tr><td>36</td><td>看门狗接口的喂狗及狗咬时间协调</td><td></td><td colspan="2"></td></tr>
<tr><td>37</td><td>非法地址读写访问必须作保护处理</td><td></td><td colspan="2"></td></tr>
<tr><td>38</td><td rowspan="2">存储器接口</td><td>存储器的读写访问时序满足要求</td><td></td><td colspan="2"></td></tr>
<tr><td>39</td><td>双口 FIFO、RAM 两侧的访问不存在冲突的情况</td><td></td><td colspan="2"></td></tr>
<tr><td>40</td><td rowspan="4">脉冲型
I/O 指
令接口</td><td>脉冲型输入指令接口中，收发双方的指令脉宽是否协调</td><td></td><td colspan="2"></td></tr>
<tr><td>41</td><td>脉冲型输入指令接口中，必须进行滤毛刺、判脉宽等判别处理</td><td></td><td colspan="2"></td></tr>
<tr><td>42</td><td>脉冲型输出指令接口中，指令脉宽应该满足下游接受方要求</td><td></td><td colspan="2"></td></tr>
<tr><td>43</td><td>脉冲型输出指令接口中，脉宽未结束时，来新指令，不会引起指令异常</td><td></td><td colspan="2"></td></tr>
<tr><td>44</td><td rowspan="3">电平型
状态接口</td><td>收发双方对电平状态的理解一致</td><td></td><td colspan="2"></td></tr>
<tr><td>45</td><td>输入电平状态应该进行滤毛刺处理</td><td></td><td colspan="2"></td></tr>
<tr><td>46</td><td>输出电平状态不会产生毛刺</td><td></td><td colspan="2"></td></tr>
<tr><td>47</td><td rowspan="3">状态机</td><td>推荐使用有限状态机实现状态机设计</td><td></td><td colspan="2"></td></tr>
<tr><td>48</td><td>使用状态机设计时，最好采用三段式叙述，即状态转移，状态操作，状态判断</td><td></td><td colspan="2"></td></tr>
<tr><td>49</td><td>对异常状态以及异常的状态转移应该进行保护处理</td><td></td><td colspan="2"></td></tr>
</table>

续表

<table>
<tr><td colspan="3">代码审查单
（编码规范审查）</td><td>标 识</td><td colspan="2"></td></tr>
<tr><td colspan="3"></td><td>项目名称</td><td colspan="2"></td></tr>
<tr><td colspan="2">软件名称</td><td></td><td>版本标识</td><td colspan="2"></td></tr>
<tr><td>编号</td><td>审查项目</td><td>内容</td><td>审查结果</td><td>软件问题报告单号</td></tr>
<tr><td>50</td><td rowspan="17">命名规则</td><td>标识命名避免使用 VHDL 语言的保留关键字</td><td></td><td></td></tr>
<tr><td>51</td><td>禁止重新定义已定义过的任何标识（实体名、信号、变量名、FSM 状态等）</td><td></td><td></td></tr>
<tr><td>52</td><td>所有的名称由英文字母、数字和下画线组成</td><td></td><td></td></tr>
<tr><td>53</td><td>名称应以字母开头</td><td></td><td></td></tr>
<tr><td>54</td><td>每一文件中只包含一个实体和一个对应的结构体</td><td></td><td></td></tr>
<tr><td>55</td><td>每一文件中，文件名、实体名称以及对应结构体名称三者都一致</td><td></td><td></td></tr>
<tr><td>56</td><td>顶层实体名称不应超过 16 个英文字符，其他实体名称不超过 32 个英文字符</td><td></td><td></td></tr>
<tr><td>57</td><td>实体及其实例化名一律采用小写英文字母</td><td></td><td></td></tr>
<tr><td>58</td><td>过程和函数名称不应超过 16 个英文字符</td><td></td><td></td></tr>
<tr><td>59</td><td>过程和函数名称一律采用小写英文字母</td><td></td><td></td></tr>
<tr><td>60</td><td>常量、宏定义名称不应超过 16 个英文字符</td><td></td><td></td></tr>
<tr><td>61</td><td>常量、宏定义名称一律采用大写英文字母</td><td></td><td></td></tr>
<tr><td>62</td><td>信号、变量名称不应超过 32 个英文字符</td><td></td><td></td></tr>
<tr><td>63</td><td>在同一项目中，信号的命名及拼写风格应保持一致</td><td></td><td></td></tr>
<tr><td>64</td><td>使用同一时钟信号的所有模块采用一致的时钟信号名称</td><td></td><td></td></tr>
<tr><td>65</td><td>使用同一复位信号的所有模块采用一致的复位信号名称</td><td></td><td></td></tr>
<tr><td>66</td><td>定义总线时，一律采用 downto 排列位顺序</td><td></td><td></td></tr>
<tr><td>67</td><td rowspan="10">代码书写风格</td><td>绝对不可综合的语句不应出现在要综合的程序中</td><td></td><td></td></tr>
<tr><td>68</td><td>时序电路模块如果驱动管脚输出，必须采用寄存器输出</td><td></td><td></td></tr>
<tr><td>69</td><td>将具有不同设计目标的部分分配到不同模块中</td><td></td><td></td></tr>
<tr><td>70</td><td>If - then - else、when - else 语句中必须包含 else 语句
case - when、with - select - when 语句中必须包含 others 语句</td><td></td><td></td></tr>
<tr><td>71</td><td>组合逻辑敏感量列表必须包括过程中用到的每个信号</td><td></td><td></td></tr>
<tr><td>72</td><td>时序逻辑模块，敏感量列表应包括过程中用到的时钟信号和异步复位信号（如果有异步复位信号）</td><td></td><td></td></tr>
<tr><td>73</td><td>无关的信号不应列在敏感信号表中</td><td></td><td></td></tr>
<tr><td>74</td><td>禁止用组合逻辑与、非、或门表示 RS 锁存器或触发器</td><td></td><td></td></tr>
<tr><td>75</td><td>禁止组合逻辑反馈环路</td><td></td><td></td></tr>
<tr><td>76</td><td>禁止在多个进程内对同一信号赋值</td><td></td><td></td></tr>
</table>

续表

代码审查单 （编码规范审查）		标识		
		项目名称		
软件名称		版本标识		
编号	审查项目	内容	审查结果	软件问题报告单号
77	代码书写风格	LOOP 循环语句的执行次数必须是可预知的		
78		禁止在除顶层以外的其他子层次定义双向端口，除非是顶层中直接驱动的双向端口，否则禁止赋值高阻态“Z”		
79		所有非顶层实体的端口定义推荐只使用 IN 和 OUT 两种端口类型		
80		端口信号类型的定义推荐只使用 STD_LOGIC 和 STD_LOGIC_VECTOR 两种信号类型		
81		STD_LOGIC_ VECTOR 的最低位应该从 0 开始		
82		避免在设计中引用 work 库的任何内容		
83		不推荐在时序电路中使用变量(variable)生成寄存器		
84		单行代码(包括空格)不应超过 72 个字符(满行为 80 个字符)		
85		每行代码最多包含一个语句		
86		各种嵌套语句，尤其是“if…. else…”语句，必须严格地逐层缩进对齐		
87		不要混用编码准则(如 VHDL87 和 VHDL93)		
88		顶层文件只作为内部模块的互联，一般不再包含逻辑		
89		在声明端口时应遵循前后顺序，并且在整个设计中保持一致的声明顺序		
90		实体的例化结束标志应独占一行，并且与例化初始行首列对齐		
91		使用显式的方式映射端口和常量，保持端口名称之间一一对应，禁止按端口顺序隐含映射		
92		模块进行端口映射时，一行代码只映射一个信号，顺序必须与原模块保持一致		
93		例化里定义的信号若不使用，端口用 open 表示		
94		在元件例化时，端口名与信号名含义应一致		
95		每个信号、变量的声明占用单独一行		
96		所有信号的定义应在元件声明之后，变量的定义应在进程 process 和 begin 之间		
97		对于 process、if、for、case 等语法结构中敏感列表或条件表达式，如果单行(72 字符)不能容纳，采用多行形式书写。从第二行起采用缩进，与第一行最左端括号后的第一个非空格字符对齐		
98		模块实例化时，采用“Un_元件名”标识，元件名包含模块调用的特性(如用途等)		

续表

<table>
<tr><td colspan="3" rowspan="2">代码审查单
（编码规范审查）</td><td>标 识</td><td colspan="2"></td></tr>
<tr><td>项目名称</td><td colspan="2"></td></tr>
<tr><td colspan="2">软件名称</td><td></td><td>版本标识</td><td colspan="2"></td></tr>
<tr><td>编号</td><td>审查项目</td><td>内容</td><td colspan="2">审查结果</td><td>软件问题报告单号</td></tr>
<tr><td>99</td><td rowspan="3">软件多余物</td><td>不存在不可能执行到的代码</td><td colspan="2"></td><td></td></tr>
<tr><td>100</td><td>不存在多余的程序代码</td><td colspan="2"></td><td></td></tr>
<tr><td>101</td><td>不存在未引用的变量、信号和常量</td><td colspan="2"></td><td></td></tr>
<tr><td>102</td><td rowspan="4">可维护性</td><td>注释准确并有意义</td><td colspan="2"></td><td></td></tr>
<tr><td>103</td><td>每一个源代码文件中都应包含文件头和修订列表</td><td colspan="2"></td><td></td></tr>
<tr><td>104</td><td>设计当中推荐使用常数而不直接使用数字</td><td colspan="2"></td><td></td></tr>
<tr><td>105</td><td>代码使用了有意义的标识(实体名、信号、变量名、FSM 状态等)</td><td colspan="2"></td><td></td></tr>
</table>

附录B　文档模板

附录B.1　软件配套表（示例）

序号	软件名称	软件代号	软件版本	所属系统	运行设备	软件类型	软件规模	安全关键等级	研制类型	箭上/地面	嵌入/非嵌入	编程语言	开发工具、编译器	硬件运行环境	操作系统	交付形式	承制单位	评测单位	功能及用途简述	备注

附录 B.2　沿用可行性分析报告（示例）

1　概述

简述软件沿用的依据、沿用的基线版本。

2　软件沿用分析

2.1　沿用软件运行环境分析

分析沿用软件的运行环境（含软件和硬件运行环境）与被沿用软件运行环境是否一致，或者运行环境变化是否对软件沿用产生影响；

2.2　沿用软件外围环境分析

分析沿用软件的外围环境与被沿用软件外围环境是否一致，或者软件外围环境变化是否对软件沿用产生影响；

2.3　沿用软件任务要求分析

分析研制任务书要求与被沿用软件是否一致，或者软件任务书要求变化是否对软件沿用产生影响；

2.4　沿用软件研制过程分析

对沿用软件研制过程满足软件工程化要求的情况进行分析和确认，分析被沿用软件的研制过程是否满足软件工程化要求，包括对文档、开发过程、测试及第三方评测、评审等情况的复核；

2.5　沿用软件飞行情况分析

对被沿用软件曾经参加的飞行试验情况进行分析，分析在沿用软件以往测试过程中不影响当时的飞行试验任务，但是没有修改的测试问题、归零问题或举一反三的问题对本次任务的影响情况。

3　结论

给出软件是否可以进行沿用以及沿用分析是否全面的结论。

附录 B.3　设计更改及影响域分析报告（示例）

1　概述

本报告针对××软件的更改进行说明，包括技术状态变化的原因、更改措施、更改影响域分析情况以及更改测试验证要求。

1.1　编写依据

1.2　更改基线

1.2.1　第 1 次更改基线

本次更改以××软件受控库中××版本为更改基线，更改前后的软件产品图、代号及受控库版本号见表 1-1。

表 1－1　更改前后版本

软件名称	软件代号	软件图号	受控库版本号	产品库版本号	备注
					更改前
					更改后

1.2.X　第 n 次更改基线

本次更改以××软件受控库中××版本为更改基线，更改前后的软件产品图、代号及受控库版本号见表 1－2。

表 1－2　更改前后版本

软件名称	软件代号	软件图号	受控库版本号	产品库版本号	备注
					更改前
					更改后

2　更改总体描述

2.1　第 1 次更改总体描述

本次更改共有×项更改，其中Ⅰ类更改×项，Ⅱ类更改×项，Ⅲ类更改×项。更改原因及更改类别见表 2－1。

表 2－1　更改原因及更改类别统计

序号	更改原因 / 更改项目	软件任务书要求	软件设计要求（或设计错误）	代码审查意见	软件测试问题要求	质量问题归零要求	质量问题举一反三要求	其他原因	更改类别		
									Ⅰ类	Ⅱ类	Ⅲ类
1											
	合计										

2.2　第 n 次更改总体描述

本次更改共有×项更改，其中Ⅰ类更改×项，Ⅱ类更改×项，Ⅲ类更改×项。更改原因及更改类别见表 2－1。

表 2－2　更改原因及更改类别统计

序号	更改原因 / 更改项目	软件任务书要求	软件设计要求（或设计错误）	代码审查意见	软件测试问题要求	质量问题归零要求	质量问题举一反三要求	其他原因	更改类别		
									Ⅰ类	Ⅱ类	Ⅲ类
2											
	合计										

3　第 1 次更改情况说明

3.X　更改

3.X.1 更改原因

3.X.2 更改措施

3.X.3 更改影响域分析

软件更改影响分析见表3-1，软件工作产品影响分析见表3-2。

表3-1 更改影响分析表

序号	可能受影响的项目	影响分析(说明)
1	软件外部接口	
2	软件内部接口	
3	软件时间性能	
4	被修改部分软件功能	
5	软件其他功能	
6	地址存储冲突	
7	变量	
8	软件可靠性、安全性	
9	软件产品使用方式	
10	其他	

表3-2 软件工作产品影响分析表

工作产品	是否更改
软件方案设计说明	
接口设计说明	
软件需求规格说明	
软件设计说明	
源程序	
执行程序	
软件操作使用说明	
其他(具体名称)	

4 第 n 次更改情况说明

4.X 更改

4.X.1 更改原因

4.X.2 更改措施

4.X.3 更改影响域分析

软件更改影响分析见表4-1，软件工作产品影响分析见表4-2。

表4-1 更改影响分析表

序号	可能受影响的项目	影响分析(说明)
1	软件外部接口	

续表

序号	可能受影响的项目	影响分析(说明)
2	软件内部接口	
3	软件时间性能	
4	被修改部分软件功能	
5	软件其他功能	
6	地址存储冲突	
7	变量	
8	软件可靠性、安全性	
9	软件产品使用方式	
10	其他	

表 4-2 软件工作产品影响分析

工作产品	是否更改
软件方案设计说明	
接口设计说明	
软件需求规格说明	
软件设计说明	
源程序	
执行程序	
软件操作使用说明	
其他(具体名称)	

5 更改测试验证要求

6 结论

附录 B.4 型号软件测评实施方案（示例）

型号软件第三方评测实施方案

1 评测目的

按照运载火箭、卫星、飞船等不同领域特点，制定型号软件第三方评测策略，进行差异化管控，指导型号软件的第三方评测工作。对本型号软件第三方评测过程、评测方法和技术要求进行规范，明确软件第三方评测任务分工。

2 评测依据及引用文件

包括型号软件配套表、软件工程化大纲、软件产品保证计划、相关标准等。

3 型号软件概述

描述型号软件整体情况，包括软件数目、所属分系统、关键等级、规模、运行环境、研制类型、研制单位等。

4　评测要求

4.1　评测范围

院型号配套A（关键）、B（重要）级软件和进入发射流程的C（一般）级软件，均应在首飞前开展第三方评测。

4.2　测试级别

4.2.1　配置项级测试

软件研制类型为Ⅳ类新研软件应开展配置项级确认测试。其他Ⅲ类或Ⅱ类更改应开展配置项级回归测试。

4.2.2　系统级测试

根据各型号软件工程化大纲或相关方要求开展分系统/系统级测试，应明确分系统/系统划分，提出分系统/系统级测试项目。

4.3　测试类型

根据软件关键等级、编程语言、软件类型、测试级别等合理选择测试类型。嵌入式、非嵌入式软件各测试类型可按照QJ 3027A、Q/QJA 300执行；可编程逻辑器件软件各测试类型按照GJB 9433和Q/Y 677执行。

4.4　评测准入条件

4.4.1　技术状态明确

开展第三方评测的软件应有明确的状态，一般包括：研制单位应确保被测软件正确有效，已经过试验验证和内部测试；软件版本标识和文档标识明确，并纳入配置管理。

4.4.2　被测件齐套

描述根据不同软件类型、测试级别等，所应提供的被测件。

4.4.3　测试环境具备

描述相关方在提供和确认运行环境、仿真环境、测试设备、测试数据方面的职责，明确测试环境差异性分析要求。

4.5　评测问题处理

描述问题分级分类说明、问题处理流程、问题关闭要求等。

4.6　评测终止条件

给出评测正常终止或异常终止条件。

4.7　评测工作产品

规定评测工作输出产品，至少包括评测大纲、测试说明、测试记录、评测报告（含软件问题报告单）。

5　评测任务分工

应按照“质量第一、能力优先”的原则，选择符合能力要求的第三方评测机构。

6　其他要求

描述保密、安全、风险分析等要求。

附录 B.5　时序链路分析报告（示例）

时序链路分析报告

1　概述

为了确保箭/星/船/器每个飞行时序动作执行的正确性和准确性，在出厂前对每个飞行时序动作或影响成败的关键环节进行系统梳理，充分利用设计、验收、仿真、测试、试验和以往飞行试验获得试验数据及结果，对飞行时序动作采取的各类保障措施进行分析和确认。

以发射流程控制动作和箭/星/船/器飞行过程中的时序发生顺序为主线，按照每个动作发生的时域传递关系，将每个时段分解为具体的关键动作、指令动作（含软硬件）、无指令动作（含软件）等，以每个动作为顶层分析对象，分析分解该动作的产生、传递、处理、执行、结果确认等具体链路环节；针对具体链路环节，逐层分解动作执行链路中相关联的产品，检查事件涉及的接口和软件等，分析事件发生时所处的条件及在该条件下动作发生的准确性，并分析事件发生可能产生的各种结果，给出该结果对于后续动作的影响分析。

2　飞行时序动作链路分析与确认

2.1　××段

2.1.1　飞行时序

2.1.2　时序动作链路分析确认表

飞行动作	动作链路分解	软件功能实现、动作确认						硬件功能实现、性能确认					动作实现的设计可靠性保证措施（含设计余量）	Y1产品的测试覆盖性分析	动作产生的环境影响分析及确认			复核复算和专题审查情况	确认人员
		软件名称	输入条件	输出（响应）结果	功能要求和设计指标	软件功能和指标实现情况（含设计余量）	试验验证情况	输入条件	输出的硬件动作和响应结果	设计指标	指标实现情况	功能试验验证情况			产生的环境	环境条件设计情况（结果、裕度等）	相关设备环境试验验证情况		

2.2　××段

2.2.1　飞行时序

2.2.2　时序动作链路分析确认表

2.3　××段

2.3.1　飞行时序

2.3.2　时序动作链路分析确认表

附录B.6 软件系统安全性分析报告（示例）

软件系统安全性分析报告

1　概述

型号软件系统安全分析报告描述系统的功能、分系统的组成以及设计原则等；分系统软件系统安全分析报告描述系统的功能、软件配置项的组成以及设计原则等。

2　引用文件

列出进行软件系统危险分析引用的文件，包括系统任务书、软件工程化大纲、可靠性安全性设计标准等。

3　软件系统概述

3.1　软件拓扑结构

描述软件系统的拓扑关系（连接方式、物理链路、冗余方案等）。

3.2　软件信息流

描述与软件系统有关的数据流、控制流。

4　系统工作模式与时序

4.1　系统工作模式

描述与软件系统有关的系统工作模式。

4.2　各模式下时序分析

1）描述各模式下对应的控制时序。

2）针对每一时序进行与软件有关的流程分析。

3）确定软件失效后的影响，找出危险事件以及相关的分系统和软件配置项。

5　关键时序及危险事件

给出飞行过程中关键时序及危险事件。

6　安全性分析与设计

6.1　安全性需求

给出与各危险事件相关的分系统或者软件配置项，确定软件失效后的影响。

6.2　安全性设计

给出与各危险事件相关的分系统或者软件配置项的失效模式、防范措施以及测试验证要求。

7　结论

7.1　关键软件配置项清单

明确关键分系统或者软件配置项。

7.2　关键需求的验证情况

给出关键需求的验证情况。

7.3　残留危险清单

给出残留危险清单。